Fluentd 実践入門

統合ログ基盤のためのデータ収集ツール

Tagomori Satoshi
田籠 聡
［著］

技術評論社

図版のアイコン

はじめに

本書は、Fluentd《フルーエントディー》について網羅的に解説した書籍です。ログやデータを扱うソフトウェアエンジニア、プログラマー、データエンジニア、ITインフラエンジニアやSRE（Site Reliability Engineer）といった職種の人を対象とした、おそらく世界で初めてのFluentdのみについての技術書です。

Fluentdは、ログやそのほかのデータの収集および集約、転送、変換、保存を実現するためのソフトウェアで、クラウド環境において基盤となるソフトウェアの開発を推進するCNCF（Cloud Native Computing Foundation）傘下のOSS（Open Source Software）として公開されています。すでに多くのユーザーに利用されているほか、Kubernetes《クバネテス》環境におけるデファクトスタンダードなログ収集方法として扱われています。そのため、AWS（Amazon Web Services）、GCP（Google Cloud Platform）およびMicrosoft Azureといったクラウド環境においても標準的なツールとして使われています。

Fluentdがこれだけ広く使われるようになったのは、使いやすさとわかりやすさによるところが大きいでしょう。ただし、より広い用途で、あるいはより大きいデータ量を扱うには、Fluentdに関するさまざまな細かい知識を必要とします。Fluentdが広く使われるようになった現在こそ、入門をこえた状況に対応できる必要があります。たとえば、流量の大きいデータを扱う場合、データの扱いに高い信頼性が求められる場合、あるいは、既存のソフトウェアでは対応していない形式や手段でのデータの入出力を扱わざるをえない場合などです。

流量の大きいデータを扱う場合や高い信頼性を実現しなくてはならない場合、不確かな知識をもとにした設定や運用では十分な成果は得られません。Fluentdがデータをどのように扱い入出力を行っているのかについて、内部の構造やプラグインの詳細などを含めて明確に知っておくべきです。また、既存のソフトウェアが対応していない形式や手段に対応するためには、データの入出力を行うプラグインを自分で開発できる必要があります。

本書は、Fluentdがデータをどのように処理しているかから、内部構造やプラグイン機構の詳細、プラグインの開発方法までを網羅的に記述しています。内容の技術的な難易度についても、Fluentdのインストールや設定のように基本的な事柄から、Fluentdの通信プロトコルのように応用的な事柄までを幅広く扱っています。筆者はFluentdの初期からのユーザーであり、Fluentdの主開発者の一人でもあるため、ユーザーとして必要な事項を開発者の視点から解説できているはずです。

Fluentdについては長い間、専門の解説書が存在しない状況が続いていました。本書の登場はやや遅かったかもしれませんが、これから長い間、大いに役立つはずです。本書を手がかりに、多くの人が高性能で堅牢なシステムを構築できるようになることを願っています。

2022年9月　田籠聡

謝辞

本書の執筆にあたり、多くの方の助力をいただきました。

原稿のレビューに参加していただいた足永拓郎(@ashie)さん、林健太郎(@kenhys)さん、福田大司郎(@daipom)さん、高橋達(@toru-takahashi)さん、そして長い間Fluentdの主メンテナーでもあった中川真宏(@repeatedly)さんには、自分以外の視点からこの本にとって重要なことを多くご指摘いただきました。ありがとうございました。

非常に長くなってしまった本書の執筆期間、編集者の稲尾尚徳さんには何から何まで助けていただきました。完成までお付き合いいただき、本当に感謝しています。

自分がFluentdというソフトウェアに関わっているのは、もちろん古橋貞之(@frsyuki)さんがこのプロジェクトを始めてくれたからです。ありがとうございました。おかげで経験できた多くのおもしろい物事に、今回、本の執筆というものも加わりました。

本書の執筆を開始したときにはまだ妻ではなかった祥子さん。いつもありがとう。これからもよろしくお願いします。

■――本書の読み進め方

Fluentdを少し使ってみたことがあるだけという方は、ぜひ本書を最初から読んでください。データ処理の基本にして最重要と言えるトピックを、理解しながら読み進んでいけるはずです。

Fluentdについてすでに一通りの知識を持っている方は、本書のどこから読み始めても問題ありません。

■――本書の前提知識

FluentdはWindows環境にも対応していますが、本書の多くのトピックではLinuxやmacOSといったUNIX系の環境を想定しています。UNIX系の環境について基礎的な知識を持っていると、本書の内容をより深く理解できるでしょう。

また、プラグインの開発においてはRuby言語でのプログラミングを行うことになるため、Rubyの基本的な文法や機能を知っているほうが望ましいでしょう。とはいえ、ほかの言語での開発経験があれば、本書で扱うRubyのコードはそう複雑ではないため、比較的容易に理解できると思います。

■――対象バージョン

本書は、Fluentdのバージョン1.15を対象とします。必要に応じて、過去のバージョン、特に0.12系バージョンとの差異についても解説します。

■――動作環境

動作環境としては、Ubuntu、Debian GNU/Linux、Red Hat Enterprise LinuxやAmazon LinuxといったLinuxの各ディストリビューションを想定しています。設定例などの動作確認には、macOSも使用します。

■――サポートページ

本書のサンプルコードは、下記サポートサイトからダウンロードできます。正誤情報なども掲載します。

https://gihyo.jp/book/2022/978-4-297-13109-8/support

目次●**Fluentd実践入門**　統合ログ基盤のためのデータ収集ツール

第8章 組込みプラグイン

第11章

プラグインの設定

第1章 Fluentdとは何か

Fluentd[注1]について知るためには、その主な目的であるログ処理について理解する必要があります。ログ処理にはどのような困難があるのかを知ることで、それらを解決するためのFluentdの各機能を知る足がかりになります。

本章では、ログとは何でどんな種類があるのか、どんな動機でFluentdのようなソフトウェアが求められるようになったのかを紹介します。加えて、Fluentdはどのような特徴のソフトウェアなのか、どのようなデータ処理方法を実現しているのか、どのような機能を有するのかを解説します。

1.1 Fluentd 統合ログ基盤のためのデータ収集ツール

Fluentdは、ログの収集、集約、転送、変換、保存などを実現するためのソフトウェアです。Apache License 2.0ライセンスのもと、OSSとして公開されています。2011年6月に最初期のバージョンである0.9.0が公開され、幾度かのメジャーバージョンアップを経て、執筆時点ではバージョン1.15.1(以後、v1.15.1のように表記します)が最新版として公開されています。

筆者がFluentdを紹介するときによく使う言葉は、"An open source data collector for unified logging layer"(統合ログ基盤のためのデータ収集ツール)と"An extensible & reliable data collection tool"(拡張可能で信頼性のあるデータ収集ツール)です。つまり、Fluentdはデータ収集のためのツールです。Fluentdはその拡張性と信頼性により、統合ログ基盤[注2]に必要なさまざまな機能を提供します。

Fluentdの開発は、Treasure Dataの古橋貞之氏(GitHubアカウント@frsyuki)のプロジェクトとして始まりました。その後、開発者の参加やプロジェクトの移管などが行われ、現在はCNCF(*Cloud Native Computing Foundation*)[注3]というLinux Foundation傘下の団体のプロジェクトとなっています。開発者チームは、Treasure Dataの社員をはじめとした多くの組織から、そして世界中のさまざまな地域の参加者から成っています。

Fluentdは、Ruby言語で記述されています。Fluentdの挙動の詳細を追うためには、Rubyを知っているとよいでしょう。また、性能が必要な箇所では、

注1 https://www.fluentd.org/

注2 ここで言う統合ログ基盤とは、ログを収集し蓄積するためのしくみ全般を指します。特定の1システムのためだけに作られたものではなく、複数のシステムを対象に共通の基盤として動かし得るものを想定しています。

注3 https://www.cncf.io/

C言語で書かれたRubyの拡張ライブラリを使用しています。これにより、Rubyの記述の容易さ、柔軟さを利用する一方で、性能も確保しています。

1.2 ログとは何か

Fluentdの最大のユースケースはログを扱うことです。ログとは、コンピュータシステムにおける何らかの記録データです。ログにはさまざまな種類がありますが、わざわざ残しておくということは、あとで確認する、あるいは処理する価値のある記録であるはずです。

ここでは、ログにはどのような種類があるのか、そしてどのような動機でFluentdのようなソフトウェアが求められるようになったのかを紹介します。

ログの種類

ログには、システムログ、アプリケーションログ、操作ログや行動ログといったさまざまなものがあります。

■——システムログ　コンピュータシステムの状況を記録する

システムログとは、コンピュータシステムの状況を記録するためのログです。古くから習慣として記録、収集、保存され、日々のコンピュータシステムの運用に役立てられてきました。システムログは、コンピュータシステムが正常に動作しているかを確認するために重要です。コンピュータの故障やソフトウェアの誤動作、外部からの攻撃といった異常の発生を、管理者ができるだけ早く知るためにも欠かせません。

システムログを扱うソフトウェアは古くから存在し、有名なものとしてsyslogがあります。syslogは、Linuxを含むUNIX系システムで今でもデフォルトで用いられていることが多いソフトウェアです[注4]。syslogでは、OSやハードウェアの動作状況、各種ミドルウェアの起動や停止などの情報、ユーザーのログイン／ログアウト情報などを扱います。syslogは、システムログを主に3つの情報を用いて表現します。どんなプログラムに関するログなのかを示すファシリティ、重要度、そしてメッセージ文字列です。表現したい内

注4　正確には、現在ではsyslogと同様に動作する、改良版のソフトウェアが用いられていることが多いようです。

容はメッセージ文字列に、基本的には英文で次のように書かれます。

syslogのメッセージ文字列例

```
Jun 14 11:17:33 web my.service[2021]: Message via syslog
```

syslogやFluentdをはじめとしたシステムログを扱うソフトウェアの多くは、あるホストのログをほかのホストに転送する機能を持っています。この機能を用いて関連する全ホストのシステムログを集約用のホストに集め、そこを監視と保存の対象とします。

■──アクセスログ　Webサービスへのリクエストを記録する

少し特殊で、しかし広く用いられているシステムログの一種として、Webサービスのアクセスログがあります。アクセスログは、Webサービスへのリクエスト一つ一つをWebサーバが記録するものです。

Webサービスのアクセスログ例

```
192.0.2.138 - - [14/Jun/2022:11:17:33 +0900] "GET /myservice HTTP/1.1" 200 232
6 "http://www.example.com/my.html" "Mozilla/5.0 (Macintosh; Intel Mac OS X 10_
15_7) AppleWebKit/537.36 (KHTML, like Gecko) Chrome/91.0.4472.101 Safari/537.36"
```

アクセスログを収集し集約することも、Fluentdの大きなユースケースの一つです。

■──アプリケーションログ　コンピュータシステムで稼働するアプリケーションの挙動を記録する

アプリケーションログとは、コンピュータシステム上で稼働するアプリケーションの詳細な挙動を記録するためのログです。

近年のWebアプリケーションやサービスの普及に伴い、サービス提供者は、自分たちのサービスがどう利用されているかを、アクセスログよりも詳細に把握する必要に迫られました。このため、サービス提供者はWebアプリケーションのサーバ側のコードから、利用者が何をどう使用しているのかの精密なログを出力し、解析するようになりました。

アプリケーションログには多くの情報を含みます。アプリケーションコードのどこで発生したログなのか、どういったユーザーに関してのログなのか、ユーザーのリクエストはどんなものだったのか、レスポンスはどういう内容なのかなどです。全体として複雑になるため、syslogのような文字列だけで表現することが難しく、多くの場合はJSON《ジェイソン》[注5]などの構造を持った情報として出力されます。

注5　https://www.json.org/json-ja.html

JSON形式のアプリケーションログ例

```
{
    "user": {
        "id": 2022,
        "username": "tagomoris",
        "display_name": "Satoshi Tagomori"
    },
    "client": {
        "type": "app",
        "os": "iOS",
        "version": "1.11.89"
    },
    "host": "app01.local",
    "x_request_id": "49c0c93c-b260-4802-a775-1fe671fea413",
    "time": "2022-06-14 11:49:11.126127 +0900",
    "path": "/myservice/item/8971",
    "query": {}
}
```

近年のWebアプリケーションは、1ホストのみで提供されていることはまずありません。多くのユーザーからの大量のリクエストを、複数のホストで処理します。このため、あるユーザーに関する処理が複数のホストに分散することになり、アプリケーションログをホストごとに出力するだけでは情報が分散して扱いにくくなります。こういったケースで、Fluentdを用いてアプリケーションログを1ヵ所に集約して、検索および集計可能にするというユースケースは多くあります。Fluentdは、複雑な構造のログの扱いも得意としています。

■――操作ログや行動ログ、IoTのログ　より詳細にユーザーの挙動を記録する

操作ログや行動ログとは、主にPCやスマートフォンなどのクライアント側で取得されるログの一種で、クライアントを使うユーザーがどのような操作を行っているかを詳細に記録するためのものです。IoT（*Internet of Things*）とは、PCやスマートフォン以外にも各種家電や機器をネットワークにつないで活用する試みのことで、これらの家電や機器からもログが取得されます。

現在ではWebサービスが高度化し、ユーザーの端末で多くの処理が行われています。Webアプリケーションの機能の多くはブラウザ上で実行され、スマートフォン用のアプリケーションも広く使われています。こうなると、サーバ側で把握するアプリケーションログだけでは、ユーザーの挙動を十分に把握できなくなりました。このため、ブラウザやスマートフォンアプリケーションにおける操作ログや行動ログを取得するようになりました。これらのログは、サービス提供者との通信が発生したタイミングでまとめて送信され

ます。

以下は、モバイル・Webアプリケーション用プラットフォームであるFirebaseを用いた行動ログを記録するコードの例です[注6]。操作ログや行動ログは、ブラウザやスマートフォンアプリケーションなど、ログを取得するプラットフォームによって取得方法やログ形式、内容が大きく異なるのが特徴です。技術的な共通点は事実上ないと言ってもよいでしょう。

ブラウザ上で行動ログを記録するJavaScriptコード例

```
analytics.logEvent('select_content', {
  content_type: 'image',
  content_id: 'P12453',
  items: [{ name: 'Kittens' }]
});
```

また、現在ではIoTというキーワードとともに、各種のセンサデバイスや超小型のコンピュータを用いてデータを収集し、活用するケースが増えてきました。このユースケースは、デバイス上でログやセンサデータが発生する点と、通信が行えるタイミングで情報の送信がまとめて行われる点で操作ログや行動ログと共通しています。

操作ログや行動ログ、センサデータをユーザー側から受信したときにそのままFluentdに渡し、サーバ側で発生したログとともに集約を行うというユースケースが多くあります。

大規模データ処理の時代の到来

長い間、ログという言葉はほとんどの場合にシステムログを指すものでした。また、使われるコンピュータの台数が多くなかったため、コンピュータシステムの運用者が扱うログの総量も、現在に比べればごくわずかでした。しかし、インターネットを介したサービスの利用が急速に広まるにつれ、ログの量は爆発的に増えました。それに伴い、データの処理を大規模に行う必要が生まれました。

ここからは、Fluentdのログ収集ツールとしての需要がいかに高まってきたのかを時系列を追って解説します。

■──データ量とユースケースの急激な増大

まず、ユーザー数の多い大規模Webサービスにおいてアクセスログが爆発

注6　https://firebase.google.com/docs/analytics/events#web-v8

的に増大し、1ホストに集約しきれない量になりました。このため集約用のホストを複数設けたり、集約先として分散ストレージなどの技術を用いたりするようになりました。集約先の問題に加えて、集約作業の時間も問題となりました。各Webサーバが出力する1日あたりのアクセスログのサイズが莫《ばく》大《だい》となり、1日に1回収集する運用の場合、一度の収集に数時間かかることも珍しくない状況となりました。

続けて、アクセスログよりもサイズの大きいアプリケーションログがよく出力されるようになると、小中規模のWebサービスにおいてもログの量が問題となるケースが生まれてきました。

さらに、操作ログや行動ログのような大量のログを扱う必要も生まれると、サービス事業者の規模によらず、莫大な量のログを収集、集約し、集計や検索といった処理が行われるようになりました。

■——大規模データ処理のためのソフトウェアの登場

大規模なデータ処理の要求が高まってきたころ、そのためのOSSとしてHadoop《ハドゥープ》[注7]が登場しました。Hadoopは、大量のデータを複数のサーバで効率的に分散処理するためのミドルウェアです。Hadoopを用いることで、莫大な量のアクセスログの集計を短時間で行えるようになりました。また、大量の行動ログをユーザーごとのものにまとめなおし、サービスがどのように使われているのかの分析を行えるようにもなりました。

続けて、データ処理のために各種のソフトウェアやサービスが登場しました。これらは、Hadoopの苦手なユースケースをカバーしたり、異なる視点での使い勝手を追求したりするものです。たとえば、各クラウドサービス事業者によるサービスや、Fluentd開発の中心となっていたTreasure Data[注8]のサービス、Elastic Stack[注9]と呼ばれるElasticsearch[注10]とKibana[注11]を用いたログの収集と可視化を行うソリューションなどがあります。これにより、多様なシステムやサービスにデータを投入する必要が生まれました。

ここまでの流れを**図1.1**にまとめます。こういったデータ処理基盤やデータ処理手法が一般化してくると、大規模データ分析基盤にデータを投入するためのログ収集ツールという視点でソフトウェアが選ばれるようになりまし

注7　https://hadoop.apache.org/
注8　https://www.treasuredata.com/
注9　https://www.elastic.co/jp/elastic-stack/
注10　https://www.elastic.co/jp/elasticsearch/
注11　https://www.elastic.co/jp/kibana/

図1.1 データ収集と処理の移り変わり

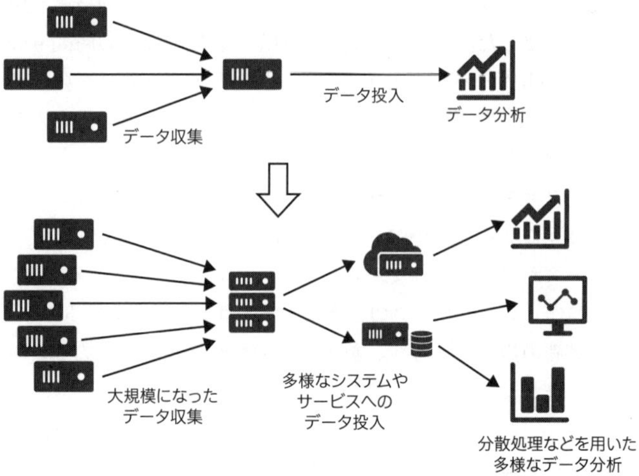

た。特定のデータ処理基盤にデータを連携する単機能のツールよりも、データのハブ(中継点)として、多種類の処理基盤へのデータ投入を広くサポートするソフトウェアが望まれるようになってきたのです。もちろん、Fluentdはこれに該当します。

1.3 Fluentdの特徴

Fluentdのようなログを扱うソフトウェアは過去も現在もたくさん存在します。では、Fluentdに特徴的な点とは何でしょうか。

柔軟なデータ配送
入力元と出力先を自由に組み合わせる

Fluentdは、データを入力元から出力先へ配送します。Fluentdでは入力元や出力先は固定されておらず、さまざまなものを自由に組み合わせることができます。ほかのソフトウェアの多くは、入力元が固定のファイルやシステムであったり、その逆に出力先が固定のファイルやシステムであったりします。

以降では、データの入力から出力まで、Fluentdをどのように用いてデータを配送するかを紹介します。

■──直接のデータ入出力

最も簡単なデータ配送のパターンは、データを発生元からFluentdが直接読み取って入力し、そして直接、最終的な保存先に書き込むことで出力するものです。このとき、データ発生源がサーバ上のファイルなどの場合は、そのサーバに直接Fluentdをインストールします。データ発生源にネットワークアクセスするような場合には、ネットワークアクセスが可能な適当なサーバを用意し、そこにFluentdをインストールすることになるでしょう。このFluentdは、データの出力先にもアクセス可能でなければなりません(**図1.2**)。

Fluentdにとって、データの入力元は1つのこともあれば、複数の入力元から同時にデータを入力することもあります。出力についても、1つの出力先にだけデータを出力することもあれば、複数の出力先に対して出力することもあります。

■──データ転送を挟んだ入出力

前述のものより複雑なパターンとして、データの入力と出力の間でFluentdによるデータ転送を挟むものがあります。このときにはデータを入力する側のFluentdと、データを出力する側のFluentdに分かれ、Fluentdどうしの間でデータを転送します。データ入力側、つまりデータ転送元のFluentdはデータが発生する場所にインストールします。データ出力側、つまりデータ転送先のFluentdはデータの書き込みに便利な場所にインストールします。

このとき、転送元のFluentdにとって、データの転送(送り出し)は出力にあたります。反対に転送先のFluentdにとっては、データの転送(受け取り)は入力にあたります(**図1.3**)。

このパターンは、データが入力できる場所からは最終的なデータ保存先に

図1.2 **Fluentdによる直接のデータ入力と出力**

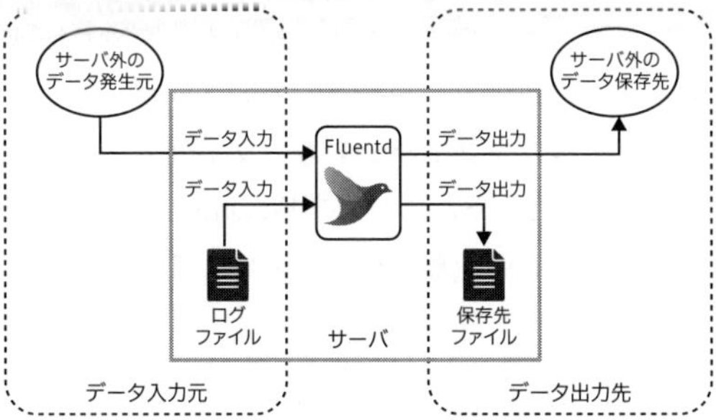

図1.3 Fluentd間でのデータ転送を挟んだ入力と出力

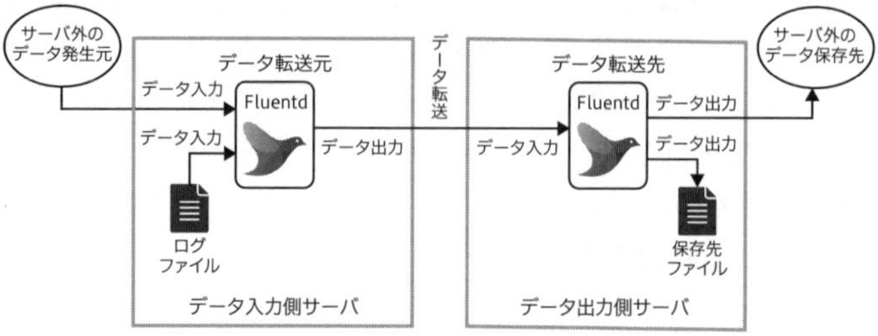

直接アクセスできない場合によく採用されます。また、データ書き込みの性能や安定性の確保、書き込み前のデータ集約などを目的として、アクセス制限などの問題がなくてもデータ転送を挟む場合もあります[注12]。

構造化データ
扱う情報すべてに意味を持たせる

Fluentdはデータを構造化して扱います。Fluentdが扱うデータはすべて次の構造を持っていて、まとめてイベントと呼びます。

タグ
```
web.data
```

日時
```
2022-10-20 16:24:30.321654987 +0900
```

レコード
```
{"key1": "value1", "key2": 2, "key3": "value3", ...}
```

タグは、イベントが表す情報の種類を示す.(ドット)区切りの文字列です。日時は、イベントがいつ起きたのかを示します。レコードは、キー(名前)と値のペアの集合という形式のデータです。この形式は主に、複雑な情報をコンピュータシステムで処理するためのものです。

従来は、ログはただの文字列であることが多く、複雑な情報を含んでいても主に人間に読ませるためのものでした。このようなデータを非構造化データと呼びます。ログを扱うソフトウェアも、文字列をそのまま文字列として扱うものがほとんどでした。それに対してFluentdでは、すべてが構造化データで、すべてのデータが名前や意味を持っています。

注12 データ収集と集約における戦略については9.2節で解説します。

豊富なプラグイン
多様な入出力と実行環境をサポートする

Fluentdが多様な入力元や出力先をサポートしているのは、豊富なプラグイン(*plugin*)のおかげです。Fluentdでは設定で、使用する入力用と出力用のプラグインを指定します。これら入出力プラグインは、Fluentdに標準添付されているものもあれば、第三者やユーザー自身が開発したものもあります。

プラグインは、入出力以外の機能を入れ替えることもできます。これにより、外部システムとの連携やさまざまなデータ形式への対応など、多様な実行環境をサポートできるようになっています。

以降では、Fluentdがなぜプラグインというしくみを用いるのかについて、Fluentd登場以前の問題とFluentdによる解決方法を解説します。

■──Fluentd登場以前の問題点

ログやデータ処理が一般的になってくると、多くの人が多種多様なデータを入力するようになりました。同時に、そういったデータを活用するためのソフトウェアやサービスが多く提供されるようになりました。そのため、データの出力や書き出しの方法も多様化して、単純にファイルに書き出すだけというわけにはいかなくなりました。

Fluentdが登場する2010年ごろまで、こういったデータの収集と書き出しは、それぞれ専用のスクリプトやツールを作って対応するしかありませんでした[注13]。**図1.4**のように、データの入力元と出力先ごとにそれぞれスクリプトを書き、定期的に実行します。

この状況では、データの入力元や出力先が増えるたびに開発が必要になります。また、入力元や出力先のどこかを変更しようと思えば、関連する多数のスクリプトなども対応させなければならず、一度作ったものの変更も難しくなります。これでは効率的なデータ活用を行えません。

■──Fluentdによる解決

Fluentdは、この問題を解決するために作られました。Fluentdは、各種のデータ入力元や出力先をサポートします。そのうえで、データの流れを制御し、どこから入ってきたデータをどこに流すかを設定ファイルに記述します。こうすれば、多様なデータの入力元と出力先に同時に対応できます。

注13 Fluentdと類似コンセプトのLogstashも、同じころに登場しました。syslogd、syslog-ng、rsyslogなどsyslog系のツールは以前からありましたが、データの読み込みおよび書き込み機能としては限られており、多種多様なデータ活用のためのソフトウェアおよびサービスへの対応は難しい状態でした。

ただし、データの入力元や出力先には莫大なバリエーションが存在します。会社によっては、独自のデータ形式やデータ発生源、データ送信プロトコルなどもあるでしょう。また、プロプライエタリソフトウェア(ソースコード非公開の商用ソフトウェア)も存在します。これらすべてをFluentdがサポートするのは現実的ではありません。

こういった事情を考慮し、Fluentdはプラグイン機構を採用しました。データの入力や出力は、すべてプラグインで対応します。プラグインはFluentdに付属しているものもあり、組込みプラグインと呼びます。本書で紹介するプラグインは、特記あるものを除いて、組込みプラグインです。

一方で、プラグインは誰でも簡単に作成し、用いることができます。このようにしておけば、さまざまなデータの入力元や出力先にまでFluentd本体が対応する必要はなくなります。ユーザー独自形式のデータ入力元やデータ出力先については、その部分だけに関係するプラグインを書けば対応できます。プラグインはほかの部分に影響を与えないため、そのほかのデータ出力の制御や独自形式の必要ないデータ入力元および出力先については、Fluentdをそのまま使用できます(**図1.5**)。

図1.4 **多数のスクリプトによるデータ入出力への対応**

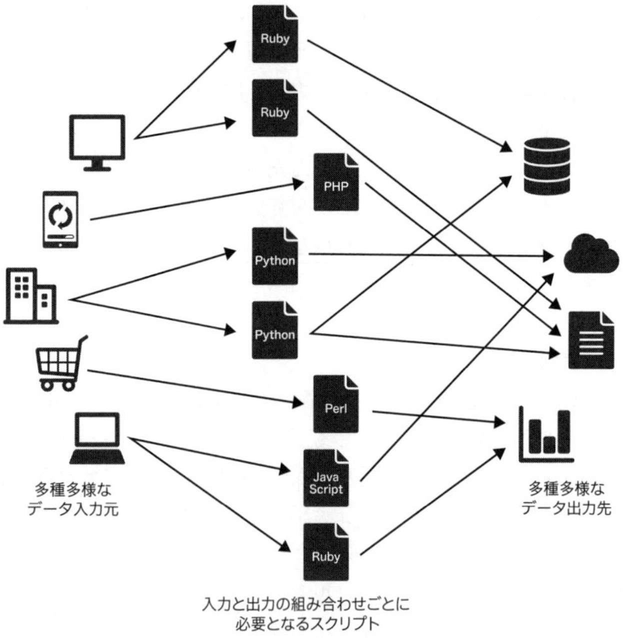

■──公開プラグインのユーザー間での共有

Fluentdのプラグインは、RubyGems[注14]というしくみを通して共有できます。誰でも自分が書いたプラグインを共有でき、誰でもそれをダウンロードしインストールして使用できます。このため、よく使われるプラグインは多くの人で共有され、多くの人の要望を満たすよう改良が進みます(**図1.6**)。

注14 https://rubygems.org/

図1.5 Fluentdによるデータ入出力への対応

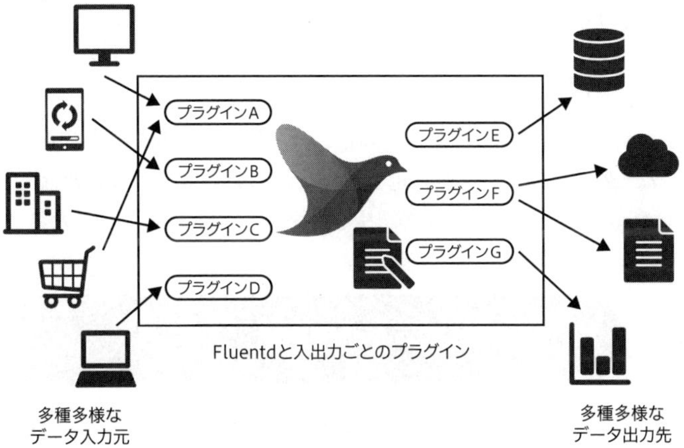

図1.6 公開プラグインの改良のフィードバック

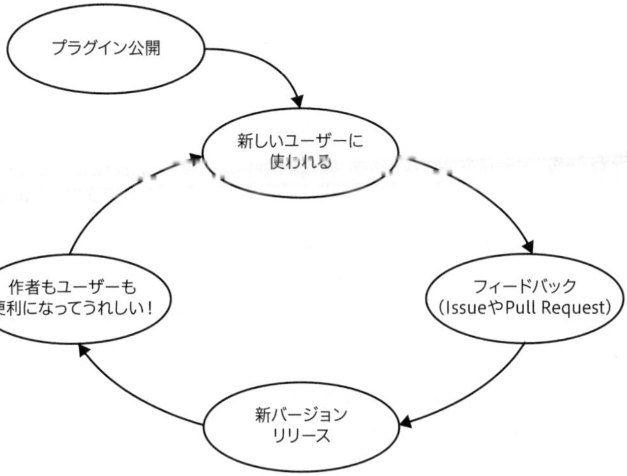

プラグイン機構による多様な入力元と出力先のサポートは、Fluentdの最も有力な利点です。

出力の並列化と再実行のしくみの提供
プラグインの実装を簡単にして開発を支援する

データをさまざまな場所に出力する場合には、出力処理をいくつも同時に実行できなくては十分な性能が出ません。また、データの出力はネットワークやディスクへの書き込み処理ですので、常に失敗する可能性があり、失敗した出力処理を適切にやりなおせる必要があります。こういった処理の並列化や再実行のしくみは、すべての出力プラグインに必要です。しかし、各プラグインがそれぞれ実装しなければならないとなると、プラグインを書きにくくなりますし、バグの原因にもなります。

Fluentdは、出力プラグインに並列化と再実行のしくみを提供します。そのため、プラグインの側では並列化と再実行について気にする必要はありません。これも、多様なプラグインの誕生を支援する、Fluentdの大きな特徴です。

1.4 Fluentdのデータ処理方式

Fluentdは、データをストリームとして処理します。このストリームとは何を意味するのでしょうか。また、ほかにはどのようなデータ処理手法があり、それぞれどういったユースケースに向いているのでしょうか。

バッチ処理の問題点

Fluentdなどが普及する以前の長い間、ログの処理は、基本的にはバッチ処理で行われていました。

ある一定の期間、たとえば1日ごとを区切りとし、その間に発生したデータをまとめて集約する処理をバッチ転送と言います。多くの場合、分散して発生したデータをバッチ転送によりある場所に集約します。バッチ処理とは、バッチ転送によって集約されたデータを、一定の期間分まとめて処理にかけることを言います。バッチ処理はデータをまとめて処理するため処理性能を向上させやすく、大量のデータの効率的な集計に向いています(**図1.7**)。

バッチ処理は構造が単純で実現しやすく、データの総量が小さいうちは運用も楽です。ただ、データの総量が大きくなってくると1ホストで処理しきれなくなり破綻します。そこに、バッチ処理を目的とした初期のHadoopが登場して分散処理への道が拓かれ、より大きなデータにも対応できるようになりました[注15]。

バッチ処理には、ほかにも次の問題が残っています。

■──データがまとまってから転送する

バッチ転送は、区切りの期間を過ぎてから開始されます。しかも、データ量が多くなると、バッチ転送に数時間を要することも珍しくありません。バッチ処理は、バッチ転送が終わるまでとりかかれません。

■──データがまとまってから処理する

たとえば1日ごとのバッチ処理であれば、ある日の状況をログから知るためには翌日まで待つ必要があります。そのため、バッチ処理は定期的に出力するサービス状況のレポートなどには向いていますが、突発的な出来事の把握と対応などには不向きです。バッチ処理を、障害の発生直後に対応することや、ユーザーのサービス利用状況に応じて即座にアプリケーションの動作を変えることなどの目的で用いるのは難しいでしょう。

注15 後述するように、現在のHadoopは、バッチ処理だけでなく、ストリーム処理やリアルタイムに近い処理も行えます。

図1.7 バッチ転送とバッチ処理によるデータ分析

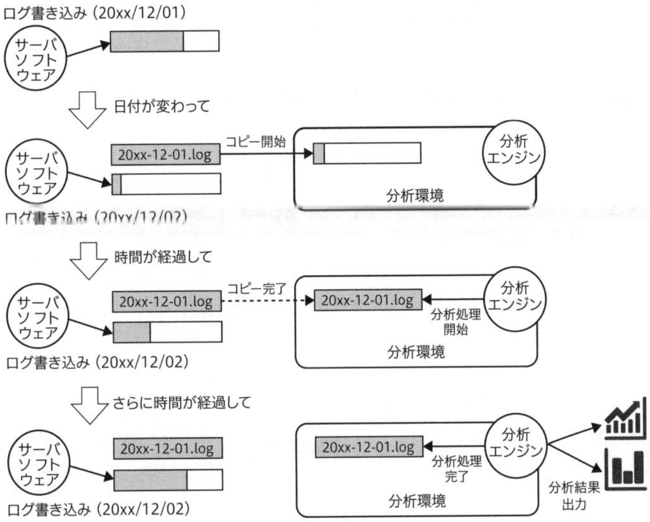

ストリーム処理による解決

バッチ処理の問題を解決するために多くの企業で使用されるようになったのがストリーム処理です。Fluentdは、データをストリーム処理で扱うためのソフトウェアです。

■――データを即座に転送する

ログは、コンピュータシステムの動作中は継続的に発生し続けるデータです。ログの期間に対する区切りは、多くの場合、人間の都合によるものです。通常、ログとログの間に区切りはなく、ログは休みなく発生し続け、一つ一つのログが大量に連なって存在します。こういった種類のデータをストリーム[注16]と呼びます。

継続的に発生するストリームを、発生した端から即座に集約する処理がストリーム転送です。データが発生してから集約されるまでのタイムラグがほとんどないため、バッチ処理と組み合わせる場合でも、期間の区切りの瞬間からほとんど待たずにバッチ処理を開始できます(**図1.8**)。

ただし、1日ごとに区切ってバッチ処理を行うのであれば、データの発生から結果を知るまでに、やはり1日のタイムラグが発生します。

注16 「ストリーム」という言葉は、コンピューティングあるいはプログラミングの世界でいろいろな意味で使われます。ここでの用法は、あくまでデータ処理の文脈におけるものです。

図1.8 ストリーム転送とバッチ処理によるデータ分析

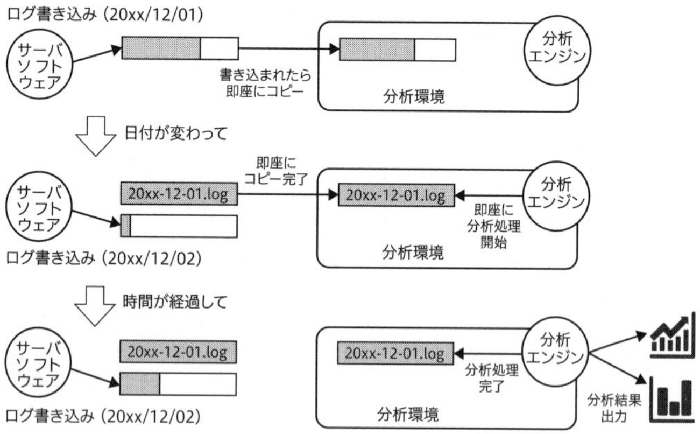

■——データを即座に処理する

ストリームとして休みなく転送されてくるデータを即座に処理するのがストリーム処理です。データは転送されてきた瞬間に処理されるため、ある特徴を持ったデータ、たとえばコンピュータがクラッシュしたことを示すデータを探したいという要求があれば、データが送られてきた瞬間に発見できます。ストリーム処理は、データの発生から報告までのタイムラグをできるだけ小さくしたいときに大きな力を発揮します(**図1.9**)。

こういった速報性はビジネスで重要なため、近年ではさまざまなストリーム処理用のソフトウェアが登場し、広く使われるようになりました。ただし、ストリーム処理はどうしてもシステムが複雑化しやすいため、単純さではバッチ処理に劣る面はあります。

なお、ストリーム処理を行うには大前提としてストリーム転送が必要です。また、ストリーム転送は、データの書き出し時にある程度データを集約して書き込むなど、データ処理を同時に行うという側面もあります。このため、転送と処理を区別せず、両者をまとめてストリーム処理と呼ぶ場合も多くあります。本書でも特に明示しない場合はこの2つを区別せず、まとめてストリーム処理と呼びます。

Fluentdで扱えるデータ

Fluentdは、ストリームとして処理できるデータを扱えます。

具体的には、前述したシステムログ、アクセスログ、アプリケーションログ、そして操作ログ、行動ログやセンサデータなどを幅広く扱えます。また、監査ログやシステムモニタリングのデータ収集および集約などにも大きな力を発揮します。

少し変わったものとしては、データ収集のためのエージェントとしてFluentdを

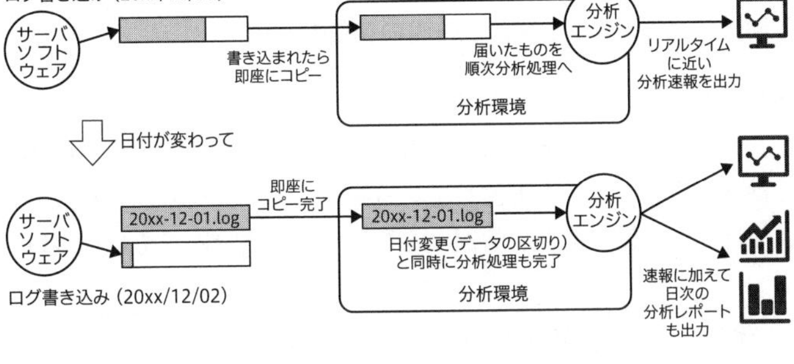

図1.9 ストリーム処理によるデータ分析

使うケースもあるようです。たとえば、Twitterからのツイート収集などは、一つ一つのツイートを1データとして扱うことで、途切れなくデータが流れてくるストリームとみなせます。こういった継続的なデータの収集、配送系でも活躍します。

1.5 Fluentdのユースケース

Fluentdが実現するストリーム処理は、バッチ処理とは大きく異なるため、具体的な用途が想像しにくいこともあります。ここでは典型的なユースケースを紹介します。

ログ検索をすばやく実行

ストリーム処理により実現される最もわかりやすい機能は、ログの検索です。切れ目なく流れてくる莫大なログから、あらかじめ決めておいたパターンに沿うログを検索、抽出し、何か特徴的な出来事が発生したときにそれをすばやく報告します。古くから、syslogや統合監視用ツールを用いて、ディスクのクラッシュ、不正なログイン、想定外のプロセス終了といったコンピュータの障害をシステムログから発見するために用いられてきました[注17]。

同様のことが、現在ではFluentdも用いて、もっと広い目的で行われるようになりました。たとえば、いくつかのプラグインを組み合わせて用いれば、Webサービスの新機能を使っているアプリケーションログが流れたとき、ユーザー情報とともに抽出して開発者に通知できます。また、別のプラグインの組み合わせにより、複数の条件の組み合わせでログを検索、抽出することも簡単にできます。ECサイトでは、売上のあった商品と購入者の年齢などの属性の組み合わせで検索することなどが広く行われています。

ログ集計によるモニタリングと通知の自動化

単純なログの検索はストリームを流れるログの1件1件を対象に行われますが、これではできることに限界があります。たとえば、大規模なWebサービスで秒間何百リクエストも流れている場合、全エラーログをそのまま出力していては莫大な量となり、何がなんだかわかりません。ある程度以上の件

注17 「ログ監視」などの名前で機能化されることが多かったと思います。

数で発生しているエラーログだけを抽出して表示したり、エラーログの種類ごとに何件ずつかを報告したりといったことが求められます。

これを実現するのがログの集計です。ストリームをあらかじめ決めた細かい単位、時間の場合は1秒から1分程度、あるいは100件のログごとなどで区切り[注18]、ログが到着するごとに逐次処理的に集計します。これにより、区切りの終端に達したら集計結果を即座に出力できます。

ストリーム処理による集計を用いることで、詳細な分析結果をすばやく入手できます。先述したエラーログの種類別件数のレポートなども簡単に作成できます。ECサイトの在庫管理のため、商品ごとの売り上げが一定期間内に何件以上になったら通知するといったことも行えます。

Fluentdを用いた例でよく行われるのが、アクセスログの収集と同時に行う、HTTPレスポンスコードごとの集計とグラフ化によるモニタリングです(**図1.10**)。予期せぬエラーログが多く出るようになったら、自動的に検出してサービス提供者に通知することも行われています。こうすることで、バグのあるプログラムが本番サービスにリリースされたときもすばやく検出し、いつの時点からどのくらいのユーザーに影響が出ていたのかを簡単に把握できます。

リアルタイムな状況分析

ストリームに対するログの集計は強力ですが、何をどう集計するかを事前に決めておかなくてはならない点で使い勝手が悪いこともあります。何かが起きた場合に、ストリーム処理による通知を受け取ってから、通知時点よりさらに過去のデータにさかのぼって調べたい、ということがあります。あるいは、最近のデータに対して簡単に集計をかけ、結果内の特徴的なデータに

注18 これをストリーム処理の用語では「ビュー」あるいは「ウィンドウ」と呼びます。

図1.10 レスポンスコードの割合(上部)とレスポンスタイム(下部)

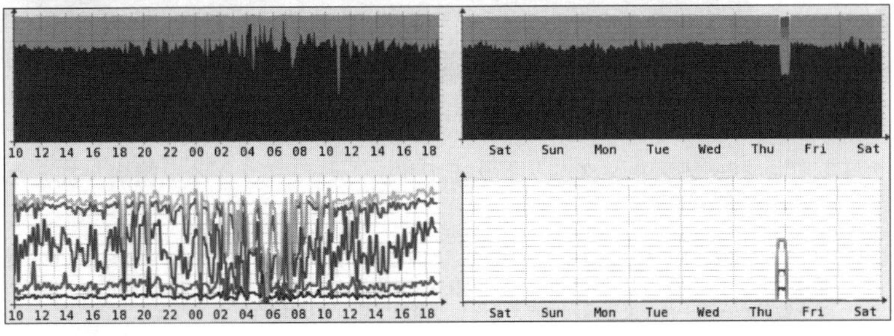

絞ってさらに調べたいというような機能もよく要求されます。

Elasticsearch と Kibana を用いたログの集計、検索機能で、この要望に応えることができます。ストリーム転送されてくるログを Fluentd を用いて収集したのち、検索用データベースの Elasticsearch に格納し、Kibana という Web UI (*User Interface*) ツールで可視化します。Kibana の画面上で検索や集計を行えるため、最新のログに対してインタラクティブに処理を実行して結果を確認し、それをもとにさらに処理を実行するという繰り返しを実現できます。

当初はバッチ処理基盤だった Hadoop も、今ではさまざまなソフトウェアコンポーネントと共存しています。Fluentd も、もちろん Hadoop のファイルシステムにデータを書き込むことができます。また、データ処理の側でもストリーム処理やリアルタイム[注19]に近い処理を行える機能も含まれています。もともと大量のデータを集めておくための機能としくみが備わっていますから、そこでストリーム処理も行うように進化するのは当然の流れでしょう。

Fluentdを使用すべきでないケース

Fluentd を使用すべきでないユースケースもあります。

資金の移動や決済などの強い一貫性、トランザクションを必要とするデータの処理に Fluentd を使うべきではありません。これらは、複数のデータへの変更をトランザクショナルに、つまり一貫性を保証して行うべき操作です。Fluentd ではデータの入力から出力までをトランザクションで保護することは不可能です。

もちろん、一貫性の保証が必要な処理とは分けて、分析あるいはモニタリングだけを目的として Fluentd を用いるのは有用なユースケースです。一貫性の保証が必要な部分には RDBMS (*Relational Database Management System*) などを用い、それ以外のモニタリングやロギングなど、フレキシビリティと性能が求められる処理に Fluentd を用いるのが正しい戦略です。

1.6 Fluentdのコア機能

Fluentd でストリーム処理を実現するための必須機能が3つあります。ルーティング、バッファリング、リトライです。これにプラグイン機構を加えた

注19 「リアルタイム」も誤解を招きやすい表現で、コンピューティングの世界でリアルタイムという言葉はストリームと同様にやはりいくつもの意味で使われますが、ここではデータ発生から処理までを数秒から数十秒程度の遅れで行えるという意味で使っています。

4つが、Fluentdのコア機能です。

ルーティング
行き先を制御する

ストリームを扱ううえで、ルーティング(*routing*、行き先の制御)には2つの役割があります。

一つは、ストリーム転送における、転送先の指定です。ログの種類や発生元などの情報をベースに、宛先となるホストを決めてデータを転送します。このとき、データを複製して複数のホストに転送することもあります(**図1.11❶**)。負荷分散のため、複数のホストを1グループとして、そのうちのどれかに転送することもあります(図1.11❷)。また、応答しないホストは避け、生存しているホストにのみ送信する機能もこれに含まれます(図1.11❸)。

もう一つは、ストリーム処理における、どういったログをどういった処理の対象にするかの指定です。ログによって、処理A、B、Cすべてをかけたあとで出力したいこともあれば、処理AとCは必要だけど処理Bは不要というケースもあるでしょう(**図1.12**)。

図1.11 ストリーム転送におけるルーティング

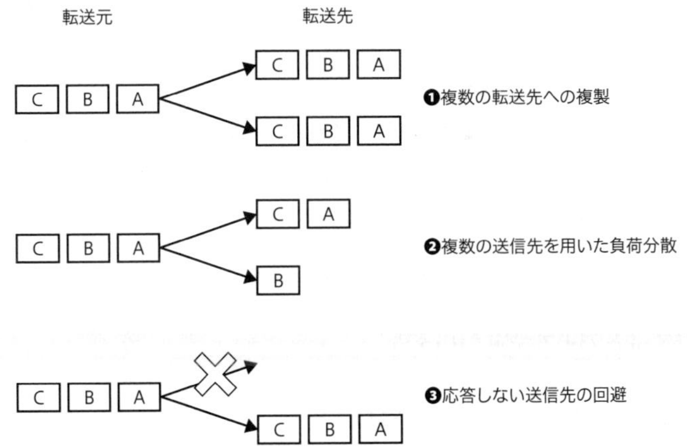

図1.12 ストリーム処理におけるルーティング

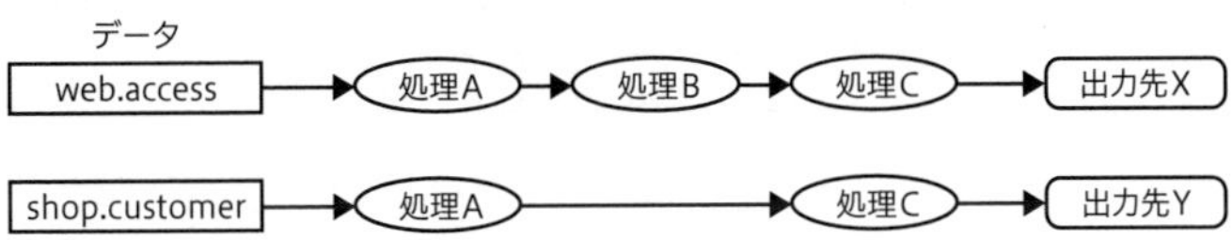

図1.11❷の負荷分散と図1.11❸の応答しないホストの除外は、ネットワーク転送を実現する組込みプラグインであるin/out_forwardプラグイン[注20]の機能として実現しています[注21]。それ以外の、ログの種類によって転送先や処理内容を変える部分については、Fluentdのコア機能として実現しています[注22]。

バッファリング
データを一時的に保存してまとめる

発生したデータを即座に読み込んで転送、処理するのがストリーム処理だと前に述べましたが、これは議論を単純化したものです。実際には、データが発生するはしから1件1件読み込むたびに個別に処理していたのでは、処理性能が極端に低下し、誰にとっても満足できないものになります。これを避けるため、通常のストリーム処理系では、ある程度データのとりまとめや一時的な保存を行い、数件あるいは数秒、場合によってはもっと長い単位でデータをまとめて処理します。このデータをまとめる場所をバッファ(*buffer*)、まとめる処理およびまとめたデータを扱う処理をバッファリング(*buffering*)と呼びます(**図1.13**)。

どういった単位でバッファリングするかは、データの即時性がどれだけ重要か、どういった処理を行うかに依存します。そのため、ソフトウェア側で一律に定めることは不可能です。また、バッファリング中のソフトウェアの再起動や不意の停止などの場合にバッファの内容を保持できるかどうかという問題[注23]についても考える必要があります。データを失わないようにディスクに書き込むと、その分性能が犠牲になります。

Fluentdではバッファリングの機構とそれを用いるしくみはコアで用意し、バッファ機能の実装そのものはプラグイン化しておくことで、ユーザーが必要に

注20 本書ではこの表記で、in_forwardプラグインとout_forwardプラグインの両方を指します。
注21 in/out_forwardプラグインについて詳しくは、8.4節で解説します。
注22 詳しくは、第6章で解説します。
注23 保持できなければデータは失われます。

図1.13 バッファリングによる性能向上

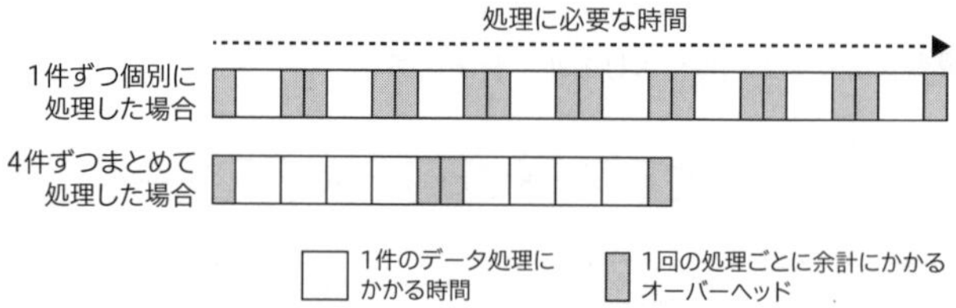

応じてバッファの実装を入れ替えられます。そのうえで、ほとんどのケースで必要十分な実装として、メモリバッファ(*memory buffer*)とファイルバッファ(*file buffer*)のプラグインについては組込みプラグインとして同梱《どうこん》しています。

バッファが必要となるプラグインは、どのバッファを使い、どういった単位でバッファンリグするかについてのデフォルト設定を持っています。ほとんどのケースでは、デフォルトのバッファ設定で問題なく動くでしょう。しかし、よりパフォーマンスを求める場合には、バッファ周りの設定のチューニングが欠かせません[注24]。

リトライ
失敗した処理をやりなおす

リトライ(*retry*)とは、何か失敗した処理があったときに、それをやりなおすことです。

Fluentdなどのストリーム処理系は、データを常に移動させます。データの移動にはネットワーク通信を伴うことがほとんどですし、外部のストレージ、データベースあるいはWeb APIなどとの通信を伴うこともよくあります。そして、こういった処理を実行する場合に考えなければならないのが、処理に伴うエラー(失敗)と、それをどう扱うか、つまりエラーハンドリングです。

失敗には、回復可能なエラー(再試行可能なエラー)と、回復不可能なエラーがあります(**図1.14**)。

回復可能なエラーの代表例は、一時的なネットワーク通信の切断や、データ格納先ホストにおける一時的なバッファ容量溢れ(バッファオーバーフロ

注24 バッファリングの機能や性能について詳しくは、第7章と第9章で解説します。

図1.14 回復可能なエラーと回復不可能なエラー

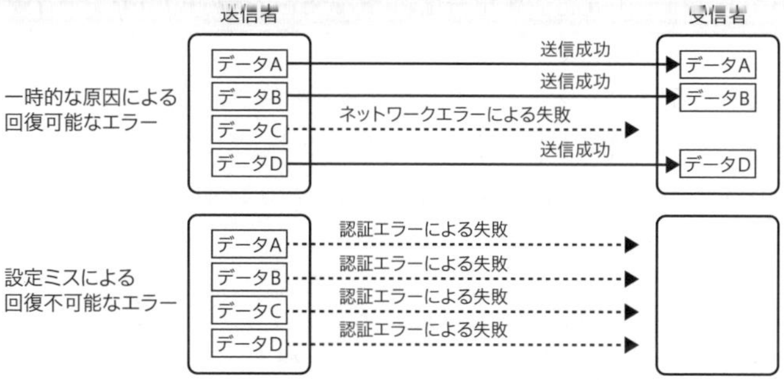

ー)です。回復可能なエラーの場合、正常な状態に復帰したら、Fluentdが自動的にデータ出力のリトライを行います。

回復不可能なエラーの代表例は、認証エラーや、データベースへの格納時の型の不一致などです。回復不可能なエラーは、ソフトウェアではどうすることもできません。この場合でもFluentdはリトライを繰り返しますが、最終的な解決には、ユーザーが設定を編集するなどして適切な状態に変更する必要があります。

プラグイン機構
さまざまな機能を入れ替え可能にする

プラグイン機構とは、ソフトウェアの機能の一部をほかから独立させ、入れ替え可能にするしくみのことです。Fluentdのプラグイン機構は、入出力、データの変換、データの一時的な保存、テキストデータの解析や整形など、さまざまな機能を対象としています。

世界ではさまざまな状況で多様なデータが処理されており、Fluentdの開発者たちがすべてを予見して対応することはできません。各機能をプラグインによって入れ替えられれば、ユーザーは自分の利用状況に合わせて適切なプラグインを選択できますし、自分自身でプラグインを開発して使うこともできます。プラグイン機構こそが、Fluentdが広く使われるようになった原動力だと言えるでしょう[注25]。

1.7 Fluentdのデータ配送方式

Fluentdの主な目的はデータの配送です。データの配送において重要なのは、どのような基準でリトライを行うかという戦略です。これは英語で"delivery semantics"と表現されるトピックなのですが、良い訳語がありません。"semantics"は「意味論」と訳されることが多いですが、これで理解できる人は少ないでしょう。あえて訳す場合は、「メッセージ配送のセマンティクス」と表現されることが多いです[注26]。

メッセージ配送のセマンティクスは、メッセージの配送時に起きる失敗への対応を、3つの戦略としてまとめたものです。3つの戦略には、"at most once"(多くても1回)、"at least once"(少なくとも1回)、"exactly once"(正確に1回)があります。

注25　プラグイン機構については、第5章で解説します。

注26　一般に通信の文脈では、配送対象を「メッセージ」と呼びます。ここでは配送対象のデータだと理解すればよいでしょう。

メッセージ配送のセマンティクスが重要なのは、メッセージの配送時に起きる失敗への対応は、データの欠損や重複といった問題に密接に関係してくるからです。そして、データの欠損もしくはデータの重複のどちらなら許されるのかは、配送するデータの性質に深く関係するため、ユーザーでなければわかりません。

この問題の根本には、ネットワークを介して通信している以上、送信者が送信に失敗したと思っても、受信者は受信に成功しているケースがあります(**図1.15**)。逆に、送信者が送信に成功したと思っても、受信者は受信に失敗しているケースもあります(**図1.16**)。データ送信およびリトライは送信者からしか行えないため、そこでギャップが発生します[注27]。

以降では、Fluentdがネットワーク経由でデータ転送を行う際に使用する`in/out_forward`プラグインを題材に、それぞれの戦略を説明します。

注27 ネットワーク越しのデータ転送を行っている場合、「データの欠損や重複の可能性がゼロ」とは絶対に言いきれません。これについては長い長い議論があるのですが、ここでは解説しきれません。興味があれば、"delivery semantics"という用語で検索するか、分散システムに関する専門書を読んでみてください。

図1.15 データ送信が失敗したように見えても、再送するとデータが重複するケース

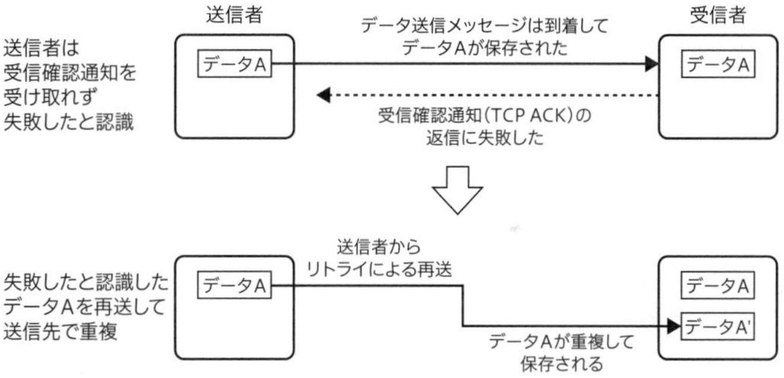

図1.16 データ送信が成功したように見えても、受信者が保存に失敗しているケース

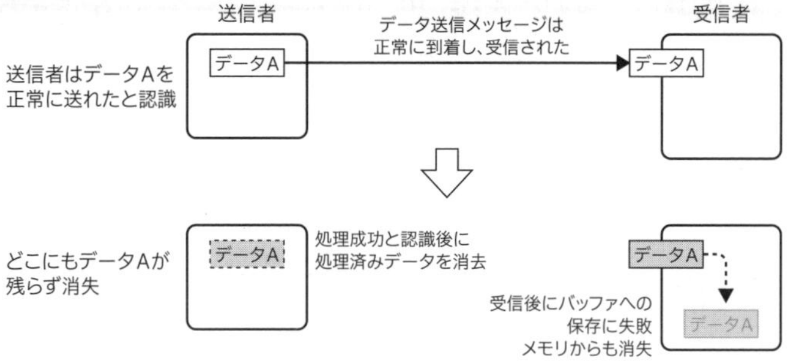

at most once
何もなければ成功とする

"at most once"（多くても1回）は、1回だけデータを送信し、データが受信者に届いたかどうかは確認せず完了したとみなすという戦略です。

Fluentdのin/out_forwardプラグインは、明確な通信エラーなく送信に成功した場合、それ以上の確認を行わず、成功として扱います（**図1.17**）。明確な通信エラーが発生した場合、リトライします。このリトライは、at most onceのセマンティクス外のものです。明確な通信エラーには、受信ノードの一時的な障害、ネットワークの切断、DNS（*Domain Name System*）あるいはルーティングの問題といったよく起きる種類のものがカバーされています。そのため、ほとんどのデータは正常に届くか、届くまでリトライされます。

この戦略は、in/out_forwardプラグインのデフォルトの挙動です。

■――採用するべきユースケース

at most onceでは、明確な通信エラーにしかリトライが行われません。そのため、データの受信後に受信側ホスト内でバッファオーバーフローなどの障害が起きると、データを欠損します[注28]。

at most onceは受信確認を行わずネットワーク転送効率が良いため、Fluentdではデフォルトとなっています。ただし、データを欠損することもあるので、パフォーマンス重視だが1件1件の重要度はそれほど高くないデータに使用するべきです。欠損が絶対に許されないデータには用いるべきではありません。

at least once
成功したと返事がなければ失敗とする

"at least once"（少なくとも1回）は、データの送信が完了したことを受信者

注28　正確には、図1.15で紹介したように、TCP（*Transmission Control Protocol*）通信におけるACK（*Acknowledgement*、受信通知）パケットの受信に失敗し、受信側でデータが重複する可能性もあります。ただし、ほかのパケットは正常に送受信される状況で、ACKのみ失敗する可能性は非常に低いため、現実的には重複については無視できます。

図1.17 at most once

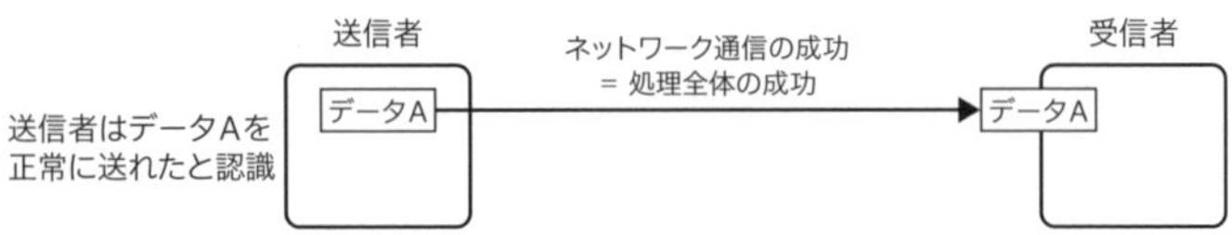

に確認する、確認できるまでリトライするという戦略です。

Fluentdの`in/out_forward`プラグインは、受信側からのデータを受け取ったというメッセージ(受信確認メッセージ)を送信側で受け取ることで確認しています。受信確認メッセージを設定した時間内に受け取れなかった場合、データ送信をリトライします(**図1.18**)。

この戦略を用いるには、`out_forward`プラグインの`require_ack_response`パラメータに`true`を設定します[注29]。

■──採用するべきユースケース

at least onceでは、通信エラーやバッファオーバーフローを含むほとんどの問題に対してリトライが行われます。at least onceで想定される問題は、受信側ホストが確認メッセージの送信に失敗するというものです。このときもリトライが行われるため、受信側でデータが重複します(**図1.19**)。

注29 詳しくは、8.4節で解説します。

図1.18 at least once

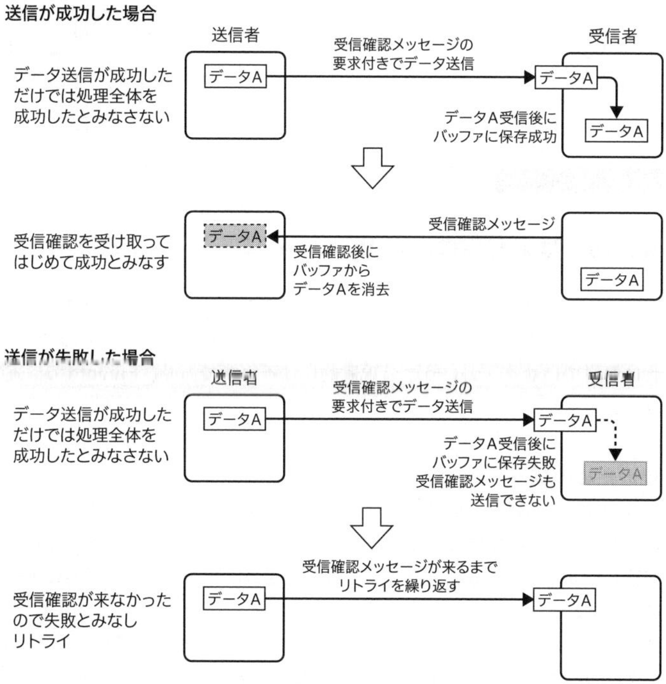

at least onceは、確実にデータを転送したい場合に採用します。ただし、データの重複が発生しやすいので、重複が許されないデータには用いるべきではありません。また、受信確認を行うため、ネットワーク転送効率はどうしても落ちます。極端に大きなトラフィックを扱う場合は、十分な性能が出るかを確認する必要があります。とはいえ、単一のデータセンター内におけるネットワーク通信であれば、ほとんどの場合は十分な性能が出るでしょう。

図1.19 at least onceでのデータ重複の発生

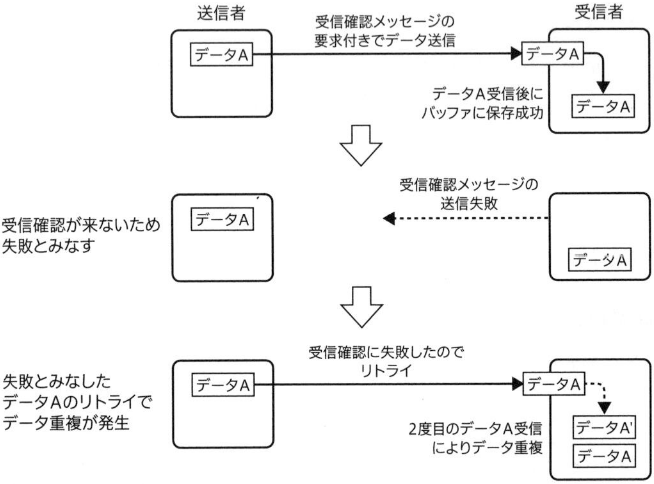

コラム

Fluentdでは未実装のexactly once 正確に1回だけ転送する

"exactly once"(正確に1回)は、読んで字のごとく、正確に1回だけデータを送信し、欠損も重複もないことを保証するというものです。とはいうものの、これは簡単ではなく、というより現実的には不可能であり、Fluentdでは実装されていません。

実現のための試み

exactly onceが難しいのは、at most once、at least onceの例で見てきたように、2点間の通信で失敗が起きた場合、何が送れて何が送れなかったかの確認が難しいからです。また、確認に失敗した場合に再送すると、容易に重複を起こします。

これを防ぐためによく用いられる方法の一つに、データの送受信に先立って、データについての情報だけを別の方法で管理、共有するというものがあります。

別の場所にデータベースサーバを置き、送信対象のデータについての情報をトランザクションの保護のもとで書き込みます。また、受信者は、データ受信後にそのことを同じく書き込みます。送信者は、これらの情報を用いてデータのやりとりに成功したかどうかを判断します(**図1.a**)。

これは正常時にはもちろんうまく動作するものですし、送信ホストと受信ホストの間の通信に問題が起きたケースにも正しく動作します。ところで、at most onceであれat least onceであれ、正常時を含めたいていの場合にはうまく動作するものだ、ということは忘れてはいけません。

実際には実現不可能な理由

実際には、送信側ホストと受信側ホストの通信が失敗するケースの多くにおいては、送信側ホストとデータベースサーバ、受信側ホストとデータベースサーバの通信も失敗します。こうなると結局、データの状態をデータベースサーバに問い合わせることができず、意味がありません。それどころか、送信側ホストと受信側ホストに問題がなくても、データベースサーバに障害が起きていれば通信ができなくなります。これでは、ただ単に障害の可能性を高めただけ

図1.a データベースを使用したデータ送信確認の実施

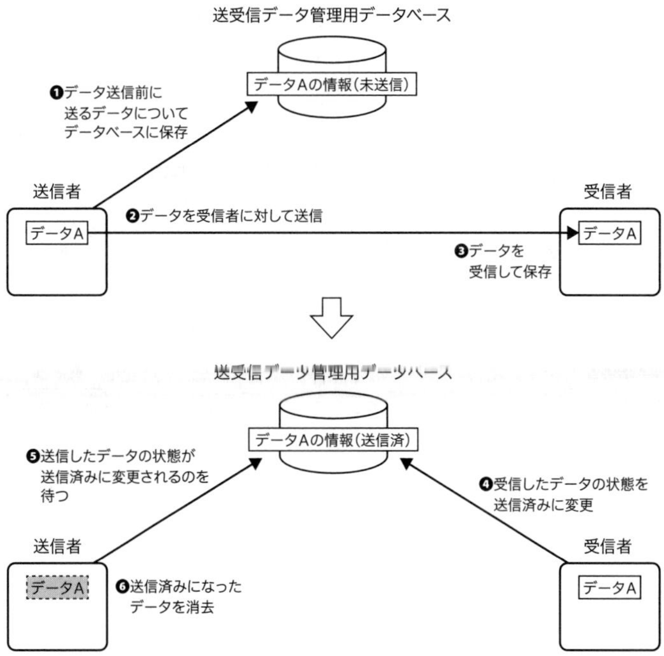

です(**図1.b**)。

また、このデータベースのような中央サーバには負荷が集中するため、容易に障害ポイントになります。特に、大規模な構成では送信ホストも受信ホストも多くなっていくのに対し、データベースサーバの性能を追従させるのは難しいことが背景にあります。

このような理由から、Fluentdではexactly onceをサポートしていません。「正確に1回だけ送りたい」というユーザーの要望はもっともなことだと思いますが、現実的には不可能なのです。at most onceとat least onceのどちらが適切かをデータの特性に合わせて判断し、使い分けてください。

図1.b 送信元やデータベースにおける通信失敗

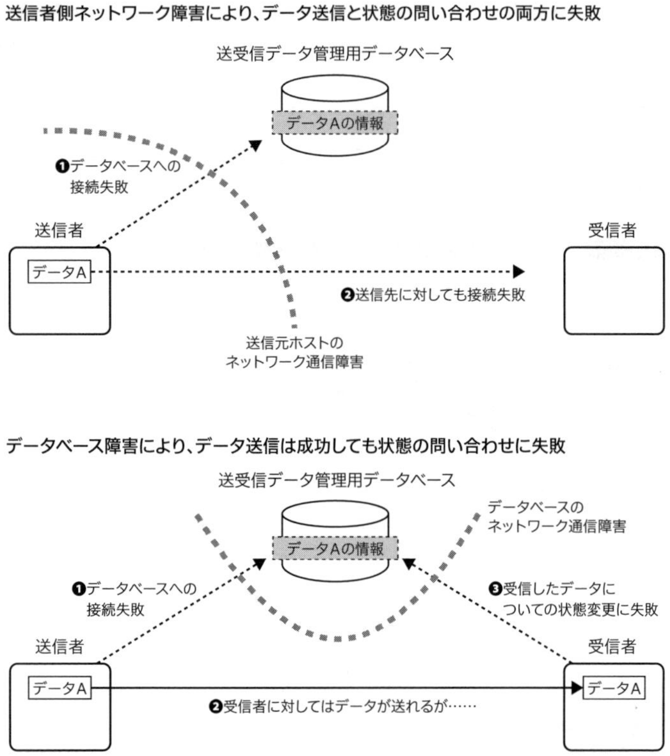

1.8 Fluentdのバージョン

Fluentdは、現在バージョン1系がv1.x.yといったバージョンでリリースされています。1はメジャーバージョン、xはマイナーバージョン、yはパッチバージョンです。軽微なバグ修正などの場合にパッチバージョンが更新され、機能追加や挙動の変更などの場合にマイナーバージョンが更新されます[注30]。

バージョン1系にいたるまで、Fluentdはいくつか大きなバージョンアップを行ってきました。

- **v0.9.x**
  最初期の開発版
- **v0.10.x**
  初期に使用され始めた初めてのバージョン
- **0.12.x**
  広く利用されてから初の大きなバージョンアップ。いくつかの機能追加
- **v0.14.x**
  v1に向けての大きなバージョンアップ。ナノ秒対応や新プラグインAPI提供など
- **v1.x**
  v0.14を継承してそのままバージョン1リリース

大きな新機能や多少なりとも互換性に影響がある変更があったのは、v0.9およびv0.10の初期、そしてv0.14へのバージョンアップ時です。v0.14へのバージョンアップ時には、v1以降を長く使える安定したものとするため、多数の修正が行われ、大規模な環境でも使いやすくする多くの新機能が導入されました。

Fluentdは、現在の最新版であるv1.xにおいても、v0.10のころに書かれたプラグインや設定が基本的にはそのまま動作するように考えられています。

ただし、最近のバージョンで導入された新機能を使いたい場合は、新バージョンに合わせた新しいプラグインAPIと設定を用いなければなりません。また、v0.12以前に用いられていた古いプラグインAPIは、将来的にv2で廃止予定です[注31]。

過去のバージョンをそのまま使っているユーザーの人がいましたら、ぜひ新バージョンの機能も確認してみてください。さまざまな良い機能があるはずです。

注30 メジャーバージョンは互換性を壊す大きな変更がある場合に更新されるはずですが、Fluentdはまだバージョン1系のままのため、行われたことがありません。

注31 v2のリリーススケジュールなどはまだ決まっていません。

1.9 本書の構成

本書は、Fluentdを初めて使うための知識から始まり、実践的な知識、プラグイン開発、プロトコルの解説へと進みます(**表1.1**)。

第1章では概要として、Fluentdとは何か、どのような目的でどのような特徴を持ったソフトウェアなのかを解説しました。

第2章と第3章はFluentdの基本的な使い方です。第2章ではインストール方法、第3章では設定方法を解説します。

第4章から第7章はFluentdがどのように動作しているのかについてです。第4章ではFluentdの設定ファイルの書式と構造、第5章ではプラグインの基本を解説します。そして、第6章でデータ処理の対象であるイベントデータについて説明し、第7章でプラグインがイベントデータを処理する際の詳細を解説します。

第8章と第9章はFluentdの実践的な使い方です。第8章ではFluentdの組込みプラグインについての、第9章では本番環境における構成と運用についての実践的な知識を解説します。

第10章から第14章はプラグイン開発です。第10章ではプラグイン開発の

表1.1 本書の構成

大枠	章
Fluentdの概要	第1章：Fluentdとは何か
Fluentdの基本的な使い方	第2章：Fluentdのインストール
	第3章：Fluentdのシステム設定
Fluentdの動作	第4章：設定ファイルの書式と構造
	第5章：プラグインの基本
	第6章：イベントデータ
	第7章：プラグインごとの役割
Fluentdの実践的な使い方	第8章：組込みプラグイン
	第9章：本番環境における構成と運用
プラグインの開発方法	第10章：プラグイン開発の基本
	第11章：プラグインの設定
	第12章：プラグインごとの開発手順
	第13章：プラグインのテスト
	第14章：プラグインヘルパー
Fluentdの通信	第15章：Fluentdの通信プロトコル

基本、第11章ではプラグインの設定、第12章ではプラグインの種類ごとの開発手順、第13章ではプラグインのテストについて解説します。第14章では、プラグインに共通する機能を集めたプラグインヘルパーについて説明します。

最後の第15章では、データの送受信に使われているFluentdの通信プロトコルについて解説します。

1.10 まとめ

本章では、Fluentdとはどのようなソフトウェアなのかについて、その特徴や機能、ユースケースなどを紹介しました。

Fluentdは、ログをはじめとしたデータの収集のためのソフトウェアです。Fluentdは、データを構造化して扱うこと、プラグイン機構により多様な入出力に対応できること、ストリーム処理によりデータを小さなタイムラグで扱えることが特徴的です。また、データ処理に必要なルーティング、バッファリング、リトライ、プラグイン機構は、コア機能として提供されます。これらの特徴により、さまざまなユースケースに使用できます。

第2章

Fluentdのインストール

Fluentdを使用するには、まずシステムにインストールする必要があります。インストール方法は、選択するパッケージや環境によっていくつかの選択肢があり、それぞれに利点が異なります。

本章では、Fluentdのインストール方法を解説します。最初に、動作環境とインストール前に必要な準備について説明します。そして、選択肢ごとのインストール方法を紹介します。あわせて、それぞれの環境での設定ファイルの場所と、起動や停止の方法も解説します。

2.1 Fluentdの動作環境

Fluentdはさまざまな環境からデータを収集するためのソフトウェアですので、動作環境として多くのOSをサポートしています。最も多く使われている環境はLinux（Red Hat、Debian GNU/Linux、Ubuntuなど）ですが、WindowsやmacOSでも動作します。

なお、Fluentdは、保証する動作環境といった情報を公式には提供していません。Fluentdは、前章で述べたようにRuby言語で書かれています。そのためRubyが動作する環境であれば、Fluentdは動くと期待できます[注1]。

Fluentdに必要なホスト性能

Fluentdは基本的に高いホスト性能を必要としません。Webサーバやアプリケーションサーバなどを動かしているホストにそのままインストールしても、多くの場合は問題ないでしょう。単にログを読み込んでどこかに出力するだけなら、読み込むログの量が1分間あたり100行程度までは、Fluentdのために個別に計算資源を割り当てることは考えなくてよいはずです。メモリは、100〜200MB程度を見込んでおけばよいでしょう。Fluentdのインストールに必要なローカルディスクスペースは、多めに見積もっても200MB程度です。

ただし、もっと大量のログを読み込む場合、あるいはもっと複雑なデータ処理を行う場合は、念のためFluentdにCPUコアを1つ割り当てるべきです。また、長期的な安定運用を考えると、Fluentdが使用するバッファのため、メモリあるいはディスクスペースの容量を計画して割り当てる必要があります[注2]。

注1　使用しているライブラリの対応状況などにより、Rubyが動作してもFluentdが動かない可能性は考えられます。

注2　詳しくは、第9章で解説します。

2.2 インストール前の準備

Fluentdでデータを正しく扱えるように、そして正しい性能を発揮できるように、インストール前に行うべき設定があります。特に、データセンターで大量のサーバにFluentdをインストールし、継続的に運用する場合は、必ずチェックしておきましょう。

時刻の同期の設定
NTPを用いて時刻を合わせる

まず、時刻の同期の設定を行います。前章で説明したように、Fluentdが扱うデータにはすべて日時が付与されます。そのため、システムの時刻が間違っていると、すべてのデータの日時がおかしくなります。インストールの前に、NTP(*Network Time Protocol*)を用いてシステムの時刻を正確に合わせます。

WindowsやmacOSであれば、NTPでの時刻合わせが標準的にサポートされています。デフォルトでNTPサーバ指定も行われているはずです。

Linuxであれば、ディストリビューションごとに標準的なNTPクライアントやデーモンがあるため、近くのNTPサーバを指定して起動します[注3]。たとえば、AWS、GCP、Microsoft Azureといったクラウド環境内では、顧客向けに利用可能なNTPサーバが事業者から提供されています。また、`ntp.nict.jp`[注4]などの公開NTPサーバも使用できます。

システムリソース制限の変更
多数のファイルを扱えるようにする

次に、Linuxの場合は、システムリソース制限の設定を行います。

――ファイルディスクリプタの設定

各プロセスが使用可能なファイルディスクリプタ[注5]の数を大きくします。

ファイルディスクリプタ数の現在の上限値は、シェルから`ulimit -n`コマンドを実行することで確認できます。デフォルトでは上限が1,024程度になっていることがあります。データ量の多い環境でFluentdを使う場合、これで

注3　systemd-timesyncd、chronyd、ntpdなどのいずれかを用いることになるでしょう。

注4　https://jjy.nict.go.jp/ntp/

注5　ファイルやネットワーク接続を扱うために必要なシステムリソースの一種です。設定を大きくすることで、より多数のファイルやネットワーク接続を同時に扱えます。

は不十分です。32,768や65,536など、万単位の数値を指定しておくとよいでしょう。ただし、パッケージとして後述するtd-agentなどを使用する場合は、上限を高くする設定が自動的に適用されます。パッケージを使用せず、現在の上限値が低い場合に、自分で設定を変更してください。

Linux向けのデーモン管理ツールであるsystemdを経由してFluentdを起動する場合は、systemdのサービス設定にLimitNOFILE=を指定します。サービスの設定ディレクトリ/etc/systemd/system/<service_name>.service.d内にlimits.confという名前のファイルを作成し、次のように記述するとよいでしょう。記述後、サービスを再起動すると有効になります。

サービス名がfluentdの場合のパス/etc/systemd/system/fluentd.service.d/limits.conf

```
[Service]
LimitNOFILE=65536
```

パッケージを使用せず、かつFluentdをsystemdを経由せずに起動する場合には、OS全体の設定、ならびにユーザー単位の設定が影響します。ユーザー単位の設定については、Linuxのユーザー認証システムであるPAM(*Pluggable Authentication Modules*)の設定を変更します。

まず、OS全体の設定を確認、変更します。現在のOS全体の設定値は次のコマンドで確認できます。

```
$ sudo sysctl -a | grep fs.file-max
fs.file-max = 9223372036854775807
```

表示された値が1万未満など小さい場合には、設定ファイル/etc/sysctl.confにfs.file-maxを指定します。設定後、sudo sysctl -pコマンドを実行すればOS全体の設定を更新できます。更新後にsysctl -aコマンドで再確認します。

/etc/sysctl.conf

```
fs.file-max = 65536
```

ユーザー単位の設定を変更するには、/etc/security/limits.confに次のように設定してソフトリミット、ハードリミットともに上限を変更します。rootは対象ユーザー名ですが、Fluentdを起動するユーザー名が異なる場合には、そのユーザー名を指定してください。

/etc/security/limits.conf

```
root soft nofile 65536
root hard nofile 65536
```

設定変更後、該当ユーザーからいったんログアウトし、ログインしなおせば、変更した値が有効になります。

```
$ ulimit -n
65536
```

■──ネットワーク関連の設定

ほかにも、ネットワークを経由したデータ通信量が大きい場合などに、ネットワーク関連のオプションを変更したほうがよい場合があります。この点については、Fluentdのドキュメント[注6]にその時点でよく使われるOSに合わせた記述がありますので、パフォーマンスを特に気にする場合は確認してください。

実行内容の検討

最後に、Fluentdでどのようなことを実行したいのかを検討しておきます。Fluentdの実行には、いくつかのディレクトリの作成やファイルパスへのアクセスが必要です。どのような処理を実行するかによって、何が必要かが変わります。

とはいえ、これはFluentdでどのような処理が可能かを知らなくては難しいことです。Fluentdでどのような処理が可能かについては、第7章や第8章で詳しく解説します。

ここでは、広く行われる処理として、次の内容を想定します。

- **あるファイルパスに書き出されるWebサーバのアクセスログを読み込む**
- **読み込んだデータを別ホストに転送する**

これは、多数のホストに分散しているWebサーバのアクセスログを、あるホストに集約するという想定です。この想定をFluentdの設定ファイルとして書くと、次のようになります。

```
# ❶システム設定
<system>
  root_dir /opt/fluentd/tmp
</system>

# ❷アクセスログの読み込み
<source>
  @type tail
  @id access_logs_reader
  tag web.accesslog
```

注6　https://docs.fluentd.org/installation/before-install

```
  path /var/log/nginx/access.log
  pos_file /opt/fluentd/tmp/tail/access.log.pos
  <parse>
    @type nginx
  </parse>
</source>

# ❸データのネットワーク経由での外部転送
<match web.*>
  @type forward
  @id access_logs_forwarder
  <server>
    host 172.16.123.45
  </server>
</match>
```

設定例は、大きく3つに分かれています。

❶の <system>〜</system> は、Fluentd全体のシステム設定です[注7]。

❷の <source>〜</source> は、データ入力の設定です。ここでは、/var/log/nginx/access.logに書かれているnginx形式のアクセスログを読み込み、タグweb.accesslogを付けます。

❸の <match web.*>〜</match> は、データ出力の設定です。web.*に一致するタグのデータを、ネットワーク経由でIPアドレス172.16.123.45のホストに転送します[注8]。

Fluentdをインストールしたあとは、それぞれの要求に合わせてこのような設定ファイルを記述することになります。

また、設定ファイル内で指定する各ファイルパスについて、Fluentdを実行するユーザーから、読み出しあるいは書き込み権限があるかどうかをチェックします。前述の設定例に出ているものであれば、次の各パスをチェックします。

- **❶のroot_dirで指定したディレクトリが存在し、書き込み可能なこと**
- **❷のpathで指定したログファイルが読み出し可能なこと**
- **❷のpos_fileで指定したパスのファイルが作成可能、あるいはすでにあれば、書き込み可能なこと**

読み出しはシェルからcatなどのコマンドを用いる、あるいはビューアで開くなどの方法で確認できます。書き込みはシェルからtouchコマンドを用

注7　詳しくは、3.1節で解説します。

注8　設定ファイルの構造について詳しくは第4章で、データ入力および出力について詳しくは第6章、第7章などで解説します。

いる、あるいはエディタを使用するなどの方法があります。特に❷のin_tailプラグインを用いる場合については、8.2節で解説しています。

2.3 インストール方法の選択

本節では、Fluentdのインストール方法の選択肢と選択基準を説明します。Fluentdのインストール方法は、大きく分けてパッケージを用いるものと用いないものがあります。

パッケージを用いたインストール

パッケージを用いたインストールは、簡単であるため広く行われています。Fluentdのパッケージには、td-agentとcalyptia-fluentdの2種類があります。どちらもFluentdの安定版としてリリースされています。実行環境に必要なRubyなども、実行するFluentdのためだけのものが、すべて同梱されています。

どちらのパッケージも、動作環境のOSやディストリビューションに合わせてrpm、deb、msiパッケージが用意されています。パッケージを用いてインストールした場合、起動や停止などの操作は、そのOSやディストリビューション標準の方法で行います。設定ファイルなどのファイル配置も、各々の標準に従います。

■――td-agent 歴史と実績の安定版

td-agentは、何年もに渡ってTreasure Dataから提供されているパッケージです。もともとはTreasure Dataの顧客に向けたものですが、誰でも使用できます。パッケージ構築のためのリポジトリもOSSとして公開されています[注9]。

td-agentは、Fluentdのインストールで最もよく使われているパッケージです。td-agentは安定志向が強く、執筆時点のtd-agentにはRuby 2.7が同梱されています。安定性を最重要視する場合には、td-agentを用いるとよいでしょう。

■――calyptia-fluentd 新世代の安定版

calyptia-fluentdは、最近になって提供が開始されたパッケージです。Calyptiaという最近作られた会社から提供されています。Calyptiaは、Fluentd関連の

注9　https://github.com/fluent/fluent-package-builder

エコシステムに近い技術をビジネスの中心としています。Fluentdのメンテナーも多く雇用しています。

calyptia-fluentdは、比較的新しいRubyが同梱されます。執筆時点のcalyptia-fluentdにはRuby 3.0が同梱されています。Rubyはバージョンが新しくなるたびに高速化、最適化が行われているため、少しでも良い性能を求める場合には、calyptia-fluentdを選びましょう。

パッケージを用いないインストール

パッケージを用いないインストールでは、手元のRuby環境にFluentdをインストールします。インストールする方法には、gem《ジェム》を用いるものと、ソースコードを用いるものがあります。

パッケージを用いないインストールを行うと、設定ファイルを任意の場所に置くことができます。また、手元のコンソールからFluentを起動するとログがコンソール上にそのまま表示されるため動作確認がしやすく、Ctrl + Cキー押下だけで停止できるため設定の試行錯誤も気軽に行えます。

■──gem 手元環境でのFluentd利用に

設定を試行錯誤している段階やFluentdプラグインを開発する場合は、Fluentdをgemとしてインストールします。gemでのインストールは1回のコマンド実行だけで完了しますし、開発用のコマンドも不要です。

gemは、Ruby標準のライブラリ管理ツールです。また、複数のライブラリファイルをひとまとめにしたファイルもgemと呼びます。Rubyでは、複数のファイルでライブラリを構成する場合や、ライブラリ作者の情報や依存関係などを記述したメタデータを添付する必要がある場合、gemとしてまとめておくことが一般的です。Fluentdも実体はRubyプログラムなので、gemとしてリリースされています。

■──ソースコード Fluentd本体の開発に

Fluentd本体に発見したバグの修正や機能追加などを行う場合は、ソースコードから直接インストールします。Fluentd本体や組込みプラグインに変更を加えて動作させるには、ソースコードからインストールする必要があります。ソースコードからのインストールには、いくつかの開発用のコマンドが必要となります。

2.4 パッケージを用いたインストール

本節では、パッケージを用いたインストール方法を解説します。rpm、deb、msiパッケージの順に、td-agentとcalyptia-fluentdのインストール方法をそれぞれ紹介します。

解説するコマンドは、執筆時点で最新のtd-agent v4もしくはcalyptia-fluentd v1を各OSにインストールするためのものです。以前のtd-agentでは対応OSやコマンドの細部が異なるため、Fluentdのドキュメント[注10]で対応状況とインストール方法を確認してください。

rpmパッケージ
Red Hat Enterprise Linux、Amazon Linuxなど

Red Hat系と呼ばれるLinuxディストリビューションでは、rpmというパッケージを用いてソフトウェアの管理を行います。ここでは、rpmパッケージを用いてFluentdをインストールする方法を解説します。

■──td-agentのインストール

td-agentのインストール方法を説明します。

Red Hat Enterprise LinuxもしくはCentOS、Amazon Linux 2では、次のコマンドでtd-agentをインストールできます。インストールスクリプトは、途中でsudoコマンドを用いてroot権限でインストールを実行します。

```
Red Hat Enterprise Linux、CentOS
$ curl -L https://toolbelt.treasuredata.com/sh/install-redhat-td-agent4.sh | sh

Amazon Linux 2
$ curl -L https://toolbelt.treasuredata.com/sh/install-amazon2-td-agent4.sh | sh
```

■──calyptia-fluentdのインストール

calyptia-fluentdのインストール方法を説明します。

Red Hat Enterprise LinuxもしくはCentOS、CentOS Stream 8、Amazon Linux 2では、次のコマンドでcalyptia-fluentdをインストールできます。

```
Red Hat Enterprise Linux、CentOS
$ curl -L https://calyptia-fluentd.s3.us-east-2.amazonaws.com/calyptia-fluentd
-1-redhat.sh | sh
```

注10 https://docs.fluentd.org/quickstart/td-agent-v2-vs-v3-vs-v4

```
CentOS Stream 8
$ curl -L https://calyptia-fluentd.s3.us-east-2.amazonaws.com/calyptia-fluentd
-1-centos-stream.sh | sh

Amazon Linux 2
$ curl -L https://calyptia-fluentd.s3.us-east-2.amazonaws.com/calyptia-fluentd
-1-amazon-2.sh | sh
```

■──設定ファイルの場所

設定ファイルのパスは、td-agentの場合は`/etc/td-agent/td-agent.conf`、calyptia-fluentdの場合は`/etc/calyptia-fluentd/calyptia-fluentd.conf`です。

■──起動／停止方法

rpmを用いてLinuxにインストールした場合は、systemdを用いたプロセス管理となるため、`systemctl`コマンドを用いて操作します。以下は順に、起動、停止、再起動、設定のリロードのコマンドです。

```
td-agent
$ sudo systemctl start td-agent
$ sudo systemctl stop td-agent
$ sudo systemctl restart td-agent
$ sudo systemctl reload td-agent

calyptia-fluentd
$ sudo systemctl start calyptia-fluentd
$ sudo systemctl stop calyptia-fluentd
$ sudo systemctl restart calyptia-fluentd
$ sudo systemctl reload calyptia-fluentd
```

debパッケージ
Ubuntu、Debian GNU/Linuxなど

Debian系と呼ばれるLinuxディストリビューションでは、debというパッケージを用いてソフトウェアの管理を行います。ここでは、debパッケージを用いてFluentdをインストールする方法を解説します。

■──td-agentのインストール

td-agentのインストール方法を説明します。

UbuntuおよびDebian GNU/Linuxでは、次のコマンドでtd-agentをインストールできます。

```
Ubuntu Jammy
$ curl -fsSL https://toolbelt.treasuredata.com/sh/install-ubuntu-jammy-td-agen
t4.sh | sh

Ubuntu Focal
$ curl -fsSL https://toolbelt.treasuredata.com/sh/install-ubuntu-focal-td-agen
t4.sh | sh

Ubuntu Bionic
$ curl -fsSL https://toolbelt.treasuredata.com/sh/install-ubuntu-bionic-td-ag
ent4.sh | sh

Ubuntu Xenial
$ curl -fsSL https://toolbelt.treasuredata.com/sh/install-ubuntu-xenial-td-ag
ent4.sh | sh

Debian Bullseye
$ curl -fsSL https://toolbelt.treasuredata.com/sh/install-debian-bullseye-td-
agent4.sh | sh

Debian Buster
$ curl -fsSL https://toolbelt.treasuredata.com/sh/install-debian-buster-td-ag
ent4.sh | sh
```

■—calyptia-fluentdのインストール

calyptia-fluentdのインストール方法を説明します。

UbuntuおよびDebian GNU/Linuxでは、次のコマンドでcalyptia-fluentdをインストールできます。

```
Ubuntu Focal
$ curl -fsSL https://calyptia-fluentd.s3.us-east-2.amazonaws.com/calyptia-flu
entd-1-ubuntu-focal.sh | sh

Ubuntu Bionic
$ curl -fsSL https://calyptia-fluentd.s3.us-east-2.amazonaws.com/calyptia-flu
entd-1-ubuntu-bionic.sh | sh

Ubuntu Xenial
$ curl -fsSL https://calyptia-fluentd.s3.us-east-2.amazonaws.com/calyptia-flu
entd-1-ubuntu-xenial.sh | sh

Debian Buster
$ curl -fsSL https://calyptia-fluentd.s3.us-east-2.amazonaws.com/calyptia-flu
entd-1-debian-buster.sh | sh
```

■—設定ファイルの場所

rpmパッケージをインストールした場合と同じです。

■──起動／停止方法

rpmパッケージをインストールした場合と同じです。

msiパッケージ
Windows

Windows環境では、msiというWindows標準形式のパッケージを用いてソフトウェアのインストールを行います。ここでは、msiパッケージを用いてFluentdをインストールする方法を解説します。

■──td-agentのインストール

td-agentのインストール方法を説明します。

まず、ダウンロードページ[注11]から目的のバージョンのtd-agentをダウンロードします。

ダウンロードが完了したら、ファイルを開いてインストーラを実行します(**図2.1**)。続けてライセンスへの同意、インストール先のパス指定を行って進めれば、ファイルのコピーなどが行われ、インストールが完了します。

注11 https://td-agent-package-browser.herokuapp.com/4/windows
URLの変更などによりこのページが使用できなくなっている場合は、次のFluentdのドキュメントページからダウンロードページを確認してください。
https://docs.fluentd.org/installation/install-by-msi

図2.1 Windows td-agent インストーラ起動画面

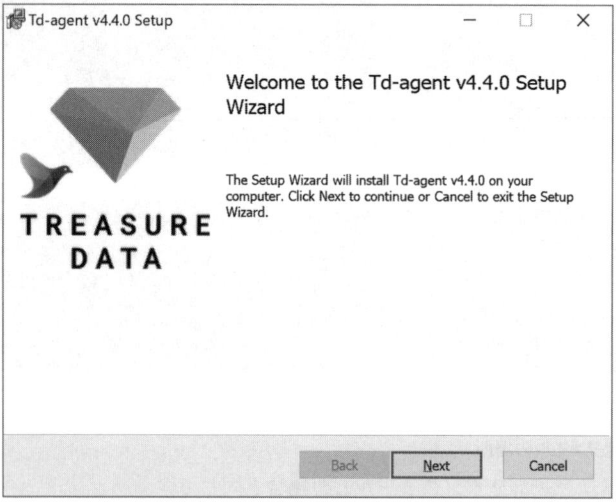

■——calyptia-fluentdのインストール

calyptia-fluentdのインストール方法は、ダウンロードページが異なる[注12]ことを除けばtd-agentと同様です。

■——設定ファイルの場所

設定ファイルは、td-agentの場合はインストール先ディレクトリ、デフォルトでは`C:/opt/td-agent`配下に`etc/td-agent`ディレクトリが作られて置かれます。フルパスは、デフォルトの場合`C:/opt/td-agent/etc/td-agent/td-agent.conf`です。calyptia-fluentdの場合はインストール先ディレクトリのデフォルトが`C:/opt/calyptia-fluentd`のため、この下でフルパスでは`C:/opt/calyptia-fluentd/etc/calyptia-fluentd/calyptia-fluentd.conf`です。

■——起動／停止方法

サービスとして起動する方法と、プロセスとして起動する方法の2つがあります。常時起動する場合にはサービスとして起動しますが、その前に短時間の動作確認を行いたい場合などに、プロセスとしての起動も便利です。

サービスとしては、インストールの直後に自動的に起動しています。サービス名はtd-agentもcalyptia-fluentdも`fluentdwinsvc`です[注13]。自分で起動や停止を行う場合は、コマンドプロンプトから次のコマンドを実行します。以下は順に、起動、停止のコマンドです。

```
>net start fluentdwinsvc
>net stop fluentdwinsvc
```

プロセスとして起動する場合、まずスタートメニューから「Td-agent Command Prompt」を選択します。すると、td-agentへのパスが通ったコマンドプロンプトが立ち上がります。そのコマンドプロンプトから、次のコマンドで起動します。

```
>td-agent
```

起動したプロセスの停止には、Ctrl + Cキーを押下します。

注12　https://calyptia-fluentd.s3.us-east-2.amazonaws.com/index.html?prefix=1/windows/

注13　calyptia-fluentdは、今後のバージョンでサービス名が変更される可能性があります。

2.5 パッケージを用いないインストール

本節では、パッケージを用いないインストール方法を、gem、ソースコードの順に解説します。

いずれの方法の場合も、あらかじめRubyを実行できるようにしておく必要があります。OSに添付されているRuby注14も使えますが、OS添付のRubyはバージョンが古いことが多いです。また、Fluentdプラグインのgemをインストールするのにroot権限が必要だったりと、使い勝手が良くないです。そのため、手元での開発や検証が主な用途であれば、rbenv注15などを用いて一般ユーザー権限で新しめのRubyをインストールしておくとよいでしょう。

gem
手元環境でのFluentd利用に

ここでは、gemを用いてFluentdをインストールする方法を解説します。

■──Fluentdのインストール

gemを用いてFluentdをインストールする場合、次のコマンドを実行するだけです。

```
$ gem install fluentd
```

このインストールは、現在のRuby環境に対して行われます。Rubyのバージョンアップなどを行った場合は、再インストールが必要です。

■──設定ファイルの場所

Fluentdが実行できる状態であれば、設定ファイル用のディレクトリとサンプルの設定ファイルを次のコマンドで生成できます。

```
$ fluentd --setup ./fluentd-conf
Installed ./fluentd-conf/fluent.conf.
$ cat fluentd-conf/fluent.conf
（以下サンプルの設定ファイルが表示される）
```

上記を行う場所はどこでもかまいません。また、ファイル名は`fluent.conf`

注14 System Rubyなどと呼びます。たとえばmacOSでは、System Rubyが使用できます。
注15 https://github.com/rbenv/rbenv

でなくても、任意の名前でかまいません。どこに置いてある設定ファイルでも、次のようにコマンドラインオプションでパスを指定してFluentdを起動できます。

■——起動／停止方法

起動するには、fluentdコマンドを実行します。-cコマンドラインオプションに設定ファイルのパスを指定します。

```
$ fluentd -c fluentd-conf/fluent.conf
2022-07-27 15:29:42 +0900 [info]: parsing config file is succeeded path="fluen
td-conf/fluent.conf"
2022-07-27 15:29:42 +0900 [info]: gem 'fluentd' version '1.15.0'
2022-07-27 15:29:42 +0900 [info]: adding forwarding server '192.168.0.12:24224
' host="192.168.0.12" port=24224 weight=60 plugin_id="object:7bc"
2022-07-27 15:29:42 +0900 [info]: [forward_output] adding forwarding server '1
92.168.0.11:24224' host="192.168.0.11" port=24224 weight=60 plugin_id="forward
_output"
2022-07-27 15:29:42 +0900 [info]: [http_input] Oj is not installed, and failin
g back to Yajl for json parser
```

fluentdコマンドで起動した場合、Fluentdはシェル上でフォアグラウンドジョブとして実行され、ログがコンソールに直接表示されます。停止するには、起動したコンソールで Ctrl ＋ C キーを押下します。

ソースコード
Fluentd本体の開発に

ここでは、ソースコードからFluentdをインストールする方法を解説します。なお、Gitがインストールされていて、実行可能である必要があります。

■——Fluentdのインストール

まず、GitHubからFluentdのソースコードを手元に持ってきます。

```
$ git clone https://github.com/fluent/fluentd.git
Cloning into 'fluentd'...
remote: Enumerating objects: 38846, done.
remote: Counting objects: 100% (1417/1417), done.
remote: Compressing objects: 100% (478/478), done.
remote: Total 38846 (delta 890), reused 1166 (delta 795), pack-reused 37429
Receiving objects: 100% (38846/38846), 18.13 MiB | 15.43 MiB/s, done.
Resolving deltas: 100% (25720/25720), done.

$ cd fluentd
fluentd$
```

インストールにはBundlerを使用します。Bundlerは開発時に用いるRuby用のライブラリ管理ツールで、Ruby 3.0以降には標準で添付されています。それより古いRubyの場合は、別途インストールしてください。

```
$ gem install bundler
```

Bundlerの`bundle`コマンドを使用して、依存ライブラリとFluentdのインストールを行います。

```
依存ライブラリのインストール
fluentd$ bundle install

Fluentdのインストール
fluentd$ bundle exec rake install
```

Fluentdのソースコードに変更を行った場合、`bundle exec rake install`コマンドを実行しなおせば、変更後のソースコードをもとにFluentdが再度インストールされます。

■――設定ファイルの場所

gemでインストールした場合と同じです。

■――起動／停止方法

gemでインストールした場合と同じです。

2.6 まとめ

本章では、Fluentdのインストールについて解説しました。

Fluentdを動作させられる環境には、Linuxの各ディストリビューション、WindowsやmacOSなどがあります。インストール前には時刻の同期などの準備を行う必要があり、インストール方法にはいくつか選択肢があります。用途や環境に応じて、いずれかの方法を選択しましょう。

第3章 Fluentdのシステム設定

Fluentdのインストール後は、Fluentdを適切に設定します。また、設定の反映も含め、動作中のFluentdに対して可能なさまざまな操作があります。実際の運用においては、これらの操作についての知識が役立ちます。

本章では、Fluentdそのものの挙動の設定と言えるシステム設定がどんなもので、どういうパラメータがあるのかを解説します。また、起動する際のコマンドラインオプションについても説明します。そして、設定を反映する方法と、動作中のFluentdを操作する方法も解説します。

3.1 Fluentdのシステム設定
Fluentdそのものの挙動を指定する

Fluentdのシステム設定、つまりFluentdそのものの挙動は、設定ファイル[注1]の<system>ディレクティブで設定します[注2]。設定ファイル中で指定できる<system>ディレクティブは1つのみです。

fluentd.conf
```
# Fluentd全体の動作に関わるシステム設定
<system>
  process_name "Data collector"
  workers   8
  root_dir  /var/run/fluentd
  log_level debug
  suppress_config_dump false
</system>

# そのほかの設定 <source>、<match>など
<source>
  # ...
</source>
```

この例における<system>から</system>で囲まれている部分が<system>ディレクティブで、その中の各行がそれぞれパラメータの指定です。process_nameやworkersにあたる空白までの部分がパラメータ名の指定、そのあとの部分が各パラメータの値の指定です。パラメータの値にはそれぞれ型があり、たとえばinteger型のパラメータは、workersパラメータのように値として整数値のみをとります。また、bool型のパラメータは、suppress_config_dumpパラメータのようにtrueもしくはfalseいずれかの値のみをとります。

注1　設定ファイルのファイル名は、前章で解説したとおり、パッケージを使用するかしないかで異なります。本書の以降では、設定ファイルを例示するときにはfluentd.confという名前でFluentdの設定ファイルを指すものとします。

注2　設定ファイルの書式やディレクティブなどについて詳しくは、第4章で解説します。

設定で指定されなかったパラメータの値はデフォルト値が適用されます。デフォルト値がないシステム設定パラメータを設定ファイル内で指定しない場合、Fluentdを動かすシステム(OSなど)におけるデフォルトの動作が適用されます。<system>ディレクティブを設定ファイル中に書かない場合、すべてのパラメータがデフォルト値、もしくはシステムのデフォルト動作となります。

設定ファイルの構造の詳細については、第4章で解説します。

以降では、動作方法関連、ファイルシステム関連、ログ出力関連、RPC関連の順に、システム設定のパラメータを解説します。

動作方法関連のパラメータ

ここでは、動作方法関連のパラメータについて解説します。

■──process_nameパラメータ　プロセス名を指定する

process_nameパラメータには、Fluentdプロセスの名前を指定します。

- **パラメータ型**
  string
- **デフォルト値**
  なし

たとえばNAMEを指定した場合、スーパーバイザープロセス名はsupervisor:NAME、ワーカープロセス名はworker:NAMEとなります。

スーパーバイザープロセスはFluentdの動作を管理するためのプロセスで、ワーカープロセスは実際のデータ処理を担当するプロセスです。process_nameパラメータを使用しない場合、プロセス名はどちらも実行ファイル名fluentdにコマンドライン引数やオプションを付けたものになります[注3]。

■──workersパラメータ　ワーカー数を指定する

workersパラメータには、処理を担当するワーカー数を指定します。ワーカー数に2以上の値を指定した場合の動作を、複数ワーカーと呼びます[注4]。

- **パラメータ型**
  integer

注3　Fluentdのプロセス構成やプロセス名変更などについて詳しくは、6.5節で解説します。
注4　詳しくは、6.5節で解説します。

- **デフォルト値**
  1

■──without_sourceパラメータ　Inputプラグインなしで起動する

`without_source`パラメータを有効にした場合、Fluentdを起動する際に設定内のすべての`<source>`ディレクティブを無視し、Fluentdにデータを入力するためのInputプラグインを動かさずに起動します[注5]。

- **パラメータ型**
  bool
- **デフォルト値**
  false

このパラメータはFluentdが保持するデータを増やしたくないときに使用します。Fluentdのデータは、Inputプラグインにより入力され、データを出力するためのOutputプラグインにバッファチャンクとして保持されます。何らかの理由でデータ出力がうまくいかず、大量のバッファチャンクを保持した状態のとき、新しいデータを受け入れずバッファのデータ処理のみを行いたい場合に`true`を指定して機能を有効にします[注6]。

■──enable_msgpack_time_supportパラメータ　Timeオブジェクトを処理可能にする

`enable_msgpack_time_support`パラメータを有効にした場合、Rubyにおいて日時を表現するための`Time`オブジェクトをMessagePack《メッセージパック》[注7]における`timestamp`データとして扱います。

- **パラメータ型**
  bool
- **デフォルト値**
  false

`Time`オブジェクトをそのまま扱えるようになるため、Rubyアプリケーションから直接データを受け取る場合などに利便性が向上します。

ただし、そのデータを受け取ったシステムが`Time`オブジェクトやMessagePackの`timestamp`オブジェクトに対応していない場合は、エラーが発生する可能性があります。

注5　Inputプラグインについては7.2節で解説します。
注6　詳しい利用ケースについて、9.6節で解説します。
注7　詳しくは、6.6節で解説します。

■──strict_config_valueパラメータ　パラメータ型のチェックを厳密に行う

strict_config_valueパラメータを有効にした場合、設定におけるinteger、float、boolパラメータ型の値をより厳密にチェックし、数値／真偽値でないと思われる場合はエラーを発生させます。

- **パラメータ型**
  bool
- **デフォルト値**
  false

■──restart_worker_intervalパラメータ　ワーカープロセス再起動時に待ち時間を持つ

restart_worker_intervalパラメータに時間を設定すると、Fluentdのワーカープロセスが何らかの理由により終了したとき、即座に再起動される代わりに設定された時間だけ待ってからワーカープロセスを再起動します。

- **パラメータ型**
  time
- **デフォルト値**
  0

Fluentdは通常、ワーカープロセスが何らかの理由により終了すると、即座にワーカープロセスを再起動しようとします。しかし、ワーカープロセスの終了がOSのメモリ枯渇などリソース不足によるものだった場合、即座に再起動されたワーカープロセスはまたすぐ終了してしまう可能性があります。また、プロセスの終了と再起動を高頻度で繰り返すと、この繰り返し自体がOSやシステム全体に悪影響を与えることもあります。このような場合を考え、特にリソースがあまり潤沢でないホストにおいては1mなどの値を設定するとよいでしょう。

■──disable_shared_socketパラメータ　プロセス間共有ソケットを使用しない

disable_shared_socketパラメータにtrueを指定した場合、複数ワーカー時の動作において、ネットワークサーバを作成する際の共有ソケットを使用しなくなり、Fluentdが使用するTCPポートが1つ少なくなります。このパラメータは、Windows環境においてのみ指定する意味があります。Windows以外の環境では、このパラメータをtrueにしても使用するTCPポート数は変わりません。

- **パラメータ型**
  bool

- **デフォルト値**
  false

Fluentdは Windows環境において、複数ワーカー動作の際のプロセス間での共有ソケットの受け渡しを、TCP接続により行います。この共有ソケットはin_forwardプラグインやin_httpプラグインなどのネットワークサーバを作成するプラグインで使用されます。Windows環境で共有ソケットが使用される場合、Fluentdが起動するときにTCPポートを1つ開きます(Listenします)。

disable_shared_socketパラメータにtrueを設定すると、共有ソケットを無効化し、TCPポートを使用しなくなります。これに伴い、共有ソケットを必要とするプラグインは使えなくなります。ソケット共有はネットワークサーバを作成するプラグイン使用時にのみ必要な機能なので、ネットワーク経由でのデータ受信を行わなければtrueを設定しても不都合はありません。

Windows以外の環境ではソケット共有はUNIXドメインソケットにより行われ、TCPポートは使用しません。このため、Windows以外の環境でこのパラメータをtrueにする意味はありません。

ファイルシステム関連のパラメータ

ここでは、ファイルシステム関連のパラメータについて解説します。

■──root_dirパラメータ　プラグイン用ディスクスペースを指定する

root_dirパラメータには、ディスクスペースを必要とするプラグインがディレクトリを作成するパスを指定します。

- **パラメータ型**
  string
- **デフォルト値**
  なし

このパラメータが指定されている場合、ファイルバッファを用いる各プラグインでの個別のパス指定を省略できます[注8]。ほかに、Storageプラグイン[注9]などもこのパラメータの設定値を利用します。

注8　ほかに、各プラグインの設定における@idパラメータの指定も必要です。詳しくは、7.5節で解説します。

注9　詳しくは、7.8節で解説します。

■──file_permissionパラメータ　ファイル作成時のデフォルトパーミッションを指定する

file_permissionパラメータには、Fluentd内の各所でファイルを作成する場合のデフォルトのパーミッションを指定します。

- **パラメータ型**
  string
- **デフォルト値**
  なし

パーミッションの値は、たとえば0644のように8進数表現で指定します。指定しなければ、OSで指定されているFluentd起動ユーザーのパーミッション設定が適用されます。

■──dir_permissionパラメータ　ディレクトリ作成時のデフォルトパーミッションを指定する

dir_permissionパラメータには、Fluentd内の各所でディレクトリを作成する場合のデフォルトのパーミッションを指定します。

- **パラメータ型**
  string
- **デフォルト値**
  なし

パーミッションの値は、たとえば0755のように8進数表現で指定します。指定しなければ、OSで指定されているFluentd起動ユーザーのパーミッション設定が適用されます。

ログ出力関連のパラメータ

ここでは、ログ出力関連のパラメータについて解説します。

■──log_levelパラメータ　Fluentd全体のログレベルを指定する

log_levelパラメータには、Fluentd全体のログレベルを指定します。

- **パラメータ型**
  enum（低いログレベルから順に、trace、debug、info、warn、error、fatal）
- **デフォルト値**
  info

Fluentdのログには、ログレベルとして指定したレベルと、それより高いレベルのログが出力されます。たとえばデフォルトのログレベルはinfoですので、デフォルトではinfo、warn、error、fatalが出力されます[注10]。

ログの出力量を減らしたい場合は、warnなどのより高いレベルを指定します。ログの出力を多くしたい場合は、debugなどの低いレベルを指定します。

このパラメータでは、Fluentd全体のログレベルを指定します。各プラグインで個別のログレベルを指定することもできます[注11]。

■—suppress_config_dumpパラメータ　ログへの設定ダンプを出力しない

suppress_config_dumpパラメータにtrueを指定した場合、Fluentd起動直後のログへの設定ダンプ出力を行いません。

- **パラメータ型**
  bool
- **デフォルト値**
  false

■—suppress_repeated_stacktraceパラメータ　連続した同じエラーのスタックトレースを出力しない

suppress_repeated_stacktraceパラメータがtrueの場合、ログが同じエラーのみで埋まらないように、同じエラーが連続して発生した場合にスタックトレースを出力しないようになります。

- **パラメータ型**
  bool
- **デフォルト値**
  true

スタックトレースとは、プログラムの処理の実行中、どういう呼び出し順序でその処理にたどり着いたかを示すものです[注12]。Fluentdはエラーが発生したとき、Fluentdコアやプラグインのどこで、どのような処理の途中で発生したエラーなのかを示すため、ログにFluentd内部のスタックトレースを表示します。しかし、スタックトレースは行数が多く、大量に表示されるとほかのログが埋もれて見にくくなります。

このパラメータのデフォルト値はtrueのため、何も指定しなければ、同じエラーが連続したときには同一のスタックトレースは表示されません。同じ

注10　ログレベルfatalは、ほとんど、あるいはまったく使用されていません。実際、Fluentd自身はfatalレベルのログを一切出力しません。これはerrorで通常の用途では致命的な問題を報告するのに足りているからですが、もしかしたら開発者たち自身もfatalなどというレベルが存在していることを忘れてしまっているのかもしれません。

注11　詳しくは、9.7節で解説します。

注12　スタックトレースは、バックトレースなどとも呼ばれます。

エラーでもあえて同一のスタックトレースをすべて表示したいときにfalseを指定します[注13]。

■──log_event_verboseパラメータ　停止処理時にもログを出力する

log_event_verboseパラメータを有効にした場合、Fluentd停止処理時にもログを出力します。

- **パラメータ型**
  bool
- **デフォルト値**
  false

■──emit_error_log_intervalパラメータ　Inputプラグインのemit失敗ログの出力を抑制する

emit_error_log_intervalパラメータには、Inputプラグインがイベントのemit[注14]に失敗したときに出力を抑制する時間を指定します。

- **パラメータ型**
  time
- **デフォルト値**
  なし

たとえばこのパラメータに1mを指定すると、Inputプラグインからのemit失敗は最大でも1分に一度しかエラーログに出力されません。emitの失敗は高頻度に発生することが多く、そのようなときにエラーログで溢れることを防止する目的で使用します。

■──ignore_repeated_log_intervalパラメータ　連続して発生する同一ログの出力を抑制する

ignore_repeated_log_intervalパラメータには、同じログが連続して発生したときに出力を抑制する時間を指定します。

- **パラメータ型**
  time
- **デフォルト値**
  なし

たとえばこのパラメータに1mを指定すると、連続する同じログは最大でも1分に一度しか出力されません。同じログメッセージが連続する場合にのみ

注13　自作プラグインのデバッグ中など、開発目的でこのようなケースに該当するかもしれません。
注14　Inputプラグインがイベントデータを生成する処理です。詳しくは、7.2節で解説します。

有効で、ほかのログを間に挟む場合は無効です。

■──ignore_same_log_intervalパラメータ 同一ログの出力を抑制する

ignore_same_log_intervalパラメータには、同じログが発生したときに出力を抑制する時間を指定します。

- **パラメータ型**
  time
- **デフォルト値**
  なし

たとえばこのパラメータに1mを指定すると、同じログは最大でも1分に一度しか出力されません。前項のignore_repeated_log_intervalパラメータと紛らわしいですが、こちらは連続するかどうかは問いません。

ログ出力関連の詳細パラメータ

ここでは、Fluentdのログの出力先となるログファイルや、ログの書式に関するパラメータについて解説します。なお、ここで解説するパラメータに限っては、<system>ディレクティブ中に、さらに<log>ディレクティブで囲んで次のように指定します。

```
<system>
  <log>
    format      json          # ログ形式をデフォルト（text）からJSONに変更
    time_format %Y%m%d%H%M%S # 日時の出力形式を指定
    rotate_age  10            # ログファイルを10世代保持。デフォルトは5
    rotate_size 100k          # ログファイルの各世代の大きさ。デフォルトは1m
  </log>
</system>
```

■──formatパラメータ ログの書式を指定する

formatパラメータは、Fluentdのログの出力形式をテキスト形式(text、デフォルト)かJSON形式(json)で指定します。

- **パラメータ型**
  enum(text、json)
- **デフォルト値**
  text

formatの値がtextの場合、Fluentdが起動したことを示すログはテキスト形式で、次のようになります。日時、ログレベル、ログメッセージをつないだ、行単位のものです。

```
2022-06-22 21:16:42 +0900 [info]: starting fluentd-1.15.0 pid=90120 ruby="3.1.0"
```

format に json を指定した場合、次のように1行に1つのJSONオブジェクトで出力されます。

```
{"time":"2022-06-22 21:17:07 +0900","level":"info","message":"starting fluentd
-1.15.0 pid=90259 ruby=\"3.1.0\""}
```

■──time_formatパラメータ ログの日時形式を指定する

time_format パラメータは、Fluentdのログにおける日時を出力する形式を指定します。指定にはUNIX環境で広く使われる strftime フォーマットを用います[注15]。

- **パラメータ型**
  string
- **デフォルト値**
  %Y-%m-%d %H:%M:%S %z

ログを人間が読む限りでは、time_format はデフォルト値でも、理解しやすく必要な情報がすべて入っているため問題ないでしょう。ログを何らかのシステムで処理する場合には、そのシステムに合わせて日時を出力するために、このパラメータを変更する必要があるかもしれません。

■──rotate_sizeパラメータ ログファイルのサイズ上限を指定する

rotate_size パラメータは、Fluentdが出力するログファイルのサイズ上限を指定します。指定したサイズ上限を超えると、Fluentdはログファイルを新しく作りなおし、以後のログは新しいログファイルへの出力に切り替わります。デフォルトではサイズ上限は設定されておらず、ログは単一のログファイルに出力され続けます。

- **パラメータ型**
  size
- **デフォルト値**
  なし

注15 7.4節のプレースホルダ展開の解説で、使用可能なものを解説しています。

■──rotate_ageパラメータ 保持するログファイルの世代数を指定する

rotate_ageパラメータは、Fluentdが出力するログファイルの作りなおしが行われるとき、ストレージ上に保存しておく世代数や作りなおしタイミングを指定します。世代数を数値で指定した場合、それよりも古いファイルは削除されます。デフォルトでは無指定で、ファイルの削除は行われません。

- **パラメータ型**
  integerもしくはdaily、weekly、monthly
- **デフォルト値**
  なし

rotate_ageパラメータには、世代数として数値を指定する以外に、文字列でdaily、weekly、monthlyのいずれかを設定できます。これらはそれぞれ、毎日、毎週、毎月のタイミングでログファイルの作りなおしを行うという指定です。この指定を行った場合には、rotate_sizeの指定とは関係なく、日の経過によってログファイルの作りなおしと切り替えが行われます。

RPC関連のパラメータ

Fluentdは、RPC(*Remote Procedure Call*、遠隔手続き呼び出し)を用いてHTTPリクエスト経由で外部から操作できます。ここでは、RPC関連のパラメータについて解説します。操作方法は3.4節で説明します。

■──rpc_endpointパラメータ RPC操作用のエンドポイントを起動する

rpc_endpointパラメータには、RPC操作用のエンドポイントのIPアドレスとポート番号を指定します。このパラメータが指定されている場合、RPC操作用のエンドポイントが起動します。

- **パラメータ型**
  string
- **デフォルト値**
  なし

IPアドレスとポート番号の指定は、両者を組み合わせて127.0.0.1:24246のように指定します。IPアドレスには、このように127.0.0.1を指定し、同一ホスト内でのリクエストのみを受け付けることを強く推奨します。外部からのリクエストを受け付けると、誰でも簡単にFluentdを停止や再起動できるため、思わぬトラブルを招くでしょう。

■——enable_get_dumpパラメータ 設定ダンプを出力するRPCエンドポイントを有効化する

enable_get_dumpパラメータにtrueを指定した場合、RPCエンドポイントにおいてFluentdの設定ダンプを出力するエンドポイント/api/config.getDumpが有効になります。

- **パラメータ型**
  bool
- **デフォルト値**
  false

設定ダンプを取得するエンドポイントは、セキュリティ上の懸念からデフォルトでは無効となっています。有効にすると、パスワードなどの秘密情報を取得される危険があるため、有効にする際は十分に注意してください。

3.2 Fluentdのコマンドラインオプション
Fluentdをどのように起動するかを指定する

Fluentdでは、Fluentdそのものをどのように起動するかを、fluentdコマンドのコマンドラインオプションに指定します。

代表的なものとしては、前章で紹介した、設定ファイルのパスを指定する-cオプションがあります。また、前節で解説した設定ファイルの<system>ディレクティブのパラメータと重複している項目もあります[注16]。コマンドラインオプションで指定した値は、設定ファイルの指定よりも優先されます。

使用可能なコマンドラインオプション

Fluentdで使用可能な主なコマンドラインオプションを**表3.1**にまとめます。ほかのオプションも含めて、手元のFluentdで使用可能なオプションの正確なリストは、fluentd --helpコマンドで参照できます。

パッケージによるFluentdのコマンドラインオプション指定

パッケージインストールしたFluentdは、Linuxにおいてはsystemd経由で、Windowsにおいてはサービスとして起動するため、fluentdコマンドを直接

注16 コマンドラインオプション名は、パラメータ名の_(アンダースコア)を-(ハイフン)に変え、先頭に--(2連ハイフン)を付けたものとなります。たとえば、log_levelパラメータに対応するコマンドラインオプションは--log-levelです。

表3.1 Fluentdの主なコマンドラインオプション

種別	オプション	別名
起動方法関連	--setup DIR	-s DIR
	--dry-run	
	--config PATH	-c PATH
	--inline-config CONFIG	-i CONFIG
	--conf-encoding ENCODING	
	--daemon PATH	-d PATH
	--no-supervisor	
	--user USER	
	--group GROUP	
	--umask UMASK	
	--plugin DIR	-p DIR
	--gemfile PATH	-g PATH
	--gem-path DIR	-G DIR
	-I DIR	
	-r NAME	
動作方法関連	--workers NUM	
	--without-source	
	--strict-config-value	
	--disable-shared-socket	
ログ出力関連	--verbose	-v
	--quiet	-q
	--log PATH	-o PATH
	--log-level NAME	
	--log-rotate-age NUM	
	--log-rotate-size BYTES	
	--suppress-config-dump	
	--suppress-repeated-stacktrace VALUE	
	--log-event-verbose	
	--emit-error-log-interval SECONDS	

説明
DIRで指定したディレクトリに、設定ファイルのサンプルとプラグインを置くためのディレクトリを作成して終了する
設定にエラーがないかをチェックして終了する
PATHで指定した設定ファイルを用いて起動する
一時的に設定変更したいとき、CONFIGで指定した文字列を、設定ファイルの内容に加えて設定として読み込む
設定ファイルの文字エンコーディングをENCODINGで指定する（例：shift_jis、デフォルト：utf-8）
Fluentdをコンソールから切り離したデーモンとして起動し、PATHで指定したファイルにプロセスIDを記録する
スーパーバイザープロセスを作らずに起動する
Fluentdの実行ユーザーをUSERとして指定する
Fluentdの実行グループをGROUPとして指定する
Fluentdプロセスが作成するファイルやディレクトリのumask値をUMASKとして8進表現で設定する
DIRで指定するディレクトリからプラグインを読み込む
Fluentdそのものやプラグインなどのバージョンを指定するGemfileをPATHで指定する
プラグインのgemを保存しているディレクトリをDIRで指定する
Fluentdを実行するRubyのライブラリロードパスにDIRで指定したディレクトリを追加する
Fluentdを起動する際にNAMEで指定した名前のライブラリを読み込む
前節参照
前節参照
前節参照
前節参照
より多くログを出力する。二重指定も有効（--verboseまたは-v：debug、-vv：trace）
より少なくログを出力する。二重指定も有効（--quietまたは-q：warn、-qq：error）
PATHで指定したファイルにログを書き出す
前節参照
ログファイルのローテーション時に消さずに残しておく世代数をNUMで指定する（デフォルト：5）
ログファイルをローテーションするサイズ上限をBYTESにバイト数で指定する（デフォルト：1048576）
前節参照
前節参照
前節参照
Inputプラグインのemit失敗ログの出力を抑制する時間をSECONDSに秒数で指定する（秒数指定のみ有効。機能については前節参照）

には実行しません。このため、パッケージを用いてインストールした環境でコマンドラインオプションを指定したい場合には、起動設定を変更します。

■──Linuxでの環境変数を用いた指定

Linuxにおいてsystemd経由で起動しているFluentdに対しては、環境変数を用いてコマンドラインオプションを設定します。systemdの設定ファイルに環境変数を記載するファイルが指定されているのを確認し、該当パスのファイルにおいて、コマンドライン用の環境変数を指定します。

まず、環境変数が書かれているファイルの場所を確認します。systemdのサービス設定ファイルは/lib/systemd/systemディレクトリに、td-agentの場合はtd-agent.service、calyptia-fluentdの場合はcalyptia-fluentd.serviceとして置かれています。このファイル内のEnvironmentFileの値を確認します。

debパッケージのtd-agentを使用している場合
```
EnvironmentFile=-/etc/default/td-agent
```

debパッケージのcalyptia-fluentdを使用している場合
```
EnvironmentFile=-/etc/default/calyptia-fluentd
```

rpmパッケージのtd-agentを使用している場合
```
EnvironmentFile=-/etc/sysconfig/td-agent
```

rpmパッケージのcalyptia-fluentdを使用している場合
```
EnvironmentFile=-/etc/sysconfig/calyptia-fluentd
```

環境変数のためのファイルパスがわかったら、そのファイルにおいてコマンドライン用のオプションを指定します[注17]。td-agentの場合はTD_AGENT_OPTIONSを指定し、calyptia-fluentdの場合はCALYPTIA_FLUENTD_OPTIONSを指定します。

td-agentの場合
```
TD_AGENT_OPTIONS="--workers 8 --suppress-config-dump"
```

calyptia-fluentdの場合
```
CALYPTIA_FLUENTD_OPTIONS="--workers 8 --suppress-config-dump"
```

なお、td-agentやcalyptia-fluentdのバージョンによっては、サービス設定ファイルに、前述したEnvironmentFileのほかに、Environment=TD_AGENT_OPTIONS=という行があります[注18]。この行は、EnvironmentFileの記述と重複していてまぎらわしく、意図しない設定を行う可能性があります。環境変数

注17 ファイルがない場合は作成して記述します。

注18 calyptia-fluentdの場合はEnvironment=CALYPTIA_FLUENTD_OPTIONS=です。

にコマンドラインオプションを指定する場合、この行は削除してください[注19]。

■──Windowsでのレジストリを用いた指定

Windowsでサービスとして起動するFluentdのコマンドラインオプションは、レジストリに保存されています。レジストリキー`\HKEY_LOCAL_MACHINE\SYSTEM\CurrentControlSet\Services\fluentdwinsvc\fluentdopt`の値が現在のコマンドラインオプションで、インストール直後であれば`-c`と`-o`が指定されているはずです。このあとに、指定したいコマンドラインオプションを追記して保存します[注20]。

レジストリキーはサービス名`fluentdwinsvc`によるものなので、パッケージとしてtd-agentかcalyptia-fluentdのどちらを使用するかには依存せず、共通です。

3.3 設定変更の反映
設定をFluentdに正しく読み込ませる

動作中のFluentdの設定を変更するには、いくつかの方法があります。状況によってとれる方法が異なるため、それぞれの方法の詳細と条件について解説します。

なお、この節で解説する内容はパッケージを使用するか否かにかかわらず適用できます。ただし、Windows環境ではシグナルが使えないため、この節の内容は適用できません。Windows環境では、次節で解説しているRPC操作を用いてください。

全体の再起動による反映

動作中のFluentdの設定を変更したい場合、基本的にはFluentdの再起動を行います。

まず、FluentdのプロセスにTERMシグナルまたはINTシグナルを送るか、コンソールから実行している場合はCtrl + Cキーを押してFluentdを停止させます。シグナルは、Fluentdのスーパーバイザープロセスに対して送りま

注19　本書執筆時点でのtd-agent v4最新版v4.4では、この行が削除されました。v4.3以前では存在します。calyptia-fluentdにおいてもまだ存在しますが、同様に、将来的に削除されるでしょう。

注20　レジストリの編集にはレジストリエディタを用います。管理者権限のあるユーザーで`regedit`コマンドで起動できます。

す。Fluentdのプロセスが複数起動している場合、プロセスIDが最も若いものがスーパーバイザープロセスです。

```
$ kill -TERM FluentdプロセスID
```

そして、Fluentdを再度起動します。

Linux環境でパッケージを用いてインストールを行った場合、2.4節で解説したsystemctl restartコマンドで同じ動作となります。

一部の再起動または再読み込みによる反映

Fluentdでは、システム設定である<system>ディレクティブ内の変更は行わず、それ以外のディレクティブのみを変更するときは、スーパーバイザープロセスは停止せずに設定の変更を反映できます。

反映する方法には、ワーカープロセスのみを再起動するものと、再起動をまったく行わないものの2つがあります。シグナルを送る場合には、Fluentdのスーパーバイザープロセスに対して送ります。

■――ワーカープロセスの再起動による反映

ワーカープロセスを再起動するには、スーパーバイザープロセスにHUPシグナルを送ります。この結果、全ワーカープロセスが再起動されます。

```
$ kill -HUP FluentdプロセスID
```

Linux環境でパッケージを用いてインストールを行った場合、2.4節で解説したsystemctl reloadコマンドで同じ動作となります。

■――ワーカープロセスからの設定再読み込みによる反映

Fluentd v1.9.0以降では、スーパーバイザープロセスに対してUSR2シグナルを送ることで、ワーカープロセスから設定を再読み込みし、プロセスの再起動をまったく行わずに設定内容を反映させることができます。

```
$ kill -USR2 FluentdプロセスID
```

執筆時点では、Linux環境におけるパッケージ使用時のsystemctlコマンドによる操作ではサポートされていません。

3.4 シグナル、RPCによるプロセス管理
動作中のFluentdを操作する

本節では、動作中のFluentdを操作する方法を解説します。

前節で一部紹介したように、動作中のFluentdの操作は、ほかのソフトウェアと同様にシグナルを用います。動作の停止や設定の再読み込み、バッファの強制的な書き出しといった管理用の操作を行えます。

また、Windows環境やほかのシグナルを使用できない状況のため、HTTPリクエストを用いたRPCによる操作も行えます。RPCは、HTTPのGETリクエストをシステム設定で指定したエンドポイントに送り、リクエストパスに紐《ひも》付《づ》いた操作を行います。デフォルトでは無効になっているため、前述したrpc_endpointパラメータで有効化する必要があります。

表3.2に、シグナルおよびRPCによる操作の一覧をまとめました。一部の操作は、RPCのみでしか提供されていません。

Fluentdが動作しているホストからRPCによる操作は、たとえば次のようにして行います。

```
$ curl http://127.0.0.1:24246/api/config.reload
{"ok":true}
```

表3.2 シグナルとRPCで可能な操作

操作	シグナル	RPCパス	説明
停止	INT	/api/processes.interruptWorkers	Fluentdの動作を停止する
停止	TERM	/api/processes.killWorkers	Fluentdの動作を停止する（INTと完全に同じ）
ワーカーの再起動	HUP	/api/config.reload	ワーカープロセスを再起動し、読み込みなおした設定で動作を再開する
バッファのflush	USR1	/api/plugins.flushBuffers	すべてのOutputプラグインのバッファを強制的に書き出す
設定の再読み込み	USR2	/api/config.gracefulReload	すべてのプラグインで設定を再読み込みする。対応していないプラグインがある場合は使用できない
flush後に停止	USR1、TERMを続けて送信	/api/processes.flushBuffersAndKillWorkers	全バッファをflushしてから停止する
設定ダンプ出力		/api/config.dump	現在の設定をログに書き出す
設定ダンプ取得		/api/config.getDump	現在の設定をHTTPレスポンスとして取得する。前述したenable_get_dumpパラメータを有効にしておかなければ実行できない

Fluentdのログに出力される内容

```
2022-07-30 17:03:20 +0900 [info]: #0 fluentd worker is now stopping worker=0
2022-07-30 17:03:20 +0900 [info]: #0 shutting down fluentd worker worker=0
2022-07-30 17:03:20 +0900 [info]: #0 shutting down input plugin type=:sample p
lugin_id="object:820"
2022-07-30 17:03:20 +0900 [info]: #0 shutting down output plugin type=:stdout
plugin_id="object:80c"
2022-07-30 17:03:21 +0900 [info]: Worker 0 finished unexpectedly with status 0
2022-07-30 17:03:21 +0900 [info]: adding match pattern="data.*" type="stdout"
2022-07-30 17:03:21 +0900 [info]: adding source type="sample"
2022-07-30 17:03:21 +0900 [info]: #0 starting fluentd worker pid=27999 ppid=27
966 worker=0
2022-07-30 17:03:21 +0900 [info]: #0 fluentd worker is now running worker=0
```

3.5 まとめ

本章では、Fluentdそのものの挙動を設定する方法を解説しました。

Fluentdそのものの挙動を設定する方法には、設定ファイルの<system>ディレクティブを用いるものと、起動する際のコマンドラインオプションを用いるものがあります。また、動作中のFluentdに対しては、シグナルやRPCを用いて管理用の操作が行えます。RPCによる操作は、事前に設定で有効にしなければ使用できないことに注意しましょう。

第4章 設定ファイルの書式と構造

Fluentdをうまく活用するには、まず設定ファイルをどのように書けるのかを知らなければなりません。設定ファイルがどのような書式で書かれているのか、設定の構成要素や用語にどういう意味と制約があるのか、それらはどんな構造で組み合わさっているのか。これらを理解すれば、Fluentdでデータがどう流れていくかが一目でわかります。

本章では、設定ファイルの書式と構造を解説します。リテラルやパラメータ、ディレクティブといった構成要素について説明したあと、予約語パラメータや設定ファイルへの外部ファイルの取り込みについて解説します。

4.1 設定の構成要素

リテラル、パラメータ、ディレクティブ

Fluentdの設定ファイルは、リテラル、パラメータ、ディレクティブから成ります。

リテラルとは、設定ファイル中で名前や値を表現する要素です。dataやmy nameあるいは"Satoshi Tagomori"といった文字列、つまり順序を持った文字の集合として表現します。

パラメータとは、設定ファイル中で名前と値の組み合わせを定義する要素です。name "Satoshi Tagomori"や@type myserviceといった2つのリテラルの組み合わせで、パラメータ名とその値を表現します。値は型を持ちます。

ディレクティブとは、設定ファイル中でパラメータの集合をまとめる要素です。<source>や<match *.*>といった開きタグと、</source>や</match>といった閉じタグで囲まれる構造でパラメータの集合を定義します。設定ファイル全体は、ディレクティブの集まりとなります。

たとえば、<source>ディレクティブを用いた設定は次のようになります。

```
<source>
  @id data_input
  @type myservice
  url https://data.example.com/v1/path
  password secret_password_value
</source>
```

上記では、@idパラメータ、@typeパラメータ、urlパラメータおよびpasswordパラメータを指定しています。

この書式は、Apache httpd[注1]の設定ファイルにならったものです。Fluentd

注1　https://httpd.apache.org/

の開発が始まったころは、まだApache httpdのシェアが高く、システム運用者には慣れ親しんだ形式でした。

4.2 リテラル
名前や値を表現する

本節では、名前や値を表現するリテラルについて解説します。

リテラルの構造
さまざまな文字列

リテラルは、0文字以上の文字列です。アルファベットや数字、記号、空白、場合によってはかなや漢字などの文字を含みます。

以下は、アルファベットと数字によるリテラルの例です。

```
name fluentd-server # リテラルは"name"と"fluentd-server"
size 300m           # リテラルは"size"と"300m"
weight 1024         # リテラルは"weight"と"1024"
```

設定ファイル中では1行に書かれるのは2リテラルまでと決まっています[注2]。最初のリテラルは空白で区切られ、続く部分は行末までの全体がリテラルとなります[注3]。後半部分に空白がある場合、リテラルは空白も含みます。

full_nameが1つ目、Satoshi Tagomoriが2つ目のリテラル

```
full_name Satoshi Tagomori
```

空のリテラル
0文字の文字列

リテラルがあるべきところに何も記述されていなかった場合、0文字のリテラルとして扱われます。文字列としては空文字列です。

ディレクティブの引数とパラメータの値それぞれについて、通常のリテラルと空のリテラルの例を示します。

ディレクティブの引数

```
<server api1.example.com> # 引数の値："api1.example.com"
  # ...
</server>
<server>                  # 引数の値：""（空文字列）
  # ...
```

注2　行頭に空白がある場合は無視されます。

注3　後述するコメントがある場合には、その前までの部分となります。

```
</server>

パラメータの値
name Satoshi Tagomori      # パラメータの値："Satoshi Tagomori"
valid_user                 # パラメータの値："" (空文字列)
```

シングルクオートによるリテラル
空白や改行を含む文字列

リテラルは、'(シングルクオート)で囲むことができます。'で囲まれた(クオートされた)リテラルには、空白や改行を含むことができます。

以下は、クオートされたリテラルの例です。

```
シングルクオートで囲まれた範囲が1リテラル
full_name 'Satoshi Tagomori'
              パラメータの値

シングルクオートで囲まれた改行と空白も1リテラルに含まれる
full_name 'Satoshi

              Tagomori'
       パラメータの値
```

なお、空白を含んだパラメータ名は普通の方法では作れません[注4]。そのため設定ファイルでは、パラメータ名はクオートなし、値は必要に応じてクオートを用いる記法が一般的です。

```
典型的なパラメータ名と値の書き方
param_name 'parameter value'
```

ダブルクオートによるリテラル
特殊な処理が有効となる

リテラルは、"(ダブルクオート)で囲むこともできます。'と同じく、"で囲まれたリテラルにも空白や改行を含められます。

```
ダブルクオートで囲まれた範囲が1リテラル
name "Satoshi Tagomori"
         パラメータの値
```

さらに、"を用いたリテラルでは、以降で説明する2つの特殊な処理が有効になります。

注4　技術的には、空白を含んだパラメータ名を定義する方法はあります。しかし、あえて行うメリットもないため、通常空白を含むパラメータ名は存在しないと思ってよいでしょう。

■──バックスラッシュによるエスケープ文字

1つ目は、\(バックスラッシュ)によるエスケープ文字の展開です。たとえば"でクオートされたリテラル内で\nと書くと、改行文字として扱われます。

```
"This is the first line.\nThis is the 2nd line.\n"
                        改行                   改行
```

ほかにも、\tによるタブ文字などがサポートされています。

■──Ruby式の埋め込み

2つ目は、Ruby式の評価結果の展開です。"でクオートされたリテラル内で#{...}のように書くと、括弧に囲まれた部分がRubyの式として評価され、結果がリテラルとなります。これは、Ruby自体の文字列リテラルの機能を模しています。

```
"value#{1+1}" #=> value2
```

この機能は、Fluentdを起動するときに、設定ファイルにホスト名を入れるためなどによく使用されます。

設定ファイルにおける記述

```
hostname "#{Socket.gethostname}"
```

ホスト名がweb1.localの場合に、実際に評価されたあとの設定

```
hostname "web1.local"
```

4.3 コメント
動作に影響しない注釈を書く

設定ファイル中には、コメントを書くことができます。コメントはFluentdの動作に影響しないため、ユーザーが設定に関する注釈を残すために使えます。

コメントは、行頭またはスペースのあとの#(シャープ)で始まり、行末までがコメントとして扱われます。この場合、コメント前のスペースを除いた部分までがリテラルとなります。

行末には#を用いてコメントが書ける

```
param1 value1   # ここはコメント
param2 "value2" # ここはコメント
```

value#3にはスペースがないのでコメントではない

```
param3 value#3
```

スペースと#を文字列値にしたい場合はクオートする

```
param4 "value #4"
```

4.4 パラメータ
名前と型のある値の組み合わせを定義する

本節では、名前と値の組み合わせを定義するパラメータについて解説します。

パラメータの構造
名前と値の型を持つ

パラメータは、名前と値の型を持ち、値のリテラルを受け取ってプラグインが使える値(Rubyのオブジェクト)に変換するためのしくみです。設定ファイル上では、名前を表すリテラルと値を与えるリテラルの2つから成ります。

@idパラメータの値として"myservice"を指定する
```
@id myservice
```

nameパラメータの値としてクオートした値を指定する
```
name "Satoshi Tagomori"
```

値が省略された場合、値は空リテラルとなる
```
use_default_value
```

有効なパラメータやその値の型は、ディレクティブや使用するプラグインによって異なります。そのため、個別のドキュメントで確認する必要があります。

以降では、名前と値の型の詳細を説明します。

■──名前 何を設定するかを指定する

パラメータの名前は、そのパラメータが指定する対象を示すもので、1つのリテラルで表します。

@idパラメータを指定する
```
@id awesome
```

■──値の型 パラメータが受け取る値の型を指定する

パラメータの値には型が指定されています。値として書かれたリテラルは、その型に従って解釈されます。

@idパラメータの値の型は文字列
```
@id awesome #=> "awesome"
```

chunk_limit_sizeパラメータの値の型はサイズ
```
chunk_limit_size 30m #=> 30 * 1024 * 1024 == 31457280 (30MB)
```

パラメータの型

続けて、パラメータの値の型にはどんなものがあるのかを解説します。

■──整数型、浮動小数点数型 数値を表現する

整数型(integer)および浮動小数点数型(float)は、どちらも数値を表現します。整数型は整数として、浮動小数点数型は浮動小数点数として扱われます。

整数型のパラメータに小数のような値を指定した場合、自動的に整数に変換されます。

```
整数
1      #=>  1
-1.1   #=> -1
"1"    #=>  1
"1.1"  #=>  1
.1     #=>  0
（空リテラル） #=> 0

浮動小数点数
1      #=>  1.0
-1.1   #=> -1.1
"1"    #=>  1.0
"1.1"  #=>  1.1
.1     #=>  0.1
（空リテラル） #=> 0.0
```

■──サイズ型、時間型 単位付き指定が可能な数値を表現する

サイズ型(size)および時間型(time)は、どちらも数値の特殊な形です。サイズ型はバイト数を表す整数として、時間型は秒数を表す小数点数として扱われます。Fluentdでは、バッファのサイズやバッファからの書き出し間隔などで使用されます。サイズ型や時間型のパラメータ値の指定には、単位も使用できます。

```
サイズ
1    #=> 1
1024 #=> 1024
1k   #=> 1*1024 == 1024 (1KB)
10m  #=> 10*(1024^2) == 10485760 (1MB)
2g   #=> 10*(1024^3) == 2147483648 (2GB)
1t   #=> 10*(1024^4) (1TB)
```

サイズではk(キロ)、m(メガ)、g(ギガ)、t(テラ)が使用できます。サイズの単位は小文字でも大文字でも有効です。

```
時間
0.1  #=> 0.1 (0.1秒)
1    #=> 1 (1秒)
60s  #=> 60 (60秒)
1m   #=> 1*60 == 60 (1分)
2h   #=> 2*60*60 == 7200 (2時間)
7d   #=> 7*60*60*24 (7日)
```

時間ではs(秒)、m(分)、h(時間)、d(日)の単位が使えます。時間の単位は小文字で指定します。

■——真偽値型 trueかfalseのどちらかを表現する

真偽値型(bool)は、trueもしくはfalseのどちらかの値を表現します。Fluentdでは、オン/オフを指定する設定項目などで使用されます。

```
true/falseが有効な値
true  #=> true
false #=> false

yes/noも有効で、それぞれtrue/falseに変換される
yes   #=> true
no    #=> false

空リテラルはtrueになる
(空リテラル) #=> true
```

上記のようにyes/noも有効で、それぞれtrue/falseに変換されます。

真偽値型をとるパラメータの値を指定しなかった場合、空リテラルとなり、パラメータの値はtrueになります。これは、設定ファイル内で何かの機能を有効にするためのパラメータ名で用いる場合に便利なためです[注5]。

```
真偽値パラメータの無指定値は空リテラルで、trueとなる
use_good_feature #=> true

上記は次の記述と同じ意味となる
use_good_feature yes

明示的に無効にしたい場合はfalseまたはnoを指定する
use_good_feature no
```

注5　何かの機能を有効にするための、use_やenable_といった接頭辞を持つ名前のパラメータの多くは、デフォルト値がfalseとなっています。これは、指定しなかった場合は該当の機能を無効にするためです。

■——文字列型 文字の集合を表現する

文字列型(string)は、受け取ったリテラルがそのまま文字列として表現されます。設定ファイル内においてはパラメータ名のあとに空白を置いて書かれた文字列、あるいはクオート(シングルクオート、ダブルクオート)された範囲の文字列が値となります。

```
yay           #=> "yay"
"yay"         #=> "yay"
'yay'         #=> "yay"
"yay #{1+2}" #=> "yay 3"
```

文字列型の値は、Fluentdの内部的にはUTF-8エンコーディングの文字列になります。

■——列挙型 既定の値のどれかを表現する

列挙型(enum)は、文字列の特殊な形です。列挙型のパラメータでは、指定できる文字列のリストがあらかじめ決まっており、そのリストから1つを選択しなければなりません。設定可能な値は各プラグインのパラメータの定義によって異なります。Fluentdでは、使用可能な機能の選択肢を提供する場合などで使用されます。

protocolパラメータで"tcp"もしくは"udp"だけが有効の場合

```
protocol tcp  #=> :tcp
protocol udp  #=> :udp
protocol icmp #=> エラーになって起動できない
```

■——配列型 複数の値を表現する

配列型(array)は、複数の値を表現します。値の間は,(カンマ)で区切ります。,の前後に空白を入れてもかまいません。値の型は、パラメータごとに文字列型(string)、整数型(integer)、浮動小数点数型(float)、サイズ型(size)、時間型(time)、真偽値型(bool)のいずれかが指定されています。Fluentdでは、いくつかの値を組にして指定する場合や、いくつの値を指定するかがユーザーや用途によって異なる場合などに使用されます。

```
1,2,3   #=> [1,2,3]
1, 2, 3 #=> [1,2,3]

1.414, 1.732, 2.000, 2.236 #=> [1.414,1.732,2.000,2.236]
alpha,beta,gamma,delta     #=> ["alpha","beta","gamma","delta"]
```

配列は、JSONによる配列記法を用いることができます。設定する値が長くなる場合や、設定する値が,や:(コロン)、空白を含む場合などに有用です。この記法では値の途中で改行できるため、設定ファイル中に長すぎる行を書くことを避けられ、読みやすくなります。改行した箇所にはコメントも書けます。

```
配列にはJSONの配列を指定できる
browsers ["Chrome",
          "Safari",  # 途中の行末にコメントを書ける
          "Firefox",
          "Edge"]
```

■──ハッシュ型　複数の名前と値のペアを表現する

ハッシュ型(hash)は、複数の名前と値のペアを表現します[注6]。名前と値は:で区切り、ペアの間は,で区切ります。:と,のあとに空白を入れてもかまいません[注7]。名前の型は、必ず文字列型です。値の型は、配列と同様に、パラメータごとに文字列型(string)、整数型(integer)、浮動小数点数型(float)、サイズ型(size)、時間型(time)、真偽値型(bool)のいずれかが指定されています。Fluentdでは、複雑な構造を持ったデータを設定値として必要とする場合などに使用されます。

```
Jan:1, Feb:2, Mar:3, Apr:4 #=> {"Jan":1,"Feb":2,"Mar":3,"Apr":4}
```

ハッシュは、JSONによるオブジェクト記法を用いることができます。配列の場合と同様に、設定する値が長くなる場合、設定する値が,や:、空白を含む場合などに有用です。値の途中で改行を入れて読みやすくできること、改行箇所にコメントを書けることも同様です。

```
ハッシュにはJSONのオブジェクトを指定できる
vendors {
  "Chrome": "Google", # 途中の行末にコメントを書ける
  "Safari": "Apple",
  "Firefox": "Mozilla",
  "Edge": "Microsoft"
}
```

■──正規表現型　文字列のパターンを表現する

正規表現型(regexp)は、文字列のパターンを表現する正規表現(*regular expression*)の指定を行うためのものです[注8]。Fluentdでは、Rubyの正規表現[注9]

注6　ここでのハッシュとは、RubyにおけるHashクラスのことを指します。このデータ構造は、ほかの言語ではオブジェクト(*Object*)、辞書(*Dictionary*あるいは*dict*)、マップ(*Map*)、もしくは連想配列などと呼ばれることもあります。

注7　ハッシュ型では、配列型とは異なり、区切り文字の前には空白は入れられません。

注8　正規表現は、文字列処理のためにあらゆるプログラミング言語でサポートされていると言っても過言ではありません。正規表現そのものの説明は、あまりに広範な内容になるため、本書では行いません。

注9　https://docs.ruby-lang.org/ja/latest/doc/spec=2fregexp.html

を使用しています。Fluentdでは、データ処理の対象とするイベントを特定するためのパラメータなどに使用されます。

次の2つは同じ意味の正規表現です。ともに、`data:`で始まり任意の文字列が続くパターンを指定しています。

```
my_pattern data: .*
my_pattern /data: .*/
```

後者の/（スラッシュ）で囲む記法では、2つ目の/のあとに正規表現のオプションを指定できます。Fluentdでサポートされているオプションは次の2つです。

- `i`
  大文字／小文字を無視して、どちらにもマッチする
- `m`
  任意の文字を意味する`.`が、改行にもマッチする

それぞれの例です。

```
"DATA: "や"Data: "で始まる文字列にマッチ
my_pattern /data: .*/i

"data: "以降の部分に改行が含まれていてもマッチ
my_pattern /data: .*/m
```

■──レコードのキーを表すパラメータ

文字列型として定義されるパラメータのうち、値の表記に特殊な記法を用いるものが、レコードのキーを表すパラメータです。この種類のパラメータは、イベントのレコードのどの部分を処理対象とするかを特定するためのものです。

Fluentdでは、さまざまなプラグインが、プラグインの機能を適用する際にレコード内のキーの指定を要求します。このときのパラメータの型は文字列です。たとえば、設定ファイルに`key name`と記述すれば、レコード内の`name`キーに対応する値が`key`パラメータの処理対象となります。

しかし、たとえば次のような深い階層のオブジェクトがレコードとして渡ってきたとき、深い階層にある`num`キーの値の2にアクセスするためには階層をたどる必要があります。

```
レコード内に値として含まれているオブジェクトの例
{
  "yay": {
    "boo": {
      "bar": [
        1,
        {
          "num": 2
```

```
        },
        3
      ]
    }
  }
}
```

Fluentdでは、こういった深い階層にアクセスするためにRecord Accessorという機能を提供しています。この機能を使用しているプラグインでは、設定ファイルにおいて次の記法で深い階層へアクセスできます。

ドット記法を用いたkeyパラメータの値の指定

```
key $.yay.boo.bar[1].num
```

ブラケット記法を用いたkeyパラメータの値の指定

```
key $["yay"]["boo"]["bar"][1]["num"]
```

どちらの例も、先ほどのnumキーの値の2へのアクセスを表しています。どちらの記法でも、レコードのトップレベルを$(ダラー)で示します。

ドット記法の場合、深くたどっていくフィールド名を.をセパレータとしてつなぎます。ただし、配列の要素は[](ブラケット)で[1]のように指定します。配列の要素番号の先頭は0です。Fluentdのレコードとしてはあまり存在しないケースですが、配列がネストしていく場合はarrays[0][1][0]のようにブラケットを直接つなぎます。

ブラケット記法の場合、要素の指定はすべて[]で囲みます。フィールド名は、"を用いた文字列で["key"]のように指定します。配列の要素の指定はドット記法と同じで、[1]のように指定し、要素番号の先頭は0です。深くたどっていく場合は、フィールド名であっても配列の要素番号であっても、前述の例のようにブラケットを直接つなぎます。

基本的にはドット記法のほうがシンプルで書きやすいでしょう。ただし、キー名に.や空白を含む場合はドット記法が使えないため、ブラケット記法で記述します。

なお、$を使わず単に文字列でフィールド名を指定した場合、トップレベルのその名前のフィールドが指定されます。深い位置にあるデータを示す場合のみ$で始まる記法を用いるという理解でよいでしょう。

トップレベルのyayを指定する

```
key yay
```

上記は次の記述と同じ意味となる

```
key $.yay
```

パラメータのデフォルト値

デフォルト値は、パラメータが設定されなかったときに暗黙に適用される値です。パラメータには、デフォルト値を持つものと持たないものがあります。

デフォルト値を持たないパラメータは必須パラメータです。必須パラメータが設定ファイルで指定されなかった場合、Fluentdは設定エラーを発生させ、起動に失敗します[注10]。

4.5 ディレクティブ 構造を決定する要素

本節では、パラメータの集合をまとめるディレクティブについて解説します。

ディレクティブの構造 パラメータの集合をタグで囲む

ディレクティブは、<source>といった開きタグと</source>といった閉じタグを持ち、その間にパラメータの集合を含みます。

```
<source>
  @id my-data-source
  @type awesome
  url https://data.example.com/data_source_path
  # ...
</source>
```

以降では、ディレクティブの構造の詳細を説明します。

■——タグ ディレクティブの種類を定義する

タグは、そのディレクティブの種類を決めます。<source>タグを使用するものは<source>ディレクティブです。ディレクティブは必ず開きタグで始まって閉じタグで終わります。

```
<source>
  # ...
</source> # ここまでが1つの<source>ディレクティブ

<system>  # ここからは<system>ディレクティブ
```

注10 3.1節で解説したシステム設定のパラメータのみ例外で、デフォルト値を持たないシステム設定パラメータについては、動作システムにおけるデフォルト動作が適用されます。

```
  # ...
</system>
```

ディレクティブは入れ子にでき、あるディレクティブの中に別のディレクティブを書くことがあります。また、同じディレクティブを複数並べて書くことがあります。ともに、プラグインが対応している場合に限り有効な記述です。

```
<source>
  # ...
  <node>
    # ...
  </node> # ここまでが1つの<node>ディレクティブ
  <node>  # ここからは別の<node>ディレクティブ
    # ...
  </node>
</source>
```

■——引数 ディレクティブに情報を追加する

開きタグは、引数(*argument*)として1つだけリテラルを受け取ります。引数に意味があるかどうかはディレクティブの種類によって異なり、引数に意味がない場合に指定された引数は無視されます。また、空白が含まれている場合でも1つのリテラルとなります。

引数に"mydata"を指定する

```
<example mydata>
  # ...
</example>
```

引数に"mydata one two"を指定する

```
<example mydata one two>
  # ...
</example>
```

引数は省略可能です。省略した場合は空文字列""と同様となり、無視されます。

引数は空文字列となり、無視される

```
<source>
  # ...
</source>
```

■——パラメータ ディレクティブ単位で有効な設定を指定する

ディレクティブ内には複数のパラメータを記述できます。ディレクティブの種類によって有効なパラメータが決まっており、無効なパラメータを書いた場合はFluentd起動直後にログで警告されます。

```
<source>
  @type awesome
  path /my/local/path
  threshold 1024
</source>
```

1つのディレクティブ内に同じ名前のパラメータを複数記述することはできません。エラーにはならず、あとに書いたものが有効となりますが、混乱を避けるため複数回は書かないようにしましょう。

同一ディレクティブ内に同じパラメータを複数回指定した場合、最後に書いたものが有効となる

```
<source>
  @type tail
  path /my/local/path/one
  path /my/local/path/two
  path /my/local/path/three  # この値が有効な指定となる
</source>
```

■——セクション　設定値を与えられたディレクティブを表す

細かいことですが、設定ファイルの書式上の構造をディレクティブと呼び、設定ファイルが実際に与えられ解析(*parse*)されたあとにできる構造はセクションと呼びます。セクションは、パラメータ名と値のペアの集合を持つ構造です。セクションの段階になると、値はリテラルではなく、パラメータ型に従って解釈されたあとの値になります注11(**図4.1**)。

既定のディレクティブ
Fluentd本体に必須の機能を実現する

ここでは、Fluentdにあらかじめ用意されているディレクティブの意味と役割を解説します。

注11　セクションについて詳しくは、11.3節で解説します。

図4.1　設定ファイル中のディレクティブが解析され、セクションとなる

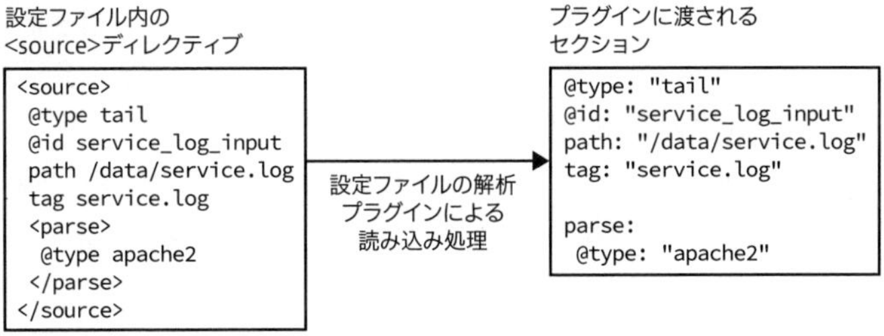

なお、本節で解説するディレクティブは、<system>ディレクティブを除いて、どれも任意の回数指定できます。データ入出力や処理の方法、対象に合わせて、必要なだけ設定ファイル内に指定します。

■――<system>ディレクティブ Fluentd全体を設定する

前章で解説した<system>ディレクティブは、Fluentd全体のシステム設定を定義するためのものです。

<system>ディレクティブは、設定ファイルのトップレベル、つまりほかのディレクティブに囲まれない場所に書きます。また、<system>ディレクティブは引数をとりません。設定ファイル中で指定できる<system>ディレクティブは1つのみです。

fluentd.conf
```
<system>
  log_level    warn
  root_dir     /data/fluentd
  # ...
  <log>
    format json
  </log>
</system>
# そのほかの設定
```

<system>ディレクティブ内で使用可能なパラメータ、<log>ディレクティブとそのパラメータは3.1節で解説しました。

■――<worker>ディレクティブ 個別のワーカーを設定する

<worker>ディレクティブは、Fluentdを複数ワーカー[注12]で動作させる場合に、特定のワーカーでのみ有効な設定を行うためのものです。<worker>ディレクティブを用いると、複数ワーカー動作に対応していないプラグインや、複数起動したくないプラグインを、あるワーカーのみで動作させることなどが可能となります。

<worker>ディレクティブは、設定ファイルのトップレベルに書きます。

設定を適用するワーカーは、<worker>ディレクティブの引数に番号で指定します。番号は0番から始まります。

<worker>ディレクティブ内では、直接使用可能なパラメータはありません。このディレクティブの配下には、データ処理に関するディレクティブ

注12 複数ワーカーについては6.5節で解説します。

(<source>、<match>、<filter>、<label>ディレクティブ)を記述します。

```
workers 4なので有効なワーカー番号は0～3
<system>
  workers 4
</system>

0番のワーカーのみに適用される設定
<worker 0>
  <source>
    @type my_custom
  </source>
</worker>

0番を含めたすべてのワーカーに適用される設定
<source>
  # ...
</source>

<match data.*>
  # ...
</match>
```

連続した番号の複数のワーカーに同じ設定を適用することもできます。この場合、<worker 3-7>のように指定します。

■──<source>ディレクティブ Inputプラグインを設定する

<source>ディレクティブは、イベントをFluentdに取り込むためのInputプラグインを設定するためのものです。

<source>ディレクティブは、設定ファイルのトップレベルか、<worker>ディレクティブの配下に書きます。引数はとりません。設定対象のInputプラグインは、ディレクティブ内において、後述する@typeパラメータで指定します。

```
<source>
  @type   forward
  @id     network_input
  @label @accesslog
  port    24224
</source>
```

ディレクティブ内で使用できるパラメータやディレクティブは、プラグインにより異なります。ただし、@(アットマーク)で始まるパラメータは、Fluentd本体による予約語パラメータで、すべてのInputプラグインで使用できます。予約語パラメータについては次節で解説します。

■── <match>ディレクティブ　Outputプラグインを設定する

<match>ディレクティブは、Fluentd内に取り込まれたイベントを処理するOutputプラグインを設定するためのディレクティブです。

<match>ディレクティブは、設定ファイルのトップレベルか、後述する<label>ディレクティブの内側に書きます。引数には、Outputプラグインが処理するイベントを、タグのパターンを用いて記述します。設定対象のOutputプラグインは、ディレクティブ内において、後述する@typeパラメータで指定します。

```
<match my_service.*>
  @type file
  @id   my_service_file_output
  path  /var/log/my_service
  # ...
</match>
```

<match>ディレクティブ内で使用できるパラメータやディレクティブは、プラグインにより異なります。

ここからは、引数のタグのパターンについて詳述します。1.3節で述べたように、Fluentdのイベントは、すべてタグと日時とレコードを持っています。タグは、.で区切られた文字列の形をしています。<match>ディレクティブでは、タグのパターンを用いて処理するイベントを指定します。タグのパターンは、タグに完全一致、もしくは部分一致します。

部分一致パターンには、*(アスタリスク)を用いるグロブ(*glob*)と{}(ブレース)を用いるORがあります。両者を組み合わせて使うこともできます。

```
普通の文字列タグは完全一致
log       # "log"に完全一致

グロブ：log.で始まるタグに一致
log.*     # "log.abc"、"log.xyz"などに一致
          # "log"や"log.abc.def"などには不一致

log.**    # "log"に一致
          # "log.abc"や"log.abc.def"など"log."で始まるものすべてにも一致

グロブは最初や途中にも入れられる
*.log          # .logで終わるタグに一致
system.*.log   # "system.ssh.log"などに一致

OR ({a,b,c}) ：カンマ区切りの単語どれかに一致
log.{news,blog}             # "log.news"もしくは"log.blog"に一致
system.{ssh,audit}.log      # "system.ssh.log"もしくは"system.audit.log"に一致
```

グロブとORの組み合わせ

```
log.{news,blog}.*           # "log.news.error"や"log.blog.info"などに一致
log.{system.**,httpd.*}  # "log.system"や"log.httpd.access"などに一致
```

<match>ディレクティブは引数として、これらのタグのパターンを受け取ります。タグのパターンはスペース区切りで複数記述することもできます。

```
<match system.log audit.log>
  # タグ"system.log"もしくは"audit.log"のイベントを処理
</match>

<match access.log.**>
  # タグ"access.log"や"access.log.search"などのイベントを処理
</match>

<match **>
  # そのほかのすべてのイベントを処理
</match>
```

どこかの<match>セクションにマッチして処理されたイベントは、そのほかの<match>セクションには届きません。優先順位は、設定ファイルでの記述順序に従います。

```
<match log.**>
  # タグ"log"や"log.service"などのイベントを処理
  # 本来は、次のlog.webの後ろに記述するべき
</match>

<match log.web>
  # ここにタグ"log.web"のイベントは届かない
</match>

<match **>
  # そのほかのすべてのイベントを処理
  # 本来は、設定ファイルの（あるいは<label>セクションの）最後に記述するべき
</match>

<match security.*>
  # ここには何のイベントも届かない
</match>
```

■――<filter>ディレクティブ　Filterプラグインを設定する

<filter>ディレクティブは、Fluentdに取り込まれたイベントを処理するFilterプラグインを設定するためのものです。

<filter>ディレクティブは、<match>ディレクティブと同じく、設定ファイルのトップレベルか<label>ディレクティブの内側に書かれ、引数にはタグのパターンを記述します。設定対象のFilterプラグインは、ディレクティ

ブ内において、後述する@typeパラメータで指定します。

```
<filter log.*>
  @type grep
  @id filter_by_service_name
  key_name service_name
  # ...
</filter>
```

<filter>ディレクティブ内で使用できるパラメータやディレクティブは、プラグインにより異なります。

<match>ディレクティブとは異なり、<filter>ディレクティブでは、処理したイベントをまたFluentd内部に流します。そのため、後続の<filter>ディレクティブにも渡ります。処理順は、設定ファイルでの記述順序に従います。

```
<filter security.log>
  # タグ"security.log"のイベントを処理
</match>

<filter security.*>
  # タグ"security.log"や"security.audit"などのイベントを処理
</filter>

<filter **>
  # "security.log"を含むすべてのタグのイベントを処理
</filter>
```

この場合、タグsecurity.logのイベントはすべての<filter>ディレクティブによって処理されてから、設定ファイルのあとに続くほかのOutputプラグインに渡されます。

■——<label>ディレクティブ　ラベルの付いたイベントをルーティングする

<label>ディレクティブは、ラベルを付けて流されたイベントをルーティングし、処理するためのものです。

<label>ディレクティブは設定ファイルのトップレベルか、<worker>ディレクティブ内に書きます。<label>ディレクティブ内には、直接はパラメータを書かず、ルーティングされたイベントを処理するための<filter>ディレクティブと<match>ディレクティブを記述します。

<label>ディレクティブは、引数としてラベル名を受け取ります。ラベルは、次のような用途で用いると便利な機能です。

- **イベントの入力元によって出力方法を変更する**
- **イベントに適用するフィルタや出力の組み合わせをまとめて指定する**

次の例のように、@labelパラメータと<label>セクションの組み合わせで使用します。次の例では、暗号化なしで受信したイベントはファイルに保存し、暗号化ありで受信したイベントはセキュリティ関連用サーバに転送しています。

このInputプラグインはネットワークから暗号化なしでイベントを受信

```
<source>
  @type   forward # ネットワーク経由でイベントを受信するプラグイン
  @id     normal_input
  @label @logs    # 暗号化されていないイベントは@logsへ
  port    24224
</source>
```

このInputプラグインはネットワークから暗号化ありでイベントを受信

```
<source>
  @type   forward  # ネットワーク経由でイベントを受信するプラグイン
  @id     secure_input
  @label @secret  # 暗号化されていたイベントは@secretへ
  port    24284    # 暗号化データの受信用ポート
  # 暗号化パラメータなどを記述
</source>
```

暗号化なしで受信したイベントはファイルに保存

```
<label @logs>
  <filter **>
    # ...
  </filter>
  <match **>
    @type file
    @id   normal_writer
  </match>
</label>
```

暗号化ありで受信したイベントはセキュリティ関連用サーバに転送

```
<label @secret>
  <filter **>
    # ...
  </filter>
  <match **>
    @type forward
    @id   secret_forwarder
    # ...
  </match>
</label>
```

イベントの流れをわかりやすく設定するためにも、ラベルの積極的な使用をお勧めします[注13]。

注13 詳しくは、6.3節で解説します。

なお、特殊なラベルとして、@FLUENT_LOGがあります。このラベルを処理する<label @FLUENT_LOG>セクションを指定した場合、Fluentd自体のログがこのラベルに流れ、プラグインを使って処理できます。Fluentd自体のログは、fluent.infoなどfluent.接頭辞(*prefix*)にログレベルが付いたタグで流されます。

Fluentd自体のすべてのログを収集

```
<label @FLUENT_LOG>
  <match fluent.**>
    @type forward
    @id   fluentd_management

    # Fluentd運用ログ用サーバへ送信する設定を記述
  </match>
</label>
```

Fluentd自体の重要なログだけを収集

```
<label @FLUENT_LOG>
  <match fluent.{warn,error,fatal}>
    @type forward
    @id   fluentd_management

    # Fluentd運用ログ用サーバへ送信する設定を記述
  </match>
</label>
```

<label @FLUENT_LOG>が指定されていない場合にのみ、Fluentd自体のログは設定ファイルのトップレベルにおける<match fluent.**>などでマッチできます。しかし、<label @FLUENT_LOG>を使うほうがほかのイベントの処理と明確に異なる記述となるため、わかりやすいでしょう。

■──そのほかのディレクティブ　プラグインに機能を提供する

ここまでのディレクティブはFluentd本体が必要とする設定を行うものでした。そのほかにも、プラグインが有効にすることで使用できるディレクティブもあります[注14]。

- <buffer>
  Outputプラグインにおけるバッファリング関連の設定を行う
- <parse>
  テキストデータを解析するときに使用するParserプラグインの設定を行う
- <format>
  データをテキストに書き出すときに使用するFormatプラグインの設定を行う

注14　詳しくは、第7章で解説します。

- `<inject>`
  タグや日時などをレコードに注入するための設定を行う
- `<extract>`
  レコード内の値をタグや日時として用いるための設定を行う
- `<storage>`
  プラグインが内部状態を保存するためのStorageプラグインの設定を行う
- `<transport>`
  通信プロトコルの指定や暗号化通信の有効化の設定を行う

また、このほかにプラグインが独自に定義するディレクティブなどもあります。各プラグインのドキュメントを参照してください。

4.6 <source>、<match>、<filter>ディレクティブの予約語パラメータ

<source>、<match>および<filter>ディレクティブ内で使用できるパラメータはプラグインによって異なりますが、これらのディレクティブで共通して、本項で紹介する予約語を使用できます。これらはFluentdが各プラグインに共通の処理を実施するためのものです。

Fluentdの予約語パラメータは、パラメータ名の先頭に@が付きます[注15]。プラグインが独自に定義するパラメータでは、この命名を行うべきではありません。

@typeパラメータ
使用するプラグイン名を指定する

@typeパラメータは、そのディレクティブで使用するプラグインを指定するためのものです。必須のパラメータです[注16]。

```
@type forward
@type my_great_plugin
```

@idパラメータ
プラグイン設定にIDを付けて判別可能にする

@idパラメータは、そのディレクティブでのプラグイン設定にIDを付ける

注15 Fluentdの古いバージョンでは、typeやidなどのパラメータが@なしで用いられていたことがありました。これは古い方法ですので、現在では使うべきではありません。

注16 詳しくは、5.5節で解説します。

パラメータです。このプラグインIDは設定ファイル内においてユニークである必要があり、同じプラグインIDを重複して付けることはできません。プラグインIDは任意の文字列ですが、その設定で行っている処理の内容や、入出力するデータの特徴、全体の中での役割などから命名するとよいでしょう。

次の例は2つの<source>ディレクティブを指定し、どちらも同じInputプラグインであるin_tailプラグインを使用しています。両者は、読み込んでいるデータがアクセスログとシステムログで異なっています。このため、片方にはプラグインIDとしてweb_access_01を付け、他方にはsystem_log_01を付けています。

in_tailプラグインにweb_access_01というプラグインIDを付ける

```
<source>
  @type tail
  @id web_access_01
  path /var/log/nginx/access.log
  # ...
</source>
```

同じくin_tailプラグインだが、区別のためsystem_log_01という別のプラグインIDを付ける

```
<source>
  @type tail
  @id system_log_01
  path /var/log/messages
  # ...
</source>
```

@idは必須パラメータではありませんが[注17]、設定をシンプルに記述したりトラブル時の調査を行いやすくしたりするため、すべての<source>/<match>/<filter>ディレクティブに指定することを強く勧めます[注18]。

Fluentdはログ出力時に、どのプラグインが関係したログなのかを示すためにプラグインIDを用います。また、プラグインから一時的なデータをディスク上に保存するときに、プラグインIDを用いてファイル名やディレクトリ名を決定することもあります。

@log_levelパラメータ
プラグイン単位でログレベルを指定する

@log_levelパラメータは、プラグイン単位でログレベルを設定し、ログの出力頻度を調整するためのものです。指定しない場合、Fluentd全体のログレ

注17　省略した場合、機械的に生成されたランダムのように見える値がセットされます。

注18　ただし、本書においては、部分的な設定例を示すことが多く、設定全体の中での役割が定まらないため、基本的に@idパラメータの記載を省略しています。

ベルと同等になります。あるプラグインのみデバッグログを出力したいときや、プラグインが出すログが多すぎるので抑制したいときなどに指定します。

```
<source>
  @type my_buggy_plugin
  @log_level debug   # デバッグログも出力する
</source>
```

有効な指定はレベルの低いほうからtrace、debug、info、warn、error、fatalで、指定したレベル以上のログが出力されます。デバッグログを表示したいときにはdebugを指定し、infoログの量が多く表示させたくないときにはwarnを指定します。

@labelパラメータ
イベントのルーティング制御用ラベルを指定する

@labelパラメータは、<source>ディレクティブで有効なパラメータです[注19]。プラグインから生成されたイベントを、特定の<label>ディレクティブに向けて流すために、ラベル名を指定します。ラベル名として有効なのは@で始まる文字列です。指定しない場合、イベントはFluentdのトップレベルに流れます。

```
<source>
  @type tail
  @label @system_log
  # ...
</source>

<source>
  @type tail
  @label @application_log
  # ...
</source>
```

4.7 @include
設定ファイルにほかのファイルの記述を取り込む

本節では、設定ファイルにほかのファイルの記述を取り込む方法を解説します。

多数のサーバでFluentdを運用する場合、全サーバに次のような共通の設定

注19　例外的に、一部の<match>ディレクティブでも有効です。詳しくは、6.3節で解説します。

を行いたいことがあります。

- **全サーバのFluentd自体のログを、あるサーバに転送して集約する**
- **全サーバの運用ログ(sshのログイン履歴やOS自体のログなど)を収集する**

このような用途のため、Fluentdでは設定ファイルで予約語@includeが使用できます。

各サーバへの共通設定の取り込み

@includeを用いて外部のファイルを指定すると、その場所に指定したファイルの内容が展開される動作となります。

まず、次のように共通設定を記述したファイルを用意します。この共通設定は、システムログなどを取り込み、特定の管理サーバに送信するためのものです。

common.conf

```
<source>
  @type tail
  path /var/log/messages
  tag system.syslog
  # ...
</source>

# そのほかのシステムログ読み込み設定

<match system.*>
  # 管理サーバに送信する
  @type forward
  <server>
    host logs.admin.local
  </server>
</match>
```

そして、Fluentdの設定ファイルから、次のように共通設定を読み込みます。

fluentd.conf

```
# 各サーバ固有の設定（省略）

@include /etc/fluentd/common.conf   # 全サーバ共通の設定を読み込む
```

このようにすると、サーバ固有の設定とは独立して共通の設定を管理できるため、わかりやすくなります。

各プラグインへの共通パラメータの取り込み

読み込む外部ファイルには、設定そのものではなく、パラメータなどの設定の一部を書いておくこともできます。複数のプラグインに共通のパラメータ設定を適用する場合などに便利です。

まず、次のように共通のパラメータを並べたファイルを用意します。

buffer_common.conf

```
flush_interval 1m
chunk_limit_size 8m
total_limit_size 64m
flush_thread_count 3
flush_thread_interval 0.5
flush_thread_burst_interval 0.5
```

そして、Fluentdの設定ファイルの各プラグインの設定から、次のように共通のパラメータを読み込みます。

fluentd.conf

```
<match store.*>
  @type forward
  # ...
  <buffer>
    @type file
    path  /var/run/fluentd/buffer/store
    @include buffer_common.conf # ここで共通のパラメータを読み込み
  </buffer>
</match>

<match news.*>
  @type forward
  # ...
  <buffer>
    @type file
    path  /var/run/fluentd/buffer/news
    @include buffer_common.conf # ここでも同じ共通のパラメータを読み込み
  </buffer>
</match>
```

URLを用いたHTTP経由での取り込み

`@include`にはURLも指定できます。そのため、データセンター内のサーバから共通の設定ファイルを配ることなどができます。

```
fluentd.conf
# 各サーバ固有の設定（省略）

@include http://logs.admin.local/fluentd.conf
```

4.8 設定ファイルの全体像

Fluentdの設定ファイルの全体像を紹介するため、典型的な例を示します。各ディレクティブ内のパラメータの具体例は省略している部分がありますが、Fluentd自体の設定や、どのようにデータが入力されるか、入力されたデータがどうルーティングされ処理されるかが読み取れます。

```
<system>
  workers 4
  root_dir /opt/fluentd/data
  <log>
    format json
  </log>
</system>

<source>
  # アクセスログの入力
  @type  tail
  @id    log_access
  @label @access_log
  path   /var/log/nginx/access.log
  # ...
</source>

<source>
  # アプリケーションサーバからのアプリケーションログ受信
  @type  forward
  @id    log_application
  @label @application_log
  port   24224
  # ...
</source>

<label @access_log>
  # アクセスログを収集サーバへ送信
  <match **>
    @type forward
    @id   forward_access_logs
    <server>
      host access.logs.internal
    </server>
```

```
  </match>
</label>

<label @application_log>
  # アプリケーションログのerrorログだけを残す
  <filter **>
    @type grep
    @id   filter_app_logs
    <regexp>
      key log_level
      pattern /error/i
    </regexp>
  </filter>

  # 残ったerrorログを収集サーバへ送信
  <match **>
    @type forward
    @id   forward_app_logs
    <server>
      host app.logs.internal
    </server>
  </match>
</label>

# 全サーバ共通設定を読み込んでOSログやFluentdログを処理
@include https://admin.internal/fluentd.common.conf
```

4.9 まとめ

本章では、Fluentdの設定ファイルの書式と構造について解説しました。

設定ファイルはリテラルやパラメータ、ディレクティブといった構成要素から成っています。パラメータの値にはさまざまな型があり、デフォルトのディレクティブにもさまざまなものがあります。また、ディレクティブごとに有効な予約語パラメータもあります。これらからなる設定ファイルによりFluentdのデータ処理方法が定義されるため、Fluentdの理解と利用には重要です。

コラム

YAMLによる設定ファイル記述

Fluentdの設定ファイル書式はApache httpdの設定ファイルと同様のものですが、v1.15.0において、もう一つYAML（*YAML Ain't Markup Language*）[注a]による設定ファイルの記述がサポートされました。Fluentdの設定ファイルをプログラムから生成する場合に、より扱いやすい書式をサポートするためという理由によります。ここではYAMLによる設定ファイルがどのようなものかを簡単に解説します。詳細は、Fluentdのドキュメント[注b]を参照してください。

YAMLで記述した設定ファイルは次のようになります。

fluentd.yaml

```
system:
  workers: 2

config:
  - source:
      $type: sample
      $label: '@test'
      tag: data.sample
      sample: '{"data": "yaaaaaaaaay"}'

  - match:
      $tag: data.*
      $type: stdout
      format:
        $type: json
```

これは、通常の設定ファイルの次の例と同じ内容です。

fluentd.conf

```
<system>
  workers 2
</system>

<source>
  @type sample
  @label @test
  tag    data.sample
  sample {"data": "yaaaaaaaaay"}
</source>

<match data.*>
  @type stdout
  <format>
```

注a　https://yaml.org/

注b　https://docs.fluentd.org/configuration/config-file-yaml

```
    @type json
  </format>
</match>
```

全体の構造とディレクティブ

通常の設定ファイルと異なるのは、トップレベルにsystemとconfigという2つのディレクティブがあることです。systemの下ではシステム設定パラメータを指定し、configの下ではsource、filter、match、label、workerのデータ処理関連ディレクティブの指定を記述します。

labelやworkerディレクティブの下には、またconfigディレクティブを指定したのち、source、filter、matchの各ディレクティブを指定します。

labelディレクティブによるfilterとmatchディレクティブの指定

```
config:
  - label:
      $name: '@data'
      config:
        - filter:
            $tag: data.*
            $type: grep
            # ...
        - match:
            $tag: data.*
            $type: stdout
```

特殊なYAML要素

YAMLによる設定ファイル書式では、特殊なYAML要素を用いてディレクティブの引数や予約語パラメータを表現します。filterやmatchディレクティブの引数で指定するタグには$tagを用い、そのほかのディレクティブの引数には$argを用います。プラグイン名の指定には$type、プラグインIDの指定には$idなど、予約語パラメータには通常の予約語パラメータの@を$に置き換えたものを用います。

ディレクティブ引数や予約語パラメータの指定例

```
config:
  - match:
      $tag: test.*
      $type: forward
      $id: out_forward_test
      buffer:
        $arg: tag
        flush_interval: 10s
      server:
        - host: server1.local
          port: 24224
        - host: server2.local
          port: 24224
```

YAMLによる設定ファイルの記述チェック

YAMLによる設定ファイル書式はそう複雑ではありません。本書で解説していない記法についても、ドキュメントを見ながらであれば記述は難しくないでしょう。書いてみたYAMLファイルが正しい設定ファイルかどうか、期待どおりの設定内容になっているかどうかは、次のコマンドで確認できます。

```
$ fluentd --dry-run -c fluentd.yaml
（中略）
2022-07-13 17:56:57 +0900 [info]: using configuration file: <ROOT>
  <system>
    workers 2
  </system>
  <source>
    @type sample
    @label @test
（省略）
```

YAMLによる設定ファイルを読み込んだあとでも、Fluentdの起動処理中のログにおいて、設定ダンプは通常の書式で行われます。この設定ダンプを見ることで、自分の意図どおりの設定内容になっているかどうかをチェックできます。

第5章
プラグインの基本

Fluentdの最大の特徴は、機能の多くがプラグインというしくみを用いて実現されていることです。プラグインは、設定を通じて簡単に入れ替えられます。プラグインの理解は、Fluentdのしくみ全体への理解を大きく助けるでしょう。

本章ではプラグインについて、Fluentdにおけるプラグインとはどのようなものでどう起動や停止されるのかを述べたのち、プラグインの種類にはどんなものがあるのかを、命名ルール、機能による分類などの点から解説します。また、プラグインをどのようにインストールし管理するのか、インストールされたプラグインがどのように探索され有効化されるのかも解説します。

5.1 Fluentdにおけるプラグイン
Fluentdの主要な機能を実現する

Fluentdは主要な機能をプラグインによって実現しています。どのようにイベントを入力し、どのようにイベントを編集、転送、集約し、外部に出力するか。つまり、イベントをどのように処理するかはすべてプラグインによって実現されています。

また、単一のプラグインではなく、複数のプラグインの組み合わせにより処理が実現されることも多くあります。たとえば、`in_tail`というInputプラグインは外部からテキストデータを読み取り、それを解析して結果をイベントとして取り込みます。このうち、読み込んだテキストデータの解析は、実際にはParserプラグインが行っている処理です。こういったプラグインから使われるためのプラグインも何種類かあり、ユーザーは必要に応じて使用するプラグインの種類を切り替え、あるいは設定を変更できます。これは、幅広い用途と性能要求にFluentdをフィットさせるのに役立ちます。

広く必要とされるプラグインは、Fluentdに組込みプラグインとして含まれています。それ以外にも、さまざまなものが多数のユーザーにより作成、公開されています。

5.2 プラグインのライフサイクル
初期化から起動、停止、破棄まで

プラグインは、Fluentdを起動したときに読み込まれ、初期化および設定されます。また、Fluentdを停止するときには必要な後処理が行われます。すべてのプラグインは、Fluentdの起動と停止に従って次のライフサイクルを経ます。括弧内では、ログなどで表示されるライフサイクル名称を記載しています。

- ❶**初期化**(initialize)
- ❷**設定**(configure)
- ❸**起動**(start)
- ❹**起動確認**(after_start)
- ❺**(Fluentdの実行中)**
- ❻**停止通知**(stop)
- ❼**停止前処理**(before_shutdown)
- ❽**停止**(shutdown)
- ❾**停止後処理**(after_shutdown)
- ❿**後始末**(close)
- ⓫**破棄**(terminate)

それぞれのステップでは、プラグインの種類ごとに必要な処理が行われます。ユーザーが各ステップの意味を区別する必要はほとんどありませんが、プラグインの開発を行う場合は、どこでどのような処理を行うべきかを意識する必要があります[注1]。

重要なのは、プラグインのライフサイクルには起動と停止という段階があるということです。実行前に読み込まれるべき情報は起動の時点で読み込まれますし、失ってはいけない情報は停止の時点でファイルなどに保存されます。

プラグインの停止が行われたかどうかは、プラグインごとにFluentdのログに出力されます。何か動作がおかしいと思ったときは、使用しているプラグインの起動や停止が報告されているか、ログを確認してみるとよいでしょう。

Fluentd停止処理中のプラグイン停止に関するログ例

```
2022-02-26 16:55:07 +0900 [info]: #0 shutting down fluentd worker worker=0
2022-02-26 16:55:07 +0900 [info]: #0 shutting down input plugin type=:dummy pl
ugin_id="object:3fed6a4f8160"
2022-02-26 16:55:07 +0900 [info]: #0 shutting down output plugin type=:forward
plugin_id="object:3fed6a272fd0"
```

5.3 プラグインの種類

プラグインには次の7種類があります。括弧内では、設定ファイルにおい

注1　詳しくは、10.4節で解説します。

て関連するディレクティブを記載しています。

- **Input**（<source>）
  イベントを外部からFluentdに入力する
- **Filter**（<filter>）
  Fluentd内部でイベントを編集、除去する
- **Output**（<match>）
  イベントをFluentdから外部に出力する
- **Buffer**（<buffer>）
  性能と対障害性の向上のためイベントのバッファリングを行う
- **Parser**（<parse>）
  テキストデータを解析し、Fluentdのイベントに変換する[注2]
- **Formatter**（<format>）
  Fluentdのイベントをテキストデータに変換する[注3]
- **Storage**（<storage>）
  Fluentd内部の状態をファイルなどに保存する
- **Service Discovery**（<service_discovery>）
  接続先のサービス、またはホストなどを管理する

Fluentd組込みのプラグインとして、これらの実装がいくつかずつ提供されています。さらに、すべての種類のプラグインについて、ユーザーが自分自身で新しいプラグインを書き、それを設定ファイルで指定して使用できます。つまり、あらゆる種類のプラグインの実装はユーザーが差し替えられます。

多くのプラグインを併存させる例

```
<source>
  # in_tailプラグインによりファイルの内容を読みJSONとして解析
  @type  tail
  @label @events
  tag   my.service
  path  /data/my.service/events.log
  <parse>
    @type json
  </parse>
</source>
<label @events>
  <filter **>
    # 条件に合うイベントを除外
    @type grep
```

注2　Parserプラグインはバイナリデータを扱うこともでき、バイナリフォーマット用のParserプラグインもあります。ただ、用途としてはテキストデータの解析がほとんどであるため、本書ではテキストデータの取り扱いに焦点を当てます。

注3　Parserプラグインと同様にバイナリデータへの変換を行うFormatterプラグインもありますが、本書ではテキストデータの取り扱いに焦点を当てます。

```
    <exclude>
      key data_type
      pattern /dummy/ # ダミーデータは除外
    </exclude>
  </filter>
  <match **>
    # TSV形式で15分ごとに1ファイルに保存
    @type file
    path  /data/my.service/filtered.${tag}.%Y%m%d%H%M.tsv
    <format>
      @type tsv
      keys  name,age,message
    </format>
    <buffer time,tag>
      @type file
      timekey 15m
    </buffer>
  </match>
</label>
```

このように、Fluentdでは多くの種類のプラグインを組み合わせられます。設定ファイルにどう動作するかを明快に記述できる利点と、Rubyのコードを書くことでどんなプラグインでも作れるという機能の強力さが併存していると言えるでしょう。

プラグイン名のルール
種類と名前の組み合わせからなる

プラグインの表記にはルールがあります。プラグインを指すときには、「in_tailプラグイン」のように、プラグインの種類を表すin_などの接頭辞と、そのあとに続くプラグイン名という表記を用います。たとえばin_tailプラグインは、tailという名前のInputプラグインを示します。同様に、fileという名前のOutputプラグインであればout_fileプラグインという表記になり、grepという名前のFilterプラグインであればfilter_grepプラグインという表記になります[注4]。

この表記は、各プラグインのファイル名とも一致します[注5]。また、Fluentd関連のドキュメントでは一般的な表記です。この表記を用いるのは、同じ名前のInputプラグインとOutputプラグインが存在することも多いため、短い表記で両者の区別を付けられるという理由によるものです。

注4　そのほかの種類のプラグインについては、5.5節で後述します。

注5　ファイル名には拡張子.rbが続きます。

プラグインの機能による分類

Fluentdの7種類のプラグインは、機能により次の2つに分類できます。データ処理を行うオーナープラグインと、オーナープラグインに所有され、データ処理の補助を行うオウンドプラグインです。

- **オーナープラグイン(*Owner plugin*)**
  Input、Filter、Output
- **オウンドプラグイン(*Owned plugin*)**
  Buffer、Parser、Formatter、Storage、Service Discovery

プラグインのためのプラグインとして所有する、所有される関係にあることからオーナープラグイン、オウンドプラグインという名前が付いています(**図5.1**)。

■――オーナープラグイン　イベント処理の中心となるInput、Filter、Outputプラグイン

オーナープラグインとは、Fluentdの処理の中心となるイベントの扱いを決めるプラグインです。オーナープラグインは、ユーザーが設定ファイルに対応するディレクティブである`<source>`(Inputプラグイン)、`<filter>`(Filterプラグイン)、`<match>`(Outputプラグイン)を記述することで有効化されます。

■――オウンドプラグイン　プラグインから使われるそのほかのプラグイン

オウンドプラグインとは、オーナープラグインから使われる「プラグインの

図5.1　オーナープラグインとオウンドプラグインの関係

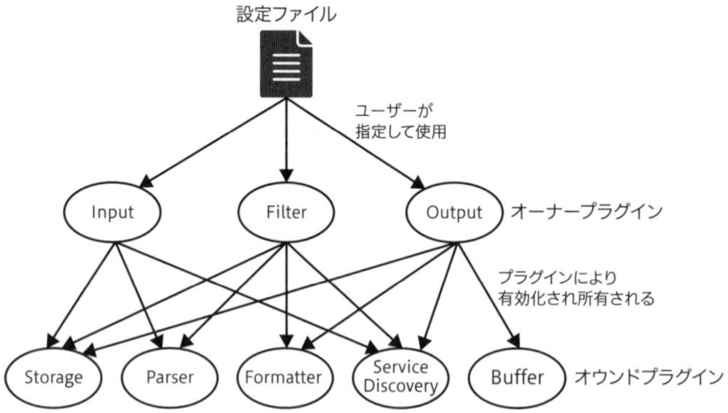

ための プラグイン」です。オウンドプラグインは、オーナープラグインから自動的に有効にされることもあれば、ユーザーが設定ファイルに明示的に指定して初めて有効となることもあります。関係するディレクティブは、<parse>（Parserプラグイン）、<format>（Formatterプラグイン）、<buffer>（Bufferプラグイン）などです。

プラグインヘルパー
プラグインに共通の機能を提供する

オーナープラグインがオウンドプラグインを呼び出すときに経由しているのがプラグインヘルパー（*Plugin helpers*）です。プラグインヘルパーとは、多くのプラグインに共通して必要となる処理をまとめてFluentd本体から提供するものです。オウンドプラグインの呼び出しも、プラグインヘルパーが提供する機能の一部です。

オウンドプラグインを使う方法はオーナープラグインに任せられていますが、そこに何のルールもないと、どのように設定、有効化するかの方法がプラグインの実装ごとにバラバラになるでしょう。これはユーザーにとってわかりにくく、使いにくいものとなります。そこで、Fluentdはコアの機能としてプラグインヘルパーを提供しています。オーナープラグインはこのしくみを経由してオウンドプラグインを呼び出すことで、設定ファイルにおけるオウンドプラグインの設定の記述方法を統一できます。

@typeの違うInputプラグインでも<parse>ディレクティブの書き方は同じ

```
<source>
  @type tail
  # ...
  <parse>
    @type json
    time_key timestamp
    time_type unixtime
  </parse>
</source>
<source>
  @type http
  # ...
  <parse>
    @type json
    time_key timestamp
    time_type unixtime
  </parse>
</source>
```

ほかにもプラグインが共通して必要とする機能はプラグインヘルパーとし

て提供されており、これによってプラグインの種類をまたいで共通の方法で設定を記述できます。タグや日時をデータに注入するための<inject>ディレクティブ、データから取り出した値をタグや日時として用いるための<extract>ディレクティブなどは、このしくみを用いて実現されています。

プラグインヘルパーには次の種類があります。各プラグインは、使用するものを選んで個別に有効化します[注6]。

- timer
  一定時間ごとに処理を実行する
- child_process
  外部コマンドを実行する
- server
  ネットワークサーバを作成する
- http_server
  HTTPサーバを作成する
- thread
  複数の処理を並行して実行する
- socket
  ネットワークサーバに接続する
- inject
  レコードにタグや日時を注入する
- extract
  レコードからタグや日時を取り出す
- formatter
  イベントをテキストデータやバイナリデータに変換する
- parser
  テキストデータやバイナリデータを解析してイベントに変換する
- record_accessor
  複雑な階層を持ったレコードを操作する
- storage
  プラグインに保存領域を提供する
- service_discovery
  外部サービスの情報を提供する
- counter
  内部用カウンタを提供する
- event_emitter
  イベントの入力機能を提供する

注6　詳しくは、第14章で解説します。

プラグインヘルパーの各機能は、あくまでプラグイン向けのものです。ただし、どのヘルパーが有効となっているかを各プラグインのユーザーが知っていれば、プラグインをより有効に使うことができるでしょう。

5.4 プラグインのインストール

プラグインをインストールする方法は3つあります。目的によって方法も異なるため、インストールしたいものごとに適切な方法を用いてください。

RubyGemsによるインストール
公開されているプラグインをインストールする

Fluentdの公開プラグインは、RubyGemsというRubyライブラリ公開用サイトで管理、配布されており、検索できます。加えて、FluentdのWebページにもプラグインの一覧ページ[注7]があり、目的ごとに探せます。RubyGemsでは、プラグインはgemファイル形式で提供されています。

プラグインのgemはfluent-plugin-*という名前にすることになっており、よく使われている公開プラグインのgemにはfluent-plugin-s3やfluent-plugin-elasticsearchなどがあります。1つのgemに複数のプラグインが含まれていることも多く、たとえばfluent-plugin-s3にはin_s3プラグインとout_s3プラグインが含まれています。

RubyGemsから公開プラグインをインストールするにはfluent-gemコマンドを使います[注8]。

```
$ fluent-gem install fluent-plugin-elasticsearch
```

このコマンドは、指定したプラグインをダウンロードして、実行中のRubyランタイムにインストールします。それ以後にFluentdを起動すると、インストール済みのプラグインはすべて@type elasticsearchといった指定で使用できます。

インストール済みのgemおよびそのバージョンの一覧は、listサブコマンドで取得できます[注9]。

注7 https://www.fluentd.org/plugins

注8 パッケージを用いてインストールしたFluentdではコマンド名が異なり、td-agentの場合はtd-agent-gemコマンド、calyptia-fluentdの場合はcalyptia-fluentd-gemコマンドを用います。異なるのはコマンド名のみで、引数やオプションなどはすべてfluent-gemコマンドと同じです。

注9 出力として、Fluentdプラグインのgemだけではなく、依存関係にあるすべてのgemが表示されます。

```
$ fluent-gem list
（中略）
fluent-plugin-elasticsearch (5.2.3)
fluent-plugin-s3 (1.7.0)
fluentd (1.15.0)
（省略）
```

プラグインの動作に問題がある場合などは、fluent-gem listコマンドの出力を見て、実際にインストールされているgemやそのバージョンをあらためて確認するとよいでしょう。また、Fluentdは起動処理中のログにインストール済みのプラグインgemのリストを表示するので、そちらを確認するのもよいでしょう。

Fluentd起動処理中のインストール済みプラグインに関するログ例

```
2022-06-26 18:01:33 +0900 [info]: reading config file path="./fluentd.conf"
2022-06-26 18:01:33 +0900 [info]: starting fluentd-1.15.0 pid=50060
（中略）
2022-06-26 18:01:34 +0900 [info]: gem 'fluent-plugin-elasticsearch' version '5
.2.3'
2022-06-26 18:01:34 +0900 [info]: gem 'fluent-plugin-s3' version '1.7.0'
```

コマンドライン指定またはディレクトリ配置によるインストール
1ファイルだけのプラグインを読み込ませる

自作のものなど、1ファイルだけのプラグインを読み込ませるためには、コマンドラインオプションでプラグインファイルの位置を指定するか、またはプラグイン用ディレクトリにプラグインファイルを置きます。この方法で読み込ませたプラグインは、RubyGemsからインストールした公開プラグインとあわせて、Fluentdで使用できます。

自作のプラグインなど、gemとして作成されていないプラグインは1ファイルだけのRubyスクリプトの場合があります。ごく簡単なプラグインは1ファイルに数行のRubyのコードで書け、それがFluentdのプラグインの長所の一つでもあります[注10]。1ファイルだけのプラグインは、次の2つのどちらかの方法で読み込ませます。

- **コマンドラインオプション-p DIRでプラグインのあるディレクトリを指定する**[注11]
- **プラグイン用ディレクトリにプラグインファイルを置く**

注10　1ファイルだけのプラグインの利点と欠点について詳しくは、10.3節で解説します。

注11　プラグインからRubyのライブラリファイルを読み込んでいる場合、ライブラリファイルが置かれているディレクトリを-I DIRオプションで指定する必要があります。

後者のプラグイン用ディレクトリは/etc/fluent/plugin(td-agentを使用している場合は/etc/td-agent/plugin)です。環境変数FLUENT_PLUGINで任意のパスを指定することもできます。

どちらの方法を用いてもかまいませんが、ソースコードからなどパッケージを用いずにインストールしたFluentdの場合は、fluentdコマンドに前者の-p DIRオプションを付けるほうが簡単です。td-agentなどのパッケージを用いてインストールしたFluentdの場合は、後者のプラグイン用ディレクトリに置くほうが簡単でしょう。

Gemfileによる管理
使用するプラグインとそのバージョンをまとめて指定する

インストールおよび起動されるFluentdとプラグインのバージョンを一括して管理する方法が、Gemfileの利用です。インストールしているプラグインの数が多くなってくると、自分の動作環境にどういったプラグインが必要なのかを、何らかの方法で明示的に管理したくなります。また、公開プラグインがバージョンアップしたとき、手元の環境に最新版がインストールされることを避けたいケースもあるでしょう。Gemfileはこのような場合のためのものです。

本来、Gemfileは一般的なRubyのアプリケーションにおいて依存するライブラリやそのバージョンを指定するためのものです。これをFluentdのバージョンやプラグインの管理に使用できます。たとえば、次の設定例ではFluentdのバージョンをv1.13系に固定し、このバージョンからのバージョンアップを避けています。また、追加のプラグインをインストールし、対象バージョンを固定しています。Gemfileを用いる場合に、Gemfileに書かれていないプラグインgemは、fluent-gemコマンドなどでインストールされていても読み込まれません。

Gemfile
```
gem 'fluentd', '~> 1.13.0'
gem 'fluent-plugin-webhdfs', '~> 1.5.0'
```

Gemfileにおけるバージョンの指定方法などはさまざまなやり方があります。また、管理対象となるgemはRubyGemsに公開されたものだけではなく、非公開のgitリポジトリに置かれているものも対象にできます[注12]。詳細は、Gemfileの機能を実現しているライブラリであるBundlerのリファレンス[注13]

注12 1ファイルだけのプラグインはGemfileによる管理と併用できます。ただし、複数のプラグイン管理手法が併存するのは混乱のもととなるため、できれば併用は避けましょう。

注13 https://bundler.io/man/gemfile.5.html

を参照してください。

このGemfileというファイル[注14]を用意し、Fluentdを起動する際に--gemfile PATHコマンドラインオプションで指定します。Fluentdは起動処理の前にGemfileに記述されている依存関係を処理し、必要なプラグインgemをインストールしたのち、Fluentdのプロセスを起動します。

5.5 プラグイン探索のしくみ

Fluentdは、設定ファイルの@typeパラメータに指定されている値をキーとしてプラグインを探索し有効にします。これは、次のルールに従って行われます。

プラグインのファイル名のルール
種類のための接頭辞を持つ

Fluentdのプラグインは、プラグイン探索のために次のようなファイル名でなければなりません。gemの場合や1ファイルのみの場合を問いません。

- **Input**
  in_NAME.rb
- **Filter**
  filter_NAME.rb
- **Output**
  out_NAME.rb
- **Buffer**
  buf_NAME.rb
- **Parser**
  parser_NAME.rb
- **Formatter**
  formatter_NAME.rb
- **Storage**
  storage_NAME.rb
- **Service Discovery**
  sd_NAME.rb

注14 Gemfileというのは依存関係を記述するしくみおよびファイル形式を指しますが、そのGemfileを作るときのファイル名もGemfileとすることがほとんどです。Gemfile以外のファイル名、たとえばmy-Gemfileのような名前にして使うこともできます。

NAMEの部分は、@type NAMEとして設定ファイル内で指定する名前です。

このルールにより、違う種類で同じ名前のプラグインを作れるようになっています。

```
<source>
  @type forward # Inputなのでin_forward.rbを読み込む
  # ...
</source>
<match data.*>
  @type forward # Outputなのでout_forward.rbを読み込む
  # ...
</match>
```

1ファイルのみのプラグインを置いてもプラグインが見つからないというエラーになる場合、ファイル名を確認してください。

プラグイン探索の優先順位

もし同名のプラグインファイルが複数見つかった場合、Fluentdは次の優先順位でプラグインファイルを決定します。

❶-p DIRコマンドラインオプションで指定されたディレクトリのファイル
❷プラグイン用ディレクトリのファイル
❸インストール済みのgemのプラグイン
❹Fluentd組込みのプラグイン

❶の-p DIRコマンドラインオプションが複数回指定されている場合、あとに指定したものが優先されます。❸で同じgemのプラグインが複数のバージョンインストールされている場合、バージョン番号が大きいものが優先されます。❹のFluentd組込みのプラグインの優先順位が最も低いのは、組込みプラグインの動作を同名プラグインのインストールにより上書きできるようにしているためです。ただし、通常はそういったことはしないほうがよいでしょう。

なお、--gemfileコマンドラインオプションを使用してFluentdを起動する場合、❸で読み込むプラグインgemのバージョンはGemfileで固定したものになります。特に理由があって古いバージョンのプラグインgemを使用しなければならない場合、Gemfileを使用するとよいでしょう。

5.6 まとめ

本章では、Fluentdのプラグインがどのようなしくみで動いているかを解説しました。

プラグインはFluentdの主要な機能を実現するもので、それぞれ起動や停止といった段階を踏んで実行されます。また、プラグインにはInput、Filter、Outputをはじめとしたさまざまな種類のものがあります。Fluentdのプラグイン名を表すときは、Inputプラグインの`tail`を`in_tail`とするように、プラグインの種類を示す接頭辞とそれに続くプラグイン名の組み合わせを用います。プラグインのためのプラグインであるオウンドプラグインや、プラグインの機能を助ける機能であるプラグインヘルパーなども存在します。プラグインは、Fluentd組込みのものを使うほか、RubyGemsを経由してコマンドラインからインストールしたり、Gemfileを用いてバージョンを指定しつつインストールしたりできます。

第6章 イベントデータ

Fluentdはデータを扱うソフトウェアです。そのためFluentdを効率良く使うには、データそのものに対する理解が必要です。特に、Fluentdの処理対象であるイベント(*Event*)と呼ばれるデータがどのような構造をしていて、どのようにFluentdの中を流れていくかの知識は欠かせません。この知識は、プラグイン開発の際にも重要です。

本章では、イベントデータの構造や、イベントデータの要素であるタグ、日時、レコードの詳細を解説します。また、イベントデータがInputプラグインで生成されOutputプラグインで出力されるまでの流れや、各プラグインがイベントデータに対してどのような処理を行うのかも説明します。さらに、イベントデータを処理するためにFluentdがどのようなプロセス構成になっているのか、そしてイベントデータを効率的に読み書きするための形式であるMessagePackについても解説します。

6.1 Fluentdにおけるイベント

タグ、日時とレコードからなる

Fluentdが扱うデータは、イベントの集合として表現されます。イベントはタグ(データの種類)と日時およびレコードを持つ、構造化されたデータです。

```
["web.log", 2022-02-27 21:40:31.031248779 +0900, {"id":1024,"message":"..."}]
   タグ                       日時                            レコード
```

日時は実際にはタイムゾーンを持たず、後述するように2つの整数からなるデータです。そのままでは人間にとっていつを示すデータなのか判読が難しいため、本書で日時を例示するときには、日付、時刻、タイムゾーンを示した表現を用いています。

Fluentdのすべてのデータはイベントであり、イベントでないデータは処理できません。つまり、Fluentd内部においてはすべてのデータにタグや日時が付いており、タグや日時を持たないデータは存在しません。

Fluentdのイベントはほかのソフトウェアと比べると特徴的です。ログを扱うソフトウェアでも、データに日時を付けないものは少なくありませんし、タグのようなデータの種類を表す情報を持たないケースもあります。特に、日時を持たないデータ構造をとっている場合、いつ発生したデータなのかはデータ内に文字列として埋め込むしかなくなります。これは、データを再利用するとき、データの日時情報をテキストデータから解析して取り出す必要があるため面倒です。Fluentdにおけるイベントは、あとあとにデータを利用するときのことを考えたものだと言えるでしょう。

6.2 イベントの構造

イベントは、大きな構造としてタグ、日時、レコードの3要素をリストにしたものですが、これらの3要素それぞれにも細かい構造があります。これらの構造の把握は、Fluentdの動作を知るうえで重要です。

タグ
データの発生元や種類を表現する

タグは、イベントの発生元、あるいはデータそのものの種類を表現するためのものです。

■――タグはドット区切りの文字列

タグは、`.`区切りの文字列として表現します。次の例のようなものを表現することが多いでしょう。

- **ログの種類のみ**
  `LOG_TYPE`（例：データセンターにおけるサーバ監査ログ`audit_log`）
- **サービス名などとログの種類**
  `SERVICE_NAME.LOG_TYPE`（例：ECサービスのアクセスログ`shop.accesslog`）
- **アプリケーション名と地域やデバイスなどの属性**
  `APPLICATION.AREA.DEVICE`（例：アプリケーションUIの操作ログ`map.japan.ios`）

■――タグの設計方針

タグの設計についてルールは特に決まっていません。多くの場合、`.`区切りによる階層構造としてタグを設計します。先頭から末尾に向かって、階層構造の上位から下位に行くように決めるケースが多いです。つまり、最上位にサービスやアプリケーション名を置き、下位に行くに従って細分化された情報を置きます。前述の`APPLICATION.AREA.DEVICE`の例がわかりやすいでしょう。

プラグインは、データの出力先を決定するときにしばしばタグを利用します。たとえば、ファイルに出力する場合のファイル名やデータベースにおけるテーブル名などにタグが使われることがあります。このため、最終的な出力先の事情に合わせてタグを設計できれば、設定ファイルを簡潔に書けます[注1]

注1　タグなどをデータ出力先の指定に用いるためのプレースホルダについては、7.4節で解説します。

(**図6.1**)。

なお、あまり長い文字列をタグとして使うと、どういった種類のデータなのかが一目でわからなくなります。長くしすぎないほうがよいでしょう。

日時
データがいつ発生したかを示す

Fluentdのイベントにおける日時は、UTC(*Coordinated Universal Time*、協定世界時)の1970年1月1日0時0分0秒(Epoch《エポック》と呼ばれます)からの経過秒数として表現されます[注2]。

■──ナノ秒精度による日時

日時は、ナノ秒(10億分の1秒)までの精度を持ちます。日時は具体的には2つの整数で表現されます。1つ目の整数がEpochからの整数での経過秒数を表し、2つ目の整数が秒未満の部分をナノ秒単位の整数で表します。これを1つの小数点数で表記すると`1657612777.153924000`となり、これは日本標準時の`2022-07-12 16:59:37.153924000`を指します。

ナノ秒を保持する日時により、ごく短時間の間に連続して発生した2つのログについても順序を判別できます。大多数のプログラミング言語において日時情報の精度はナノ秒もしくはマイクロ秒(100万分の1秒)までのサポートであるため、大多数のプログラミング言語からの日時情報をそのまま扱えます。

いっぽうイベントを出力する場合、出力先の日時情報の保存方法に合わせて精度などを調節する必要があるかもしれません。秒やミリ秒(1000分の1

注2　うるう秒などの処理が行われたあとの秒数となるため、厳密な経過秒数とは異なります。

図6.1 タグから出力先を決定するよう設計する

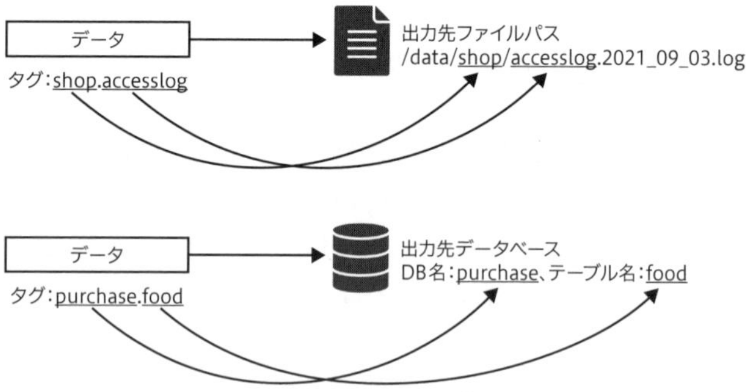

秒)までしかサポートしていないデータベースなどがあれば、Fluentdから出力する際に精度を落として丸めたデータとして格納することになるでしょう。

なお、互換性のため、Epochからの経過秒数を1つの整数のみで表現したものも、イベントの日時として扱えます。この整数による表現はUNIX系のシステムで広く使われており、通称でUNIX timeと呼びます[注3]。Fluentd v0.12およびそれ以前のバージョンでは、日時としてはUNIX timeしかサポートしていませんでした。

■——タイムゾーンへの配慮の必要性

日時そのものには、タイムゾーンは保持されていません。

そのため文字列(テキスト)の日時情報のやりとりに関しては、タイムゾーンの考慮が常に必要となります。日本標準時の`2022-07-12 16:59:37`はFluentdの日時表現で`1657612777`ですが、この日時は同時にUTCの`2022-07-12 07:59:37`を表します。

このように、同じように見える日時の文字列でも、タイムゾーンによって日付および時刻にズレが生じます。多くの場合、コンピュータは動作している場所のタイムゾーンを用いますが、クラウド環境などにおいてはすべてUTCになっている場合もあります。動作場所ではなく、サービス開発拠点のタイムゾーンに合わせている場合もあるでしょう。また、データを異なる地域のデータセンターに移動させる場合など、異なるタイムゾーンの場所に移されることは、いまやごく当たり前に起きます。

Fluentdは、日時情報の文字列にタイムゾーンが付いていれば、それを正しく解析して取り込むことができます。しかし、タイムゾーンのない日時情報については、設定などにより適切なタイムゾーンを与えなければなりません。

タイムゾーン付きの日時情報

```
"2022-07-12 16:59:37 +0900"
```

タイムゾーンのない日時情報

```
"2022-07-12 16:59:37" # 解析にはタイムゾーン指定 "+0900" が必要
```

出力時にも、タイムゾーンの扱いには注意しましょう。

レコード
伝達すべきデータの内容そのもの

Fluentdのイベントにおけるレコードこそ、Fluentdを通じて伝えられるデ

注3 POSIX (*Portable Operating System Interface for UNIX*) の仕様としては、「Seconds from the Epoch」と呼ばれています。日本語でUNIX時間やUNIX時刻などと呼ばれることもあるようですが、いずれも通称です。

ータの内容そのものです。

■——キーと値のペアの集合によるデータ表現

レコードは、キーと値のペアを集合にしたものとして表現されます。一組のキーと値のペアをフィールドと呼ぶこともあります(**図6.2**)。

レコードのキーは必ず文字列で、値は文字列、数値、真偽値などです。データ構造としてはJSONにおけるオブジェクトとほぼ等価であり、FluentdはJSONを扱うソフトウェアだと説明されることもあります。レコードの値には、配列や、別のキー・値ペアを入れて階層的な構造にすることもできます(**図6.3**)。

キーと値のペアを扱うということは、Fluentdで扱うすべての情報に名前が付いているということです。データが発生したところですぐにそれぞれのデータに名前を付けておけば、データが送られていった先でそれぞれのデータの意味についてあらためて考える必要がありません(**図6.4**)。これは、大規模にデータを収集する場合や複雑なデータ処理を行う場合などに有用な特徴です。

■——レコードの大きさの制約

レコードの大きさに具体的な制限はありません。ユーザーによっては、1,000フィールドものレコードを扱うことも、1つの値が1MB近くのレコードになることもあるようです。

図6.2 **Fluentdのレコード**

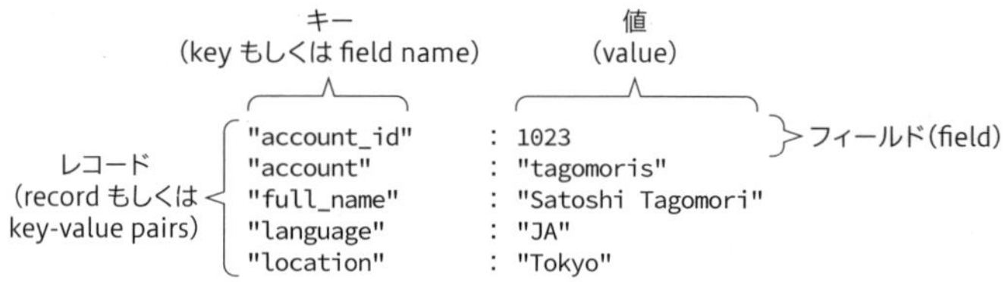

図6.3 **より複雑なFluentdのレコード**

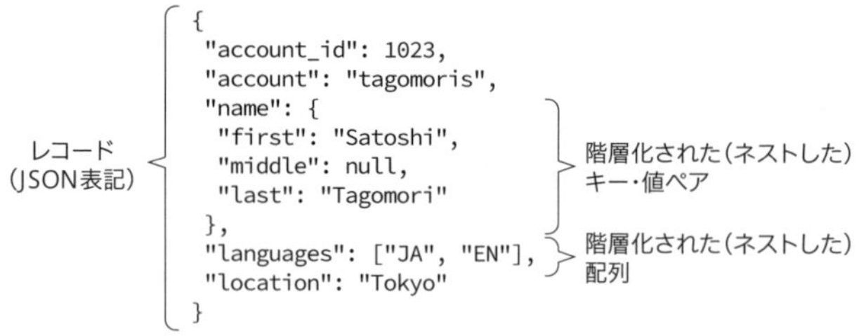

Fluentdはそういったデータも扱えますが、フィールドの数があまりに多くなると、データ出力などの際に性能が悪くなることがあります。出力先によっては、あまりに大きなデータを扱えない場合もあります。こういった事情に注意を払うほうが、安定した環境が実現できるでしょう。

6.3 イベントの流れ

Fluentdの中でイベントがどこで生成されどこで処理されるのかが、Fluentdの動作を見るうえでの核心と言ってもよいでしょう。ここでは、イベントの流れがどう制御されているのかを解説します。

イベントの基本的な流れ
Inputプラグインにより入力され、Outputプラグインにより出力される

Fluentd内部においてイベントは、Inputプラグインにより外部から入力され、最終的にOutputプラグインが外部に出力します。この基本形は、ごくわずかな例外を除いて、すべての処理で共通しています[注4]。こういった流れに乗る一連のイベントの集合をストリーム(*stream*)もしくはイベントストリーム(*event stream*)と言います。

図6.5にあるRouterは、イベントの処理を担当するプラグインをタグによって決定するための機構です。Filterプラグインが設定されている場合、Router

注4　例外とは、後述する一部のOutputプラグインによるイベント生成と、エラーストリーム、ログストリームです。

図6.4 データに名前が付いていないと……

データに名前が付いていない場合

```
[
 "Mega Super Z" ,
 712,
 2098,
 3
]
```

"Mega Super Z" → これは何？何かの名前？

712, 2098, 3 → これらの数字は何？

データに名前が付いている場合

```
{
 "drug_name": "Mega Super Z" ,
 "item_code": 712,
 "price": 2098,
 "amount": 3
}
```

→ Mega Super Zが名前で、商品コードは712、値段は2098円で3個

図6.5 Fluentdのイベントの流れ

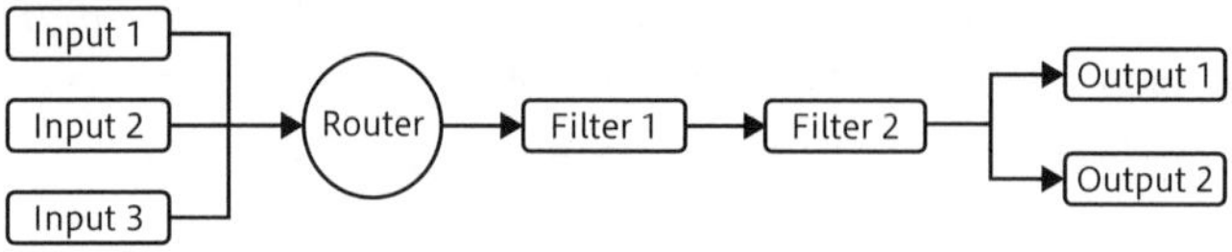

によってFilterプラグインにイベントが渡され、処理されます[注5]。イベントはそのあとOutputプラグインに渡され、出力されます。

■──Inputプラグインによるイベントの生成

Fluentdにおいて、すべてのイベントはInputプラグインが生成して入力します。Inputプラグインがイベントを生成する時点で、イベントのタグ、日時、レコードはすべてそろっています。

■──Routerによるイベントのルーティング

Inputプラグインにより入力されたイベントは、Routerが受け取ります。Routerはイベントの処理を担当するプラグインを決定するための機構です。

Inputプラグインの設定においてラベルが指定されている場合、そのInputプラグインが入力するイベントは、指定されたラベル用のRouterが受け取ります。これはラベルを指定しない場合のRouterとは別の実体で、それぞれ独立してルーティングを行います[注6]。

どのイベントがどのプラグインに処理されるかは、タグのパターンによって制御されます[注7]。Fluentdは、Inputプラグインからのイベントをまずいったんに集め、そのうえで各々のイベントのタグに従ってどのプラグインで処理するか決定します。これは、シンプルな処理を実現するには簡潔かつ便利なルールです。

■──ラベルを用いたイベント処理内容の定義

ラベル(*label*)とは、イベントのルーティング先を決定するためのものです。ラベルはタグとは異なり、イベント処理内容を定義するためだけに用いられます。

注5　タグのパターンにマッチしない場合、処理はスキップされ素通しとなります。
注6　ラベルを用いたイベント処理内容の定義について、詳しくは後述します。
注7　<match>ディレクティブにおけるタグのパターンについては4.5節で解説しました。

イベントをどのプラグインが処理し出力するかは、Routerによってタグを基準に制御されます。一方で、タグとは本来イベントの種類を示すためのものです。多くの場合、タグを出力方法の制御に使っても問題ありません。しかし、場合によってはタグと処理内容が一致しないことがあります。Fluentdの過去のバージョンを使用していたときには、プラグインが何か処理をするとタグを変更してルーティング先を変えるなど、あまり本質的とは言えない処理を行わなくてはいけなくなったりしていました。そこで導入されたのがラベルです[注8]。

ラベルは、`@`で始まる文字列で定義されます。イベントを生成するInputプラグインの設定で`@label`パラメータで指定します。今のFluentdにおいてデータの流れを記述する際には、必須といってよい機能です。

ラベルはFluentd内部のルーティングにおいて、タグとは異なる方法でイベントの処理内容を定義するためのものです。Inputプラグインにより入力されるイベントにラベルを付与することにより、そのラベルを対象とするよう設定された一連のFilterおよびOutputプラグインにイベントを渡せます(**図6.6**)。

別々のラベル`@a`と`@b`があったとき、それらはお互いに完全に独立しています。ラベル`@a`が設定されたInput 1において生成されたイベントは、たとえどんなタグを持っていてもラベル`@b`を処理するよう設定されたOutput 3には到達しません。ラベル`@a`を設定されたInput 1とラベル`@b`を設定されたInput 3が同じタグを持つイベントを生成しても、混ざることはありません。また、ラベルを指定されていないInputプラグインからのイベントもまったく別に処理されます。

注8 ラベルはFluentd v0.12以降でFilterプラグインと同時にサポートされました。

図6.6 ラベルを用いたイベントのルーティング

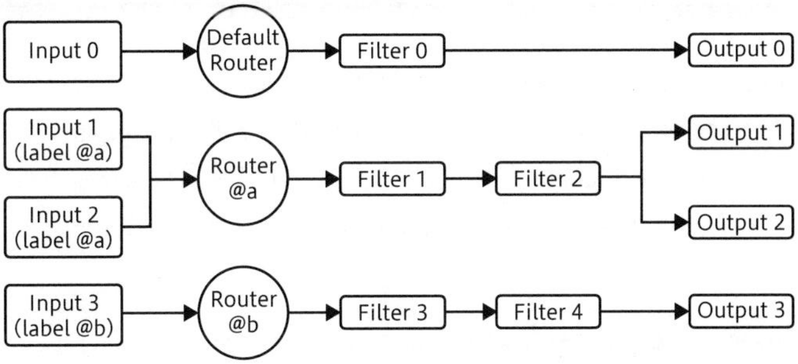

ラベルを用いることにより、タグはデータの種類を示すためだけのものとして、簡潔に設計できます。ラベルを用いているなら、どのような処理をするべきかといった情報をタグに含む必要はありません。

■――Filterプラグインによるイベントの処理

Routerはイベントの処理について、まずFilterプラグインがこのイベントを処理するよう設定されているかをチェックします。`<filter>`ディレクティブに指定されているタグのパターンがマッチする場合、そのFilterプラグインはイベントを処理します。マッチしなければ何もせず、ほかのFilterプラグインをチェックしていきます。

Filterプラグインはイベントを処理し、イベントを返します。イベントが返されたときには、イベントの中身が変更されていることもあれば、何も変更されていないこともあります。返ってきたイベントはRouterによって、次のFilterプラグインや、最終的にはOutputプラグインに渡されます。

Filterプラグインはイベントを破棄することもあります。破棄されたイベントはそれ以降、Routerからどのプラグインにも渡されません。

■――Outputプラグインによるイベントの出力

すべてのFilterプラグインで処理されたのち、イベントはRouterによってどれか一つのOutputプラグインに渡されます[注9]。Outputプラグインは、渡されたイベントを、何らかの方法でFluentdの外部に出力します。

そのほかのイベントの流れ

基本的なイベントの流れはここまで解説してきたとおりなのですが、基本から外れた流れのイベントも存在します。Inputプラグイン以外から生成されるイベントや、プラグイン内で正常に処理できないイベントなどです。

■――Outputプラグインによる例外的なイベント生成

イベントは通常、Inputプラグインから生成されますが、Outputプラグインもイベントを生成しFluentd内部に流すことがあります。何も指定されていなければイベントはラベルなしのままFluentd内部でタグによるルーティング対

注9　処理を担当するOutputプラグインが存在しなかった場合、その旨がログに表示されたのち破棄されます。

象となりますが、@labelパラメータによりラベルが指定されていればそのラベルに流れます。

こういったOutputプラグインの数は多くはありませんが、イベントの集計を行って結果を生成するプラグインなど、いくつか存在します[注10]。

■──エラーストリーム　正常に処理できないイベントの行き先

エラーストリーム(*error stream*)は、@ERRORラベルが固定で割り当てられたイベントストリームです。通常の方法での処理に失敗したイベントを、何らかの形で報告したり保存したりするのに使用します。

Inputプラグインから生成されたイベントが、何らかの事情があってFilterやOutputプラグインで正常に処理できない場合があります。多くの場合は単純にエラーとなってFluentdのログにその旨が記録されますが、エラーになったイベントをエラーストリームに吐き出して処理することもできます(**図6.7**)。

たとえば、次の設定例は外部からの入力イベントをJSONとして解析して、そのあとの処理に渡すための設定です。そこにJSONとして正しくないデータが入ってきて解析に失敗した場合、その内容をファイルに書き出して残しておくためにエラーストリームを使用しています。

```
<source>
  @type  forward
  port   24224
  @label @input_data
</source>
<label @input_data>
  <filter **>
    @type    parser
    key_name body
    <parse>
```

注10　例として、組込みプラグインのout_exec_filterプラグインなどがあります。

図6.7　エラーストリームの流れ

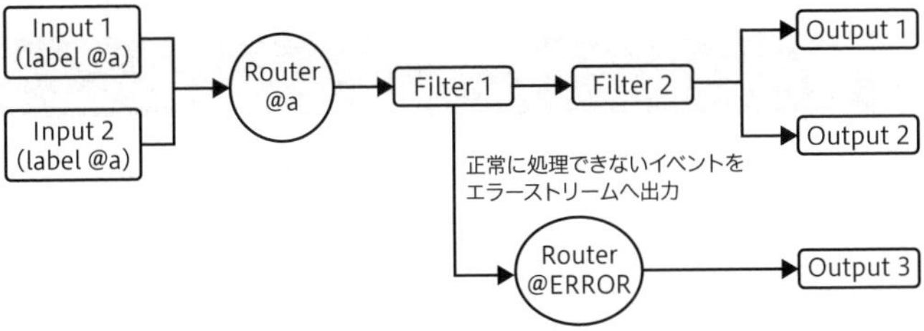

```
      @type json
    </parse>
  </filter>
  <match **>
    @type forward
    <server>
      host logger.example.com
    </server>
  </match>
</label>
<label @ERROR>
  <match **>
    @type file
    path  /data/broken/${tag}/error_events.log
    <buffer tag>
    </buffer>
  </match>
</label>
```

Filterプラグインでエラーを起こしたイベントはデフォルトでもFluentdのログには記載されますが、それでは再利用するのは難しいでしょう。決まった形式でファイルや別ホストに書き出しておけば、それらのデータをあとから解析して処理できます。特に、データ処理のしくみをFluentd上で作るならば、予期しないデータの到着に備えるためにエラーストリームを活用するとよいでしょう。

■——ログストリーム　Fluentd自身のログもイベントとして扱う

Fluentdが動作中に出力するログを、イベントとして扱えるようにするものがログストリーム(*log stream*)です。

ほかの多くのミドルウェアと同様、Fluentdも動作中の状況や予期しないエラーなどが発生したことをユーザーに報告するために、ログを出力します。ログはコンソール、もしくは指定したログファイルに書き出されます[注11]。

Fluentdは、まさにログそのものを処理対象として扱うソフトウェアです。そのためFluentdで発生したログ自体も、処理対象のイベントとしてFluentd自身に処理させることができます。これがログストリームです。

Fluentdのログ

```
2022-03-05 13:47:20 +0900 [info]: #0 fluentd worker is now running worker=0
```

上記ログのログストリームでのイベントは次のようになります。

注11　ログファイルパスのシステム設定での指定については3.1節を、コマンドラインオプションでの指定については3.2節を参照してください。

```
タグ
fluent.info

日時
2022-03-05 13:47:20.290203000 +0900

レコード
{
  "worker": 0,
  "message": "fluentd worker is now running worker=0"
}
```

ログストリームには固定で@FLUENT_LOGラベルが割り当てられます。また、ログストリームでのイベントは、ログが発生した時刻と、ログのレベルを含んだfluent.*タグを持ちます。タグは、ログレベルごとに深刻なものから順に、fluent.fatal、fluent.error、fluent.warn、fluent.info、fluent.debug、fluent.traceというバリエーションがあります。レコードにはmessageフィールドとしてログメッセージと、ほかにログの付加情報[注12]が含まれます。

ログストリームは、特にFluentdプロセス自体の運用管理や監視を行うのに役立ちます。データセンター内に多数のFluentdが稼働している場合、それぞれを個別に監視するのは難しく、面倒です。そういった場合のため、ログストリームをほかのイベントとは分けた管理用のFluentdに集約し、そこで保存しておけば、どのホストでどういった問題が起きたかの特定を行いやすくなります。

```
Fluentd設定の一部にログストリームの設定
<label @FLUENT_LOG>
  <match fluent.{fatal,error,warn,info}>
    @type forward
    <server>
      host manager.fluentd.local
    </server>
  </match>
</label>
```

この設定例は、info以上のレベルのログをすべてmanager.fluentd.localというホストのFluentdに対して送信するものです。

ログストリームの使用によるFluentdログの集約と活用は、大規模なFluentd環境を構築するユーザーにとっては必須と言えるでしょう。

注12　ログメッセージ末尾にkey=valueという形式で記載されている情報のことです。

6.4 プラグインによるデータ処理

Fluentdのプラグインはデータの入力や出力だけでなく、ほかにもさまざまな機能を持っています。ここでは、各プラグインのどういった機能がどのような役割を果たすかを大まかに見ていきます。データ処理の内容を解説するうえでは、最初に解説するInputプラグインが入力したデータを、あとで解説する各種プラグインが処理することとしています。

データの入力と取り込みに関わるプラグイン

最初に、Fluentdの外にあるデータがどう入力され取り込まれてイベントになるのかを、関わるプラグインの果たす役割とともに紹介します。

■——Inputプラグイン　データを入力する

Inputプラグインは、外部からデータを入力し、何らかの形で解釈してFluentd内部にイベントの形で流します。

テキストデータを1行受け取り、固定のキー(ここではmessage)とその1行を値とするレコードを生成するInputプラグインを例に考えます。最初に、次のようにInputプラグインを設定し、外部からの入力を読み込みます。

```
<source>
  @type my_great_plugin
  tag   raw.input
</source>
```

外部からの入力

```
"member.physical","2022-03-05 11:00:03 +0900","satoshi tagomori","male","171.
5","68.1"
```

このInputプラグインは、次のようなイベントを生成して入力します。

タグ

```
raw.input
```

日時

```
2022-03-05 14:15:16.012345678 +0900
```

レコード

```
{
    "message":"\"member.physical\",\"2022-03-05 11:00:03 +0900\",\"satoshi tag
omori\",\"male\",\"171.5\",\"68.1\""
}
```

イベントの日時やタグはInputプラグインにより付けられます。外部から何らかの形でそれらのものが渡されていなければ、多くの場合、タグは設定ファイルにおいて指定した固定値、日時は現在日時が用いられます。

■――Parserプラグイン　テキストデータを解析する

Parserプラグインは、データを解析するためのプラグインです。

先ほどのデータをよく見てください。入力されたデータは実際には何か意味のあるCSV（*Comma-Separated Values*、カンマ区切り）になっているように見えます。データの発生元を確認したところ、実際にこのデータはCSVで、内容は「データの種類」「計測日時」「氏名」「性別」「身長」「体重」を順に記述したものだとわかりました。身長と体重は小数点以下まで含んだ数値データです。データの形式がわかったので、できれば意味のわかるレコード形式になおした状態でイベントとして取り込みたいところです。

このようなテキストデータの解析には、Parserプラグインを用います。Inputプラグインが対応していれば[注13]、設定ファイルに`<parse>`セクションを追加すれば有効になります。

```
<source>
  @type my_great_plugin
  tag   raw.input
  <parse>
    @type csv
    keys   data_type, data_time, name, sex, height, weight
    types  height:float, weight:float
  </parse>
</source>
```

この設定例で追加した`<parse>`セクションは、parser_csvプラグインによりCSVデータを解析するものです。keysパラメータはparser_csvプラグインの設定パラメータで、CSVの各値がどういう名前かを指定します。typesパラメータはParserプラグインに共通のパラメータで、値の型を指定するためのものです[注14]。このように、`<parse>`セクションではParserプラグイン共通のパラメータと、各Parserプラグイン個別のパラメータの両方を指定します。

parser_csvプラグインが解析して得られるイベントは、次のようになります。

注13　Parserプラグインに対応しているかどうかは各プラグインのドキュメントを参照してください。組込みプラグインで対応しているものはin_exec、in_http、in_syslog、in_tail、in_tcp、in_udpの各プラグインです。自作プラグインを対応させる方法については14.12節で解説します。

注14　Parserプラグイン共通の処理については7.6節で解説します。

タグ

```
raw.input
```

日時

```
2022-03-05 14:15:16.012345678 +0900
```

レコード

```
{
  "data_type": "member.physical",
  "data_time": "2022-03-05 11:00:03 +0900",
  "name":   "satoshi tagomori",
  "sex":    "male",
  "height": 171.5,
  "weight": 68.1
}
```

■──extractプラグインヘルパー　タグや日時をレコードから抽出する

extractプラグインヘルパーは、抽出(*extract*)という名前のとおり、レコードから特定のフィールドを抽出してイベントのタグおよび日時として使用するためのものです。

parser_csvプラグインにより、1行のテキストデータを意味のあるいくつかのデータの組を持つイベントとして取り込めました。先ほどのデータをさらによく見てみましょう。レコードのうちdata_typeおよびdata_timeフィールドは、それぞれこのイベントのタグおよび日時として使うのにふさわしいデータではないでしょうか？

Inputプラグインがextractプラグインヘルパーに対応していれば、タグと日時を抽出するために<extract>セクションを使用できます注15。

```
<source>
  @type my_great_plugin
  tag   raw.input
  <parse>
    @parse csv
    keys   data_type, data_time, name, sex, height, weight
    types  height:float, weight:float
  </parse>
  <extract>
    tag_key   data_type
    time_key  data_time
    time_type string    # or "unixtime", "float"
    # time_format %Y-%m-%d %H:%M:%S %z
```

注15　組込みプラグインでextractプラグインヘルパーに対応しているのは、in_exec、in_tcp、in_udpです。<extract>セクションで使用可能なすべてのパラメータについては、ドキュメントを参照してください。https://docs.fluentd.org/configuration/extract-section

```
    # timezone    +0900
  </extract>
</source>
```

Parserプラグインの解析後、extractプラグインヘルパーによりタグと日時が変更され、次のようになります。

```
タグ
member.physical

日時
2022-03-05 11:00:03.000000000 +0900

レコード
{
  "name":   "satoshi tagomori",
  "sex":    "male",
  "height": 171.5,
  "weight": 68.1
}
```

こうして、Fluentdのイベントの形が整いました。元データに含まれていたデータの種類と日時はイベントのタグと日時として設定され、残りのデータは名前を付けられたレコードとして取り込まれています。このデータなら、誰が見てもどのような意味のデータなのかを容易に知ることができるでしょう。これらは、Fluentdが標準で提供する機能です。対応しているInputプラグインならば、プラグインの種類が変わってもこれらのデータ変換を共通して使用できます。このことは、Fluentdの大きな利点です。

データの書式と出力に関わるプラグイン

入力されたイベントは、最終的には書式を整えて出力されます。Inputプラグインにおけるparserプラグインおよびextractプラグインヘルパーと正反対のことが、Outputプラグインにおいても行えます[注16]。これらの役割に関わるプラグインとその動作を解説します。

■——Outputプラグイン　データを出力する

Outputプラグインは、Fluentd内部から渡されたイベントを、何らかの形で外部に出力します。

注16　もちろんですが、各プラグインがそれぞれの機能に対応していることが前提になります。

ここでは、レコードの内容をテキストデータにして出力するOutputプラグインを考えましょう。このプラグインは、デフォルトではレコードを1行のJSONにして出力します。

```
<match **>
  @type my_great_plugin
</match>
```

外部への出力

```
{"name":"satoshi tagomori","sex":"male","height":171.5,"weight":68.1}
```

しかし、外部でこのデータを受け取るシステムは、JSONではなくCSVのデータを要求しています。このため、Outputプラグインからの出力データの書式はCSVにしたいところです。

■──Formatterプラグイン　データの書式を変更する

出力データの書式を変更したいとき、Outputプラグインでは<format>セクションを用いてFormatterプラグインを有効にし、どのように変換するかを指定します[注17]。

```
<match **>
  @type my_great_plugin
  <format>
    @type  csv
    fields name, sex, height, weight
  </format>
</match>
```

この例はformatter_csvプラグインにより、レコードのname、sex、height、weightフィールドの順に値を出力するよう指定しています。fieldsはformatter_csvプラグインのパラメータです。<format>セクションでも<parse>セクション同様、Formatterプラグインの共通パラメータと、プラグイン個別のパラメータの両方を指定します。

データの出力内容は次のようになります。fieldsで指定した各情報が出力されます。

外部への出力

```
"satoshi tagomori","male","171.5","68.1"
```

注17　組込みのOutputプラグインで<format>セクションに対応しているのは、out_exec、out_exec_filter、out_file、out_http、out_stdoutプラグインです。

■──injectプラグインヘルパー　タグや日時をレコードに注入する

injectプラグインヘルパーは、イベントのタグおよび日時をレコードのフィールドに注入(*inject*)するためのものです。

ここまででデータの書式はCSVになりましたが、出力内容は元データにあった「データの種類」「計測日時」の2つの情報を含んでいません。これらの情報はそれぞれイベントのタグと日時に含まれていますが、今使っているOutputプラグインはデフォルトではその2つの情報を出力しないようです。

こういった場合のため、Fluentdはextractの反対の機能となるinjectプラグインヘルパーを持っています。Outputプラグインが対応していれば、この機能を有効にする<inject>セクションを設定することで、対象となるレコードに必要な情報を注入できます[注18]。

```
<match **>
  @type my_great_plugin
  <inject>
    tag_key   data_type
    time_key  data_time
    time_type string
    # time_format %Y-%m-%d %H:%M:%S %z
    # timezone    +0900
  </inject>
  <format>
    @type  csv
    fields data_type, data_time, name, sex, height, weight
  </format>
</match>
```

injectプラグインヘルパーでデータを注入したのち、CSVとして次のようなデータが出力されます。

外部への出力

```
"member.physical","2022-03-05 11:00:03 +0900","satoshi tagomori","male","171.5
","68.1"
```

こうして、データの入力側で行ったこととちょうど反対の処理をデータの出力側で行えました。このように入力と出力でちょうど対称的な処理を行えるということが、Fluentdのデータ処理機能の高い汎用性を示しています。

実際にはもちろん、ちょうど正反対のことをする必要はありません。入力元や出力先の事情に合わせてデータの形式や順序を選び、データの取捨選択

注18　組込みのOutputプラグインでinjectプラグインヘルパーに対応しているのは、out_exec、out_exec_filter、out_file、out_stdoutプラグインです。<inject>セクションで使用可能なすべてのパラメータについてはドキュメントを参照してください。
https://docs.fluentd.org/configuration/inject-section

を行うとよいでしょう。

データの処理を行うプラグイン

データの入力でも出力でもなく、すでにFluentd内部にあるデータの処理を行うプラグインも存在します。それがFilterプラグインです。

■――Filterプラグイン　データの除去や付加、変更を行う

Filterプラグインは、データの加工、具体的にはイベントを変換あるいは除去するためのプラグインです。

Filterプラグインをデータ処理の観点で見ると、ほとんどのプラグインが次のどちらかの機能を果たすためのものに分類できます。

- **フィルタ(*filter*、濾過)**
  イベントの除去
- **エンリッチ(*enrich*、付加)**
  レコードへの情報の付加

フィルタは、処理するイベントストリームから条件に合うイベントを除去し、ほかは残すという機能です(**図6.8**)。条件に合うイベントのみを残してほかはすべて除去するという用法もあるでしょう。次の設定例は、指定したフィールド(`key weight`)が指定した下限(`lower_limit 20`)を下回っている場合に、そのイベントを除去(`action drop`)するというFilterプラグインのものです。

```
<filter **>
  @type my_great_plugin
  action drop
  key weight
  lower_limit 20
</filter>
```

エンリッチは、レコードに対して情報を付加する機能です。付加する情報はプラグインによってさまざまですが、たとえばデータ内のIPアドレスを逆引きし、得られた結果をホスト名としてレコードに付加するといった用法が

図6.8　Filterプラグインは必要のないデータを除去できる

あるでしょう。

処理前のレコード例

```
{"address":"192.168.0.1","data":"..."}
```

上記レコードにFilterプラグインでhostnameを付加

```
{"hostname":"client001.local","address":"192.168.0.1","data":"..."}
```

ほかに、レコードに含まれている値を変更するFilterプラグインもあります。Filterプラグインでこれらの機能を実装することで、さまざまなデータ処理を実現できます。単純な機能のFilterプラグインを複数組み合わせることも、設定ファイルから自在にできます。用途に合わせて可能性を探ってください。

6.5 Fluentdのプロセスとイベント処理

Fluentdを起動すると、通常は複数のプロセスが立ち上がります。実際のイベント処理がどのプロセスでどのように実行されるかは、高い処理性能を発揮させるために重要な知識となります。

Fluentdのプロセス構成
スーパーバイザーとワーカー

Fluentdは、スーパーバイザー(*supervisor*)とワーカー(*worker*)の2種類のプロセスを実行します。スーパーバイザープロセスは、起動や停止など全体の制御や、RPCエンドポイントの提供などを担当します。ワーカープロセスは、イベントの入力や出力など実際の各プラグインの処理を担当します。ワーカーはデフォルトでは1プロセスです。`workers`パラメータあるいはコマンドラインオプションで大きい数を指定すれば、指定しただけ複数のワーカープロセスが立ち上がり、それぞれ並列にデータ処理を実行します(**図6.9**)。

図6.9 スーパーバイザープロセスがワーカープロセスを実行する

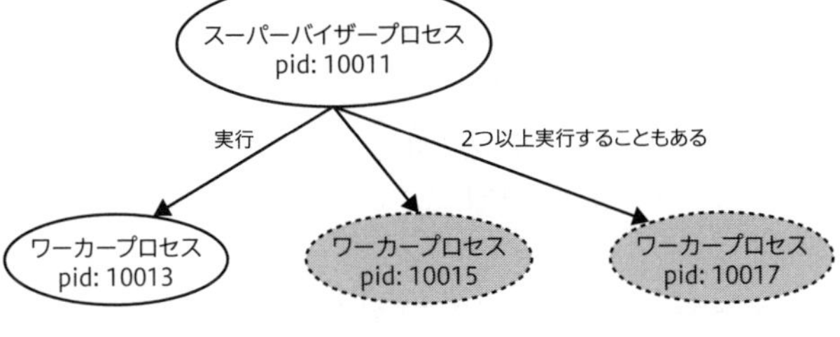

各プロセスは、psコマンドで次のように表示されます。--under-supervisorオプション付きで実行されているプロセスがワーカープロセスです。

```
$ ps axuww
tagomoris  28092  0.0  0.3 408474352  57888 s000  S+  5:09PM   0:00.39 ruby
../bin/fluentd -c sample_code/fluentd.conf
tagomoris  28106  0.0  0.4 408613568  59968 s000  S+  5:09PM   0:00.40 ruby
../bin/fluentd -c sample_code/fluentd.conf --under-supervisor
```

※ファイルパスやコマンドラインオプションなどは省略

■──プロセス管理を行うスーパーバイザープロセス

スーパーバイザープロセスは、Fluentd全体の起動や停止、再起動などを管理するプロセスです。スーパーバイザープロセスは1ホストに1プロセスのみ起動します。

スーパーバイザープロセスはFluentdが起動した直後に起動し、設定の読み込みを行ったうえで必要なワーカープロセスを立ち上げ、実際のデータ処理を開始させます。Fluentdを停止する場合は、スーパーバイザープロセスがワーカープロセスを停止し、停止後にスーパーバイザープロセス自身を終了させます。

HUPシグナルを送られた場合、Fluentdは実行中のワーカープロセスを停止し、新しい設定で新しいワーカーを立ち上げることで設定の再読み込みを行います。このとき、スーパーバイザープロセスは再起動されません(**図6.10**)。

なお、--no-supervisorオプションを付けてFluentdを起動した場合は、スーパーバイザープロセスを用いず、後述のワーカープロセスが直接起動します。--no-supervisorオプションは、スーパーバイザープロセスの役割を何かほかのソフトウェア[注19]が行うよう構成したい場合に使用します。すべてのプロセスをあるソフトウェアの制御下に置いて厳密に管理したいという特殊なケースを除いて、通常はFluentdのスーパーバイザープロセスを用いればよいでしょう。

■──データ処理を行うワーカープロセス

ワーカープロセスは、実際にデータ処理を行うプロセスです。Inputプラグイン、Filterプラグイン、Outputプラグインのすべてがワーカープロセス内で動作します。

後述する複数ワーカーの設定を有効にした場合、ワーカープロセスは複数立ち上がり、それぞれ並列に動作します。

注19　たとえば、supervisordやdaemon toolsなどがあります。

実行プロセス名の変更

プロセス名がわかりにくい場合、<system>ディレクティブ内のprocess_nameパラメータで名前を変更できます。たとえばprocess_name DataCollectorを指定した場合、ps auxwwコマンドによる該当プロセスは次のようになります。ここではsupervisorとworkerのように、それぞれのプロセスの役割も表示されます。

```
$ ps axuww
tagomoris        28136   0.0  0.4 408475376  59184 s000  S+    5:12PM
0:00.39 supervisor:DataCollector
tagomoris        28150   0.0  0.4 408483520  59648 s000  S+    5:12PM
0:00.40 worker:DataCollector0
tagomoris        28151   0.0  0.4 408612544  59488 s000  S+    5:12PM
0:00.40 worker:DataCollector1
```

図6.10 スーパーバイザープロセスによるワーカープロセスの再起動

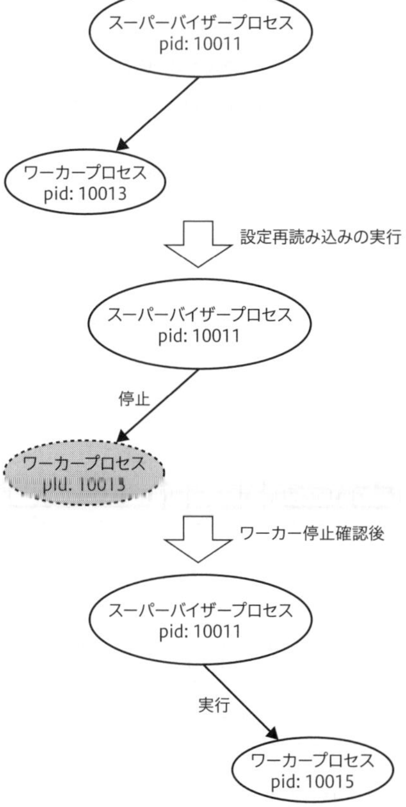

複数ワーカー
複数プロセスの利用により処理性能を引き上げる

Fluentdには複数のワーカープロセスを起動する機能があります。この機能をSymmetric Multi Process Workers（対称性複数プロセスワーカー）、通常は単に複数ワーカーと呼びます。

Fluentdは多くのユースケースに対して十分な性能を持っていますが、データ処理の内容が複雑な場合や、処理対象のデータ量が多い場合など、処理性能が追い付かなくなる場合があります。特に、Fluentdは現状ではRuby（CRuby）の一度に1つのCPUコアしか使えない制約を強く受けるため、この1CPUコアの処理性能が最初の上限になります[注20]。

CPUコアの処理性能を上回る性能が必要なときのための機能が複数ワーカーです。

■――複数ワーカーによるデータ処理

Fluentdは複数ワーカーを起動するよう設定されると、一連のデータ処理を行うプロセスをまったく同じ設定で複数起動し、ネットワーク通信経由の入力データを均等に各プロセスに振り分けます（**図6.11**）。

```
<system>
  workers 4     # 4ワーカーを起動するよう指定
</system>
<source>
  # ...
```

注20　最新のRuby 3では複数のCPUコアを使うための機能が取り込まれていますが、いまだ実験的機能であり、Fluentdは対応していません。

図6.11 複数ワーカーによるデータ処理

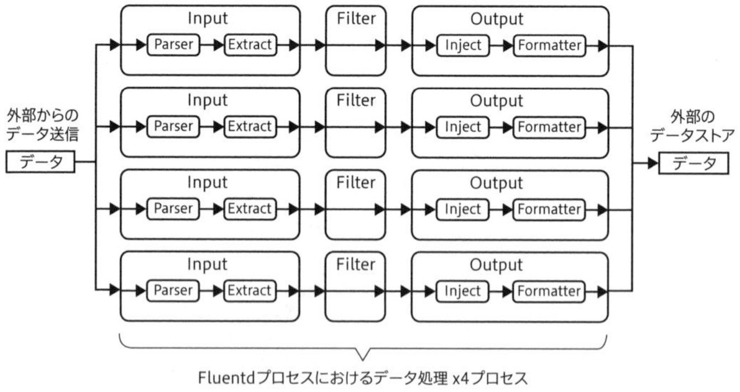

```
</source>
<label @mydata>
  <filter>
    # ...
  </filter>
  <match **>
    # ...
  </match>
</label>
```

ここで、各ワーカープロセスはまったく同じように動作することに注意してください。これがSymmetric(対称的)という機能の意味です。もし対称的に動くことができないプラグインが含まれていた場合、エラーになります。この設定を用いるには、使用するプラグインすべてが複数ワーカー動作に対応していなければなりません。

こうして起動されたワーカーは、それぞれ1つのプロセスに対応し、各プロセスは1CPUコアを使えます。つまり、4つのワーカーを起動したFluentdは4つのCPUコアを限界まで使うことが可能となります。これにより、より多くのイベントを処理できます。

Fluentdの複数ワーカー起動のしくみは、Webサーバなどのミドルウェアの Preforkモデルと呼ばれる複数プロセス起動のしくみに似ています。安定して大量の入力データを処理できる、定番の構成であると言えるでしょう。

■—プラグインごとの複数ワーカー対応

複数のワーカーが動作するとき、その中で使われるプラグインが1つしかないリソースを占有すると、複数のプロセスはその占有リソースを巡って競合状態となり、正常に動作しません。たとえば、ローカルファイルシステム上のあるファイルでデータを読み書きしようとしている場合、複数のプロセスが同時に読み書きを行うと、中身のデータは壊れてしまいます(**図6.12**)。

図6.12 **複数プロセスが1つのファイルを読み書きすると不整合を起こす**

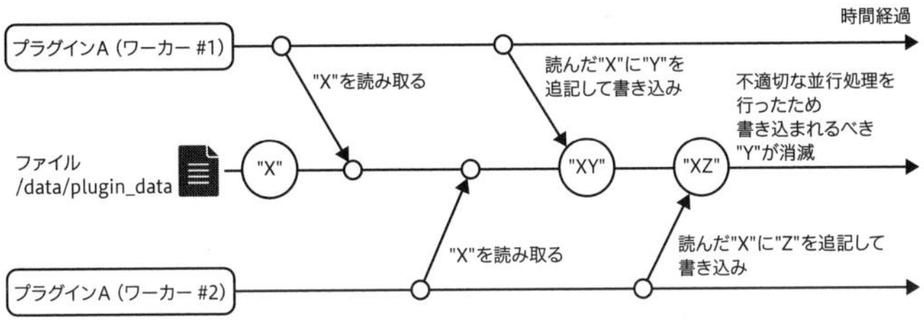

この状態が意図せず起きることを避けるため、Fluentdのプラグインはそれぞれ複数ワーカーに対応しているかどうかを返せるようになっています。これはプラグインごとに決まっていますが、対応プラグインであっても、設定状況により複数ワーカーでの動作を拒否する場合もあります。Fluentdが複数ワーカーで起動する場合、実際の起動前にワーカーが必要とするプラグインすべてに対して複数ワーカーに対応しているかどうかのチェックを行います。1つでも非対応のものがあった場合は起動を中止します。

複数ワーカーの利用を考えている場合、プラグインの対応状況を事前に調べておくとよいでしょう。プラグインの実装(ソースコード)を確認できる人であれば、`multi_workers_ready?`メソッドの返す値を確認することで複数ワーカー対応かどうかがわかります。`true`の場合は対応しています。プラグイン側でそのメソッドを用意していない場合は、プラグインの種類ごとのデフォルトとなります。InputプラグインおよびOutputプラグインのデフォルトは複数ワーカー非対応、ほかの種類のプラグインのデフォルトは複数ワーカー対応です。

■──複数ワーカー動作に非対応のプラグインの使用

複数ワーカーを使用している状況で、複数ワーカー動作に対応していないプラグインをどうしても動かす必要がある場合は、そのプラグインを特定のワーカー1つのみで動作させるよう`<worker>`ディレクティブが使えます[注21]。

このとき、`<worker>`ディレクティブで設定したワーカーは、全ワーカー共通の処理に加えて、`<worker>`ディレクティブで指定した追加の処理を担当します。処理量の差がワーカー間であまりに大きい場合、そのワーカーで処理が詰まったりするなどの不具合が起き、全体のパフォーマンスが低下することも考えられます。特定のワーカーに対して`<worker>`ディレクティブで追加の処理を設定する場合には、負荷の低い処理に限るか、そのワーカーはほかのワーカーが行う通常のデータ処理から完全に除外するなどとしたほうがよいでしょう。

注21 特定ワーカーでの動作を指定する`<worker>`ディレクティブについては4.5節で解説しました。

6.6 MessagePack Fluentdが使用するイベントデータ表現方法

Fluentdはイベントデータの表現にMessagePackという形式を使用しています。ここでは、MessagePackが選択された理由とその背景を解説します。

効率的なデータ表現の必要性

Fluentdはデータを大量に扱うため、データを扱う際の効率が重要なのは理解しやすいかと思います。データを扱う際の効率は、主にデータ変換を行う際の性能面と、変換後のデータサイズの面について考える必要があります。

なお、プログラム上で扱われているデータを何らかのデータ表現方法で変換して外部に書き出せるようにする処理をシリアライズ(*serialize*)と言います。逆に、外部から読み込んだデータをプログラム上で扱える状態に変換する処理をデシリアライズ(*deserialize*)と言います。

ここでは、まずバッファリングとネットワーク転送について、それぞれでデータ変換の性能効率と変換後データのサイズ効率の両方がどのように重要かを解説します。

■──バッファリングのための高いデータ読み書き性能

バッファリングは、Fluentdで行われる最も重要な処理の一つです。バッファリングの概要は第1章で解説しました。このバッファリングという処理では、イベントデータを何らかのデータ表現方法に変換(シリアライズ)したうえで、メモリまたはストレージに書き出します。また、バッファに書き出されたデータはのちに利用される際、読み込まれたうえで変換(デシリアライズ)されます。

Outputプラグインにおいてバッファリングはほぼ必須とも言える機能ですので、データ表現の変換に関する性能は重要です。また、バッファにはシリアライズされた状態で保存されるため、特定のサイズのバッファにできるだけ多くのイベントを保存するには、データをできるだけ小さいサイズで表現できることが望ましいです。

■──ネットワーク転送に伴う高効率なデータ変換

Fluentdのユースケースにおいて多いのがネットワークを経由したイベントのやりとりです。そして、このネットワーク通信の際にも、イベントは外部向けのデータ表現に変換(シリアライズ)されて送られ、受け取るときにも変換(デシリアライズ)されることとなります。

このとき変換の速度が遅ければ、ネットワーク転送の速度に直接的な影響が出ます。シリアライズ後のデータのサイズが大きければネットワーク転送にかかる時間がさらに余計にかかり、二重に性能に影響を与えます。また、ネットワーク通信の通信量が大きくなるとそこに大きな費用も発生するため、ネットワーク転送時のデータサイズの大小はコストに大きな影響があります。

一般的な手法であるJSONの問題点
低いサイズ効率

本書で繰り返し解説しているように、Fluentdはイベントというデータ構造を扱うソフトウェアです。このデータ構造を表現するとき、本書では次のような表現を用いることがあります。

```
[
  "tag.event",
  1657612777.153924000,
  {
    "name": "Satoshi Tagomori",
    "sex": "male",
    "valid": true,
    "height": 171.5,
    "weight": 64.5
  }
]
```

これは、Fluentd内部で扱っているデータ構造をJSON形式で表現したものです。JSONは構造のあるデータをテキスト形式[注22]で表現するのに秀でており、インターネットを経由してテキストでデータを交換する際には事実上標準として使われているといってもよいでしょう。

一方でJSONによるデータ表現は、特にデータサイズの面で効率が良くありません。JSONデータの書き出し(シリアライズ)や読み込み(デシリアライズ)は性能的にあまり効率的でないこともあります[注23]。特に、データサイズの問題は大きく、Fluentdのように大量のデータを保存、転送するソフトウェアにとっては致命的と言えるでしょう。

注22　人間が直接読める文字のみを使用した表現形式のことを指します。

注23　JSONは本来性能的な効率を良くするのが難しい構造をしているのですが、あまりに利用頻度が高いため各実装が最適化を進めた結果、実際の読み書き性能はかなり高いことが多くなっています。

MessagePackによる解決
バイナリによる効率的なデータ表現

JSONの持つデータサイズ面での効率の低さというデメリットを避けるため、Fluentdがイベントを内部的に扱うときには、JSONではなくMessagePack形式で扱っています。特に次のような場合です。

- **イベントデータのバッファへの保存**
- `in/out_forward`**プラグインを用いたネットワーク経由での送受信**

MessagePackは基本的にはJSONとほぼ同様のデータ構造を扱いますが、一方ですべてのデータをテキストではなくバイナリ[注24]で表現します。このため、同じ容量のメモリ、ストレージ、ネットワーク送受信量で、より多くのイベントデータを扱えます。MessagePackには独自のデータ構造を定義する機能もあり、Fluentdではそれを用いてナノ秒精度の日時を扱っています。

また、MessagePackは高速な変換(シリアライズとデシリアライズ)を実現しやすいデータ構造になっており、性能的にもメリットがあります。

MessagePackはバイナリによる表現のため、特に本書のような文字によるデータの説明にはまったく向きません。たとえば、前述のサンプルデータをMessagePackで表現すると次のものになります[注25]。


```
93a97461672e6576656e74ce58b421b485a46e616d65b05361746f736869205461676f6d6f7269
a3736578a46d616c65a576616c6964c3a6686569676874cb4065700000000000a6776569676874
cb4050200000000000
```


これは通常、人間には読めません[注26]。このため、本書ではこのあともJSONを基本的な表現形式として用います。

表6.1に、JSONとMessagePackの特徴を対比してまとめました。

注24 人間が直接読み書きできない範囲の文字も含めた2進数値でデータを表現する方法のことを指します。
注25 結果は本来バイナリですが、ここでは16進数表現によるものを載せています。
注26 ごく特殊な経験を積んだプログラマーが時間をかければ読める場合もあります。

表6.1 **JSONとMessagePackの違い**

名前	形式	変換速度	サイズ	サンプルデータのサイズ※	そのほかの特徴
JSON	テキスト	低速〜高速(実装による)	大きい	107バイト	人間が直接読み書きできる
MessagePack	バイナリ	高速	小さい	87バイト	独自データ構造も扱える

※サンプルデータは前項のイベント

6.7 まとめ

本章ではFluentdが扱うデータ構造、およびそのデータがどのような流れで処理されるかを解説しました。

Fluentdはイベントというデータを扱います。イベントは、タグ、日時、レコードという3要素からなるものです。イベントはInputプラグインで生成され、Filterプラグインでの処理を経由してOutputプラグインで外部に出力されます。どのイベントをどのプラグインが処理するかはRouterが制御し、各プラグインの中でさらに別のプラグインや機構が処理を受け持つこともあります。こういった全体の処理は1つまたは複数のワーカープロセスで行われ、ワーカープロセスを管理するスーパーバイザープロセスも存在します。また、各プラグインがバッファリングやネットワーク入出力を行う際には、速度およびデータサイズの面での効率を求め、MessagePackという形式が使われています。

第7章 プラグインごとの役割

プラグインは、Fluentdのさまざまな機能を必要に応じて入れ替えられるようにしたものです。Fluentdには何種類ものプラグインがあり、どれもFluentdの動作になくてはならないものです。各種プラグインの役割の詳細を知ることで、環境や使い方に最適な構成と設定を選べるようになるでしょう。

本章では、Fluentdの各種プラグインがどのような役割を担うのか、どのように動作しどのように動作を変更できるのかについて、Input、Filter、Output、Buffer、Parser、Formatter、Storage、Service Discoveryの順に解説していきます。

7.1 さまざまな種類のプラグイン

Fluentdのプラグインにはさまざまな種類があります。それらはInput、Filter、Output、Buffer、Parser、Formatter、StorageそしてService Discoveryと呼ばれ、それぞれFluentdの機能になくてはならない働きをします。

このうちInput、Filter、Outputの各プラグインはイベントを処理するために使用されるものです。これらの種類については、どのプラグインを使用するかはユーザーが設定ファイルにおいて`@type`パラメータで指定します。ほかの種類のプラグインは、必要に応じてInput、Filter、Outputの各プラグインから使われます[注1]。

プラグインは、過去にFluentd v0.12系からv0.14系および現在のv1系へのバージョンアップに伴い、最も大きく変化した部分でもあります。基本的な動作は変わっていないものの、設定パラメータ名が変更されたものもありますし、新しく追加されたものも多くあります。本書では基本的に現行バージョンのFluentd v1系に準拠して解説しますが、必要に応じて、過去のv0.12以前に使われていたものに関しても注釈を入れます。

7.2 Inputプラグイン
データの入力を担当する

Inputプラグインはその名前のとおり、データの入力のためのものです。より正確に言うなら、Fluentdの外部から何らかの方法でデータを取り込み、そ

注1　プラグインの種類の詳細については5.3節で解説しました。

れをFluentdのイベントとしてRouterを通してFluentd内部に流します[注2]。

Inputプラグインのデータの取り込み元(データソース)はさまざまです。同じホスト上のテキストファイルのこともあれば、外部サーバからネットワーク経由で送られてくるデータのこともあります。定期的に外部のWebサービスにアクセスし、その結果をイベントとして取り込むプラグインも存在します。つまり、Inputプラグインとは、データが発生するあらゆる場所に対して作られるものと言えるでしょう。

一方で、Inputプラグインは個々の違いが大きすぎることもあり、Fluentdコアは共通の機能をほとんど何も提供しません。唯一、イベントをFluentd内部に渡す際にルーティングのためのラベルを指定する`@label`パラメータがあります[注3]。InputプラグインはルーティングのためのRouterを取得するときに自動的にこのパラメータを考慮するため、すべてのInputプラグインで同じルーティング指定が可能となっています。

Inputプラグインが実行する処理

Inputプラグインは目的のデータを取り込むため、外部の情報にアクセスしたり、外部からやってくる情報を受け取ったりします。以下に実行する処理の例を挙げますが、これ以外にもさまざまな形が存在するでしょう。

- **指定されたファイルを読み取り、内容をイベントとして取り込む**
- **指定されたコマンドを実行し、出力をイベントとして取り込む**
- **指定されたサービスへネットワーク経由でアクセスし、得られた結果をイベントとして取り込む**
- **指定されたプロトコルのネットワークサーバを起動し、送られてきたデータをイベントとして取り込む**

このように、さまざまな用途のものが存在します。そのため、読み取る対象のデータ形式やアクセスする先(ファイル、コマンド、サービス)、通信方法(プロトコル)などのバリエーションによって多様なプラグインが作成、公開されています。また、特殊なものには、一定時間ごとに指定したダミーのイベントを発生させるものもあります。ここまでくると、外部のデータソースへのアクセスすらしていません[注4]。

注2　イベントデータがどう流れていくかの詳細は6.3節で解説しました。

注3　`@label`パラメータの詳細は4.6節で解説しました。

注4　別の言い方をすれば、特定の時間間隔という特殊な情報源からのイベントを入力している、と言えるかもしれません。

このようにInputプラグインの処理はさまざまですが、共通するのは、何らかの形でイベントを発生させ、それをFluentdに取り込むということです。

Inputプラグインによるイベント生成

Inputプラグインの役割は、何らかの形でイベントを生成することです。Fluentd全体で見ると外部からデータ入力を受け取ってイベントという形で取り込む役割になるため、Inputプラグインという名前が付いています。

イベントは、前章で解説したとおり、タグ、日時、レコードの3つの要素から成ります。

```
["web.log", 2022-02-27 21:40:31.031248779 +0900, {"id":1024,"message":"..."}]
    タグ                    日時                              レコード
```

重要なのは、Inputプラグインからイベントが生成されるときにこの3つが必ず存在するということです。データ本体であるレコードはもちろん、タグと日時もこの時点で存在しなくてはなりません。

■──タグの付与

イベント生成の際には、タグを付与しなければなりません。タグは、次の選択肢のうち、どれかをとることが多いでしょう。

ⓐ外部から取り込んだデータの一部をタグとする
ⓑ設定ファイルで指定された文字列をタグとする
ⓒ接頭辞と、外部から取り込んだデータの一部を結合してタグとする

ⓐの外部から取り込んだデータの一部をタグとするのは、最も良い方法です。Inputプラグインが外部から取り込んだデータに、そのデータの種類を示す情報が含まれているなら、それをそのままタグに用いるのが自然です。たとえば、ネットワークを経由してログをやりとりする場合、Fluentdの通信プロトコル（Fluentd forward protocol）やsyslogプロトコルなどは、それぞれのログの種類を表す情報を持っています。

取り込んだデータからデータの種類を特定できない場合は、ⓑのように、ユーザーにデータの種類を指定してもらう必要があります。このときは、Inputプラグインの設定ファイル上でタグを指定します。たとえば、ユーザーが指定した任意のファイルからデータを取り込む場合、ファイルに書かれている情報の種類を知っているのはユーザーのみであるため、タグもユーザー自身に指定させるのが自然です。

Ⓒのように、外部からのデータの一部を用いると同時に、タグの接頭辞を指定させるという方法をとっている既存のプラグインもあります。これは、イベントのルーティングを行う方法がタグしかなかったころによくとられた方法です注5。現在では@labelパラメータを用いてルーティングの設定を定義できるため、もうほとんど用途はありません。

■──日時の生成

イベント生成時の日時については、外部から取り込んだデータに日時が付与されている場合はそれを用います。データに明確な日時情報(タイムスタンプ)がある場合はそれが使えますし、テキストデータのログなどの場合、日付や時刻が記録されている部分を解析し日時に変換して使用することも多くあります。

いっぽうで、本当にデータがその瞬間に発生した場合、現在日時を付与します注6。日時をまったく特定できない場合についても、現在日時を付与する以外に方法はないでしょう。

■──レコードの生成

レコードはFluentdが扱うイベントにおいて、最も重要な、データ本体と言える部分です。レコードの生成はInputプラグインの最重要の処理と言えます。

しかし同時に、レコード生成には各プラグイン間で共通のものがほとんどありません。レコードとは6.2節で解説したように、文字列のキーと任意の値をペアにしたフィールドを、任意の個数含む構造です。Inputプラグインは、それぞれ扱うデータの特性に合わせて、外部から取り込んだデータをレコードに変換します。

@labelパラメータによるルーティング先の決定

@labelパラメータは全Inputプラグインの共通パラメータで、ルーティング先を決定するためのものです。設定ファイルにおいてラベルが指定された場合には、Inputプラグイン内で使用するRouterには、指定のラベルに対応す

注5 Fluentd v0.10のころの話です。@labelはFluentd v0.12以降でサポートされました。プラグインの更新も進んだ今では、@labelをサポートしない環境やプラグインを考慮する必要はほとんどないでしょう。

注6 たとえば、自サーバの性能情報を監視するプラグインの場合、収集したばかりの性能情報は今その瞬間に発生したものと考えられます。

るものが自動的に選ばれます。ラベルが指定されなければ、デフォルトのRouterが選ばれます[注7]。

イベント生成を行う複数のemitメソッドと性能特性

Inputプラグインは、実装によって性能特性が大きく異なる場合があります。それはemit方式の違いによるものです。

emitとは、InputプラグインがRouterに対して呼ぶ命令（API）の一つです。Inputプラグインは生成したイベントをemitすることでRouterに渡します。emitには、1イベントずつemitする`router.emit`メソッドと、複数イベントをまとめてemitする`router.emit_array`メソッドがあります[注8]。

Fluentdは、emitの呼び出しごとに内部ルーティングを解決して、FilterやOutputプラグインの呼び出しを行います。このため、数多くのイベントを扱うInputプラグインなのに`router.emit`メソッドを使っている場合、大きな性能的オーバーヘッドがかかります。数秒ごとに1イベント程度であれば`router.emit`メソッドを、そうでない場合は可能な限り`router.emit_array`メソッドを用いるべきです[注9]。プラグインの利用者としても、プラグインの実装を確認すれば、どのくらいのイベント流量を想定したInputプラグインなのかがわかるでしょう。

7.3 Filterプラグイン

Inputプラグインと Outputプラグインの間でデータを加工する

Filterプラグインはデータの加工、具体的にはイベントを変換あるいは除去するためのものです。Inputプラグインによりイベントが入力されてからOutputプラグインが出力するまでの間ではたらきます。

Filterプラグインが処理したイベントは、そのまま次のFilterプラグインもしくはOutputプラグインに渡され、設定ファイルに記述した順序どおりにデータが流れていきます。これは、設定ファイルのトップレベルにそのまま書いてもよいですし、`<label>`セクションに書いて特定のラベルを持つイベン

注7　デフォルトのRouterは、設定ファイルにおいてトップレベルに指定した`<filter>`セクションや`<match>`セクションに対応します。

注8　複数イベントをまとめてemitするものには`router.emit_stream`メソッドもありますが、これはいくつかの特定のプラグイン向けという位置付けで、通常のプラグインが使用する理由はありません。

注9　`router.emit_array`メソッドの呼び出しは同じタグのイベントしか扱えないため、タグの異なるイベントをemitする場合には使用できません。

トのみに適用することもできます。

<label>セクション内でFilterプラグイン2つの処理を実行する例

```
<label @event>
  <filter *>
    @type grep
    <regexp>
      key group
      pattern /^admin/
    </regexp>
  </filter>
  <filter *>
    @type parser
    key_name data
    reserve_time true
    <parse>
      @type json
    </parse>
  </filter>
  <match *>
    @type forward
    <server>
      host audit01.storage.local
      port 24224
    </server>
  </match>
</label>
```

Filterプラグインが実行する処理

Filterプラグインが実行するのはイベントの変換あるいは除去というのは前述のとおりですが、どのような条件で処理を実行するかについては、それぞれのFilterプラグインに任せられています。

組込みのFilterプラグインの代表例としては、filter_grepプラグインがあるでしょう。これは設定ファイルに指定した正規表現によって、特定のパターンにマッチするレコードのみを選別して残す、もしくは特定のパターンにマッチするレコードのみを除去するためのものです。大量のデータが流れる中から注目したいもののみを取り出したり、データから既知のノイズを取り除いたりするために用いられます。これは、イベントの除去のためにFilterプラグインが用いられる典型的な例だと言えるでしょう。前述の例では、レコード中のgroupフィールドの値がadminで始まるもののみを残しています。

イベントの変換の代表例がfilter_parserプラグインです[注10]。このプラグインは、レコードに含まれるデータを解析して情報を取り出し、その情報をFluentdのイベントとして返すためのものです。Fluentdが受け取るデータ中の文字列フィールドには、未解析の複雑な情報が格納されていることがあります。Inputプラグインが入力元とするシステムの制約としてそうなってしまうのは、珍しいことではありません。filter_parserプラグインは、そういったイベント中の未解析の情報を解析し、解析結果をもってレコードの内容を置き換えます。

前述のfilter_parserプラグインを用いる例は、次のようにキーdataにJSONデータが含まれている前提で、それをレコードとして取り出しています。

もとのレコード

```
{
  "group": "admin.web",
  "data": "{\"event\":\"change-user\",\"user\":\"tagomoris\",\"group\":\"admin
\",\"operated-by\":\"tagomoris\"}"
}
```

新しいレコード

```
{
  "event": "change-user",
  "user": "tagomoris",
  "group": "admin",
  "operated-by": "tagomoris"
}
```

7.4 Outputプラグイン データの出力を担当する

Outputプラグインは、データ出力のためのプラグインです。正確に表現すると、Fluentd内部から渡されてきたイベントを出力対象に合わせた形式のデータに変換し、ファイルI/OやネットワークI/Oなどの方法で外部に出力するためのプラグインです。

プラグインからの出力先はさまざまです。Fluentdが動作しているホスト上のファイルのこともあるでしょうし、ネットワークでつながった先のホストまたはサービスということも多いでしょう。

注10 後述のParserプラグインとまぎらわしいのですが、これはFilterプラグインの一種で、その名前がparserだというものです。filter_parserプラグインは、内部で後述するParserプラグインを呼び出して使用しています。

Outputプラグインが実行する処理

Outputプラグインは外部へデータを出力するためのプラグインですが、その「外部」にはさまざまなものがあります。次のものが代表的ですが、これら以外のものも数多くあります。

- **データをあるパスにファイルとして書き出す**
- **データをファイルとしてクラウドストレージサービスに書き出す**
- **データ1件1件をデータベースシステムのテーブルに追加する**
- **指定されたホスト名、ポート番号に対してネットワーク経由で接続し、データを転送する**

Outputプラグインは、これらさまざまな出力先ごとにそれぞれ作られます。出力するデータ形式やアクセス先(ファイル、コマンド、サービス)、通信方法や性能特性などによって、それぞれに異なるプラグインが作成、公開されています。

Outputプラグインはデータを外部に出力するためにさまざまな処理を行います。データを出力対象に合わせた形式に変換することもその一つですし、データを出力する前にネットワーク接続や認証などを行うこともあります。また、Outputプラグインはデータ出力が完了するまで出力対象となるデータを失わないよう、Bufferプラグインを利用してデータの保全も行います。

これらデータ出力すべてに関連することを担当するのがOutputプラグインの責務です。Fluentdに取り込まれたイベントは、すべてOutputプラグインを経由して出ていきます。

バッファリングの有無

バッファリングとは、ある程度の量のデータをどこかに一時的にためておくことです。ためておいたデータは必要に応じて取り出されます。

Outputプラグインは、バッファリングの有無によって大きく2種類に分かれます。バッファリングを行わないOutputプラグイン(非バッファOutputプラグイン)は、Inputプラグインが`router.emit`または`router.emit_array`メソッドを呼ぶたびに、そのイベントを逐一処理します(**図7.1**)。バッファリングを行うOutputプラグイン(バッファOutputプラグイン)は、`router.emit`または`router.emit_array`メソッドが呼ばれたタイミングでイベントをいったんバッファに書き込み、バッファがある程度のサイズになるなど条件を満たした時点で、バッファに保存されているイベントをまとめて一度に処理します(**図7.2**)。

Outputプラグインの提供者は出力先の特性に合わせてどちらかを選びます。Outputプラグインはバッファリングの有無両方に対応することもできますが[注11]、実際にはそのようなプラグインはあまり書かれません。前提としている出力先に合わせると、どちらかでのみ動作したほうが、予期しないトラブルを避けられるからです。

バッファリングの有無両方に対応したプラグインは、設定ファイルに`<buffer>`セクションによるバッファリング設定が行われているかどうかで、どちらのモードで動作するかを切り替えます。`<buffer>`セクションが設定されていない場合は各プラグインによるどちらで動作するかの指定に従いますが、それも指定されていない場合はバッファリングありで動作します。

注11 Fluentd v0.12系のプラグインのしくみでは、バッファリングの有無両方に対応したプラグインを書くことはできません。

図7.1 バッファリングを行わないOutputプラグインはイベントを逐一出力する

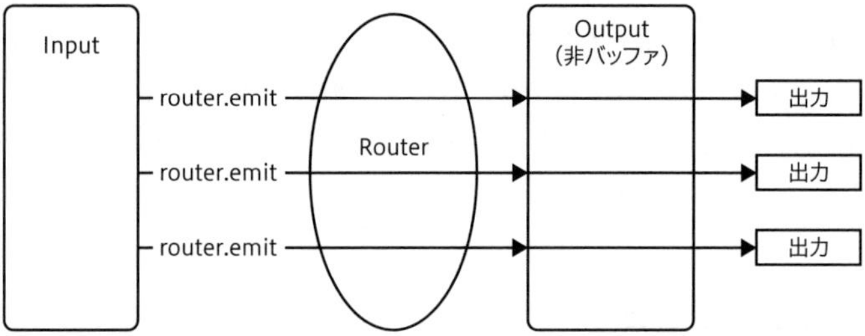

図7.2 バッファリングを行うOutputプラグインはイベントをバッファにまとめてから出力する

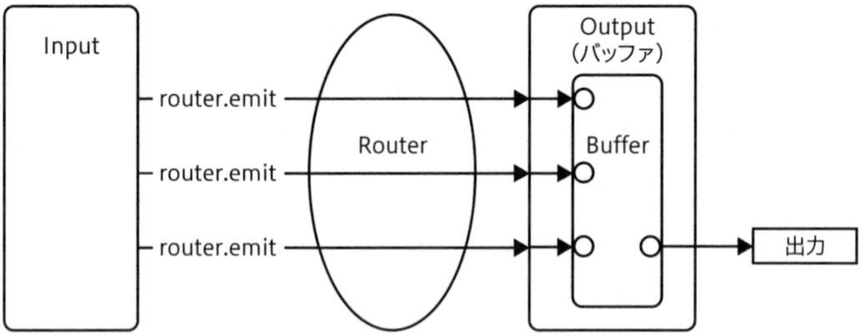

■――バッファリングを行わない非バッファOutputプラグイン

非バッファOutputプラグイン、つまりバッファリングを行わないOutputプラグインは、Inputプラグインから生成されたイベントを逐一処理します。この種類のプラグインは、イベント1件ごとに処理を行う場合に向いています。たとえば、イベント1件に対してチャットサービスにメッセージを1行送る処理を行う場合、イベントが発生したらすぐにチャットに流したいという要求もあるでしょう。このような場合にはバッファリングを行わないほうが向いています(**図7.3**)。

この用途の場合にバッファリングしてしまうと、イベントが発生しても、チャット画面に表示されるまで数分待たなければならなくなるでしょう。あるいは、イベントが大量に発生したとき、大量のメッセージがチャットサービス上に流れて逆に内容が読めなくなるかもしれません。

一方で、非バッファOutputプラグインでは、イベントの内容はどこにも保存されません。イベントを外部に送信するプラグインにはいつ通信エラーが起きるかわからず、エラーが起きたときに保存されていないイベントは失われてしまうでしょう。一過性の通知など情報が多少欠落しても問題ない場合にはかまいませんが、情報が失われることが問題となるケースでは、非バッファOutputプラグインは使わないほうがよいでしょう。

■――バッファリングを行うバッファOutputプラグイン

バッファOutputプラグイン、つまりバッファリングを行うOutputプラグインは、Inputプラグインから生成されたイベントをいったんバッファに保存します[注12]。保存された内容は量が一定以上になったとき、あるいは保存から一定の時間が経

注12 保存先は後述のBufferプラグインによって実現されており、設定によってメモリやファイルなどで切り替えられます。

図7.3 バッファリングを行わないほうが自然なOutputプラグインの例

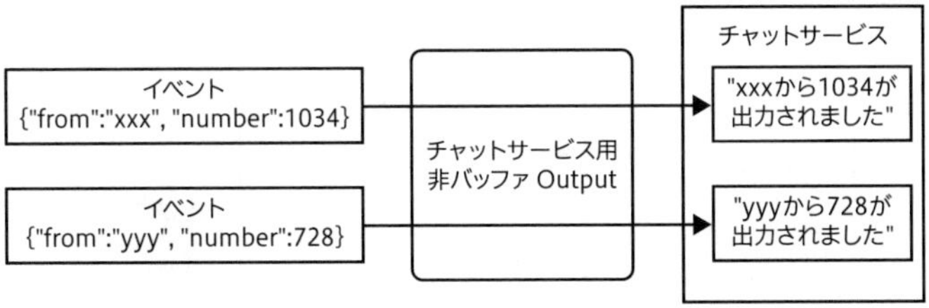

過したときなどにまとめて取り出され、Outputプラグインがflush(書き出し)します。この結果、バッファのflush対象のデータは外部に出力されます。

バッファOutputプラグインは、データをどこかにまとめて保存する場合に向いています。たとえば、送られてきたデータをファイルとしてひとまとめにし、外部サービス上に保存したい場合などです。細切れの大量のファイルよりもある程度の大きさでいくつかのファイルのほうが扱いやすいでしょうから、バッファリングを行うほうが向いています(**図7.4**)。

バッファの内容は保存されているため、仮にプラグインから外部への書き込みや送信が失敗しても、プラグインは同じデータに対してflushをリトライ(再実行)できます。出力先サービスの停止などによりflushの失敗が数時間程度続いたとしても、その間に生成されたイベントをバッファにため込み続けられます。また、その間もflushのリトライは自動的に試されます。これらのFluentdが提供する機能により、バッファOutputプラグインはデータに対して高い信頼性を提供できます。

また、バッファリングによりデータ出力全体の性能を向上させられます。たとえばネットワーク経由でデータを外部に保存する場合、ネットワーク通信を一度行うごとにある程度の時間がかかります。このため、細かい通信を何度も行うより、ある程度まとまった量のデータを一度の通信で送ったほうが全体的には高速に完了します。同様のことが出力処理全般に対して言えます。

本節の最後に解説するMulti Outputプラグインを除き、以降の解説はバッファOutputプラグインにのみ関連する事項です。

スレッド
出力処理を入力から分離し、並列化する

バッファOutputプラグインは、データの入力を受け付けてバッファにため込む一方で、それとは独立してflushの実行やリトライなどを自動的に行います。これは、flush処理がプラグインにより作成されたスレッド(*thread*)上で

図7.4 イベントをバッファにためてからファイルとして出力

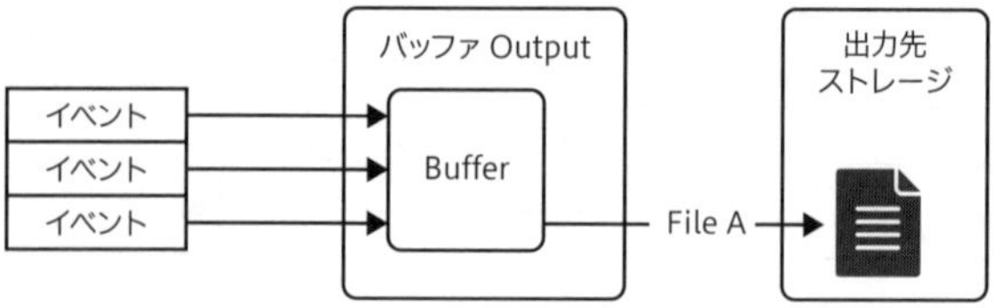

分離して行われるため可能になっています(**図7.5**)。

スレッドとは、Windows、LinuxなどのOSが提供するプログラムの実行単位の一つです。プログラムは複数のスレッドを作成でき、それぞれのスレッドでは指定した処理が独立して実行されます。複数のスレッドは並行に動作します。FluentdのOutputプラグインはこのスレッドを用いてflush処理やそのリトライなどを実行します。

■──スレッド設定の考え方

作成するflush用スレッドの数は、`<buffer>`セクションの中の`flush_thread_count`パラメータにより制御できます[注13]。デフォルトは1で、これはflush処理が入力とは独立して行われるものの、flush処理自体は1つだけしか同時には実行されない、言い換えると並列では実行されないことになります。2以上を設定すれば、flushされるデータが複数ある場合、flush処理は並列に実行されます。

スレッドの数を無闇に増やせば性能が上がるかというと難しい問題です。Fluentdは、CPUを使用する処理を複数スレッド同時には実行できませんので[注14]、スレッド数の増加による恩恵はディスクやネットワークへの出力処理に時間がかかるケースでしか受けられません。また、たとえばFluentdが動いているコンピュータがCPUコアを1つしか持っていない場合や、すでに大量のスレッドがほかのプラグインで動いている場合にも、望んだ結果が得られないことがあります。

最後に、データの出力を受け付ける側に十分な性能のキャパシティがあるかどうかにも気を付ける必要があります。たとえば、他サーバのFluentdに対

注13　Fluentd v0.12までは`num_threads`パラメータで制御していました。

注14　6.5節において複数ワーカーに関して解説したとおり、これはFluentdが書かれているRubyの制約によるものです。Fluentdにおいて CPU負荷が激しい場合にこの制約を超えるには、`<worker>`セクションを用いて複数プロセスを並列に起動するしかありません。

図7.5 バッファへのイベントの追加とバッファからの出力は別のスレッドで行われる

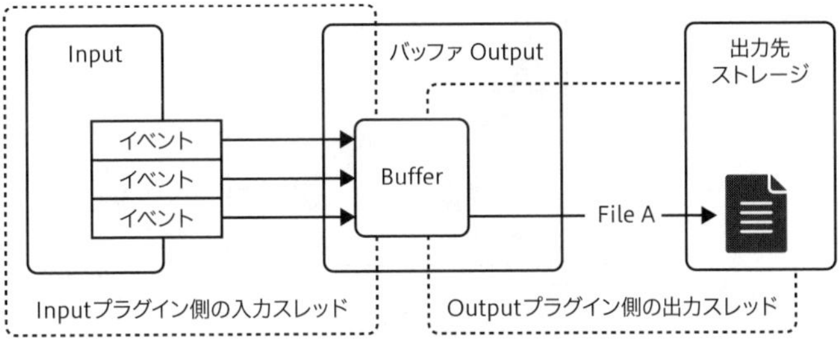

してネットワーク経由でデータを送信する場合、パラメータで`flush_thread_count 100`などと指定すると、最大で100並列同時にデータを送信してしまいます。このようなFluentdが何十台もあった場合、宛先サーバ側で必要な並列性を提供するのは簡単ではありません。同様に、外部のサービスへデータを送信している場合なども、無闇に並列度を上げるべきではないでしょう。

バッファチャンク
チャンクキーごとにデータをまとめる

バッファOutputプラグインは、次節で解説するBufferプラグインを使用して入力データのバッファリングを行います。このとき、バッファリングの単位になるのがチャンク(*chunk*)と呼ばれるものです。入力されたデータはチャンクに追加されていき、特定の条件のどれかを満たした段階でチャンク単位で外部へとflushされます(**図7.6**)。外部へflushされる状態になったチャンクには、以降に入力された新しいデータは書き込まれません。別のチャンクが作成され、新しいデータはそちらに書き込まれます。

チャンクはデータをまとめる単位としても使われます。入力されたデータがどのチャンクにまとめられるかは、`<buffer>`セクションを指定するときに、チャンクキー(*chunk key*)をどう指定するかによります。チャンクキーとは`<buffer>`セクションの引数として指定されるもので、具体的には以降の例のように指定されます。

■——チャンクキーの省略 全データがまとめて書かれる

チャンクキーに何も指定しない場合、あるバッファOutputプラグインが受け取ったすべてのレコードは同じバッファチャンクに書き込まれていき、flush

図7.6 バッファの構造とバッファチャンクの処理

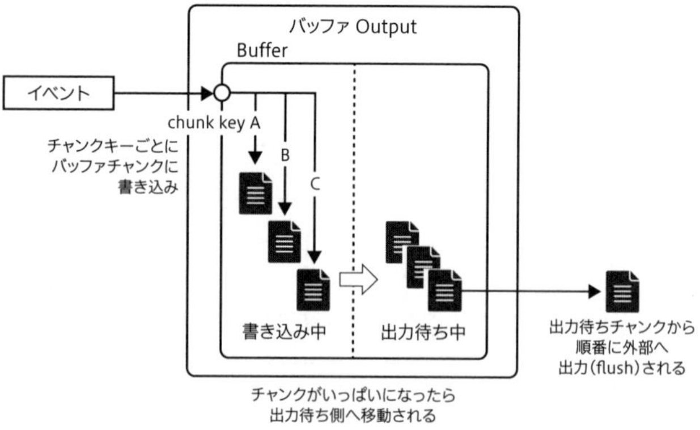

されるときもすべてまとまって出力されます(**図7.7**)。<match>セクションのタグ指定にワイルドカードを使っている場合などは複数の異なるタグを持つデータが入ってくる場合もありますが、すべて混ざった状態となります。

チャンクキーに何も指定しない場合

```
<buffer>
  # ...
</buffer>
```

■——キャンクキーへのタグや日時の指定　同じタグや時間でまとめる

チャンクキーとしてタグを指定した場合(<buffer tag>)、バッファOutputプラグインは入力されたデータをタグによって分け、それぞれ異なるバッファチャンクに書き込みます。データ出力もバッファチャンクごとに行われるため、異なったタグを持つレコードは別々に出力されます(**図7.8**)。

図7.7　チャンクキーが指定されていない場合はすべてのイベントが同じチャンクに入る

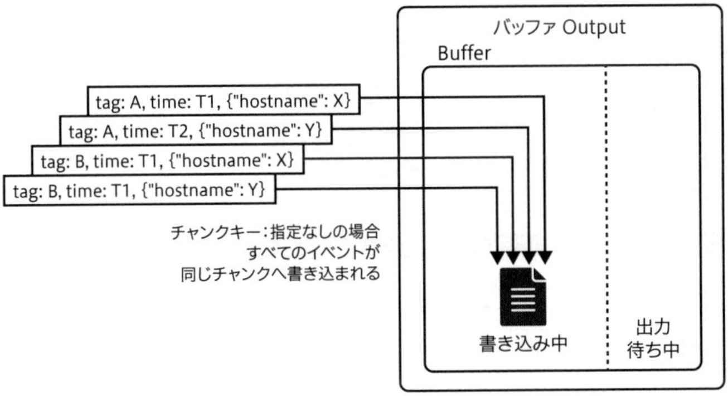

図7.8　チャンクキーにタグを指定すると異なるタグのイベントは異なるチャンクに入る

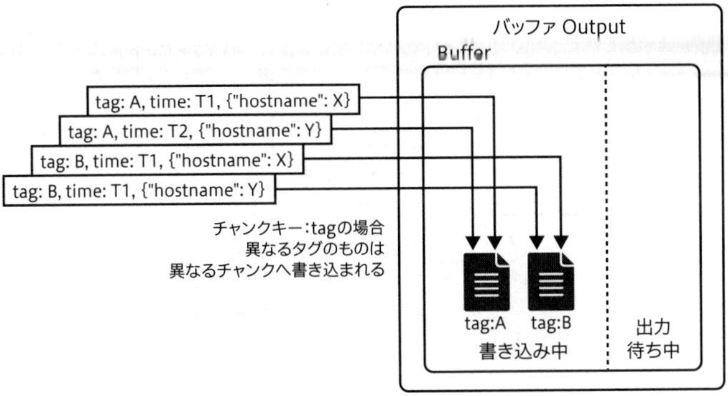

タグを指定する場合

```
<buffer tag>
  # ...
</buffer>
```

チャンクキーとして日時を指定した場合(<buffer time>)には、同時にtimekeyパラメータを指定します。このパラメータは同じバッファチャンクに入れる時間範囲を指定するものです。たとえばtimekey 1hと指定した場合、日時が同じ1時間のうちに含まれるレコードは同じバッファチャンクに入ります。その範囲に収まらない場合は異なるバッファチャンクに入ります(**図7.9**)。

時間を指定し、1時間単位で同じチャンクに入れる場合

```
<buffer time>
  timekey 1h
  # ...
</buffer>
```

■──複雑なチャンクキーの指定

チャンクキーとしては、タグと日時以外に、レコード中の任意のキーを指定できます[注15]。このとき、レコード中の指定したキーに対応する値がバッファチャンクを分けるのに使われ、異なる値を持つレコードがそれぞれ異なるバッファチャンクに入ります(**図7.10**)。

レコード中の任意のキー(ここではhostname)を指定する場合

```
<buffer hostname>
```

注15 ただし、タグと日時の指定にかぶってしまうtagとtimeを除きます。

図7.9 チャンクキーに日時を指定すると特定の時間範囲に含まれるイベントが同じチャンクに入る

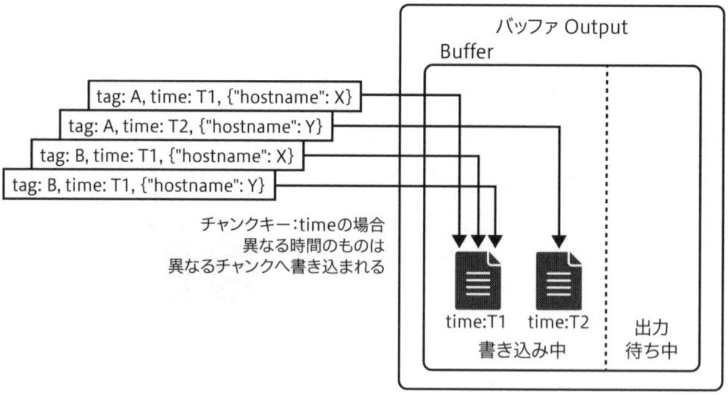

```
  # ...
</buffer>
```

チャンクキーにおけるレコード中のキー指定においては、階層の深いフィールドも使用できます。ドット記法またはブラケット記法で指定します[注16]。

レコード中の階層の深いフィールドをチャンクキーとして使用

```
<buffer $.host.name>
  # ...
</buffer>
```

これらの指定は組み合わせられます。チャンクキーを複数指定するにはそれぞれの指定をカンマで区切ります。それぞれの値の異なる組み合わせごとに異なるバッファチャンクが保存先となります(**図7.11**)。

注16 深い階層のデータへのアクセス記法については4.4節で解説しました。

図7.10 チャンクキーにレコード中のhostnameを指定するとその値に従ってチャンクが分かれる

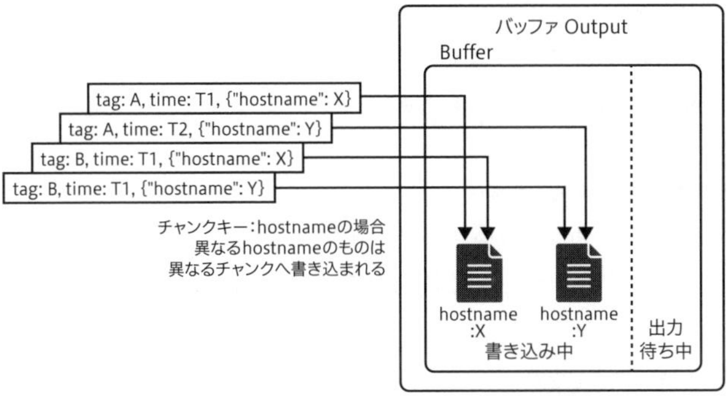

図7.11 チャンクキーとしてタグと日時を指定しその組み合わせによってチャンクを分ける

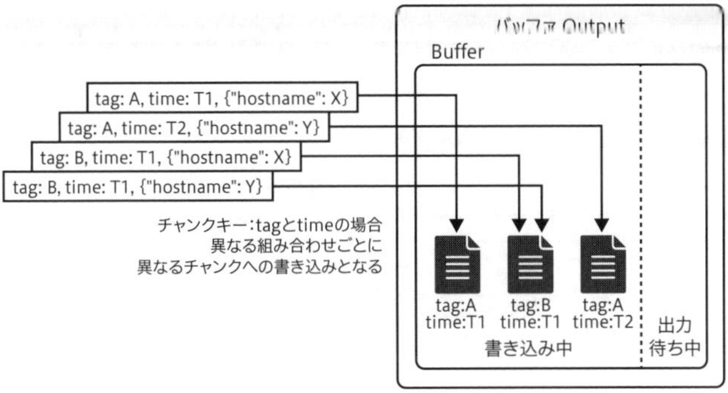

チャンクキーとしてタグと日時の組み合わせを指定し、30分単位で同じチャンクに入れる場合

```
<buffer tag,time>
  timekey 30m
  # ...
</buffer>
```

プレースホルダ展開
チャンクキーの情報を出力にも用いる

<match>ディレクティブ中の設定値には、**図7.12**のプレースホルダを使用できる場合があります。プレースホルダは、タグやデータに合わせて出力時の設定を動的に指定したい場合にプラグインが個別にサポートするものです。プラグインによって、サポートされている場合とされていない場合があります。サポートしているプラグインでも、設定項目によって使用できるものとできないものがあります。

プレースホルダ展開はバッファOutputプラグインにおいて、出力先を動的に変えたい場合に主に使用されます。プレースホルダとして使えるのは、前述のチャンクキーとして指定された日時、タグおよびレコード中のキーになります。Outputプラグインはチャンクごとにまとめて処理をするため、データをまとめる単位となるチャンクキーしか使えません。

■──日時のためのプレースホルダ

プレースホルダ展開において日時を指定する場合、展開対象は`strftime`フォーマットで指定します。よく使われるのは次のプレースホルダでしょう。

- %Y
  西暦年4桁(例：2022)
- %m
  月2桁(例：02、12)
- %d
  日2桁(例：01、31)

図7.12 使用可能なプレースホルダの例

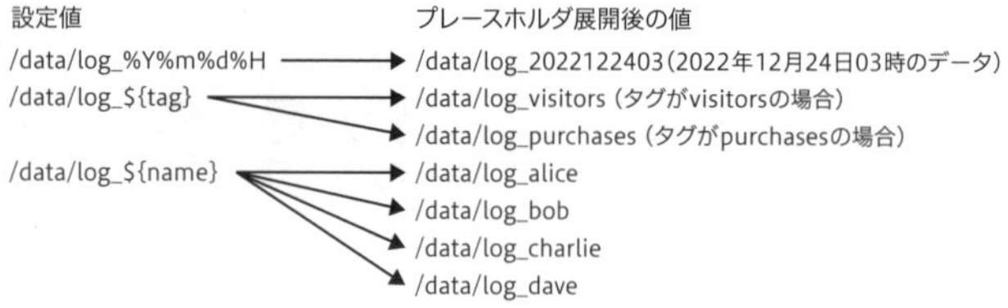

- %H
  時間2桁(例：00、13、23)
- %M
  分2桁(例：00、16、59)
- %S
  秒2桁(例：00、23、59)
- %z
  タイムゾーンUTCからのオフセット(例：+0900)

このフォーマットはRubyのTime#strftimeメソッドのものそのままです。ほかのプレースホルダについてはリファレンス[注17]を参照してください。

この指定が行われた場合、実際に展開される日時はチャンクの時間範囲の最初の日時が使われます。timekey 1hが指定されていた場合にはある1時間、たとえば2022年07月24日23時0分0秒から23時59分59秒までのデータは同じチャンクに入ります。そのチャンクに対して出力パスとして/data/log_%Y%m%d_%H%M%Sが指定されていた場合、/data/log_20220724_230000と展開されます。

■──タグやレコード中の値のためのプレースホルダ

プレースホルダ展開において、${tag}でタグすべてを展開できます。あるいは、${tag[1]}のようにすると、タグの一部分だけを展開できます。.がタグにおける区切り文字として使われます(**図7.13**)。

チャンクキーとしてレコード中の値を指定している場合は、それもプレースホルダ展開で使用できます。${...}の中にタグと同じように指定します(**図7.14**)。

注17 https://docs.ruby-lang.org/ja/latest/class/Time.html#I_STRFTIME

図7.13 プレースホルダでタグ全体もしくはタグの一部分のみを展開する

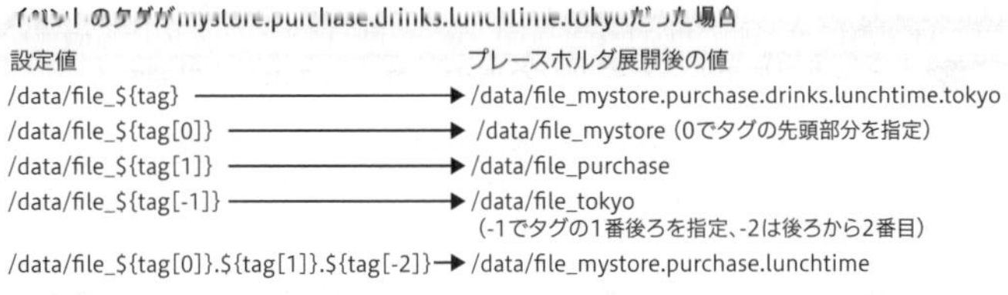

図7.14 プレースホルダでチャンクキーに指定されているレコード内の値も展開できる

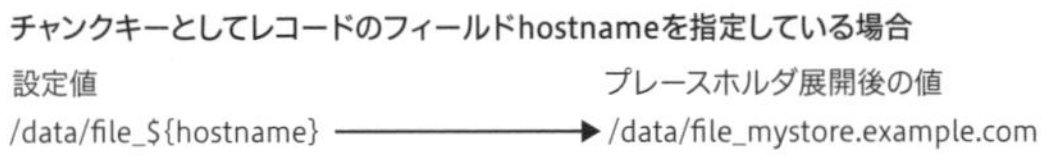

■──そのほかの特殊なプレースホルダと組み合わせ

書き込みごとにほかと分けるためだけに、単にランダムな値が必要な場合がたまにあります。ある特定の場所に書き込むが、同様に書き込みを行うほかのFluentdと重複するファイル名になることだけは避けたいというケースです。この場合は、Fluentdが内部的に用いているチャンクごとのID[注18]を${chunk_id}プレースホルダとして使えます(**図7.15**)。この${chunk_id}プレースホルダに限り、チャンクキーとして指定されていなくても使用できます。

これらのプレースホルダは、組み合わせて使用できます(**図7.16**)。データの種類や範囲ごとに整理して外部に出力するのに便利に使用できるでしょう。

flushパラメータとチャンクサイズ
データ出力の粒度と頻度を制御する

バッファされたデータを効率良く出力するためには、一度にある程度まとまった量のデータを出力することが重要なのは前に述べたとおりです。これを制御するためのパラメータが<buffer>セクションのchunk_limit_sizeパラメータ[注19]、およびflush_で始まるいくつかのパラメータです。

バッファOutputプラグインは、大雑把には次の条件でバッファチャンクをflushします。関連パラメータはすべて<buffer>セクション内に記述します。

- **chunk_limit_sizeパラメータで指定されたサイズになったとき**[注20]
- **flush_intervalパラメータで指定した秒数ごと**

注18 実体はマイクロ秒単位での日時とランダム値を組み合わせた128ビットの値の16進表現で、32文字の文字列です。

注19 Fluentd v0.12以前はbuffer_chunk_limitパラメータでした。

注20 実際には設定サイズより小さくてもflushされ、この閾値《いきち》はchunk_full_thresholdパラメータで割合として指定されています。デフォルトは0.95で、チャンクサイズがchunk_limit_sizeパラメータで設定されたサイズの95%を超えたらflushされます。

図7.15 ユニークな値のためにチャンクのIDをプレースホルダ展開する

チャンクのユニークIDをプレースホルダとして使用している場合

設定値		プレースホルダ展開後の値
/data/file_${chunk_id}.log	→	/data/file_592cfb895b507fdf8d6ad1cbb60807c9.log

図7.16 複数の種類のチャンクキーをプレースホルダ展開と組み合わせる

チャンクキーとしてタグ、時刻が設定されている場合
タグ：mystore.purchase.drinks.lunchtime.tokyo、時刻：2022年12月24日 23時01分30秒

設定値		プレースホルダ展開後の値
/data/file_${tag[2]}_${tag[-1]}.%Y%m%d_%H.log	→	/data/file_drinks_tokyo.20221224_23.log

- **チャンクキーに**`time`**が指定されている場合、**`timekey`**パラメータで指定した時間が経過するごと**[注21]

ほとんどのFluentdユーザーには、上記の理解で問題なく使用できるでしょう。ほとんどすべてのユースケースがこれらの条件だけ理解しておけば問題なくカバーできるはずです。

■──flush_modeパラメータによる詳細な出力の制御

一部のユースケースにおいて、より細かい制御や特殊な出力条件が必要なことがあります。その場合のために、正確にどんな条件でバッファチャンクのflushが起きるかを列挙します。

- **チャンクサイズが**`chunk_limit_size`**パラメータおよび**`chunk_full_threshold`**パラメータで設定したサイズよりも大きくなった場合**
- `flush_mode`**が**`immediate`**の場合、イベントがチャンクに書き込まれるごとに即時**
- `flush_mode`**が**`interval`**の場合、**`flush_interval`**パラメータで指定した秒数ごと**
- `flush_mode`**が**`lazy`**でチャンクキーに**`time`**が含まれている場合、**`timekey`**パラメータで指定した時間ごとの範囲が終了したとき**[注22]

上記の条件における`flush_mode`パラメータは、設定で明示的に指定することもできます。指定可能な値は`lazy`、`interval`、`immediate`のいずれかです。しかし、実際には、明示的には指定せず、自動的に決定されるものを用いることが多いでしょう。次のように決定されます。

❶ `flush_mode`**が設定で明示的に指定されている場合**
指定されたモード

❷ `flush_interval`**パラメータが**`<buffer>`**セクションの外で指定されている場合**
`interval`[注23]

❸ **チャンクキーとして**`time`**が指定されている場合**
`lazy`

❹ **それ以外の場合**
`interval`

注21 この場合、`flush_interval`パラメータは無視されます。

注22 正確には時間ごとの範囲が終了し、さらに`timekey_wait`パラメータで指定した秒数が経過したときとなります。

注23 この動作はFluentd v0.12までとFluentd v0.14以降で挙動に互換性を保つように設計されています。

flush_threadパラメータ群
データ出力の頻度と並列度を制御する

データはflush_modeおよびflush_intervalパラメータで指定したタイミングでflushされます。さらに、より細かい制御をしたい場合に向けて、頻度と並列度を制御するためのいくつかのパラメータが用意されています。

■──flush_thread_countパラメータ 出力の並列数を指定する

flush_thread_countパラメータは、flushの並列度を制御するためのパラメータです。このパラメータで指定した数だけOutputプラグインはスレッドを作り、並列に外部へのデータ出力を行おうとします。常にデータを外部へ送り続けているという状況になるほどデータ量が多い場合は、このパラメータの値を上げたほうがよいでしょう。

その一方で、スレッド数をあまり多くすると、データ出力の宛先となるところに大きな性能的負荷を与えてしまうことも忘れないようにしましょう。

■──flush_thread_intervalパラメータ 出力処理の間隔を指定する

flush_thread_intervalパラメータは、各スレッドがバッファチャンクのチェックをする処理の間の秒数を小数点数で指定します。デフォルトは1.0秒ですので、各スレッドは1秒に1回バッファチャンクの状態をチェックし、条件に合うものを見つけた場合はそれを取り出してflushします。

データ量が大きくなってくると、高頻度でバッファチャンクが作成されflushされていくことになります。毎秒新しいバッファチャンクが作成されていく場合にはflush_thread_intervalパラメータの調整を考える必要があるかもしれません注24。

バッファチャンクが1秒間に1つもしくは2つ以上作成されている状態だと、チェックの間隔が1秒ごとだった場合はいつも1つ以上のバッファチャンクがflushを待って滞留している状態になります。これは内部にバッファチャンクがどんどんたまっていくため望ましくありません。こんな場合は、flush_thread_intervalパラメータを短く指定するとよいでしょう注25。0.5や0.1などを指定すれば、よほどの場合以外は問題ないはずです注26。

注24 chunk_limit_sizeパラメータの設定によりますが、多くは毎秒数MBもしくは数十MBの量のデータを扱うような状況の場合です。

注25 あるいは、可能ならバッファチャンクのサイズを支障ない範囲で大きくします。

注26 これ以上小さくしなければならないデータ流量は、そもそもFluentdの1プロセスでは処理できないと思われます。

■──flush_thread_burst_intervalパラメータ　連続したデータ出力を抑止する

flush_thread_burst_intervalパラメータは、滞留している複数のバッファチャンクを連続してflushするときに、処理ごとの間に入れる待ち時間の秒数を小数点数で指定します。デフォルトは1.0秒です。

データの流量が大きい場合、flush_thread_intervalパラメータの値にかかわらず、内部にバッファチャンクがある程度滞留することがあります。しかし、各スレッドがたまっているバッファチャンクをすべて即座に次々とflushすると、たとえばネットワーク経由で相手に送っている場合、出力先のサーバやサービスが瞬間的に大量のデータを受け取ってしまうことになります。これはあまり望ましくありません[注27]。

このため、バッファOutputプラグインは1つのバッファチャンクの処理が終わったとき、次の滞留しているバッファチャンクの処理を始める前に少し待つようになっています。データ流量が大きく、かつ出力先や使用しているネットワーク環境などに問題がないのであれば、0.5秒や0.1秒などを指定してもよいでしょう。

このパラメータは、相手先サービスが一時的に利用不能になった場合などにOutputプラグインに滞留したバッファチャンクにも適用されます。出力先のサービス障害から回復したときに、たまっているバッファチャンクを送信し切るまでに時間がかかるという状況であれば、調整してみてもよいと思います。

■──flush_threadパラメータ群の関係

ここまで解説したデータ出力に関連するパラメータの関係をまとめると、**図7.17**になります。これを理解すれば、FluentdのOutputプラグインにおける性能の問題をかなり深く理解できるでしょう。

retryパラメータ
出力処理のリトライを制御する

バッファOutputプラグインには、リトライを制御するためのretry_で始まるパラメータ群もあります。いずれも<buffer>セクション内で指定します。

バッファされたデータはflushされたのちに外部へ出力されますが、何らかの理由により出力が失敗することがあります。特にネットワーク経由で外部へ出力している場合に、ネットワーク障害や出力先サービスの障害などによ

注27　相手の性能のためというより、常に大量のデータを送ると出力先やそこまでのネットワークが不安定になることを考えましょう。常に全力で送信し続けることは結局全体を損うのです。

る失敗が考えられます。このような出力の失敗に対して、Fluentdはflushを自動的にリトライするしくみを備えています。外部サービスなどへ出力している場合、一度失敗したからといって即座にリトライしても成功する確率は高くありません。障害の場合でも過負荷の場合でも、回復するまである程度の時間を置かなくてはならないのが普通です。

このためリトライを行う場合は、それぞれのリトライの間に待ち時間を設けます。待ち時間の決定方法には、`<buffer>`セクション内の`retry_type`パラメータで`exponential_backoff`もしくは`periodic`のどちらかを指定します。デフォルトは`exponential_backoff`です。

■──exponential_backoff　標準のリトライ方法

`exponential_backoff`は、リトライごとの待ち時間が倍々と増えていく方

図7.17 Outputプラグインにおける出力スレッドの挙動とパラメータ

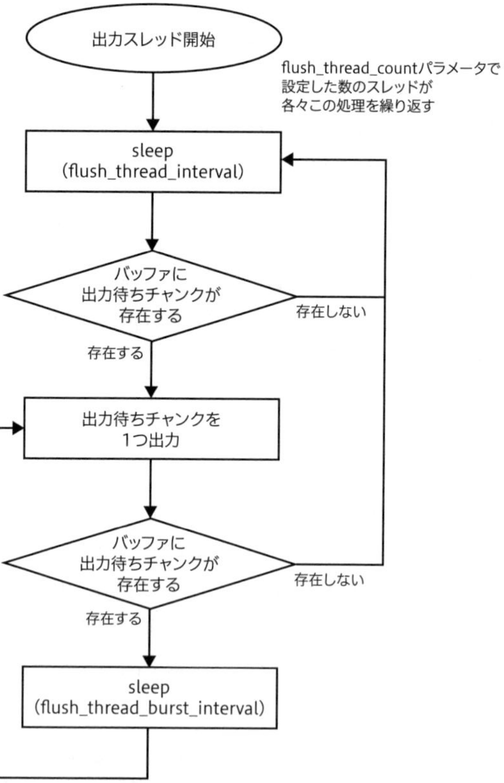

式です(**図7.18**)。このExponentialBackoff《エクスポーネンシャルバックオフ》と呼ばれる待ち時間の延ばし方は、各種の通信方式でよく採用されています。デフォルトでは最初の待ち時間が1秒、その次に失敗すれば2倍になり2秒、そこでも失敗すればまた2倍になり4秒のように待ち時間が増えていきます。この方式は、一度障害に陥った通信相手が復旧するまでには長い時間がかかることを想定し、障害中の相手サービスに過大な負荷をかけないために設計されています。

待ち時間の秒数は、`retry_wait`パラメータの値をC(デフォルト1)、`retry_exponential_base`パラメータの値をE(デフォルト2)、リトライの回数をNとして、$C \times E^{(N-1)}$で計算されます。

このように倍々に増えていくと、11回目のリトライ時の待ち時間は1,024秒(およそ17分)となり、15回目では約9時間となります。出力先のサービスが障害を起こし、ある程度時間が経過したあとに復旧した場合でも、9時間やさらに長い時間を待ってようやくFluentdからのバッファの再送が行われます。これは、実際の運用においては難しいことがあるかもしれません。そういった場合には、`retry_max_interval`パラメータでリトライの最大待ち時間を指定できます。最大待ち時間を1時間に設定すると、出力先サービスが復旧してから最長でも1時間経過すればリトライが試みられることになります。

■——periodic よりわかりやすいリトライ方法

`retry_type`パラメータには、`periodic`(定期的)を指定することもできます。`periodic`を指定した場合、バッファOutputプラグインは`retry_wait`パラメー

図7.18 exponential_backoffによるリトライの例

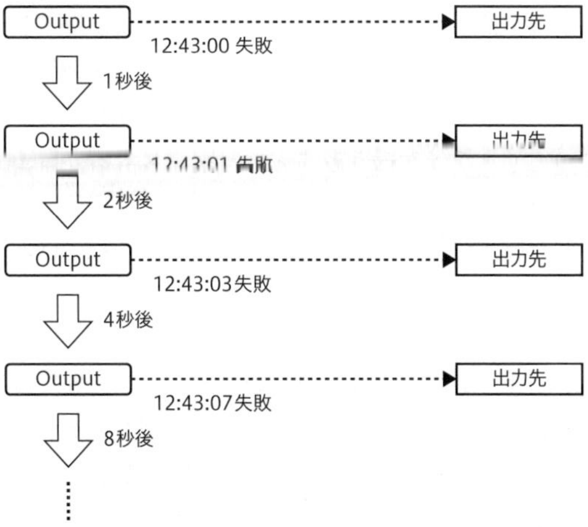

タで指定された時間ごとにリトライを試みます。リトライ間隔が変わることはありません。

periodicによるリトライはわかりやすく使いやすいのですが、出力先サーバやサービスがトラブルを起こしているときにも常に一定間隔でリトライを試みてしまいます。このような試行はトラブルに陥っているサーバやサービスの復旧を難しくすることが多く、指定には慎重さが必要です。出力先の状況をよく考えて指定するかどうかを決めましょう。

■──リトライ設定における注意点

どちらのretry_typeにも共通しますが、flush_thread_countパラメータの指定により多数のスレッドがflushを行っている場合は、出力先の停止や復旧に対して多数のスレッドが同時に影響を受けます。出力先サービス復旧後に多数のスレッドが同時にリトライを開始すると負荷が莫大なものとなり、復旧したばかりのサービスを過負荷からまた障害に追い込んでしまうことがあります。

このトラブルを防止するため、バッファOutputプラグインがリトライ間隔を計算するときには、自動的にそのリトライ間隔にランダムな揺れができるようになっています。揺れ幅は±12.5%です。何かの都合でこのランダム幅をどうしても持ちたくない場合はretry_randomizeパラメータにfalseを指定することで解除できますが、お勧めはしません。システムにある程度のランダムな揺れを持たせることは安定性に大きく貢献します。

■──リトライがいつまでも成功しない場合の処理

どれだけ待ってもどうしても出力先に正常に出力できない場合があります。出力先サーバが恒久的に停止したり、出力先サービスが終了したりといったケースもあります。バッファOutputプラグインと出力先の組み合わせによっては、バッファチャンクに含まれるあるデータがどうしても出力先に受け付けられず、ずっとリトライを繰り返すというケースもあり得ます。

このため、バッファOutputプラグインはリトライを開始してからある程度の時間が経過した時点でリトライを諦め、バッファされているチャンクをすべて破棄します。この時間はretry_timeoutパラメータで指定され、デフォルトでは72時間(3日間)です。

リトライがいつまでも成功しない場合のチャンクの破棄は多くの環境で有用な動作ですが、どうしても行いたくないケースがあるかもしれません。その場合は、retry_foreverパラメータにtrueを指定しましょう。retry_timeoutパラメータが無視され、リトライをずっと繰り返します。

Secondary Output
回復不能なエラーに対処する

Secondary Outputとは、Outputプラグインがどうやってもデータを出力できない場合のための、2番目(*secondary*)のプラグインを指定する機能です。

データが不正である、あるいは出力先がまったく出力を受け付けない状態になっている場合など、あるバッファOutputプラグインからはどうやってもデータを出力できなくなる場合がまれにあります。この場合は、同じプラグインからリトライをいくら繰り返しても意味がありません。最終的には`retry_timeout`パラメータの設定値に到達してバッファチャンクが破棄されるか、`retry_forever`パラメータがセットされていればいつまでも失敗するリトライを繰り返すだけという状況になります。Secondary Outputは、この状況を避けるためのしくみです。

たとえば、あるサーバにおいてネットワーク経由で外部にデータを転送する設定を行っていたとします。このサーバのネットワークに関連する機能が物理的に破損した場合、データ転送を行うプラグインは何回リトライを行っても出力に失敗する状態となるでしょう。失敗し続けたまま`retry_timeout`パラメータで設定した時間が経過した場合、データを記録していたバッファチャンクは破棄されてしまいます。

このケースで有用なのがSecondary Outputです。`<secondary>`ディレクティブを使い、ネットワークに依存しないプラグイン、たとえば`out_secondary_file`プラグインを指定すれば、バッファチャンクの内容をローカルストレージに書き出せます。こうしておけば、何かがあってもあとからローカルストレージの中身を確認すれば、最低限データの救出は行えます。

```
<match my_data.*>
  @type forward
  # ...

  <secondary>
    @type secondary_file
    directory /backup
    basename  my_data
  </secondary>
</match>
```

■――Outputプラグインが出力に失敗し続ける場合のための機能

Outputプラグインは Secondary Outputが指定されている場合、失敗し続けた時間が`retry_timeout`パラメータ設定値の80%[注28]に到達した時点で出力を

注28 `retry_secondary_threshold`パラメータでプラグインごとに個別に指定でき、デフォルトが0.8、つまり80%となっています。

Secondary Output経由に切り替えます。そちらのプラグインで出力に成功すればよし、失敗した場合は引き続きretry_timeoutパラメータの設定値に到達するまではSecondary Outputでのリトライを試し続けます。

Secondary Outputは、retry_foreverパラメータと併用できません。どの時点でSecondaryに切り替えるかの指定ができないからです。Secondary Outputに指定できるのは、バッファリングを行うOutputプラグインのみです。また、Secondary Outputは本来のプラグインのバッファをそのまま出力するためのものです。このため、<secondary>セクション内では<buffer>セクションは指定できませんし、<secondary>の中での<secondary>指定もできません。

■──出力失敗時の最後の手段として使用

Secondary Outputは最後の手段として指定するべきです。通常はファイルバッファ[注29]を用いていれば出力リトライ中のバッファチャンクはストレージに残っているので、障害後などでもストレージからバッファチャンクファイルを救出できるケースは多いはずです。

しかし、自作のOutputプラグインが不正データを処理できずリトライを繰り返すという場合には、Secondary Outputは有効かもしれません。たまにしか発生しない不正データをきちんと捕捉するのはなかなか大変な作業です。そういったデータがSecondary Outputプラグインによりストレージ上に保存されていれば、調査が格段に簡単になるでしょう。

Multi Outputプラグイン
複数のOutputプラグインへ出力する特殊なOutputプラグイン

Multi OutputプラグインはOutputプラグインの特殊な種類のもので、入力されたイベントを直接出力するのではなく、複数の別のOutputプラグインに渡すためのものです。Fluentdの組込みプラグインで、複数のOutputプラグインに同じイベントを出力させるout_copyプラグインが代表例です。ほかに、イベントを複数のOutputプラグインに順番に渡すout_roundrobinプラグインなどもあります。

■──out_copyとout_roundrobinプラグインに見るMulti Outputプラグインの典型例

Multi Outputプラグインは次のように<store>セクションを複数持て、この中にはそれぞれ別のOutputプラグインの設定を記述します。

注29 ファイルバッファやメモリバッファというバッファの種類については次節で解説します。

```
<match event.*>
  @type copy
  <store>
    @type file
    path /data/log/event
  </store>
  <store>
    @type s3
    path service/event/
    aws_key_id MYSECRET_AWS_KEY_ID
  </store>
</match>
```

Multi Outputプラグインが受け取ったイベントはこれらのプラグインに渡されますが、どのように渡すかはMulti Outputプラグインの実装によります。たとえば、out_copyプラグインは1つのイベントを複製して配下のプラグインすべてに渡します。out_roundrobinプラグインはイベントをその名前のとおり一つ一つ順番に渡していきます(**図7.19**)。

図7.19 copyとroundrobinによるMulti Outputプラグインの動作例

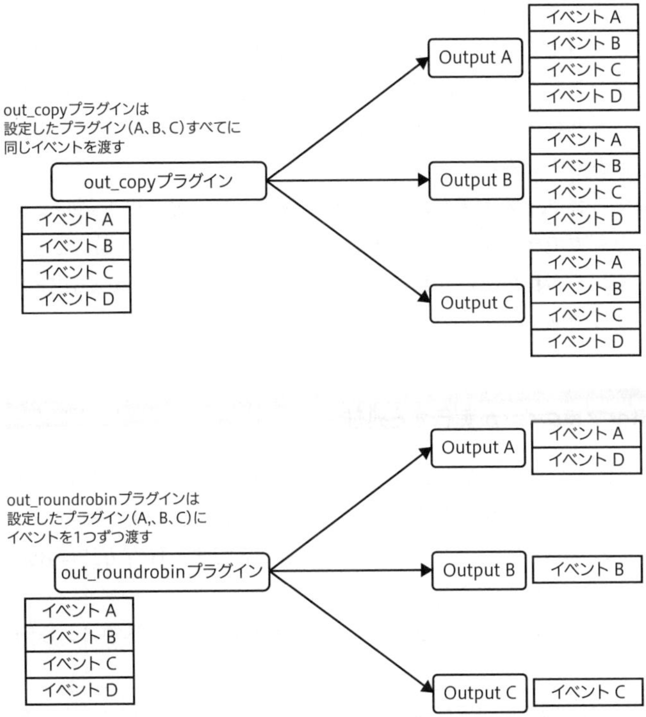

Multi Outputという種類のプラグインは普段あまり意識しないでしょうが、ユースケースとしてout_copyプラグインはよく使われます。複数のOutputプラグインにイベントを渡せるしくみがあるということを覚えておくと、Fluentdにおける自由度の高い設定の無理のない実現がより深く納得できるかもしれません。

7.5 Bufferプラグイン
データのバッファリング機構をOutputプラグインに提供する

Bufferプラグインは、データをバッファする（一時的に保管する）ためのプラグインです。ユーザーは、Outputプラグインの設定において<buffer>セクション内で@typeパラメータを指定することにより、間接的にBufferプラグインを使用しています。Bufferプラグインの機能はすべてOutputプラグインから使われることが前提となるため、ユーザーが詳細まで意識する必要はありません。しかし、Bufferプラグインの種類を把握しておくことは信頼性や性能の向上に役立ちます。また、いくつかの有用な機能が<buffer>セクション内で指定できるパラメータによって制御できます。

Outputプラグインはデータを一時的にBufferプラグインにためていき[注30]、条件を満たしたら外部に出力します。このとき、データをどうやって保存するかという詳細はBufferプラグインに隠蔽《いんぺい》され、Outputプラグイン側で考える必要はありません。

使用するBufferプラグインを入れ替えることで、どこに、どのように保存するかを変更できます。同じOutputプラグインを使用する場合でも、Bufferプラグインを入れ替えたり設定を変更したりすることで細かい用途の違いに対応できる余地を残しています。

Bufferプラグインが実行する処理

Bufferプラグインが実際に行うのは、Outputプラグインから渡されたデータを各々のプラグインの方法に従って保存すること、および保存されたデータを所定の方法でOutputプラグインに戻すことです。保存方法はBufferプラグインごとに異なります。

一部のプラグインは初期化時、つまりFluentdの起動処理中に、以前に保存

注30 正確にはBufferプラグインから提供されるバッファチャンクがデータをためる実体となります。

したままのデータが存在しないかどうかをチェックし、存在すれば読み込んで即座に取り出せるようにします。これは前にFluentdを停止したときに書き出されないままだったバッファ内のデータを利用可能にするための処理です。

2つのBufferプラグイン
保存場所としてメモリかファイルかを選択する

Fluentdには組込みのBufferプラグインとして、memoryとfileの2つが用意されています。違いは名前のとおりで、一時的なデータの置き場所としてメモリを使用するか、ファイルを使用するかという点にあります。Bufferプラグインとしてこれら以外のものを使うことはまずないでしょう。

Outputプラグインがバッファリングを行うときにデフォルトで使われるのはmemoryです。ただし、このデフォルトは実際には各プラグインで上書きされているかもしれません。

■――memory　メモリ空間にデータを保存する

メモリバッファ、つまり`@type memory`指定による`buf_memory`プラグインを使用する場合、Fluentdプロセスのメモリ空間にデータが保存されます。保存可能なデータ容量がメモリ総容量によって制限されること、Fluentdプロセスが異常終了した場合にデータが消失してしまうことが特徴です。一方で、保存場所を指定せずに使えるため、より少ない設定項目数のみで使い始めることができます。

■――file　指定したパスのファイルにデータを保存する

ファイルバッファ、つまり`@type file`指定による`buf_file`プラグインを使用する場合、Fluentdが動作しているサーバのファイルシステム上のどこかにデータが保存されます。このとき、バッファチャンク単位でファイルが作成されます。データ保存先のパスを`path`パラメータで指定しなければ使用できません[注31]。

一度保存されたバッファチャンクは出力に成功するまでは消えません。このため、Fluentdプロセスが不意にクラッシュするなどのトラブルを受けてもバッファチャンクファイルにデータが保存されているという点で、信頼性を

注31　システム設定で`root_dir`パラメータが指定されていて、かつ、このバッファを用いるOutputプラグインについて`@id`パラメータが指定されている場合、ファイルバッファは自動的にOutputプラグインのプラグインルートディレクトリに置かれます。この場合のみ、`path`パラメータは指定不要となります。

求める構成においてはこちらを使うべきでしょう。また、ためられる総容量もディスク容量が上限となるため、メモリよりずっと大きく、出力先が比較的長時間のトラブルを起こした場合にも安心できます。

■──memoryとfileの選択基準

どちらのバッファを使うかの選択において、処理性能を求める場合にはメモリのほうがよいのではないかという意見もあります。しかし、筆者の経験上、memoryとfileの間では外部から観測できるほどの性能差はありません。実際のところは、ごくわずかな性能差よりも、fileによって提供される信頼性のほうが重要なケースばかりではないかと思います。

■──fileに特有の注意点

`buf_file`プラグインによるファイルバッファはFluentdが動作するローカルファイルシステムの挙動に大きく依存して実装されています。ファイルバッファを用いるときの`path`パラメータは、必ずローカルファイルシステム上のパスを指定してください。NFS(*Network File System*)などのネットワークファイルシステム、GlusterFSやHDFS(*Hadoop Distributed File System*)などの分散ファイルシステムにはファイルバッファは置けません[注32]。

また、`buf_file`プラグインは、データ実体を保存するためのバッファチャンクごとに、データ実体のファイルとデータのメタデータを保存するためのファイル(拡張子`.meta`)をそれぞれ作成します。Fluentdが扱うファイルバッファチャンクの数が大きくなると、このファイル数および使用ファイルディスクリプタ数[注33]が問題になってくるケースもあります。

これらの数を減らしたい場合には、`buf_file_single`プラグインが使用できます。このプラグインは`buf_file`プラグインとほぼ同様の動作をしますが、メタデータを個別のファイルに保存せず、バッファチャンクファイルのファイル名にメタデータ情報を保存します。このことから、バッファリングの方法については一部制限がかかります。必要に迫られて使用する場合は注意してください。実際の制約の詳細は、Fluentdのドキュメント[注34]を参照してください。

注32 GlusterFSにファイルバッファを置くよう指定し、データが頻繁に消失してしまった例を筆者は見たことがあります。

注33 開いているファイルごとに消費されるプロセスおよびOS内のリソースのことです。

注34 https://docs.fluentd.org/buffer/file_single#chunk-keys

flush_at_shutdownパラメータ
Fluentd停止時にデータを出力する

flush_at_shutdownパラメータは、Fluentdの停止処理中にたまっているバッファチャンクをflushするかどうかを制御します。flush_at_shutdown trueの場合、Fluentdを停止するときにはOutputプラグインがバッファの内容をすべてflushします。Fluentdプロセス自体はこの動作が完了したのちに終了します[注35]。

メモリバッファの内容はFluentdプロセスが終了すると消失してしまうため、データが消えないようにするにはすべての内容を外部に書き出す必要があります。このため、メモリバッファを使用している場合にはflush_at_shutdownパラメータのデフォルト値はtrueです。

いっぽうファイルバッファを用いている場合、flush_at_shutdownパラメータのデフォルト値はfalseです。このため、たまっているバッファチャンクはflushされないままFluentdプロセスが終了します。次にFluentdを起動したとき、たまっているバッファチャンクはファイルから読み出され、flushされます。Fluentdプロセスの終了から再起動まで時間がある場合には、長い間flushされないことを避けるため、ファイルバッファを使っていてもflush_at_shutdown trueを明示的に指定すべきでしょう。また、近年はクラウド環境の利用により、Fluentdを利用しているサーバインスタンス自体が頻繁に削除されることもあります。このケースでも、Fluentdの停止に続くサーバインスタンスの削除によってバッファチャンクが消えるのを避けるため、flush_at_shutdownパラメータの値はtrueにしておいたほうがよいでしょう。

チャンクサイズの制御

バッファはチャンクにデータを保持し、チャンクのサイズ制限についてはBufferプラグインが制御します。前述した<buffer>セクション内のchunk_limit_sizeパラメータで最大バイト数を指定します。このサイズはチャンクサイズの上限ですが、実際にはこのサイズに達する前、ある割合まで使われた時点で、そのチャンクはいっぱいになったと判定され、flush対象となります。これは前述したようにchunk_full_thresholdパラメータに割合で指定し、デフォルトでは0.95、つまり95%です(**図7.20**)。

注35 たまっているバッファチャンクが大量にある場合や出力処理に時間がかかる場合などに、Fluentdプロセス全体の終了に長い時間がかかるケースがあります。

■――チャンクサイズのレコード数による制御

バッファチャンクの容量制御はバイト数だけでなく、保存されたレコード数でも制御できます。これにはchunk_limit_recordsパラメータを使用します。このパラメータはデフォルトでは指定されておらず、その場合はバイト数制限に達するまで何レコードでも保存できます。

頻繁には使われない制限ですが、たとえば外部サービスにデータを保存する用途で、かつ1回の書き込みでは一定数以下のレコードしか受け付けないという出力先にデータを送る場合などに有効に使えます。この場合でもchunk_full_thresholdパラメータの割合が考慮され、デフォルトでは指定したレコード数の95%を超えた段階でそのチャンクはいっぱいになったと判定されます。

chunk_limit_recordsパラメータとchunk_limit_sizeパラメータは併用できます。レコード数と容量の両方で制限をかけて出力ごとの量を制御できます[注36](図7.21)。

注36　なお、chunk_limit_sizeパラメータは無制限にはできません。

図7.20　チャンクのサイズ制限と関連するパラメータ

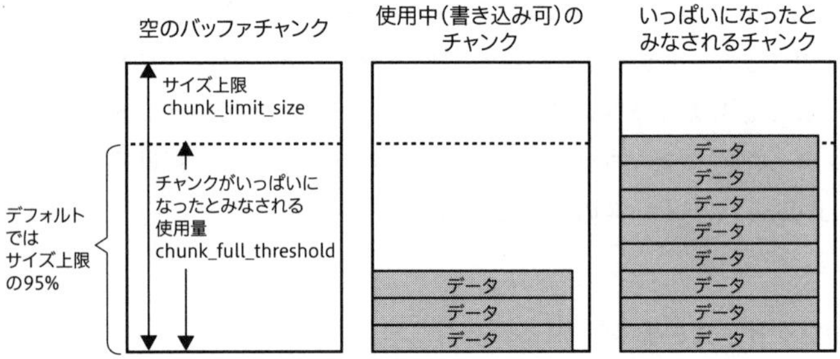

図7.21　チャンクの出力制御はレコード数を用いても行える

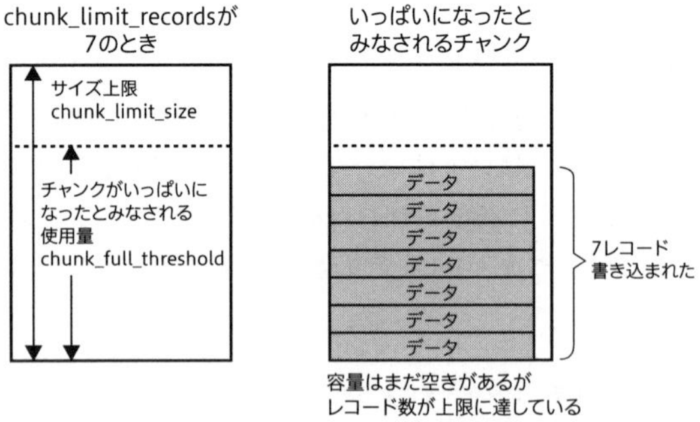

バッファ総容量の制御

Bufferプラグインはバッファチャンクを Outputプラグインに提供するだけでなく、数多くのバッファチャンクをまとめ、全体としてどのくらいの量のデータを保持しているかも管理しています。この総容量バイト数はtotal_limit_sizeパラメータで制御できます。

バッファ総容量の制限は、どちらかというとプラグインのためにあるのではなく、Fluentdが稼働しているコンピュータ全体を守るためと言えます。Bufferプラグインのデータの保存先はコンピュータのメインメモリ、あるいはHDD、SSDなどのローカルストレージです。これらの容量をデータ保存目的ですべて消費してしまった場合、ほかに動いているアプリケーション[注37]が正常に動かなくなる可能性は高いでしょう。

このため、Fluentdが想定以上のデータを保存してしまわないように制限するのがtotal_limit_sizeパラメータの目的です。メモリまたはローカルストレージの容量から、Fluentdが使用してよい容量を割り当てて設定することになります。複数のOutputプラグインが使われている場合、Fluentd全体が使用する最大容量は各バッファの合計容量であることに注意しましょう。

■──バッファ総容量を使い切った場合の処理

バッファが保存しているデータの総容量がtotal_limit_sizeパラメータよりも大きくなると、それ以上データを保存できなくなります。この場合、どのように振る舞うかは<buffer>セクション内のoverflow_actionパラメータで指定できます。デフォルト（throw_exception）ではエラーを発生させ、Inputプラグインにおけるデータの入力処理を失敗させます。

ほかには、block（空き容量ができるまでデータ入力処理を待たせる）およびdrop_oldest_chunk（最も古いバッファチャンクを捨てることで容量を空ける）が選べます。データはもちろん重要ですが、扱うデータの種類によっては多少のデータを捨ててでも最新のデータを早く届けるほうが重要視される場合があります。この要求に適切な挙動を行えるよう、drop_oldest_chunkは用意されています。

とはいえ通常は、バッファプラグインが保存するデータの容量はtotal_limit_sizeパラメータの設定値に達しないよう注意して運用を行うべきでしょう。

注37　ここでは、おそらくFluentdが読むデータを生成している、コンピュータの本来の目的のためのプログラムのことを指します。

■──圧縮オプションによるバッファ使用容量の削減

Fluentdを動作させている環境の制約から、少しでもバッファの使用容量を削減したいという場合は、Bufferプラグインに共通でサポートされている圧縮オプションを使用できます。これは`<buffer>`セクションで`compress`パラメータに`gzip`を指定すれば有効になります。デフォルトは`compress text`で、無圧縮の状態です。

`gzip`を指定すればバッファチャンクに保存されるデータはgzip圧縮され、データが必要とする容量は無圧縮よりも小さくなります。イベントデータに含まれるテキストデータの割合が大きいときには特に有効でしょう。逆に、数値データばかりのときには圧縮効率があまり上がらず効果が小さいかもしれません。圧縮および展開のためCPU負荷は高くなるので、どうしてもバッファの使用容量を削減したいというときにだけ試すとよいかもしれません。

7.6 Parserプラグイン データを解析する

Parserプラグインはその名前のとおり、データを解析(*parse*)するためのプラグインです。実システムにおいてデータはさまざまな形で保存されており、その形式や書式はシステムによって異なります。これは、どんな形式や書式でデータを出力するのが最も効率的かがシステムごとに異なるからです。また、Fluentdが読むデータが、本来は別のシステム用に出力されたものということもあるでしょう。Fluentdはさまざまな形式のデータから有用なデータを取り出す必要があります。

Fluentdが扱うのは多くの場合はテキストデータです。典型的な例として、Webサーバのアクセスログがあるでしょう。Webサーバが出力するのは多くの場合、1行ずつのテキストデータです。そこには、アクセス元のIPアドレス、リクエストの日時や内容、レスポンスのサイズなど多くのものが含まれています。たとえば、アクセスログにも次のようにさまざまな形式のものがあります。

Apache2形式

```
192.168.0.1 - - [28/Dec/2022:12:00:00 +0900] "GET / HTTP/1.1" 200 777 "-" "Ope
ra/12.0"
```

JSON形式

```
{"host":"192.168.0.1", "time":"2022-12-28 12:00:00 +0900", "method":"GET", "pa
th":"/", "code":200, "size":777, "referer":"-", "agent":"Opera/12.0"}
```

LTSV形式。（TAB）はタブ文字

```
host:192.168.0.1 (TAB) time:2022-12-28 12:00:00 +0900 (TAB) method:GET (TAB) p
ath:/ (TAB) code:200 (TAB) size:777 (TAB) referer:- (TAB) agent:Opera/12.0
```

どの書式であっても、内容は同じリクエストとレスポンスについてのデータです。このようなデータを書式に合わせて解析し、必要なデータを取り出してFluentdのレコード形式にするのがParserプラグインの処理内容です。

Parserプラグインが実行する処理

Parserプラグインが実行する処理は、テキストデータの解析です。解析結果はレコード、またはレコードと日時となります。この処理がほかのプラグインから呼び出されて実行されます。Parserプラグインが使われるのは主にInputプラグインかFilterプラグインからです。

Inputプラグインであれば、入力データをFluentdのレコードにする部分で使われるでしょう。典型的な例としてはin_tailプラグインがあり、ファイルから読み込んだデータを解析するのにParserプラグインを使用しています。次の例では、<parse>ディレクティブを用いてParserプラグインを設定しています。

```
<source>
  @type tail
  path /var/log/web/access.ltsv.log
  tag web.access
  <parse>
    @type ltsv
    types code:integer, size:integer # code, size以外は文字列
    time_key time
    time_type string
    time_format %Y-%m-%d %H:%M:%S %z
  </parse>
</source>
```

<parse>セクション内では@typeパラメータで解析に使用するプラグイン名を指定します。型変換や日時解析を行う場合には、そのための共通パラメータも指定します[注38]。Parserプラグインが独自のパラメータを使用する場合には、そのパラメータも<parse>セクション内で指定します。

Filterプラグインであれば、レコード中に存在するデータを再度解析する用途で使用され、Filterプラグインの解説でも登場したfilter_parserプラグインが代表例です。

注38 これらの機能については後述します。

```
<filter web.access>
  @type parser
  key_name data
  <parse>
    @type ltsv
    types code:integer, size:integer # code, size以外は文字列
    time_key time
    time_type string
    time_format %Y-%m-%d %H:%M:%S %z
  </parse>
</filter>
```

両方の設定例に共通して`<parse>`セクションが使われ、その内容は同一です。Fluentdが提供する共通の方法でParserプラグインを使っている限り、ユーザーはプラグインを問わず共通の方法でParserプラグインの動作を指定できます。

このように、Fluentdではデータを解析するしくみもプラグインとして提供されています。必要であればユーザー自身の手でプラグインを書き、Fluentdの動作を拡張できます[注39]。

Parserによる日時解析

Parserプラグインは、可能であればテキストデータから日時を解析します。このとき使用されるのが`<parse>`セクション中の`time_key`をはじめとしたパラメータです。`time_key`パラメータが指定されている場合には、Parserプラグインは指定されたフィールドの値を、イベントの日時を示すデータだと仮定して解析を試みます[注40]。解析に成功すると、イベントの日時を解析結果で置き換えます。このとき、`time_type`や`time_format`などほかにいくつかのパラメータが参照されます。

日時の解析に失敗する場合には、デフォルトでは現在日時が使われます。指定されたフィールドがレコード内に存在しなかったり、データが指定された形式に一致しなかったりするケースです[注41]。

注39 Parserプラグインのすべての共通パラメータはドキュメントで参照できます。
https://docs.fluentd.org/configuration/parse-section

注40 いくつかのParserプラグイン、たとえば`parser_json`プラグインや`parser_regexp`プラグインなどでは、`time_key`パラメータのデフォルト値は`time`が指定されています。

注41 この動作は`estimate_current_event`パラメータで制御され、デフォルトでは`true`ですが、オーナープラグイン側でデフォルトを`false`とするケースもあります。その場合は、Parserプラグインに加えて`extract`プラグインヘルパーによる日時解析が使えるでしょう。6.4節も参照してください。

timeフィールドの値がUNIX timeの場合

```
time_key  time
time_type unixtime
```

timeフィールドの値が浮動小数点数の場合

```
time_key  time
time_type float
estimate_current_event true # timeフィールドがない場合は現在日時
```

timestampフィールドの値がタイムゾーン付き文字列の場合

```
time_key  timestamp
time_type string    # これはデフォルトなので省略可
time_format "%Y-%m-%d %H:%M:%S +%z"
```

timestampフィールドの値に文字列でタイムゾーンが含まれず、指定が必要な場合

```
time_key timestamp
time_format "%Y/%m/%d %H:%M:%S.%N" # %Nで小数点以下の秒を指定
timezone    -0700
```

タイムゾーンの指定には、timezoneパラメータのほかにlocaltimeおよびutcパラメータが使用できます。何も指定しなかった場合はlocaltime trueが指定されたものとし、Fluentdプロセスのタイムゾーンで日時を解析します。utcパラメータがtrueの場合、timezone +0000と同義です。

また、日時を表すフィールドに複数の形式の日時情報が混在している場合には、time_format_fallbacksパラメータを用いて複数の形式を指定できます。Parserプラグインは指定された形式を順に試行するため、出現する頻度が高い形式から順に指定したほうがよいでしょう。

複数の日時形式での解析を試す

```
time_key  time
time_type mixed # 複数の形式を試す場合にmixedを指定
time_format_fallbacks ["float", "unixtime", "%Y-%m-%d %H:%M:%S.%N %z"]
utc
```

Parserによる型変換

Parserプラグインは共通機能の一つとして、値の型変換を行います。これは解析された時点ではテキストデータであったものを、実際にどのような値に変換しレコードに加えるかというものです。典型的な例は、数値のような文字列"123"を数値123に変換する処理です。これはtypesパラメータを用い、対象のフィールド名と型を:を挟んで並べて指定します。また、この指定を,区切りで並べます。指定可能な型はstring、integer、float、bool、timeおよびarrayです。

ageを整数、heightとweightを小数点数、validを真偽に変換する場合

```
types age:integer, height:float, weight:float, valid:bool
```

typesパラメータで指定されていないフィールドは何も処理されず、入力されたデータの型そのままとなります。ほとんどの場合では文字列となるでしょうが、JSONのように入力データに型がある場合には数値などになる可能性があります。

型にtimeを指定する場合には、型名timeのあとさらに:を用いて日時フォーマットを指定できます。また、さらに追加でタイムゾーンも指定できます。なお、time型を指定したフィールドにはFluentdの日時(Fluent::EventTime)オブジェクトが格納されます。

```
日時フォーマットとしてUNIX timeを指定する場合
types timestamp:time:unixtime

小数点以下の秒数まで含めてEpochからの秒数を指定する場合
types timestamp:time:float

日時が特定の形式の文字列で表される場合
types timestamp:time:%Y%m%d%H%M%S%z
# 20220401235959+0900 のような文字列

日時が文字列で、解析時にタイムゾーンを指定する場合
types timestamp:time:+0900:%Y%m%d%H%M%S
# 20220401235959 のようにタイムゾーンを含まない文字列
```

型にarrayを指定する場合、配列の要素の型はstringです。また、配列の各要素は,で区切られる前提ですが、別の区切り文字も指定できます。

```
カンマ区切りの配列を指定
types accounts:array
# frsyuki,repeatedly,tagomoris のような文字列を期待

配列の区切り文字をパイプに
types accounts:array:|
# frsyuki|repeatedly|tagomoris のような文字列を期待
```

なお、typesパラメータはhash型として宣言されています。空白文字を区切り文字として指定したい場合などは、JSONでのパラメータ値の指定を用いるとよいでしょう。

```
空白を区切り文字とした配列を指定
types {
  "accounts": "array: "
}
```

Parserが空だと判断する値の指定

多くのログはテキストデータで記録されます。その際、実際には何もデー

タがなく空《から》だが、テキストデータとして「空」を表現できないため別の文字で代替されることがあります。代表例はアクセスログの-でしょう。アクセスログでは、値が存在しない場合に-を用いて表現するのが一般的です。

このような値をParserプラグインが解析するとき、文字のまま取り込んでもかまわないのですが、空は空として表現するほうが望ましいという場合があります。多くのデータベースやデータ形式は空の値をNull《ヌル》として表現するため、Parserとしてこの値に置き換えてしまいたいことも多いでしょう。

null_value_patternパラメータを指定することで、このようなケースに対応できます。このパラメータにはNullとして判定されるべきパターンを正規表現で指定します。たとえば先ほどのアクセスログであれば、単に-を指定します。

```
null_value_pattern "-"
```

また、空の文字列をNullとして扱うこともできます。null_empty_stringパラメータにtrueを指定すると、空文字列はすべてNullとして扱われます。デフォルトはfalseです。

7.7 Formatterプラグイン イベントをテキストデータに整形する

Formatterプラグインは Parserプラグインと正反対の動作をするもので、データを書式どおりに変換(*format*)します。Fluentdのデータを外部に出力したり外部システムが読み込んだりするためには、それらのシステムが対応している形式や書式に変換する必要があります。同じデータでもさまざまな形式や書式があるのは、前節のParserプラグインにおける例を見ても明らかでしょう。また、単純にファイルやコンソールにテキスト形式で出力する場合でも、人間が読むのであればそれに適した、読みやすい体裁で出力する必要があります。

たとえばJSON形式であれば、ParserプラグインとFormatterプラグインの両方が対応しているため、テキストから読み込んで解析されFluentdのレコードとなったデータを、外部へ出力する前に再度JSON形式のテキストに変換できます(**図7.22**)。

これだけだと、ファイルからファイルに同じ形式で書き出すだけです。しかし、Fluentdはほかのホストへのネットワーク転送やデータの選別、別々の出力先への分離、もしくは別々のデータを1つにまとめるなどの処理も行えます。また、もとの形式とは異なる形式での出力ももちろん簡単です。Formatterプラグインで別の形式を選ぶだけです(**図7.23**)。

図7.22 外部から読み込んだJSONファイルをFluentdで処理して再度JSONファイルとして出力する

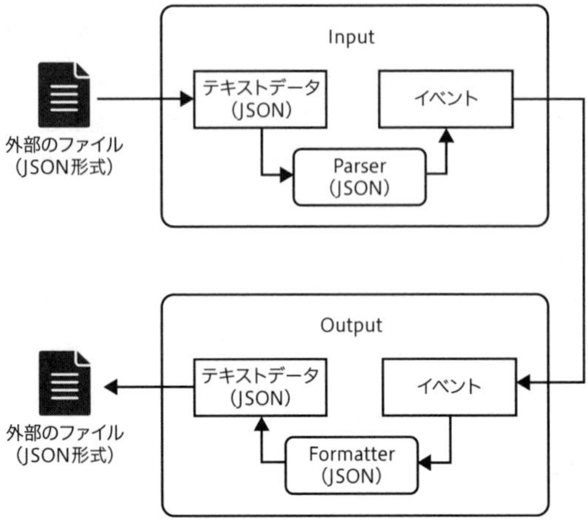

図7.23 ParserプラグインとFormatterプラグインの組み合わせにより異なる場所へ異なる形式で簡単に出力できる

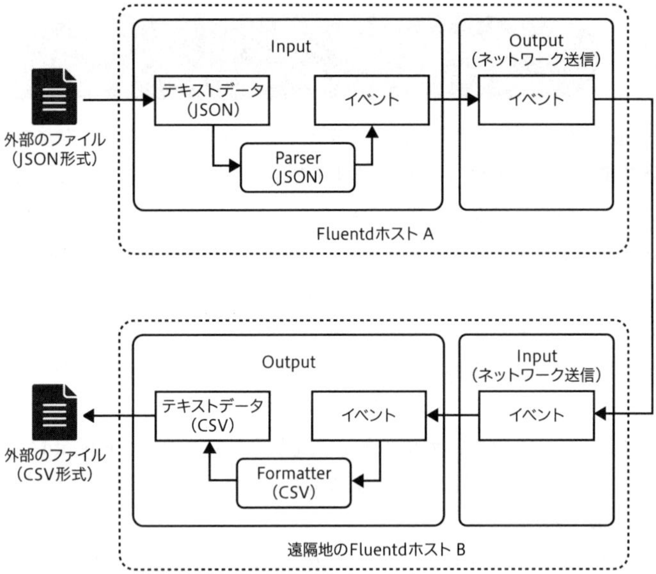

Formatterプラグインが実行する処理

Formatterプラグインが実行する処理は、イベントのテキストデータへの変換です。この処理がほかのプラグインから呼び出されて実行されます。

FormatterプラグインはOutputプラグインに使用されることがほとんどでしょう。特にファイルや外部ストレージ、外部サービスなどにテキスト形式でデータを出力する場合にFormatterプラグインが必要となります。

```
<match web.access>
  @type file
  path /data/web.access.%Y%m%d
  <inject>
    time_key timestamp
    time_type string
    time_format %Y-%m-%d %H:%M:%S.%N %z
  </inject>
  <format>
    @type ltsv
  </format>
</match>
```

Parserプラグインにおける`<parse>`ディレクティブと同様に、Formatterプラグインでは`<format>`セクションにより設定できます。変換に使用するプラグインをセクション内の`@type`パラメータにより指定します。日付や時刻をどのような書式で表現するかについてのパラメータは、Parserプラグインのものとほとんど共通です[注42]。ただし、Formatterプラグインのデータをテキストに変換するという目的のため、型変換は行いません。また、Formatterプラグインの独自パラメータも`<format>`セクション内で指定します。

Formatterもプラグインですので、もちろんユーザー自身により追加できます。Parserプラグインとあわせ、自分のシステムに合わせた最適な動作をFluentdで実現できるでしょう。

Formatterによる日時変換

FormatterプラグインはParserプラグインと同様の日時変換パラメータを持っていますが、実際に日時の変換をFormatterプラグインで行うことはまずありません。唯一、`formatter_out_file`プラグイン[注43]だけが組込みプラグイ

注42 Formatterプラグインのすべての共通パラメータはドキュメントで参照できます。
https://docs.fluentd.org/configuration/format-section

注43 `out_file`プラグインで使用されるデフォルトのFormatterプラグインです。

ンの中で<format>セクションでの日時変換用パラメータをサポートしています。ほかのFormatterプラグインではサポートされていません。

これは、実際にはFormatterプラグインにデータが届く前の段階で<inject>セクションを用いれば、機能として十分だからです。<inject>セクションにより、レコードの任意のフィールドに任意の形式で日時を埋め込むことができます[注44]。Formatterプラグインはこのデータを単純にテキストデータに変換するだけで十分なのです。

7.8 Storageプラグイン
プラグインのための保存機能を提供する

プラグインの中でもデータの処理にまったく関わらないものもあります。Storageプラグインは Parser や Formatter と同じくプラグインのためのプラグインですが、主な目的はプラグインの実行中の状態を保存することです。

たとえば、あるInputプラグインが入力するイベントにそれぞれ連番で番号を付けていったとしましょう(**図7.24**)。この動作において、何番までの番号を付けていったかという状態(カウンタ)はプラグインが個別に保持する必要があります。普通にプラグインを書くのであれば、メモリ上に持つことになるでしょう。しかし、メモリ上に置かれたプラグインの内部状態は、Fluentdを再起動したりすれば消えます。Fluentdの再起動前後で正しい続き番号を付けるためには、Fluentdの再起動を行っても失われない場所にプラグインの状態を保存しておく必要があります(**図7.25**)。

Storageプラグインが実行する処理

プラグイン用のデータの保存場所を提供するのがStorageプラグインです。Fluentdの再起動に備える目的だけなら、保存場所はローカルディスクでよいかもしれません。しかし、クラウドやコンテナの利用が一般的となった今では、Fluentdが一度停止したあとで次に起動するのは別のサーバかもしれません。その場合にはどこか外部のデータベースやKVS(*Key-Value Store*)[注45]などに保存したくなることでしょう。どこにどんな形式で保存するべきかは用途や運用状況によって異なります。

注44 <inject>セクションについては6.4節で解説しました。
注45 memcachedやRedisなどのキーと値をペアにして保存するシンプルなストレージのことを指します。

このようにさまざまな状況をサポートするため、FluentdではStorageプラグインという形態をとり、保存先を切り替えられるようになっています。Storageプラグインを使用するプラグインに対しては、設定によりどのStorageプラグインを使用するかを変更できます。設定のための<storage>セクションはオーナープラグインの設定セクション[注46]の中に記述します。

ローカルファイルを使用する例

```
<storage /var/lib/fluentd/plugin_storage_dir>
  @type local
</storage>
```

redis上に保存する例（公開プラグインfluent-plugin-storage-redisを使用）

```
<storage>
  @type redis
  path my_plugin_data
  host my-redis.example.local
  port 6379
</storage>
```

注46 <source>や<match>および<filter>の各セクションのことです。

図7.24 プラグイン内部でカウンタを持っていても、Fluentdが再起動したら状態は失われてしまい引き継げない

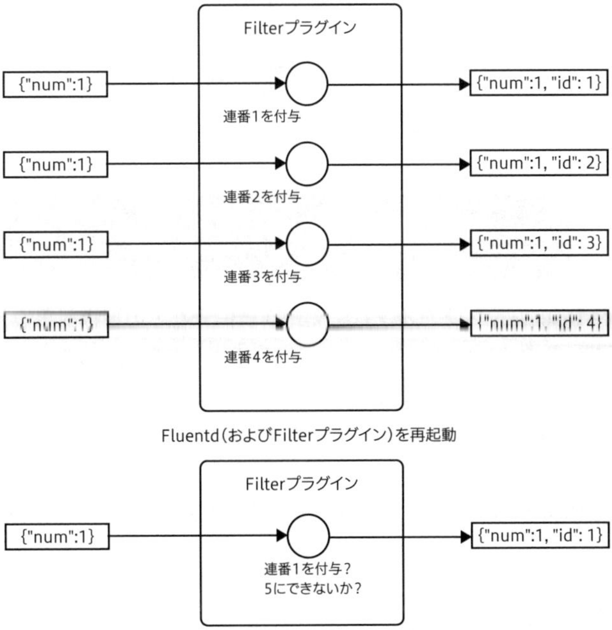

図7.25 Storageプラグインを用いれば、プラグインの内部状態をFluentd再起動後も引き継げる

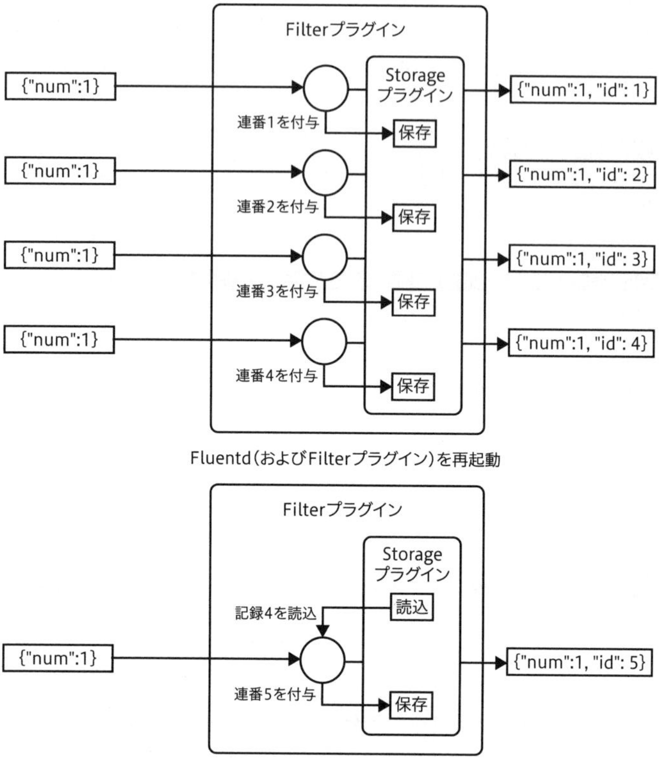

7.9 Service Discoveryプラグイン 連携先サービスを管理する

Service Discoveryプラグインは、データ送信先などの連携対象を「サービス」と呼び、そのサービスのリストを提供します。典型的にはFluentd組込みのout_forwardプラグインにおいて、データ送信先ホストのリストを提供するのに使われています(**図7.26**)。このとき、送信先ホストそれぞれが個々のサービスとなります[注47]。

Service Discoveryプラグインを用いる最大の利点は、データ送信先ホスト

注47 Service Discoveryプラグインの文脈に合わせて言うと、「データ送信を受け取るというサービスを提供している」ことになります。

やデータ受信元サービスなど、サービスという外部リソースの情報の管理をInputプラグイン、Outputプラグイン本体から切り離せることです。また、Service Discoveryプラグインによってはサービスのリストを動的に読み込みなおす機能を持っているものもあります。これは、特にホスト情報が大きくなったり頻繁に変更されたりする場合に大きな利点となるでしょう。そうでなくても、データ受信元もしくはデータ送信先のリストをFluentdの設定ファイル本体とは別に管理できるだけで利便性が大きく向上するでしょう。

Service Discoveryプラグインが実行する処理

Service Discoveryプラグインが実行するのはサービスの管理ですが、これは外部リソースからの情報の読み込みと、その情報を決まった形でプラグインに提供することに分かれます。

Fluentdの組込みで提供されているService Discoveryプラグインは3種類です。sd_staticプラグインは、設定ファイル中に書かれた固定のサービスの

図7.26 Service Discoveryプラグインによってデータ送信先を動的に検出する

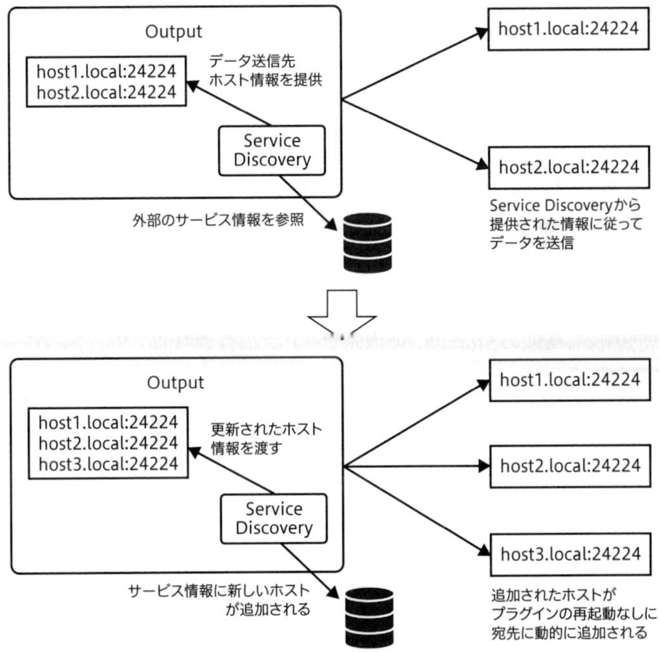

リストを読み込んで提供します。これは主に従来のプラグインが設定ファイルにサービスのリストを書いて管理していた動作を引き継ぐためのものです。sd_fileプラグインは、指定されたパスのファイルからYAMLまたはJSON形式によるサービスのリストを読み込みます。sd_srvプラグインは、DNS拡張仕様であるSRVレコードを用いてサービスのリストを解決します。sd_fileとsd_srvの2種類のプラグインでは、サービスのリストを動的に読み込む機能にも対応しているため、プラグインの動作中にサービス情報が更新されてもそれを反映できます。

Service Discoveryは、Fluentd v1.8.0で加わった比較的新しい種類のプラグインです。これがデータの送受信先を扱うプラグインにおいてサポートされていれば、ユーザーにとって運用性が大きく向上します。プラグインを作っている場合にはぜひ検討してください。

7.10 まとめ

本章では各種のプラグインについて、その役割および共通の機能を解説しました。

Inputプラグインはイベントを外部からFluentdの内部に取り込むためのもので、Filterプラグインは取り込まれたイベントを変換または除去するためのものです。Outputプラグインはイベントを外部に出力するためのものですが、これにはバッファリングを行うものと行わないものがあります。また、バッファリングを行う際には出力処理の並列化や複雑な出力単位の指定、出力間隔や出力失敗のリトライの調整などさまざまな機能が提供されます。プラグインに機能を提供するプラグインとして、バッファリング機能のBuffer、データ解析機能のParser、イベントのデータ整形機能のFormatter、プラグイン内部状態の保存機能のStorage、連携先サービスの管理機能のService Discoveryがあります。

第8章
組込みプラグイン

Fluentdはプラグインをユーザー自身が開発することでさらに強力になるのはここまで解説したとおりです。しかし、すべての用途に合わせて独自のプラグインを書けるわけもありませんし、そんな必要もありません。Fluentdには最初から用意されている組込みのプラグインがあり、これらのプラグインは多岐にわたる用途をカバーするように設計されています。

本章ではこれらの組込みプラグインのうち、代表的で広く使われるものや、複数種類のプラグインを組み合わせる効果がよくわかるものについて、各々の機能や特徴、用途のバリエーション、使用時の注意事項などを詳細に解説していきます。

8.1 さまざまな組込みプラグイン

Fluentdの組込みプラグインはユーザーが頻繁に必要とする機能をカバーするように作られています。また、組込みプラグインの多くはほかの組込みプラグインと組み合わせて使用するよう考えられています。これらをどう組み合わせるかの具体例を知っていれば、ユーザー自身のユースケースに当てはめて考えることも容易になるでしょう。

in_tailプラグインは、ファイルからテキストデータを読み込むためのプラグインです。さまざまな形式のログを漏れなく読み込むための機能が備わっています。また、テキストデータをイベントデータに変換する機能はParserプラグインとの組み合わせで実現します。この役割と正反対の機能を持つのがout_fileプラグインです。こちらはイベントデータをテキストとしてファイルに書き出すためのプラグインであり、Formatterプラグインと組み合わせて使用します。

in_forwardプラグインとout_forwardプラグインは、それぞれネットワークを経由したイベントデータの受信と送信を実現するためのものです。Fluentdどうしによるサーバ間でのデータのやりとりによく使用されます。データの高い安全性を実現するためのat least onceモードやデータ送信先の管理方法、通信の暗号化や通信相手の認証など多くのトピックがあります。

out_copyプラグインは、複数のOutputプラグインに対して同じデータを出力するためのプラグインです。ほかのOutputプラグインとの組み合わせで使用します。よく使われる組み合わせやデータのコピー方法などについて知っておくとよいでしょう。

Filterプラグインとしては、正規表現を用いてデータを選別するfilter_

grepプラグイン、レコード内のデータをさらに解析して取り出すfilter_parserプラグインなどがよく使われます。

ほかに代表的な組込みプラグインとしてin_execプラグインおよびout_execプラグインがあり、これらはともに外部コマンドの実行によりデータの入出力を実現します。in_httpプラグインとout_httpプラグインは、HTTPリクエストの受信と送信によりデータ入出力を行います。

8.2 in_tailプラグインとParserプラグイン テキストファイルからデータを読み込む

in_tailプラグインとParserプラグインは、最も簡単に思い付くFluentdの用途を実現します。それは、既存のログファイルを読み込むというものです。ここで言う既存のログファイルには、種類や形式を問わず、さまざまなものがあります。典型的なところではWebサーバのアクセスログ、アプリケーションサーバのエラーログなどです。しかし、それ以外にもテキストファイルとして記録されているものなら実質なんでも読めると言ってよいでしょう[注1]。

テキストファイルからデータを読み込むためのプラグインがin_tailプラグインです(**図8.1**)。in_tailプラグインはテキストファイルに追記されていくテキスト行を継続的に読み込んでいくためのプラグインで、一度読み込んだ行を2度は読み込まないしくみを持っています。読み込んだ行をFluentdのイベントに変換するために、Parserプラグインが使われます。つまり、Parserプラグインが対応している形式のテキストファイルであれば、in_tailプラグインが使用できるということです[注2]。なお、この名前はLinuxなどで使用できるtailコマンドからとられており、特に-Fオプションを付けた挙動を模しています。

注1 情報が改行を用いて区切られているものという条件が付きます。この条件は、おそらくほぼすべてのテキストファイルに該当するでしょう。

注2 逆に言うと、Parserプラグインを自分で開発できるのであれば、どんなテキストファイルにも対応できるということにもなります。

図8.1 in_tailによるテキストファイルからのデータ読み込み

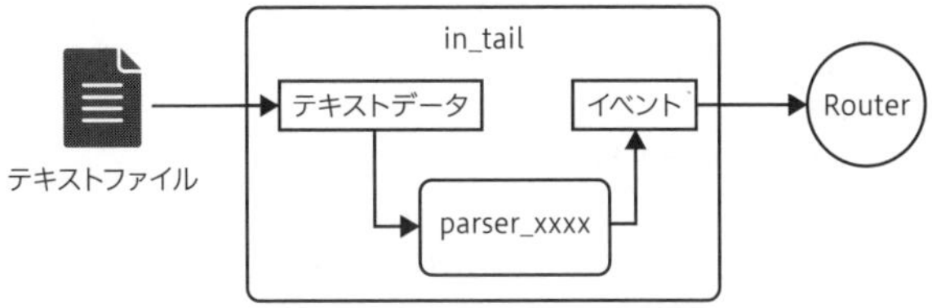

ログの読み込み設定

in_tailプラグインが読み込んだテキストデータは、Parserプラグインに渡されてイベントデータとなるよう解析されます。どのParserプラグインを使用するかは、<parse>ディレクティブに指定します。

■——1行単位のログの読み込み

Fluentdのドキュメントには組込みで用意されているParserプラグインの一覧[注3]が用意されています。これらのほとんどが、1行ずつ読み込んで解析していくタイプのプラグインです[注4]。

JSONを1行ずつ追記していく形式のログを解析するには、次のようにparser_jsonプラグインを設定します。これにより、各行にJSONオブジェクトが1つ書かれ、改行で区切られる形式のデータが読み込めます。

parser_jsonを使用する例

```
<source>
  @type tail
  path /var/log/server/access.log
  pos_file /var/log/td-agent/server-access.log.pos
  tag access.server
  <parse>
    @type json
  </parse>
</source>
```

対応プラグインがないテキスト形式のログの場合には、正規表現を用いて解析するparser_regexpプラグインが使えます。

ログメッセージの例

```
[2022-04-07 17:35:00] WARN: the server performance is now degraded.
```

parser_regexpを使用する例

```
<source>
  @type tail
  path /var/log/server/system.log
  pos_file /var/run/fluentd/system_logs.pos
  tag system.server
  <parse>
    @type regexp
    expression /^\[(?<time>[^\]]*)\] (?<type>[A-Z]+): (?<message>.*)$/
    time_key time
    time_format %Y-%m-%d %H:%M:%S
```

注3 https://docs.fluentd.org/parser#list-of-built-in-parsers

注4 バイナリ用のmsgpack、および複数行向けのmultilineを除きます。multilineについては後述します。

```
    timezone +09:00
  </parse>
</source>
```

上記の設定により、データから次のようなイベントが入力されます。

```
タグ
system.server

日時
2022-04-07 17:35:00.000000000 +09:00

レコード
{
  "type": "WARN",
  "message": "the server performance is now degraded."
}
```

ログの書式が不明で正規表現の記述が難しい場合でも、とりあえずparser_noneプラグインを用いれば、行全体を1つの文字列としてそのまま取り込めます。データの収集と保存だけであれば、これでもよいかもしれません。

```
parser_noneを使用する例
<source>
  @type tail
  path /var/log/server/system.log
  pos_file /var/run/fluentd/system_logs.pos
  tag system.server
  <parse>
    @type none
  </parse>
</source>
```

上記の設定の場合には、入力イベントは次のようになります。

```
タグ
system.server

日時
読み込まれた瞬間の日時

レコード
{
  "message": "[2022-04-07 17:35:00] WARN: the server performance is now degraded."
}
```

■──複数行からなるログの読み込み

ここまでの例は1行のテキストが1つのイベント全体を表すものでした。しかし、アプリケーションサーバのログなどは複数行で1つの情報を表すことも多いため、1行単位で解析すると、順序が入れ違ったり、どのイベントが同じ事柄について表現しているのかがわからなくなったりします。

このような場合、複数行のテキストデータをまとめて1つのイベントとする必要があります。これは、parser_multilineプラグインを使うことで解析できます。

複数行のログやデータにもさまざまなものがありますが、まずは次のデータを考えてみましょう。3行で1つのHTTPリクエストを示し、1行目にはタイムスタンプとデータの種類、2行目にはアクセスのHTTPメソッド、3行目にはアクセス対象のパスが入ることとします。

3行からなるログメッセージの例

```
2022-07-14 17:10:30 web.analysis
  Method: GET
  Path: /items/12345?sort=t
```

このデータを解析するのに、次の設定を用います。<parse>セクションで@type multilineを指定し、3つの正規表現を使っています。

parse_multilineにより固定行数のログを解析する例

```
<source>
  @type tail
  path /path/to/data.log
  tag  data.accesses
  <parse>
    @type multiline
    format1 /^(?<local_timestamp>\d{4}-\d{2}-\d{2} \d\d:\d\d:\d\d) (?<data_typ
e>[^ ]+)\n/
    format2 /\s+Method: (?<method>[^ ]+)\n/
    format3 /\s+Path: (?<path>[^ ]+)/

    time_key    local_timestamp
    time_type   string
    time_format %Y-%m-%d %H:%M:%S
    localtime     yes
  </parse>
</source>
```

上記の設定を用いると、データ解析の結果、次のようなイベントが入力されます。

タグ

```
data.accesses
```

日時

```
2022-07-14 17:10:30.000000000 +0900
```

レコード

```
{
  "data_type": "web.analysis",
  "method": "GET",
  "path": "/items/12345?sort=t"
}
```

ここでのポイントは、format1からformat3までの3つのパラメータです。これは、順にマッチする複数の正規表現を指定するものです。最大で20個の正規表現を指定できます。最後の行にマッチする正規表現(ここではformat3)は、末尾に改行を指定していないことに注意してください。ここで改行を入れるとうまく全体がマッチできません。このようにして、複数行からなるログであっても、固定行数の場合は対応する正規表現を書くことでうまく解析できます。

決まった行数とパターンのログであれば前述の方法でうまく読み込めますが、複数行ログの中には1データの行数が定まっていないものも多くあります。その中でも代表的なものがアプリケーションのスタックトレース注5です。具体的には次のようなログです。

行数が定まらないログメッセージの例

```
2022-07-14 17:04:31 +0900 [error]: #0 Found an exception error_class=RuntimeEr
ror error="Yay"
  /sample/in_exception.rb:18:in `block in start'
  /lib/fluent/plugin_helper/timer.rb:80:in `on_timer'
  /lib/cool.io/loop.rb:88:in `run_once'
  /lib/cool.io/loop.rb:88:in `run'
  /lib/fluent/plugin_helper/event_loop.rb:93:in `block in start'
  /lib/fluent/plugin_helper/thread.rb:78:in `block in thread_create'
```

これをデータとして取り込むためには、最初の行、ここではタイムスタンプで始まっている行を検出し、その行以降は次にタイムスタンプが出てくるまでを一続きのデータだとみなす必要があります。次のような設定を使用します。

parse multilineにより行数が定まらないログを解析する例

```
<source>
  @type tail
  path /var/log/myserver/data.log
  tag  app.log
  multiline_flush_interval 3s
  <parse>
    @type multiline
    format_firstline /^\d{4}-\d{2}-\d{2} \d\d:\d\d:\d\d/
    format1 /^(?<local_timestamp>\d{4}-\d{2}-\d{2} \d\d:\d\d:\d\d [^ ]+) \[(?<
```

注5　バックトレースなどとも呼びます。

```
log_level>[^ ]+)\]: (?<message>[^\n]*)\n/
    format2 /\s+(?<stack_trace>.*)/

    time_key    local_timestamp
    time_type   string
    time_format %Y-%m-%d %H:%M:%S %z
  </parse>
</source>
```

この設定でまず特徴的なのは、format_firstlineパラメータで複数行ログの最初の行のパターンを指定しているところです。parser_multilineプラグインはこのパラメータで指定した正規表現にマッチする行が来たとき、そこをデータの先頭行だとみなして解析処理を開始します。また、format2パラメータでは先頭行を除いて続くすべての行の中身をstack_traceという1つのフィールドに文字列として入れています。見栄えはあまり良くありませんが、これでスタックトレースのすべての行を記録しておくことができます。

上記の設定により、スタックトレースを含むデータからの入力イベントは次のようになります。

```
タグ
app.log

日時
2022-07-14 17:04:31.000000000 +0900

レコード
{
  "log_level": "error",
  "message": "#0 Found an exception error_class=RuntimeError error=\"Yay\"",
  "stack_trace": "/sample/in_exception.rb:18:in `block in start'\n  /lib/fluen
t/plugin_helper/timer.rb:80:in `on_timer'\n  /lib/cool.io/loop.rb:88:in `run_o
nce'\n  /lib/cool.io/loop.rb:88:in `run'\n  /lib/fluent/plugin_helper/event_lo
op.rb:93:in `block in start'\n  /lib/fluent/plugin_helper/thread.rb:78:in `blo
ck in thread_create'\n"
}
```

ただし、ここまで解説したパラメータだけではあまりうまく動作しません。解析処理はログの先頭行を見つけたときにだけ実行されるためです。つまり、ひとまとまりのスタックトレースを読んだとしても、次のスタックトレース出力が行われない限り、前のデータの読み込みが行われないのです。

この問題を解消するため、前述の設定例では<source>セクション内にmultiline_flush_intervalパラメータの指定3sを足しています。<parse>セクションの外側であることに注意してください。<parse>セクションの外側に指定しているのは、このパラメータおよび機能がin_tailプラグインのものだからです。multiline_flush_interval 3sを指定すれば、あるデータの塊(1つのスタックトレース)が現れたのち3秒間何も現れなければ、その時点までに読み込まれたデータで解析を実行します。これにより、適切なタイミングで読み込めたログを解析できるでしょう。

■——長すぎる行の無視

in_tailプラグインが読み込むデータがあまりに長すぎる場合、さまざまな問題が発生する可能性があります。長すぎるテキストを解析しようとして、Parserプラグインが大きすぎる負荷を発生させるかもしれません。あるいは、解析に成功しても大きすぎるイベントがバッファに収まりきらず、回復不可能なエラーを発生させることもあります。長すぎるデータは、読み込み対象のテキストファイルにデータを書き込んでいるプログラムの誤動作など、さまざまな原因で発生します。

このため、in_tailプラグインは長すぎる行を無視するためのmax_line_sizeパラメータを持っています[注6]。max_line_sizeパラメータにサイズを設定すると、そのサイズ以上の行は無視され、解析の対象となりません。

```
<source>
  @type tail
  @log_level debug
  max_line_size 1m
  # ...
</source>
```

max_line_sizeパラメータが設定されていて、設定サイズを超える長さの行が読み込まれると、in_tailプラグインはwarnログを出力してそのことを報告します。また、debugログが有効の場合、読み込まれたログ自身がログメッセージとして表示されます。

```
2022-07-13 14:21:12 +0900 [warn]: #0 received line length is longer than 1048576
2022-07-13 14:21:12 +0900 [debug]: #0 skipped line: (読み込まれた行)
```

さまざまなファイルパス指定
読み込み対象を柔軟に指定する

ログファイルへの出力方法はソフトウェアごとにさまざまです。1つのディレクトリ内の複数のログファイルに並行してログが書き込まれることもあれば、現在日時を用いたファイル名のものに書き込まれていき、日付が変わ

注6　Fluentd v1.14.4でサポートされました。

ったときに出力先のファイルが変わることもあります。

こういったさまざまな状況に対応できるよう、in_tailプラグインのpathパラメータは複数のファイルにマッチする*(ワイルドカード)や%Y、%m、%dなどの日時のパターンを受け入れるようになっています。

■——ワイルドカードによる複数ファイルの並行読み込み

*を使用した次のようなパターンを使用した場合には、in_tailプラグインはpathパラメータのパターンに該当する複数のファイルを並行して読み込むように動作します[注7]。

あるディレクトリ内でserver.access.log、server.error.logなどのログをすべて読み込みたい場合

```
path /var/log/myserver/server.*.log
```

*を使用する場合に、パスのパターンに該当するが読み込みの対象としたくないファイルがある場合はexclude_pathパラメータを使用できます。このパラメータで指定したパターンに該当するファイルは読み込み対象から除外されます。

あるディレクトリのファイルをすべて指定するが特定の2パターンのみ除外したい場合

```
path /var/log/myserver/*
exclude_path ["/var/log/myserver/*.gz", "/var/log/myserver/coredump.*"]
```

■——日時パターンによる日付などを含むファイル名ログの継続的な読み込み

%Y、%m、%dなどの日時のパターンを使用して、次のように日付などを含むファイル名のログを継続的に読み込むこともできます。

access.2022-04-08.logのように日付を含むファイル名のログを継続的に読み込みたい場合

```
path /var/log/myserver/access.%Y-%m-%d.log
```

日時のパターンを使用したときも、日の切り替わりなどのタイミングで複数のファイルを同時に読み込む必要があるため、複数のファイルを並行して処理していると言えます。なお、日時がどのタイムゾーンを基準に使われるかはpath_timezoneパラメータで指定でき[注8]、デフォルトではシステムのタイムゾーンが用いられます。

■——複数ファイルを対象にしたファイルの先頭からの読み込み

*や日時のパターンをpathパラメータに指定している場合には、read_from_

注7 Windows環境で*を使用する場合、ディレクトリの区切り文字として\は使用できません。/を使用してください。

注8 たとえばpath_timezone "+0900"のように指定します。

headパラメータをtrueにセットするのを忘れないようにしましょう[注9]。このパラメータは、Fluentdの起動直後や新しいファイルを検出した場合に、ファイルの先頭から読み込みを始めるためのオプションです。

read_from_head falseの場合には、Fluentdの起動直後や新しいファイルを検出したとき、ファイルの末尾から読み込みを始めます。この挙動のため、日付が変わって新しいログファイルが新しいファイル名で作成されたときにも、Fluentdがそのファイルを検出するまでに書き込まれたログは読み込まれないことになります。falseはFluentdを起動した時点でファイルが読み込めないほど大きい場合、あるいは過去にすでにそのファイルの内容を処理していたという場合に指定します。

read_from_head trueの場合には、新しいファイルが検出されたときにはその先頭からデータを読み込むことで、ログの欠損を防止できます。ただし、この場合、Fluentdを起動したときに存在するログファイルもすべて先頭から読み込みます[注10]。そのため、サイズの大きいファイルがある場合、起動処理に長い時間が必要となることもあるので注意しましょう。

読み込みの停止と再開

in_tailプラグインがファイルを途中まで読んでいる時点でFluentdが一度停止し、そのあとに再度起動するとき、途中まで読んでいたファイルには新しい内容が書き込まれていることがあります(**図8.2**)。このときどの位置から読みなおせばよいかの判断のため、in_tailプラグインにはpos_fileパラメータがあります。

pos_fileパラメータは、in_tailプラグインにおいて使用を強く推奨されているパラメータです。in_tailプラグインは、このパラメータで指定されたパスのファイルに、読み込んでいるファイルそれぞれのどこまでを読み込んだかという情報を記録します。また、Fluentdが再起動したあとも、記録されている読み込み位置情報を確認して続きからデータの読み込みを再開してくれます(**図8.3**)。

pos_fileパラメータで指定したファイルには複数のファイルの位置が記録できます。1つの<source>セクションが複数のファイルを読み込むようになっていてもpos_fileパラメータの指定は1つでかまいません。しかし、1ホ

注9　read_from_headパラメータはFluentd v1.14.3からデフォルトでtrueとなりました。

注10　すでに途中まで読み込んだことのあるファイルで、後述のpos_fileパラメータによる読み込み位置情報がある場合を除きます。

ストでin_tailプラグインを使用する<source>セクションが複数設定されている場合は、それぞれのpos_fileパラメータには異なるファイルパスを使用してください[注11]。

ログローテーション時のin_tailプラグインの挙動

ログファイルが大きくなりすぎるのを避けるため、追記されていくログファイルは一定の期間ごとなどに退避され、新しく空のファイルが作りなおされることがあります。以降のログは、新しいログファイルに書かれます。こ

注11　1つのパスを複数のin_tailプラグインのpos_fileパラメータで使用しようとした場合、内容が壊れて正常に動作しなくなります。

図8.2 何も準備がないとFluentd再起動時にin_tailが読み込みポジションを見失ってしまう

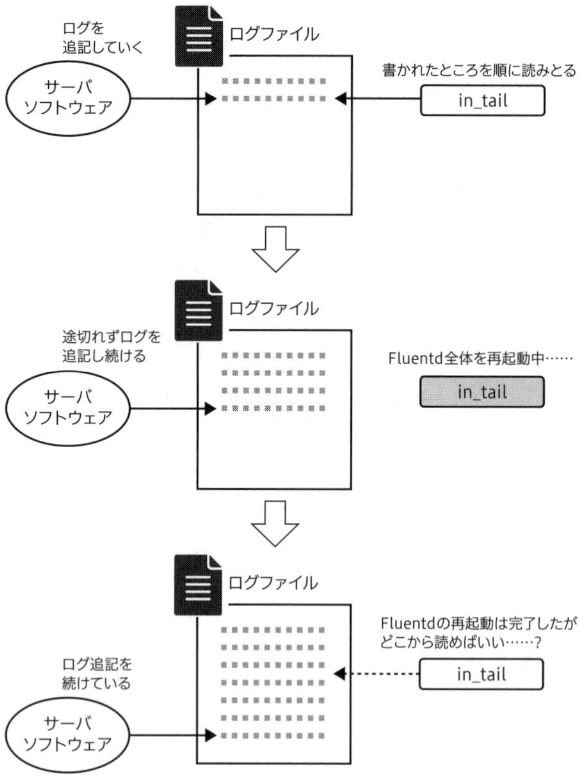

の一連の処理をログローテーション(*log rotation*)と呼びます(**図8.4**)。

ログローテーションはサーバ環境一般で広く行われています。in_tailプラグインが読み込みを行っているファイルがログローテーションにより処理されたとき、対応できないようでは多くの環境で使用できなくなってしまい

図8.3 pos_fileに読み込んだ位置を記録しておくことでFluentd再起動後にも読み込みを再開できる

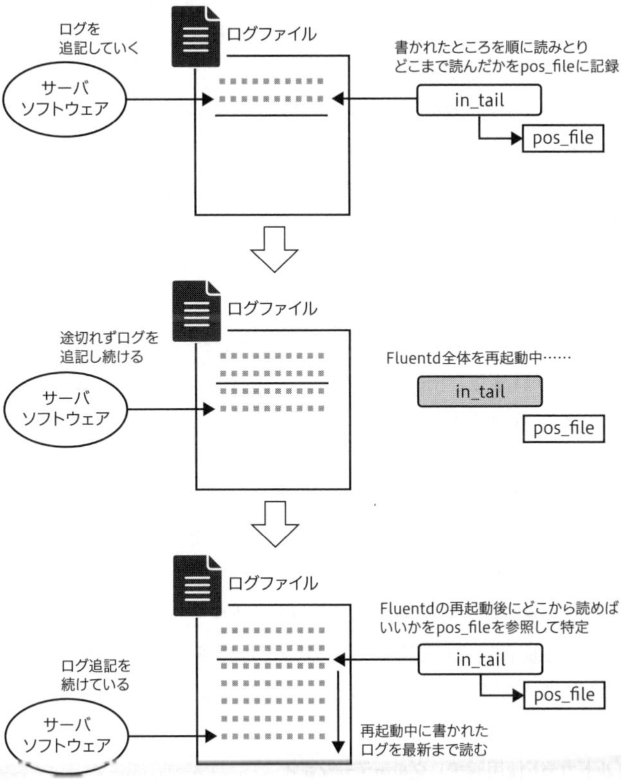

図8.4 ログローテーションとして行われる処理

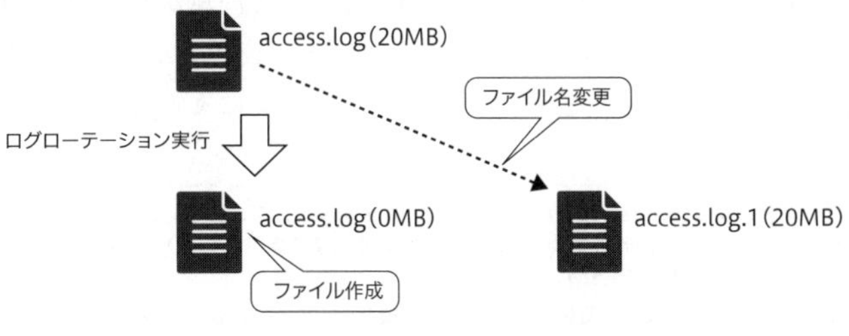

ます。Fluentdはログローテーションとして行われる処理に対応するため、次のように動作します。

■──ログローテーション後のもとのファイルの監視

まず、ログローテーションにより、もとのファイル名から.1などと付いた名前に変更されます(例：access.log➡access.log.1)。ただし、この場合でもWebサーバなどログの書き込み元のプロセスがまだ書き込みを続けることがあります。in_tailプラグインは書き込みが続くかどうかを確認するために、しばらくの間は読み込みを続けます。

もとのファイルの監視をどの程度続けるかを時間で指定するパラメータがrotate_waitパラメータです。デフォルトは5秒です。ログローテーション後も長い間書き込みを続けるクセのあるソフトウェアが対象の場合は、長い数値を指定する必要があるかもしれません[注12]。

■──ログローテーション後の新規ファイル作成の検出

続いて、新しいファイルがもとのファイル名(例：access.log)と空の中身で作成しなおされます。in_tailプラグインはファイルの作成を検知したときに、ファイル名やサイズなどからログローテーションにより作成された新しいファイルだということを検出します。そのうえで、このファイルを先頭から読み出し、継続的な読み込みを開始します。この新しいファイルの作成の検出はin_tailプラグインにとって重要な機能です。

ただし、ログローテーションを行うツールはログローテーション実行時にファイルを新規作成しない機能を持つ場合があります[注13]。Fluentdのin_tailプラグインを用いる場合、この機能は使わないでください。ログローテーションにより作成されたファイルの検出がうまくいかなくなる場合があります。

■──ワイルドカード使用時のログローテーション

pathパラメータに*を用いて複数のファイルの読み込みを行っている場合についても、ログローテーションが行われていると注意が必要です。同じディレクトリ内でログローテーションが行われると、ファイル名の変更(例：access.log➡access.log.1)がログローテーションによるものなのか、まっ

注12　ログローテーションが行われるときには新しいファイルにログの書き込み先を変えるため、シグナルを送ることでreopenするように設定されているはずです。このため、通常はデフォルトの5秒程度の時間で十分なはずです。

注13　Linuxシステムで広く使われるlogrotateは、この機能としてnocreateオプションを提供しています。

たく別のファイルの新規作成によるものなのかの判断が付かない場合があります。別のファイルだと判断されると、read_from_head trueの設定であれば一度読み込んだはずのファイルがまた先頭から読み込まれてしまい、データが重複します。

このときは、follow_inodesパラメータにtrueをセットします。このパラメータを有効にすることで、ディレクトリ内のファイルの判定にinode[注14]を利用します。これにより、正確なファイル名の変更、新規ファイルの作成が検出できます。

アクセス権限のトラブル
ファイルの読み込み権限と、再開位置に必要な書き込み権限

よく起きるin_tailプラグイン関連のトラブルとしては、読み込みおよび書き込み権限についての問題があります。ログファイルの所有ユーザーやグループは一般的に管理者権限のユーザーやグループでしょう。その一方でFluentdを起動しているユーザーには強い権限を持たせていない場合、次のようなトラブルが起きることがあります。

- **十分な読み込み権限がなく、in_tailプラグインが指定したファイルを読み込めない**
- pos_file**パラメータを指定したが、指定ディレクトリが存在せず作成もできない**
- pos_file**パラメータで指定したディレクトリをrootで作成したため、Fluentd実行ユーザーが書き込めない**

基本的なことですが、Fluentdの設定を行ってから実際に起動するまでの間で一度はチェックしておきましょう。

注14 ファイルシステムにおいてファイルの実体を指す数値です。ファイル名が変更されてもinodeは変わりません。ログローテーションにより古いファイルの名前が変更されたあと、もとのファイル名で新規作成された新しいファイルは実体およびinodeが異なるため、古いファイルと新しいファイルの区別ができます。

8.3 out_fileプラグインとFormatterプラグイン
データをテキストファイルに書き出す

in_tailプラグインが入力側の代表的なプラグインだとすれば、出力側の代表例がout_fileプラグインです。その名前のとおり、Fluentdのイベントをローカルディスクのテキストファイルとして書き出します。書き出す際の書式についてはFormatterプラグインを利用するため、対応しているFormatterプラグインが存在する形式であればout_fileプラグインを使用して書き出せます[注15](図8.5)。

書き出し単位およびデータ形式の指定

out_fileプラグインは流れてきたイベントをファイルに書き出します。その際に、<match>セクションでマッチしたすべてのイベントを1つのファイルに書き出すだけではなく、イベントに含まれる情報を用いてさまざまな単位で分けてファイルに書き出すことができます。代表的なものは次のとおりです。これらの条件は組み合わせることもできます。

- **一定時間(デフォルトの動作では1日ごとに別ファイルとして保存)**
- **タグ**
- **レコードに含まれる特定のキーの値**

これらの条件はプラグイン設定における<buffer>セクションで指定します。また、書式の設定は<format>セクションで行います。このとき、デフォルト

注15 これもParserプラグインと同様、自分でFormatterプラグインを開発できるのであればどのようなテキストファイルにも対応できると言えます。

図8.5 out_fileによるデータのファイル書き出し

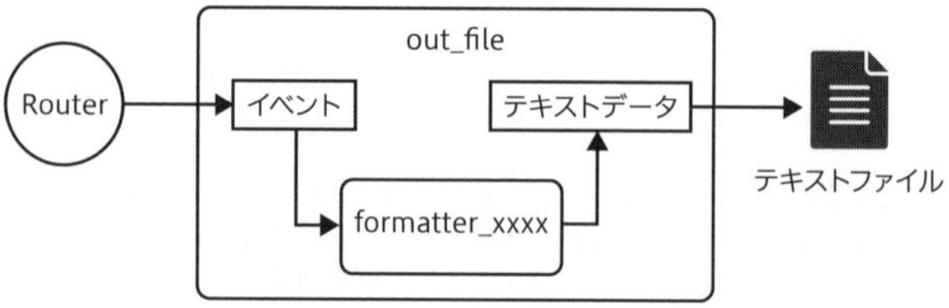

としてformatter_out_fileプラグインが指定されています[注16]。

デフォルトの挙動を明示的に書いた場合は次のようになります。

```
<match event.*>
  @type file
  path /path/to/stored/directory/file.*.log
  <format>
    @type out_file
  </format>
  <buffer time>
    @type file
    timekey 1d
    timekey_wait 600
    timekey_use_utc false
    timekey_zone "+0900" # システムのタイムゾーンがJSTの場合
  </buffer>
</match>
```

この設定で動作するout_fileプラグインは、実際には次のようなパスでファイルを作成してイベントを出力していきます。

```
/path/to/stored/directory/file.20220411_0.log
/path/to/stored/directory/file.20220411_1.log
/path/to/stored/directory/file.20220411_2.log
/path/to/stored/directory/file.20220412_0.log
/path/to/stored/directory/file.20220412_1.log
（以降続く）
```

出力先のパスはpathパラメータの文字列をプレースホルダ展開することで決定されますが、同じパスに複数回の書き出しが行われる場合などは末尾に番号を付けて別のファイル名を生成します。

いくつかのout_fileプラグイン特有の機能を除けば、そのほかの設定はすべてこの<format>および<buffer>セクションで行われるものとなります。それらの詳細をここでは繰り返しませんが[注17]、ポイントとして、バッファリングによる出力単位がout_fileプラグインではそのまま出力先のファイルの分け方と一致することは意識しておいてください。

注16 少しわかりにくいですが、これはout_file形式を提供するFormatterプラグインを使用しているということです。Fluentdは初期バージョンからタグ、日時およびレコードのJSONの3つをタブで区切るというほかにあまり例がない書式をout_fileプラグインのデフォルトとして使用しており、これは今でも変更されていません。Fluentd v0.12以降でFormatterプラグインが導入された際、その書式がそのままプラグイン名として採用されました。

注17 <format>セクションについては7.7節を、<buffer>セクションについては7.4節および7.5節を参照してください。

■──タグや日時を含んだファイル名での書き出し

pathパラメータにおけるプレースホルダ展開には日時も使用できます。チャンクキーにtimeを指定している場合で、かつ日付ごとにディレクトリを分けてファイルを保存したいという場合には次のように指定できます。

out_fileのpathの設定
```
path /path/to/%Y-%m-%d/file.*.log
```

作成されるファイルの実際のパス
```
/path/to/2022-04-11/file.20220411_0.log
/path/to/2022-04-11/file.20220411_1.log
/path/to/2022-04-11/file.20220411_2.log
/path/to/2022-04-12/file.20220412_0.log
/path/to/2022-04-12/file.20220412_1.log
（以降続く）
```

同様のほかのチャンクキー(タグやそのほかの値)もディレクトリなどとして使用できます[注18]。

ファイル単位での書き出しおよび追記

先に述べたとおり、同じファイル名で複数回の書き出しが行われる場合にはout_fileプラグインは末尾に番号を付けて別のファイルとして書き出します。しかし、これが不都合で、大きくなってもかまわないから1つのファイルに追記してほしいというケースもあるでしょう。その場合にはappendパラメータにtrueを指定します。

通常時（append false）
```
file.20220412_0.log
file.20220412_1.log
file.20220412_2.log
file.20220412_3.log
（中略）
file.20220412_8.log
file.20220413_0.log
```

追記時（append true）
```
file.20220412.log
file.20220413.log
```

append falseの場合には、バッファリングのチャンクサイズ制限を超えると、同じチャンクキーでも最終的な出力ファイルが複数に分かれていました。

注18 プレースホルダ展開の詳細については7.4節で解説しました。

append trueを指定すればその場合でも、最終的な出力先ファイルは1つだけです。上の例で言えば同じ日のすべてのイベントが同じファイルに書き足されることとなりました。

圧縮ファイルでの書き出し

out_fileプラグインが書き出すファイルはデフォルトでは非圧縮のプレーンテキストファイルです。compressパラメータでgzipを指定すると、書き出し時にgzipによる圧縮が行われます。出力先のファイル名には自動的に.gzの拡張子が付与されます。

out_fileの設定

```
path /path/to/file.*.log
compress gzip
```

出力ファイルのパス

```
/path/to/file.20220413_0.log.gz
```

なお、バッファで圧縮を有効にしていて、かつout_fileプラグインでも圧縮を有効にしている場合、両方同じgzip圧縮であればout_fileプラグインはバッファの内容をそのままファイルに書き出します。しかし、バッファにおける圧縮は細切れのデータを対象として圧縮をかけているため、あまり圧縮効率が良くありません。out_fileプラグインで用意しているrecompressパラメータを有効にすることで、out_fileプラグインがバッファの内容をファイルに書き出すときに伸長と再圧縮をかけ、圧縮率を改善できます。

```
<match data.*>
  @type file
  path /path/to/file.*.log
  compress gzip
  recompress true
  <buffer time>
    timekey 1h
    compress gzip
  </buffer>
</match>
```

バッファによる使用容量を削減したいと思ってバッファリングにおける圧縮を有効にすると、recompressオプションを有効にしない限り今度は最終的な出力サイズが大きくなってしまいます。これは見落とすと大きな失敗になるかもしれません。注意してパラメータを設定しましょう。

out_fileプラグインによる出力ファイルの外部からの監視

次々書かれていくログファイルをtail -fコマンドを使用してコンソールの画面に流してなんとなく内容を眺めるという作業は、サーバ管理などを仕事としている人の大半に経験があるのではないかと思います。実際のところそうしているときに全部の行をつぶさに見られるわけでもないのですが、それでも特徴的な行が目に入ってきて何らかの異常に気付く、といったことは実際にあるものです。

しかし、Fluentdのout_fileプラグインはイベントの内容ごとに出力先のファイル名が異なり、デフォルトでは時間をまたぐと別のファイルに書き込むこととなります。また、実際にデータが追記されていく対象はバッファのため、どのファイルをtailコマンドの対象にすればよいかもよくわからないことがあるかと思います。

こういった用途のため、out_fileプラグインにはsymlink_pathパラメータが存在します。このパラメータで指定したパスにはシンボリックリンクが作成され、リンク先は現在出力が行われている最新のバッファファイルです。作成されたシンボリックリンクを対象にtail -Fコマンドを実行[注19]すれば、バッファファイルに追記されていくデータをそのまま見続けることができます。これにより、コンソールにログをずっと流して表示しておきたいという要望を満たせるでしょう。

なお、symlink_pathオプションはWindows環境では使用できません。

8.4 in_forward/out_forwardプラグイン
ネットワーク経由でデータを送受信する

ファイルからの読み込み、ファイルへの書き込みと同じようにFluentdで代表的に使用されるのが、ネットワークを用いたFluentdどうしでのデータの送受信でしょう。Fluentdではforwardという名前の組込みのInputおよびOutputプラグインがこの機能を提供します。送信と受信が1対1となる構成はもちろん、送信元1ホストから多数のホストに対してのデータの分散もできます。多数の送信元ホストから1つの受信ホストへのデータの集約も、それらを組み合わせた多対多でのデータの送受信も行えます。

注19　tail -fコマンドだとバッファファイルが別のものに切り替わったときにtailコマンドがそれを追跡できず、途中で表示が途切れてしまいます。シンボリックリンクのリンク先が切り替わるケースには-Fオプションを指定し、一定時間ごとにreopenするようにしておくことで対応できます。

また、in/out_forwardプラグインにはデータの送受信を安全に実施するために多くのオプション機能があります。これらはデフォルトの状態では大量のデータを高効率に送受信するため無効となっていますが、個別に有効にすればユーザーのさまざまな要求を満たせるでしょう。

in/out_forwardプラグインが通信に用いるプロトコルの詳細については、第15章で解説します。

ホスト間でのデータのやりとり

あるホストから別のホストにデータを送信する場合、送信側がout_forwardプラグインを、受信側がin_forwardプラグインを使用するようそれぞれ設定します。イベントのタグはそのまま受信側でも使用されるので、デフォルトのままの場合、どのようなタグのイベントが送られてくるのか受信側はあらかじめ知っておく必要があります[注20]。

送信側ホスト（192.168.230.22）

```
<match mydata.*>
  @type forward
  <server>
    host 192.168.10.44
    # port 24224 (デフォルト)
  </server>
</match>
```

受信側ホスト（192.168.10.44）

```
<source>
  @type forward
  # port 24224   (デフォルト)
  # bind 0.0.0.0 (デフォルト)
</source>

<match mydata.*>
  # ...
</match>
```

これだけで送受信が可能となります。データ送受信にはデフォルトでTCPのポート24224が使用されます。

注20　どのようなタグが送られてくるかわからない場合に受信したデータをどう制御するかについては、本節で後述しています。

at least onceによる確実な送信

at least onceポリシーは、in/out_forwardプラグインにおけるデータ送信方法の一つです。at least onceポリシーによるデータ送信は、in/out_forwardプラグインのデフォルト通信方式よりも高い確実性を実現するため、データの欠落を可能な限り防ぎたい場合に有用です。Fluentdによるデータ転送を行うときには、知っておくべき機能です。

データ送信はデフォルトではat most onceポリシーに従って行われます[注21]。at most onceポリシーによるデータ送信においても、プロトコルにはTCPもしくはTLS(*Transport Layer Security*)が用いられるため、単純なネットワークエラーについてはデータの再送が行われます。しかし、通信プロトコルの機能では補正できないパターンでの通信エラー、もしくはデータを受信した通信相手におけるバッファへの書き込み失敗[注22]などが起きた場合には通信自体は成功しているため、データの再送は行われず、結果的にそのデータは失われます(**図8.6**)。

こういった失敗によるデータ喪失を避けるには、データの送受信をat most onceポリシーではなくat least onceポリシーで行う必要があります。送信側において require_ack_responseパラメータにtrueをセットすることで実現できます。

送信側ホスト

```
<match tag.*>
  @type forward
  require_ack_response true
  <server>
    # ...
  </server>
</match>
```

■──at least onceでの通信パターン

require_ack_responseオプションを有効にしたとき、out_forwardプラグインはデータ送信時にデータごとに個別のIDを付与して送ります。これは、相手がデータを受信したらそのIDを付与したACK(受信確認の応答)を返すことを要求します。送信済みデータのIDを含んだACKメッセージが返ってきた時点で初めてデータ送信を完了したとみなし、送信元にあるデータはバッファチャンクごと削除されます(**図8.7**)。

ACKメッセージが返ってくるまでは、送信元のFluentdにおいて送信バッ

注21 at most onceポリシーを含むメッセージ配送のセマンティクスについて詳しくは、1.7節を参照してください。

注22 バッファ容量がいっぱいになっていたなどの状況が考えられます。

ファチャンクは削除されません。一定の時間[注23]が経過してもACKメッセージが返ってきていなければデータ送信が失敗(タイムアウト)したとみなされ

注23 `ack_response_timeout`パラメータで設定可能で、デフォルトでは190秒です。

図8.6 データ送信先で起きた問題により送信データが失われる

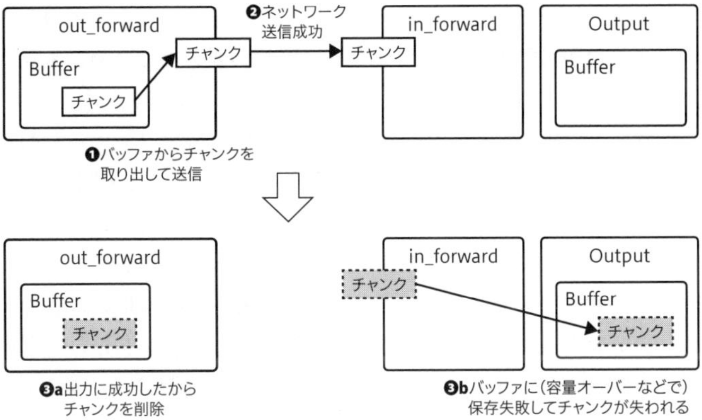

図8.7 require_ack_responseオプション有効時のデータ送信

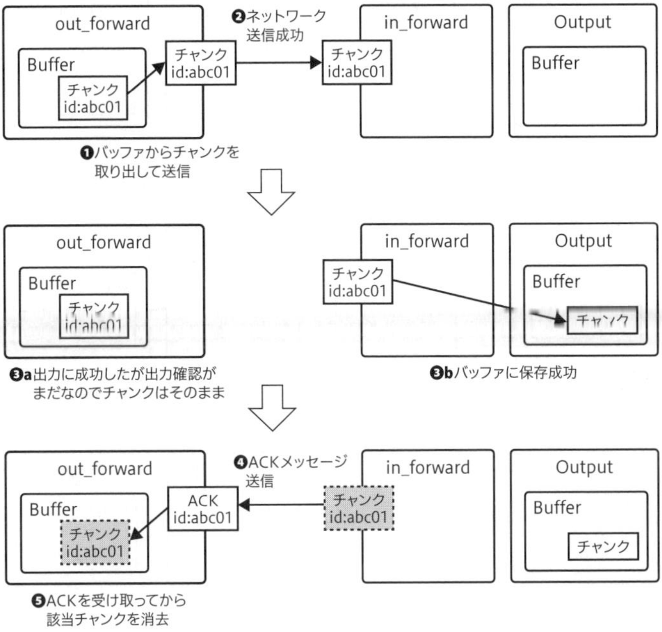

て送信がリトライされます(**図8.8**)。このとき送信先は再度選択されるため、複数の送信先が設定されている場合には前回とは異なる送信先が選ばれることもあります。

■ ── **at least onceでのデータ送信のデメリット**

at least onceポリシーでのデータ送信を行えば、データ送信の安全性をより高められます。一方で、ACKメッセージの送受信を行ったり、どのデータの送信が完了したかの管理を行ったりする処理が必要となるため、ネットワーク通信量が増大し、Fluentdにかかる負荷も大きくなります。

また、受信側で正常にデータが受け取れていたがACKメッセージの到達に問題があったため、送信側は送信をリトライするということも起こり得ます。この場合はデータ送信が2回あるいはそれ以上行われるため、全体としては該当データが重複することになるでしょう。データが重複してもかまわないので損失を避けたいのであればat least onceを用いるのは良い方法です。逆に、データがいくらか損失するとしても可能な限り重複を避けたいという種類のデータを扱うのであれば、at least onceでの送信は避けるべきです。デー

図8.8 require_ack_responseオプション有効時のデータ送信失敗の扱い

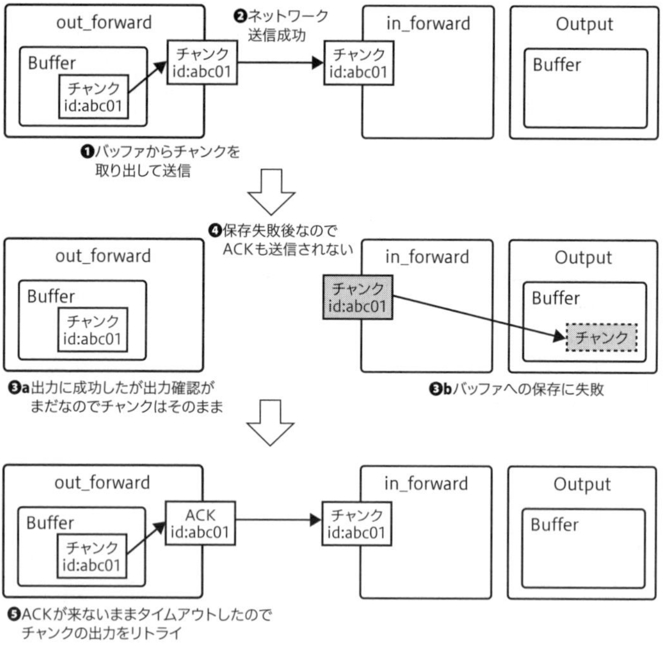

タの特性を考えて送信方法を選択しましょう。

データ送信先の管理方法

out_forwardプラグインがどのホストにデータを送信するかについては、Fluentdではいくつか設定方法があります。設定ファイルに固定の宛先リストを記述するという最も単純な方法で十分な場合も多いですが、ほかの方法についても学んでおくとさまざまなユースケースに対応できるでしょう。

■──データ送信先の設定ファイルでの管理

Fluentdの初期から使用可能で、今でも最も多く使われているデータ送信先の管理方法が、設定ファイルのプラグイン設定において<server>セクションを並べて指定する方法でしょう。この方法では、固定の宛先リストのみを扱えます。宛先を変更する場合には、設定ファイルを変更してから設定変更反映の作業を行います[注24]。

```
<match send.*>
  @type forward
  # ...

  <server>
    name receiver1
    host 192.168.1.41
    port 24224
    weight 60
  </server>
  <server>
    name receiver2
    host 192.168.1.42
    port 24224
    weight 60
  </server>
  <server>
    name receiver3
    host 192.168.1.43
    port 24224
    weight 30
  </server>
  <server>
    name standby1
    host 192.168.2.41
    port 24224
```

注24　再起動するか、シグナル送信などの方法を用います。詳しくは第3章を参照してください。

```
    weight 60
    standby
  </server>
</match>
```

<server>セクションの内部で使用できるパラメータは次のとおりです。

- **host**
  送信先のホスト名もしくはIPアドレス(必須)
- **name**
  送信先を説明する名称(デフォルト:hostの指定値)
- **port**
  送信先のポート番号(デフォルト:24224)
- **weight**
  この送信先へデータを送る割合(デフォルト:60)
- **standby**
  他ホストに送信できない場合のみの送信先(デフォルト:false)
- **shared_key**
  後述の認証が有効の場合の共有キー(認証の有効時は必須)
- **username**
  後述の送信者の認証が有効の場合のユーザー名(送信者の認証の有効時は必須)
- **password**
  後述の送信者の認証が有効の場合のパスワード(送信者の認証の有効時は必須)

前述の設定例では、3台の通常時の送信先ホストと、1台のスタンバイホストが指定されています。スタンバイホストはほかのホストが接続できない場合にのみ送信先として使用されるホストで、この場合はreceiver1からreceiver3のどれかが接続できなくなった場合にstandby1が使用されます。

各々のホストに指定されているweightパラメータは、その数値に比例した割合でデータが送信されます。この例であれば、weight 30のreceiver3は、weight 60であるほかの2台に比べて約半分の量のデータを受け取ります。ネットワークの回線速度に差がある場合やホストのマシンスペックに差がある場合などに処理量に勾配を付けるために指定するとよいでしょう。逆に、そういった差がない送信先のみの場合には、weightパラメータを一切指定しなくてもかまいません[注25]。

注25 weightパラメータのデフォルトは60ですが、公平に送るにはすべてのホストが同じ値であれば何でもかまいません。

■――データ送信先のService Discoveryプラグインでの管理

データ送信先は、Service Discoveryプラグインを用いて、もっと違う形でも管理できます。データ送信先を<server>セクションのリストで管理するのはわかりやすく手軽な方法です。しかし、送信先ホストが多くなってきたときに多数の<server>セクションを設定ファイルに並べるのは、あまり見通しが良くありません。さらに、送信先のリストを更新するには、設定ファイルを書き換えたうえでFluentdの再起動などの設定変更反映の作業が必要です。

こういった問題を解決するため、out_forwardプラグインはService Discoveryプラグインを利用できます。現在のout_forwardプラグインは、<server>セクションのリストによる送信先の管理も、実際にはsd_staticプラグインによって行っています[注26]。これも含めて組込みで提供されているService Discoveryプラグインは次のとおりです。

- sd_static
  設定ファイル中で定義された固定のサービスのリストを読み込む
- sd_file
  ローカルファイルに記述されているサービスのリストを読み込む
- sd_srv
  DNS拡張仕様であるSRVレコードを用いてサービスのリストを解決する

sd_fileプラグインは、ファイルの内容が変更されたときに自動的に内容を再読み込みしてサービスのリストを更新します。sd_srvプラグインは、一定時間ごとにサービスのリスト解決を再実行してリストを更新します。どちらもサービスのリスト更新にFluentdの再起動などを必要としないため、長期間の運用に便利です。

■――sd_fileプラグインによるService Discoveryプラグインの使用例

ここではデータ送信先の管理について、sd_fileプラグインによる記述例を紹介します。

まず、<match>セクションのout_forwardプラグイン設定に<service_discovery>セクションを指定し、そこでsd_fileをpathパラメータとともに指定します。

```
<match tag.*>
  @type forward
  <buffer>
    flush_interval 1s
```

注26 これが可能になったのはFluentd v1.8.0以降のことです。

```
  </buffer>
  <service_discovery>
    @type file
    path  /etc/fluentd/conf.d/services.yaml
  </service_discovery>
</match>
```

そして、上記セクションのpathパラメータで指定したservices.yamlファイルを次のように記述します。このファイルは、Fluentdプロセスから読み取り可能なようにパーミッションを設定する必要があります。

services.yaml

```
- name: host-1
  host: 127.0.0.1
  port: 24225
- name: host-2
  host: 127.0.0.1
  port: 24226
- name: host-3
  host: 127.0.0.1
  port: 24227
```

この状態でFluentdを起動すると、Fluentdのログに次の行が表示されます。

```
[info]: adding match pattern="tag.*" type="forward"
[info]: #0 adding forwarding server 'host-1' host="127.0.0.1" port=24225 weigh
t=60 plugin_id="object:7a8"
[info]: #0 adding forwarding server 'host-2' host="127.0.0.1" port=24226 weigh
t=60 plugin_id="object:7a8"
[info]: #0 adding forwarding server 'host-3' host="127.0.0.1" port=24227 weigh
t=60 plugin_id="object:7a8"
```

固定の<server>セクションを用いていても同じ表示が出ますが、ここでFluentdを起動したままservice.yamlに次の数行を足して上書き保存してみます。

services.yaml

```
- name: host-1
  host: 127.0.0.1
  port: 24225
- name: host-2
  host: 127.0.0.1
  port: 24226
- name: host-3
  host: 127.0.0.1
  port: 24227
- name: host-4      #
  host: 127.0.0.1   # この3行を足す
  port: 24228       #
```

すると、数秒で次の行がFluentdのログに表示され、足されたホストが正常にout_forwardプラグインのデータ送信先として認識されたことがわかります。

```
[info]: #0 adding forwarding server 'host-4' host="127.0.0.1" port=24228 weigh
t=60 plugin_id="object:7a8"
[info]: #0 Service in: name=host-4 127.0.0.1:24228
```

また、そのままhost-1のための3行を削除すると、次のようにデータ送信先から外れます。

```
[info]: #0 Service out: name=host-1 127.0.0.1:24225
```

このように、Service Discoveryプラグインを用いれば動的なデータ送信先の追加や削除が簡単に実現できることがわかります。

sd_fileプラグインはYAMLまたはJSONでのサービス記述に対応しており、どちらの形式かはファイルの拡張子(yaml、ymlまたはjson)によって判別します。また、サービスの各エントリにはname、host、portのほかに、weight、standbyや送信元、送信先の認証に用いるusername、passwordおよびshared_keyフィールドを指定できます。

```
- name: "destination-one"
  host: "192.168.11.22"
  port: 24224
  weight: 30
  standby: false
  username: "tagomoris"
  password: "this_is_my-secret-passw0rd"
  shared_key: "c0ffeedeadbeef"
```

通信の暗号化
TLSによる暗号化通信でデータを送る

out_forwardプラグインからin_forwardプラグインへの通信はデフォルトではTCPにより行われ、データは暗号化などされない状態で送られます。これはつまり、経路上に悪意ある機器やソフトウェアが存在した場合、データは盗聴や改竄《かいざん》に対して無防備であることを意味します。Fluentdの最も一般的な用途はデータセンター内のローカルネットワーク内での利用でしょうから、その場合は問題ありません。しかし、もし通信がインターネットなど第三者のネットワークを経由する場合、通信内容をどうにかして保護する必要があります。

通信内容を保護するためには暗号化を用いるのが一般的です。FluentdもTLSによる暗号化をサポートしています。TLSは現代のコンピュータによる通信において一般的な暗号化方式で、例としてはHTTPSにおける暗号化も

TLSを用いています[注27]。

■——暗号化のためのサーバ証明書の準備

TLSで暗号化を行うには、証明書や秘密鍵などの準備が必要です。Webサイトを公開する場合であれば公開認証局(Public CA、*Public Certification Authority*)と呼ばれる機関から証明書を取得するのが一般的でしょう。FluentdによるTLS通信においてもそういった証明書はもちろん使用できます(**図8.9**)。

注27 有名な暗号化方式としてSSL(*Secure Socket Layer*)がありますが、TLSはSSLの後継にあたるものです。SSLそのものはどのバージョンにおいても安全性が低いとみなされており強い非推奨となっているため、現在ではTLSのできるだけ新しいバージョンを使用するべきです。

図8.9 認証局から発行されるサーバ証明書を用いたTLS通信

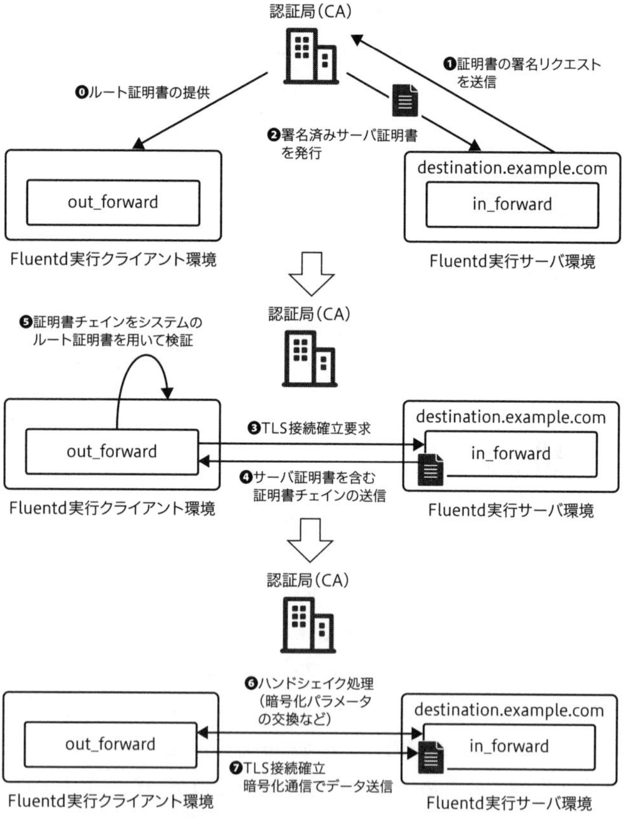

※TLS接続の解説は詳細をかなり省略している。証明書やTLSの詳細については、『プロフェッショナルSSL/TLS』(Ivan Risti著、齋藤孝道監訳、ラムダノート)などが参考になるだろう

認証局の多くは有料サービスですが、近年ではLet's Encrypt[注28]のような非営利で無料の認証局も利用できます。

しかし、公開認証局からの証明書を取得し維持するのはそう簡単ではありません。また、そういった証明書は接続先名（FQDN、*Fully Qualified Domain Name*、完全修飾ドメイン名）に制約がかかるため、一般に公開していないホスト名を使用したりIPアドレスを直接指定したりする接続方法での使用には向いていません。Webサイトの公開にはよくても、Fluentdで使用するには少し難しい点が出てくるでしょう。

別の方法としては、サーバとなる`in_forward`プラグインごとに証明書を作成し、それを事前に全クライアントに配布しておくというものがあります（**図8.10**）。この場合、それぞれのホストで作成した証明書を全クライアントに配布する必要があり、ホスト側の台数が多くなったときに管理が煩雑になります。途中からサーバが増える場合には追加された証明書をすでに稼働しているクライアントにどうやって配布するかなども難しい問題となるでしょう

注28　https://letsencrypt.org/ja/

図8.10　サーバ証明書を個別に作成し全クライアントに配布することでTLS通信を行う

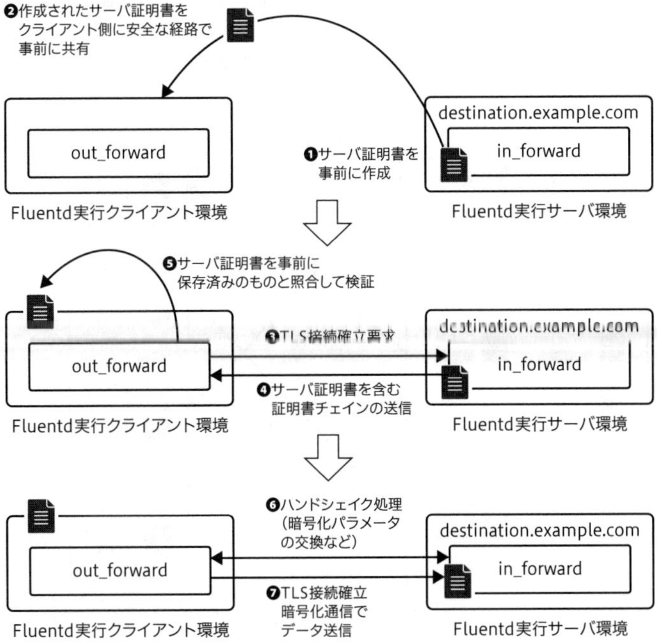

（図8.11）。

■——事前共有した証明書をCAとしてのサーバ証明書の生成

そこでFluentdでは、通信の暗号化のため、あらかじめ証明書と秘密鍵を作成して送信側と受信側の双方で共有しておき、その証明書を非公開認証局（Private CA）として用いる方法を提供しています。この非公開認証局の証明書を用いて、サーバ証明書が動的に生成されます（**図8.12**）。この方法は事前に証明書などを共有する手間がかかるのが問題です。しかし、どちらにせよFluentdそのものの設定ファイルなどを準備する必要はあるわけで、それに加えていくつかの手順が必要になるだけであれば、現実的な方法と言えるのではないかと思います。

ただし、この場合は自動生成されるサーバ証明書は自分のホスト名を知らずに生成されるものとなるため、クライアント側ではホスト名の検証を行えません。この制約が受け入れられない場合にはサーバ証明書をホストごとに作成して共有する方法をとるしかないでしょう。

実際の手順として次の作業を行います。

❶どこか1ヵ所で事前にCA証明書および秘密鍵を作成する
❷全クライアント（関連する全ホスト）のセットアップ時にCA証明書をインスト

図8.11　多数のサーバ証明書を継続的に管理するのは難しい

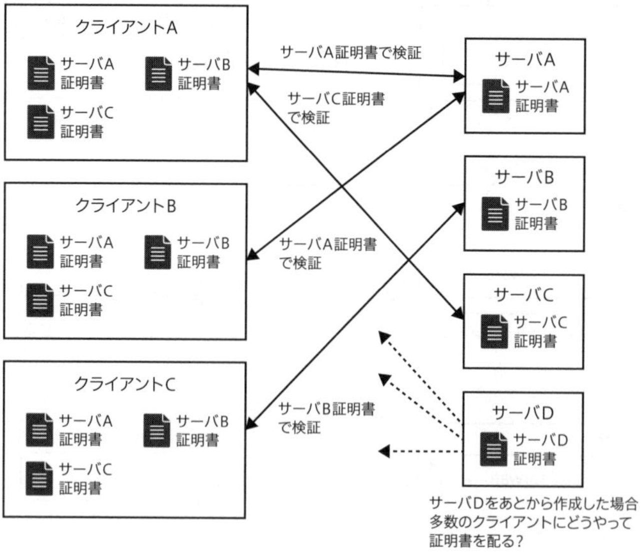

ールする

❸サーバ側のセットアップ時にCA証明書と秘密鍵をコピーする

❹サーバ側のFluentdに、CA証明書と秘密鍵を用いてサーバ証明書を動的に生成する設定を行う

❺クライアントのFluentdではCA証明書を用いてサーバ証明書を検証する

FluentdはCA証明書および秘密鍵を生成するユーティリティfluent-ca-generateコマンドを提供しています。❶では、このコマンドと自分で指定するパスフレーズ(秘密鍵のためのもの)を用いて、CA証明書と秘密鍵を次のように生成します。

```
$ fluent-ca-generate secrets "this is a secret fluentd passphrase"
successfully generated: ca_key.pem, ca_cert.pem
copy and use ca_cert.pem to client(out_forward)
$ ls -al secrets/
```

図8.12 事前に共有したCA証明書によりサーバ証明書を動的に生成して、TLS通信を行う

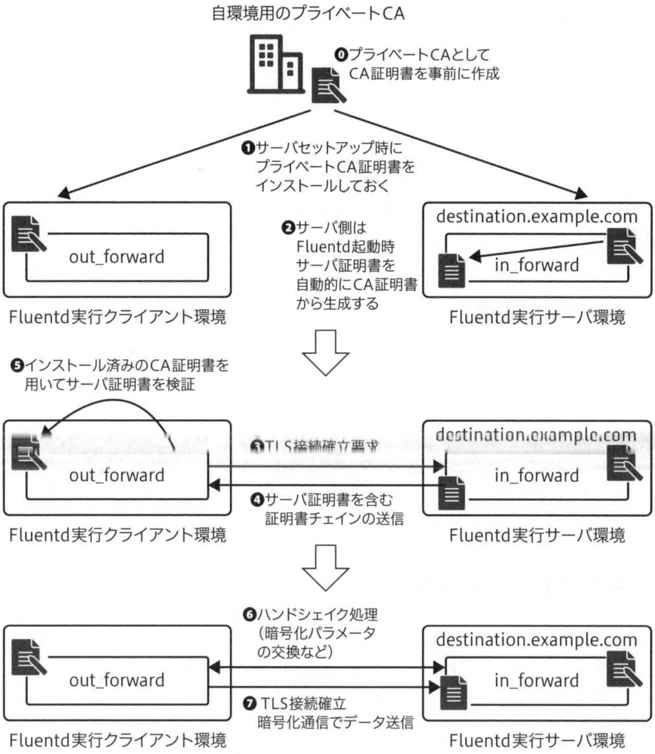

```
total 16
drwxr-xr-x   4 tagomoris  staff   128 Jul  7 11:48 .
drwxr-xr-x  14 tagomoris  staff   448 Jul  7 11:48 ..
-rw-r--r--   1 tagomoris  staff  1151 Jul  7 11:48 ca_cert.pem
-rw-r--r--   1 tagomoris  staff  1766 Jul  7 11:48 ca_key.pem
```

生成されたファイルca_cert.pemはCA証明書ファイルです。このファイルをコピーして、❷で全クライアント(out_forwardプラグイン)に配布します。サーバ(in_forwardプラグイン)には、ca_cert.pemに加えて秘密鍵ファイルのca_key.pem、およびパスフレーズを❸で共有します。パスフレーズはFluentdの設定ファイルにおいて記載します。秘密鍵およびパスフレーズは必要最小限のホストのみで共有するようにして、絶対にそれ以外のホストおよび不要な人には渡さないでください。

❹では、サーバ側で次のような設定を行います。in_forwardプラグインの設定において<transport tls>セクションを指定して、サーバの通信路におけるTLSの使用を指定します。またそこで、続く3つのca_パラメータでCA証明書、秘密鍵、パスフレーズを設定します。

サーバ側の暗号化設定

```
<source>
  @type forward
  port 24224
  <transport tls>
    ca_cert_path ./secrets/ca_cert.pem
    ca_private_key_path ./secrets/ca_key.pem
    ca_private_key_passphrase "this is a secret fluentd passphrase"
  </transport>
</source>
```

受け取ったイベントの表示設定

```
<match event.*>
  @type stdout
</match>
```

❺では、このサーバにデータを送信するクライアント側で次のように設定します。ホスト名検証を行わないようtls_verify_hostnameパラメータにてfalseが指定されていることに注意してください。

送信するサンプルデータの生成設定

```
<source>
  @type sample
  sample {"data":"secret"}
  tag event.sample
</source>
```

クライアント側の暗号化設定

```
<match event.sample>
  @type forward
  transport tls
  tls_cert_path ./secrets/ca_cert.pem
  tls_verify_hostname false
  <buffer>
    flush_interval 1s
  </buffer>
  <server>
    host 127.0.0.1
    port 24224
  </server>
</match>
```

これらのFluentdをそれぞれ起動すると、正しくデータが送信されることを確認できます。まずサーバ側を起動し、続けてクライアント側を起動します。クライアント側が起動したのち、サーバ側ログに受信データが順次表示されます。

サーバ側のFluentdを起動

```
$ fluentd -c tls_server.conf
2022-07-07 11:59:39 +0900 [info]: parsing config file is succeeded path="tls_s
erver.conf"

（中略）

2022-07-07 11:59:40 +0900 [info]: #0 starting fluentd worker pid=13783 ppid=13
769 worker=0
2022-07-07 11:59:40 +0900 [info]: #0 listening port port=24224 bind="0.0.0.0"
2022-07-07 11:59:40 +0900 [info]: #0 fluentd worker is now running worker=0
2022-07-07 11:59:43.090530000 +0900 event.sample: {"data":"secret"}
2022-07-07 11:59:44.026514000 +0900 event.sample: {"data":"secret"}
2022-07-07 11:59:45.074289000 +0900 event.sample: {"data":"secret"}
2022-07-07 11:59:46.023653000 +0900 event.sample: {"data":"secret"}
2022-07-07 11:59:47.063485000 +0900 event.sample: {"data":"secret"}
2022-07-07 11:59:48.005574000 +0900 event.sample: {"data":"secret"}
```

クライアント側のFluentdを起動

```
$ fluentd -c tls_client.conf
2022-07-07 11:59:41 +0900 [info]: parsing config file is succeeded path="tls_c
lient.conf"

（中略）

2022-07-07 11:59:42 +0900 [info]: #0 starting fluentd worker pid=13798 ppid=13
784 worker=0
2022-07-07 11:59:42 +0900 [info]: #0 fluentd worker is now running worker=0
```

通信の暗号化にはさまざまなパターンの設定が存在します。また、ここでは言及しませんでしたが、クライアント証明書を用いることでもクライアントの認証を行えます。これら異なるバリエーションの設定の詳細については、Fluentdのドキュメント[注29]を参照してください。

送受信の相手の相互認証

Fluentdのin/out_forwardプラグインは、データ送受信に先立って認証を行う機能を持っています。

out_forwardプラグインからデータを送信するときには、送信先をホスト名またはIPアドレス、およびポート番号で指定します。これがデータセンター内のホストどうしであれば問題ありません。しかし、インターネットを経由した通信でデータを送ろうという場合には、送信先が本当に意図した相手かどうかを確認しなければなりません。また、自分がin_forwardプラグインを使用するデータ受信側でも、意図しない相手から意図しないデータを受け取りそれが正当なデータと混在してしまえば、困難な状況となるのは明らかです。

こういった状況は、特にIPアドレスによる接続相手の指定を行っている場合に起きる可能性があります。現在よく使われているクラウド環境においては、グローバルIPアドレスは一時的に割り当てられたものということもよく起きます。そのため、特に誤ったことをしていなくても、先日までは自分が使用していたグローバルIPアドレスを今では他人が使用しているということも起きかねません。このとき、送信元のFluentd設定ファイルにおいてIPアドレスが更新されていなければ、他人のホストに対してデータ送信を試みてしまいます(**図8.13**)。

認証機能はこういった問題を防止するためのものです[注30]。

■——共有キーによる送受信相互の認証

共有キーとは、送信側と受信側が事前に共有しておく秘密の文字列のことです。送信側と受信側の双方がそれぞれある共有の文字列を設定しておき、これが送信側と受信側で一致しなければデータの送信を行わない、あるいはデータの受信を受け付けないためのものです(**図8.14**)。

共有キーは、out_forwardプラグインとin_forwardプラグインのどちらに

注29 https://docs.fluentd.org/input/forward#tips-and-tricks

注30 プロトコルの認証処理については、詳細を第15章で解説しています。やりとりされるデータの正確な内容などはそちらを参照してください。

おいてもshared_keyパラメータを使用して設定します。プラグイン全体で1つのshared_keyパラメータ設定値を用います。あるいは、接続先あるいは接続元のホストそれぞれに対して個別にもshared_keyの値を指定できます。見知らぬ他人との誤った接続の防止であれば、プラグイン全体での共有キーを用いるだけでよいでしょう。同じデータセンターおよびネットワークを用いている複数のシステムが存在し、それぞれのデータの混在を防ぎたいなどの要件があれば、ホスト単位での共有キーの指定なども選択肢に入るかもしれません。ホスト単位での共有キーの指定は、プラグイン全体での指定に追加する形で行います。

図8.13 グローバルIPアドレスの再利用による意図しない外部へのデータ送信

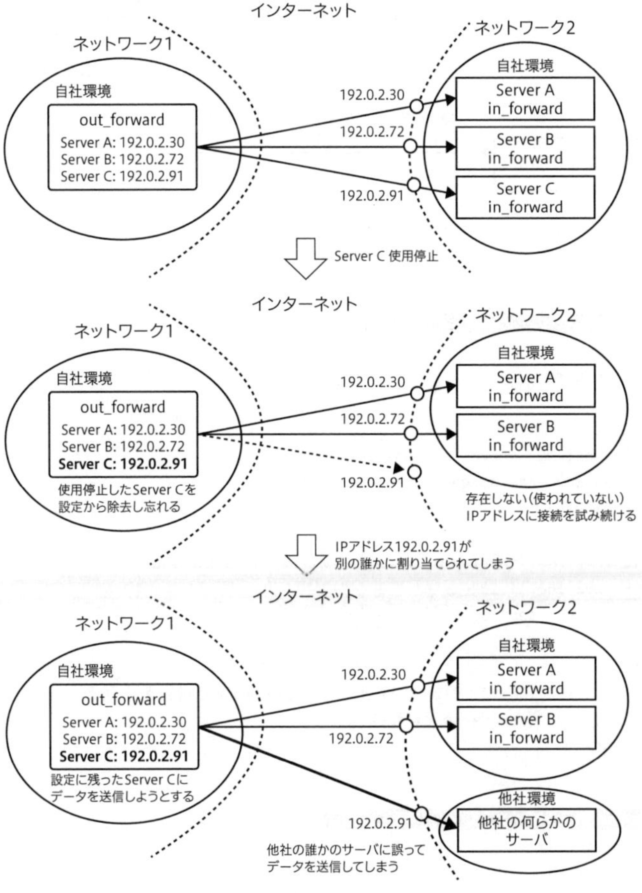

図8.14 共有キーの確認失敗からのサーバ側による通信中断とクライアント側による通信中断

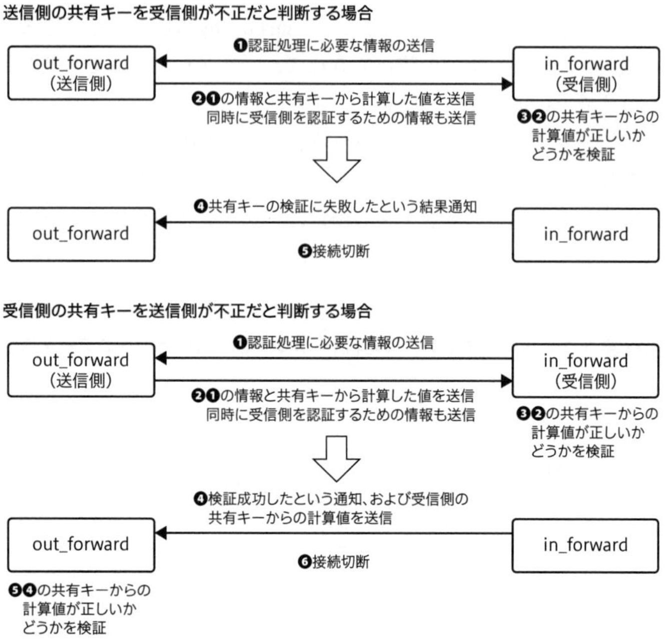

in_forwardのプラグイン全体での共有キー指定

```
<source>
  @type forward
  # ...
  <security>
    self_hostname server.hostname.example.com
    shared_key "random_generated_string"
  </security>

  <client> # ホスト単位の指定が必要な場合はこれも設定する
    host 192.168.11.10
    shared_key "host-specific-key"
  </client>
  <client>
    network 192.168.128.0/24 # hostもしくはnetworkで対象を指定する
    shared_key "network-specific-key"
  </client>
</source>
```

out_forwardのプラグイン全体での共有キー指定

```
<match my.tag.*>
  @type forward
```

```
  # ...
  <security>
    self_hostname client.hostname.example.com
    shared_key "random_generated_string" # in_forwardと一致していること
  </security>

  <server>
    host 192.168.11.1
    # ホスト個別の共有キーも<server>セクションで指定できる
    shared_key "host-specific-key"
  </server>
</match>
```

共有キーは送信側と受信側の双方で特定の文字列を共有して接続の安全性を向上するための機能ですが、これでは機能として不十分な場合も存在します。特に、データ収集が広い範囲に渡って行われており、データ送信側が複数の担当者によってコントロールされているが、お互いには分離されている場合です。このような場合、複数の担当者で1つ、もしくは少数の共有キーだけを頼りに認証を行うのは無理があります。

■──ユーザー名とパスワードによる送信者の認証

送受信時の認証において、データ送信側が多数の担当者によってそれぞれコントロールされている場合に使用できるのが、ユーザー認証、つまり、ユーザー名とパスワードによる個別の認証です。データ送信側の担当者ごと、あるいはシステムごとにユーザー名とパスワードの組を発行して管理しておけば、データを受け入れるかどうかをシステムごとに個別に管理できます。また、送信元ホストごとに受け入れるユーザー名を限定できたり、パスワード認証を共有キー認証と組み合わせたりできます。

in_forwardでのユーザー認証の設定

```
<source>
  @type forward
  # ...
  <security>
    self_hostname server.hostname.example.com
    # shared_keyなども設定する

    # ユーザー認証を有効化
    user_auth true
    # ユーザー認証していない接続を受け入れるかどうか、デフォルトはtrue
    allow_anonymous_source false

    # 認証用ユーザー名とパスワードのペアを<user>セクションで列挙
    <user>
```

```
      username user1
      password password1
    </user>
    <user>
      username user2
      password password2
    </user>
    # ...

    <client>
      network 192.168.11.0/24
      users user1, user2  # このネットワークから受け入れるユーザーを列挙
    </client>
    <client>
      network 192.168.23.0/24
      users user3, user4
    </client>
  </security>
</source>
```

out_forwardでは送信先サーバ情報に、接続に使用するユーザー名とパスワードを記述

```
<match my.tag.*>
  @type forward
  # ...

  <server>
    host 192.168.11.1
    username user2
    password password2
  </server>
</match>
```

ユーザー名とパスワードのリストはFluentdの設定ファイルに直接記述すると管理が面倒になります。別ファイルに書き出しておいて@includeを使ってもよいでしょう。

users.conf

```
<user>
  username user3
  password secret_user3_password
</user>
<user>
  username user4
  password secret_user4_password
</user>
# 以下必要なだけ<user>...</user>を繰り返し
```

全体の設定ファイルfluentd.confでusers.confを読み込む

```
<source>
  @type forward
```

```
  # ...

  <security>
    # ...
    @include users.conf

    # <client> など
  </security>
</source>
```

キープアライブの利用
確立した接続を再利用して接続負荷を削減する

キープアライブ(*keepalive*)は、一度確立した接続をデータ送信後すぐには切断せず、次回以降のデータ送信にも再利用する機能です注31。デフォルトではキープアライブは無効となっており、out_forwardプラグインは、送信先ホストに接続しデータを送信すると、すぐにその接続を切断します。次にデータを送信するときには、また新しい接続を確立します。キープアライブを有効にした場合、out_forwardプラグインはデータ送信後も接続を切断せず残しておき、次のデータ送信時にはその接続を再利用してデータを送ります注32。

キープアライブは、out_forwardプラグインの設定でkeepaliveパラメータを用いて有効にします。また、keepalive_timeoutパラメータでは、接続のタイムアウト(確立したまま保持する時間の限度)を指定します。タイムアウトを過ぎた接続は切断されます。タイムアウトを指定しない場合、接続は切断されず無制限に保持されます。

キープアライブを有効にし、タイムアウトを3分に設定する
```
<match my.tag.*>
  @type forward
  keepalive
  keepalive_timeout 3m
  # ...
</match>
```

TLSによる暗号化通信と送受信の相手の相互認証は、どちらも接続確立時に処理を必要とするため、接続の確立と切断を高頻度で繰り返すと通信効率が悪くなります。このため、暗号化および認証を有効化している環境で大量のデータ送信を行っている場合には、キープアライブの利用を考えてもよいでしょう。

一方で、確立したままの接続を保持し続けるのは、接続相手の側にある程

注31 キープアライブはFluentd特有のものではありません。通信に関連する分野では、一度確立した接続を切断せず再利用する機能として一般的なものです。

注32 通信プロトコルの面におけるキープアライブの詳細は15.6節で解説します。

度の負荷がかかります。キープアライブが有効な接続が大量にあると、送信先サーバの側でCPU負荷の上昇や利用可能なポートの枯渇といった現象を起こすかもしれません。また、確立したままの接続が大量にあると、通信経路上にあるネットワーク機器にも負荷がかかったり、長時間確立したままの接続を通じてデータを送ろうとしたときにエラーが発生したりします。

　このようなトラブルを避けるため、受信側には接続のキープアライブを拒否する機能があります。in_forwardプラグインのdeny_keepaliveパラメータで有効にします。この機能が有効な場合、in_forwardプラグインはデータ受信が終わるたびに接続を強制的に切断します。

データ受信後に接続を切断する

```
<source>
  @type forward
  # ...
  deny_keepalive
</source>
```

HeartbeatのUDP利用
通信負荷を削減する

　out_forwardプラグインは、データ送信先が正常に動作しているかについての状態を常に監視しています。正常に動作していない＝データ送信ができなさそうなホストは、データ送信の宛先リストから一時的に外されます。この状態の監視のしくみをHeartbeat《ハートビート》と呼びます。

　デフォルトでは、データ送信の場合と同様にHeartbeatは相手までの接続を試し、その接続が成功したかどうかをもって確認としています。つまり、暗号化を設定していなければTCPで、暗号化が設定されていればTLSでサーバに接続し、成功すれば相手は正常に動作しているとみなすということです。この方式は比較的ネットワークに対する負荷が大きく、通信量がそれなりに増大するという特徴があります。

　out_forwardプラグインは、HeartbeatとしてUDP（*User Datagram Protocol*）パケットを用いる方法もサポートしています。heartbeat_typeパラメータにudpを指定することで使用できます。ポート番号はportパラメータで指定したデータ送信用の通信と同じポート番号を使用します。UDPパケットを送信し、相手から返信のUDPパケットを受け取れれば、相手を正常に動作しているとみなします。

　これはデフォルト（heartbeat_type transport）の方法に比べて通信量が小さいため、ネットワークにかける負荷を抑えられます。ただし、ネットワークセキュリティなどの理由で通信プロトコルやポートをあらかじめ明らかにしておく必要がある場合は注意してください。ファイアウォールやルータなどの設定によってはUDPでの通信が失敗し、相手が通信不可能であると判断されるかもしれません。

受信したデータの制御

in_forwardプラグインが外部から受け取ったデータは通常そのままFluentdの内部に流されますが、何も制御しないとほかのデータと混ざって、適切に処理できない場合があります。このことを防ぐため、いくつかの機能が利用できます。

■──ラベルによる受信データ処理方法の制御

in_forwardプラグインで受信したデータの処理方法の制御については、@labelパラメータを使用していればタグにかかわらずFilterプラグインとOutputプラグインを適用できます。通常のルーティングには@labelパラメータを用いるべきです。

■──受信データのタグの変更

受け取ったデータのタグは送信側でイベントに付けられていたタグがそのまま使用されます。しかし、Fluentdではタグを内部ルーティングに使用している場合が多く、またOutputプラグインで出力先の決定にタグを用いていることも多いでしょう。送信側が自由にタグを付けていると、うまくルーティングされないイベントが出てくることが考えられます。意図的ではなくても、何らかのミスで設計意図にないタグが付けられる場合もあるでしょう。

こういった事態のために、in_forwardプラグインは受け取ったイベントのタグを変更するためのパラメータを用意しています。tagパラメータを指定すれば、in_forwardプラグインが受け取ったイベントのタグをすべて指定したタグに置き換えられます。add_tag_prefixパラメータを使用した場合には受信したイベントのタグの前に指定した文字列を加えることができます。

```
tag my.eventを指定した場合
入力イベントのタグ example.input ➡ my.event

add_tag_prefix my.eventを指定した場合
入力イベントのタグ example.input ➡ my.event.example.input
```

■——受信データへの送信元情報の追加

in_forwardプラグインは受信したデータに送信元情報を追加する機能を持っています。これも受信したデータの制御の一環です。

in_forwardプラグインはデータをさまざまな送信者(ソフトウェア)から受け取ります。具体的には、Fluentd(out_forwardプラグイン)はもちろん、組込みやコンテナなどの環境を特に重視したFluent Bit[注33]も数多くの環境で使われています。各言語用のロガー実装などもin_forwardプラグインが受け取れるプロトコルで直接データを送信してきます[注34]。

さまざまなところから送られてくるデータを受け取ってまとめて保存するとき、そもそもこのデータはどこから来たものかということが問題になる場合があります。データそのものの内容はわかっても、それがどこから送られてきたかによって意味が異なるケースもあります。もう送られてくるはずのない種類のデータがまだ届き続けているが、送っているホストがどれかわからないということも起きるでしょう。

こういった状況を防げるよう、in_forwardプラグインでは送信元ホストについての情報をレコードに注入するためのパラメータsource_address_keyとsource_hostname_keyを備えています。どちらかまたは両方を有効にすることで、レコードに送信元ホストのIPアドレスもしくはホスト名を指定したフィールド名にセットできます。

in_forwardの設定
```
source_address_key "sender_address"
source_hostname_key "sender_hostname"
```

送られてきたレコード
```
{
  "message": "this is an example"
}
```

in_forwardを経由したあとのレコード
```
{
  "message": "this is an example",
  "sender_address": "192.168.0.123",
  "sender_hostname": "client123.example.com"
}
```

なお、このオプションを有効にすると、in_forwardプラグインが受け取ったデータすべてを操作することとなるため、パフォーマンスにかなりの影響

注33 https://fluentbit.io/

注34 Fluentdにログメッセージを直接送信するロガーライブラリは、いくつもの言語に存在します。これらのライブラリを総称してfluent-loggerと呼びます。

があります。すでにFluentdが高いCPU使用率を示している場合は影響を十分に確認してから有効化するか、あらかじめ負荷をほかのホストに分散してから有効化することをお勧めします。

■──安全に扱えない受信データの無視

データを制御するという意味では、安全に扱えない受信データを無視することが必要になる場合もあります。Fluentdのin_forwardプラグインが受け取るデータはさまざまなソフトウェア、あるいはさまざまな設定のFluentdが送信してきます。しかし、データ送信元の特性と設定によっては、受信側のFluentdが正常に扱えないデータである可能性もあります。また、送信元のソフトウェア、特にロガーを使用するアプリケーションコードによって、Fluentdのイベントとしては正しくないデータを送信してしまえるものもあります。

in_forwardプラグインにはこういったデータを無視するためのオプションも存在します。入口で不正なデータを無視することで、少なくともほかのデータの処理には影響を出さないようにできます。多様な、あるいはコントロールのできない送信元からのデータを高い信頼性で処理しなければならない場合にはこのオプションの有効化を検討してもよいでしょう。

in_forwardの設定

```
skip_invalid_event true # デフォルトはfalse
```

ここで不正(*invalid*)とされるのは日時がIntegerオブジェクトまたはFluent::EventTimeオブジェクトでない場合、タグが文字列でない場合、およびレコードがHashオブジェクトでない場合です。このオプションも、有効にしたときにはin_forwardプラグインが受け取ったデータすべてをチェックするため、性能に影響があることに注意してください。

8.5 out_copyプラグイン 複数のプラグインとの組み合わせでデータを別々に処理する

out_copyプラグインはデータの複製機能を実現します。

Fluentdで行うデータ処理が複雑化していくとき、まず必要になるのが、あるデータを2通りの方法で処理するということです。単純にデータを収集して1ヵ所に保存していたところから、同じデータを別のもっと利用しやすい場所にも保存して有効活用を図るというケースは想像しやすいでしょう。単に保存していたデータを、分析のために検索用データベースにも保存するというのがよくある例です(**図8.15**)。

図8.15 単純に保存していたデータを運用者が使いやすいところにも保存することで、データの利用を進められる

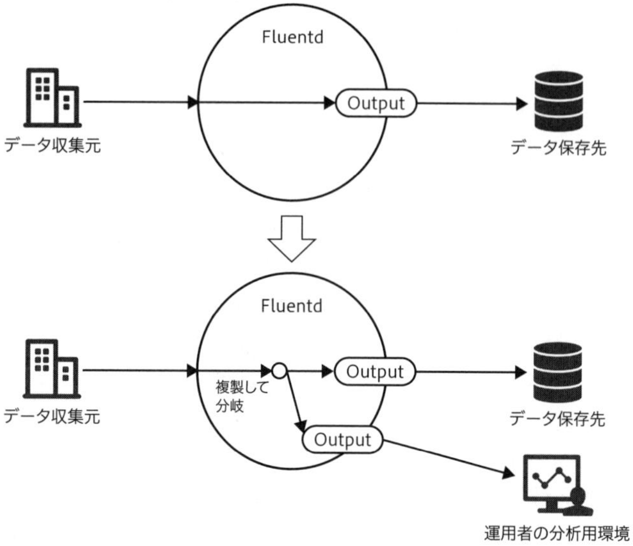


```
<match target.event.*>
  @type copy
  <store>
    @type file
    # ...
  </store>
  <store>
    @type forward
    # ...
  </store>
  <store>
    @type stdout
    # ...
  </store>
</match>
```

out_copyプラグインは、設定の<store>セクション内に記述したOutputプラグインによってデータを処理します。<store>セクションが複数記述されている場合にはそのすべてを用いて同じデータを処理します。

ほかのOutputプラグインとの組み合わせ例

out_copyプラグインは必ずほかのOutputプラグインと組み合わせて使用す

るプラグインです。ここで代表的な使用例を紹介します。

■——out_stdoutプラグイン　データの中身を確認する

out_stdoutプラグインは、対象のイベントをFluentdのログに出力して可視化します。out_copyプラグインの最も初歩的で、かつ効果的な使い方は、out_stdoutプラグインと併用してFluentd内部を流れているデータを確認することでしょう。収集したデータをout_forwardプラグインで外に送信するというFluentdの設定を行っているとき、実際にどんなデータが送信されていっているのかは簡単には確認できません。受信側での確認も難しい場合には、送信側でout_copyプラグインをout_stdoutプラグインと併用して、ログにどんなデータが送信されているのかを表示させて確認できます(**図8.16**)。

out_copyを利用した設定

```
<match event.to.transfer>
  @type copy
  <store>
    @type forward
    # ...
  </store>
  <store>
    @type stdout
  </store>
</match>
```

ログで確認できるイベント出力

```
2022-07-16 17:36:24.082289000 +0900 event.to.transfer: {"data":"sample data!",
"sequence":1}
2022-07-16 17:36:29.080381000 +0900 event.to.transfer: {"data":"sample data!",
"sequence":2}
2022-07-16 17:36:34.083885000 +0900 event.to.transfer: {"data":"sample data!",
"sequence":3}
```

なお、Fluentd内のイベントをログに表示させるだけであれば、現在ではより簡単な方法としてfilter_stdoutプラグインも使用できます。

図8.16　out_copyを用いて処理データの内容をログに出して確認する

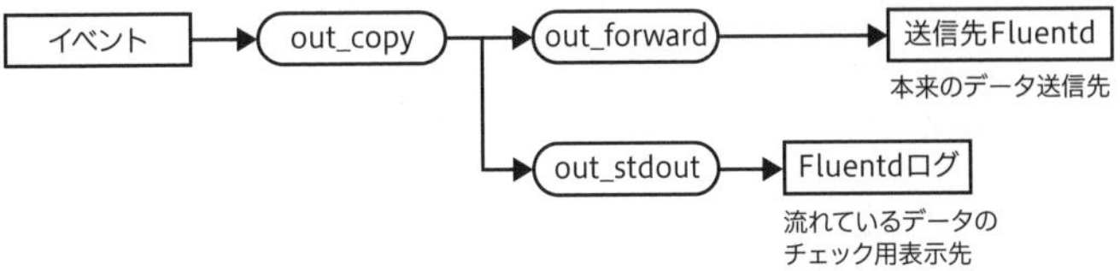

```
<filter event.to.transfer>
  @type stdout
  # マッチするイベントがログに表示され、次のOutputプラグインにも渡される
</filter>

<match event.to.transfer>
  @type forward
  # ...
</match>
```

こちらのほうが設定ファイルの編集量は少なくて済むため、便利な場合があるかもしれません。

■──out_relabelプラグイン　データを別のパイプラインへ分岐する

out_relabelプラグインは、渡されたイベントをラベルを付けなおして再度ルーティングするためのものです。

out_copyプラグインは複数のOutputプラグインにイベントを渡すためのものでした。しかし、複数のFilterプラグインも含めたデータ処理パイプライン全体を分岐したいという場合にはどのようにすればよいでしょうか（**図8.17**）。これはout_copyプラグイン単体では実現できませんが、out_relabelプラグインを併用することで可能となります。

```
<match events.*>
  @type copy
  <store>
    @type relabel
    @label @pipeline_file
  </store>
  <store>
    @type relabel
    @label @pipeline_forward
  </store>
</match>
```

図8.17　データ処理パイプライン全体を分岐させたいこともある

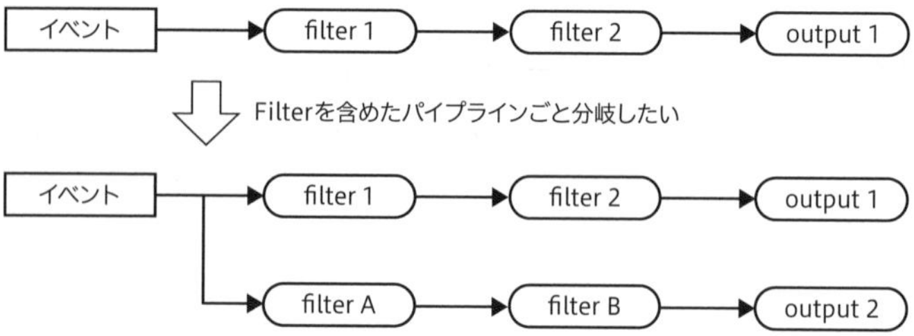

```
<label @pipeline_file>
  <filter *>
    @type my_filter_one
  </filter>
  <match *>
    @type file
    # ...
  </match>
</label>

<label @pipeline_forward>
  <filter *>
    @type my_filter_two
  </filter>
  <match *>
    @type forward
    # ...
  </match>
</label>
```

この方法はタグベースのルーティングをラベルベースのルーティングに変換する方法としても使えます。設定のネストが深くなるのを避けられる利点もあります。out_copyプラグインの設定に大量の記述があるなど、Fluentdの設定が複雑化してきたときにはout_relabelプラグインを積極的に用いるとよいかもしれません。

copy_modeパラメータ
他プラグインの影響を排除する

out_copyプラグインのcopy_modeパラメータは、出力用のOutputプラグインにイベントを渡す方法を制御するためのものです。

out_copyプラグインは、同じイベントを複数のOutputプラグインに渡します。実際のデフォルト動作としては、データそのものは複製せず、同じデータをそのまま複数のOutputプラグインに渡しているだけです。これがどういう影響を及ぼすかというと、渡したプラグインの中にレコードを改変する挙動をするものがあると、ほかのプラグインもその改変されたレコードを受け取る現象を引き起こします。

```
<match my.events.*>
  @type copy
  <store>
    @type my_output_one
    # ここでレコードに "current_address": "192.168.0.11" が追加されると
  </store>
```

```
  <store>
    @type my_output_two
    # ここでもレコードに "current_address" フィールドが見えてしまう
  </store>
</match>
```

こういった問題を回避するために、copy_modeパラメータを指定できます。copy_modeパラメータの値はデフォルトでno_copy[注35]となっていますが、ほかにshallow、deep、marshalモードを選択できます。どれもno_copyに比べて高い負荷がかかります。

■──単純なコピーによるレコードへの変更の回避

copy_mode shallowは、3つのモードの中で最もパフォーマンスが良いオプションです。これはレコードのHashオブジェクトを単純に複製(*shallow copy*)して各Outputプラグインに渡すものです。この機能でも先述の例のOutputプラグインにおける単純なフィールドの追加や削除といった操作の影響は排除できます。

```
<match my.events.*>
  @type copy
  copy_mode shallow
  <store>
    @type my_output_one
    # ...
  </store>
  # ...
</match>
```

ただし、レコード中のあるフィールドの文字列値を書き換えられた場合など、レコードに含まれている値を変更された場合には、この方法では影響を排除できません。

■──深いコピーによるレコードの値への変更の回避

copy_mode deepとcopy_mode marshalは、どちらもイベント全体をディープコピー(*deep copy*)と呼ばれる手法で完全に複製してOutputプラグインに渡すオプションです。このオプションを使用した場合、レコード中の値の編集まで含めてOutputプラグインによるあらゆる操作の影響をお互いに排除できます。しかし、パフォーマンス上はshallowに比べてもかなりのオーバーヘ

注35 no_copyは、前述したデータそのものを複製しないという挙動を表しています。プラグイン名に反するデフォルト動作に見えるかもしれませんが、プラグイン名のcopyは結果としてイベントのコピーが複数回出力されることを示したもので、内部的なデータのコピー方法を示しているわけではないという解釈は成立するでしょう。

ッドがかかります。

なお、deepはMessagePack注36を用いて複製するもので、一部のRubyオブジェクトについては処理に失敗することがあります。こういったときにはmarshalを使用すればよいのですが、marshalはdeepに比べて非常に遅い手法のため、扱いには注意が必要です。また、deepで処理できないイベントはin/out_forwardプラグインによる送受信も行えません。それを考えると、データの側をdeepで処理できるように変更したほうが、あとあとにはよいかもしれません。

出力エラーの扱いの変更
プラグインによる処理失敗を無視する

out_copyプラグインは、Outputプラグインにおける出力エラーの扱いを変更できます。out_copyプラグインは1つのイベントを複数のOutputプラグインで処理します。このときどれか一つのOutputプラグインでも処理を失敗すると、out_copyプラグインそのものの処理の失敗としてエラーを報告してしまいます。また、このとき、まだ処理を行っていないOutputプラグインは未処理のままになります。バッファリングを行うプラグインではバッファの書き込みに失敗しない限り起こらないため、あまり気にしないでもよいでしょう。しかし、バッファリングを行わないOutputプラグインが含まれている場合は注意する必要があります。

```
<match events.*>
  @type copy
  <store>
    @type fragile
    # このプラグインで処理が失敗
  </store>
  <store>
    @type ignored
    # このプラグインにはイベントが渡されない
  </store>
</match>
```

■──ignore_errorオプション　特定プラグインでの失敗を無視する

処理に失敗するかもしれないプラグインを入れたいがほかのプラグインでの処理は確実に行われないと困る、また、失敗したときにその失敗を無視してもよい場合にはignore_errorオプションが使用できます。これを引数に指

注36　in/out_forwardプラグインがデータ送受信時に用いるバイナリ形式のことです。詳細は6.6節で解説しています。

定した<store>セクションのOutputプラグインで処理時に何かエラーが起きても、そのエラーは無視され、ほかのプラグインにイベントが渡されます。ログには発生したエラーが表示されます。

```
<match events.*>
  @type copy
  <store ignore_error> # セクションの引数でオプションを指定する
    @type fragile
    # このプラグインで発生するエラーは無視される
  </store>
  <store>
    @type yay
    # 前の<store>でエラーが起きてもイベントはここに渡される
  </store>
</match>
```

■──ignore_if_prev_successオプション　前プラグインが失敗したときに出力を実行する

複数の<store>セクションを定義し、かつ直前の<store>セクションにおいてエラーが発生したときだけフォールバック先として処理を実行することもできます。<store>セクションの引数にignore_if_prev_successオプションを指定することにより実現できます。

```
<match events.*>
  @type copy
  <store ignore_error>
    @type challenging
    # このOutputプラグインはたまに処理に失敗する
  </store>
  <store ignore_if_prev_success>
    @type file
    # 前の<store>が処理に失敗した場合は該当のイベントをファイルに保存しておく
  </store>
</match>
```

こうしておくと処理に失敗したイベントだけを保存したファイルが作成され、あとからその内容を確認したり再処理したりすることもできます。バッファリングを行うプラグインであればSecondary Outputにより実現できる機能ですが[注37]、out_copyプラグインのこの機能はバッファリングを行わないプラグインに対して働く、あるいはバッファリングに失敗する場合に働く点が異なります。

注37　Secondary Outputの詳細は7.4節で解説しました。

8.6 filter_grepプラグイン 正規表現を用いてデータを選別する

一部のデータのみを選別する、あるいは一部のデータのみを除去するためのプラグインとして組込みで用意されているのがfilter_grepプラグインです。

Fluentdでさまざまなデータを収集、保存すると出てくる要求の一つが、不要なデータを除去してから保存したいというものです。前述のout_copyプラグインの解説において例示した「保存用とは別に検索用データベースにもデータを保存したい」などが良い例です。検索用データベースにもデータを保存したいが、デバッグ目的などの不要なデータ、顧客の個人情報やシステムの秘密情報など作業者に見せてはいけないデータは検索用データベースから除去したい、といった要求があり得ます。

filter_grepプラグインはレコードの選別、除去を行うのに正規表現を用いるため、特に文字列のパターンを対象として強力な機能を持っています(**図8.18**)。

また、このプラグインは文字列以外の形式のデータについては文字列化したうえで正規表現のマッチを試行します。

条件に合うイベントの選別

filter_grepプラグインにより条件に合うイベントを選別するには、<regexp>セクションを用います。このセクションはプラグイン設定の<filter>セクション内において複数指定できます。複数指定した場合はすべての正規表現がマッチしたイベントのみが選別され、それ以外のイベントは除去されます(**図8.19**)。このときkeyパラメータは正規表現のマッチ対象となるキーを指定しますが、複数の<regexp>セクションにおいて同じキーを指定するこ

図8.18 filter_grepプラグインによる特定データのみの選別と特定データのみの除去

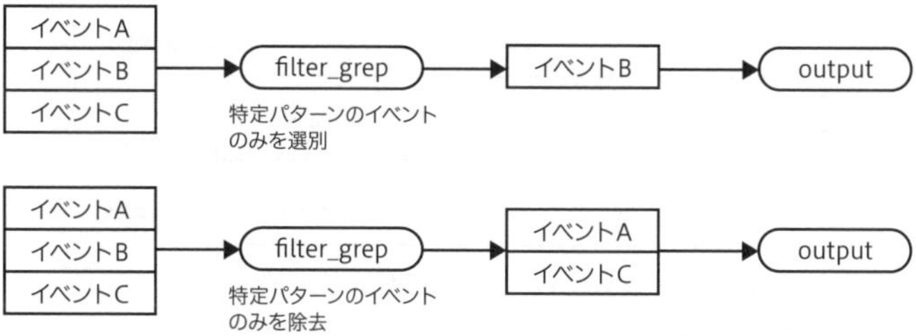

とはできず、エラーになります。patternパラメータではマッチに使用する正規表現を指定します。

```
<filter my.tag.*>
  @type grep
  # 以降すべての条件がマッチしたイベントのみが選別され、ほかは除去される
  <regexp>
    key address1
    pattern /tokyo/i
  </regexp>
  <regexp>
    key address2
    pattern /shibuya/i
  </regexp>
</filter>
```

filter_grepプラグインには<and>セクションが定義でき、その中に記述する条件はすべてマッチしなければなりません。これは<filter>セクションに直接記述する<regexp>セクションと同様の挙動ですので、次の例は前述のものとまったく同じ意味です。

```
<filter my.tag.*>
  @type grep
  <and>
    # 以降すべての条件がマッチしたイベントのみが選別され、ほかは除去される
    <regexp>
      key address1
      pattern /tokyo/i
    </regexp>
    <regexp>
      key address2
      pattern /shibuya/i
```

図8.19 filter_grepはデフォルトでは設定された複数の条件をすべて満たすイベントのみを選別する

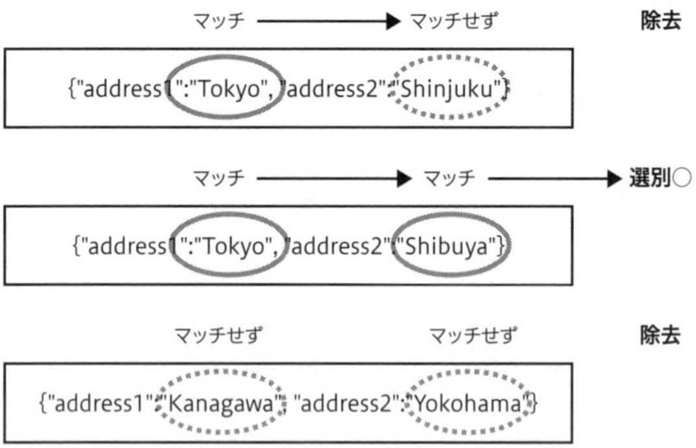

```
    </regexp>
  </and>
</filter>
```

逆に、複数の条件のうちどれか一つでもマッチするイベントを選別したい場合には<or>セクションを用います。

```
<filter my.tag.*>
  @type grep
  <or>
    <regexp>
      key address1
      pattern /tokyo|kanagawa|chiba|saitama/i
    </regexp>
    <regexp>
      key workplace
      pattern /tokyo/i
    </regexp>
  </or>
</filter>
```

この<and>や<or>セクション自体を複数記述することもできますが、1つのセクションにすべて書いた場合と同じ挙動となるため、あまり意味はありません。

条件に合うイベントの除去

基本的には通過させるが特定の条件に合うイベントは取り除きたいという場合は、filter_grepプラグインの<exclude>セクションを用います。そこで指定した正規表現にマッチするイベントは除去されます。<exclude>セクションも複数記述可能で、この場合、あるイベントが複数の<exclude>セクションのどれかに一つでもマッチしたら除去されます。

```
<filter my.tag.*>
  @type grep
  # どれか一つにでもマッチしたら除去される
  <exclude>
    key address1
    pattern /ehime|kochi|tokushima|kagawa/i
  </exclude>
  <exclude>
    key age
    pattern /^\d$/ # 年齢が1桁
  </exclude>
</filter>
```

<exclude>セクションはどれか一つにでもマッチした場合に有効となるので、これは論理和となり、<or>セクション内に<exclude>セクションを記述した場合と同じ意味です。

```
<filter my.tag.*>
  @type grep
  # 前の例と同じ意味
  <or>
    <exclude>
      key address1
      pattern /ehime|kochi|tokushima|kagawa/i
    </exclude>
    <exclude>
      key age
      pattern /^\d$/ # 年齢が1桁
    </exclude>
  </or>
</filter>
```

もちろん<exclude>セクションも<and>セクション内に記述できます。この場合はすべての条件にマッチしない限り除去されません。

```
<filter my.tag.*>
  @type grep
  <and>
    <exclude>
      key type
      pattern /shop/
    </exclude>
    <exclude>
      key items
      pattern /food|drink/
    </exclude>
  </and>
<//filter>
```

選別と除去、andとorを組み合わせた複雑な条件の記述

ここまでイベントの選別、除去を<and>セクションと<or>セクションとともに利用するパターンをそれぞれ紹介してきました。filter_grepプラグインでこれらをすべて組み合わせた場合はどうなるかというと、次の順序で各パターンが評価されます。

❶<and>内の<regexp>セクション（すべてにマッチするもの以外は除去）
❷<or>内の<regexp>セクション（どれにもマッチしないものは除去）
❸<and>内の<exclude>セクション（すべてにマッチするものは除去）
❹<or>内の<exclude>セクション（どれかにマッチするものは除去）

あまりに複雑なルールは、どんなイベントがこのフィルタを通過できるかをわかりにくくするため避けたほうがよいでしょう。ですが、複雑な1つの正規表現よりも、単純な正規表現いくつかを組み合わせたほうがわかりやすいこともあるでしょう。その場合に上述のルールを考慮してください。

深い階層構造を持ったレコードの処理

<regexp>および<exclude>の各セクションにおけるkeyパラメータでは、深い階層の値を指定できます。次の例のレコードで"Satoshi Tagomori"が入っている位置のデータを指定する場合には、$.author.details.fullnameをkeyにセットすれば正規表現マッチの対象にできます。

```
{
  "name": "Fluentd book",
  "pages": 350,
  "author": {
    "name": "tagomoris",
    "email": "tagomoris@gmail.com",
    "details": {
      "fullname": "Satoshi Tagomori",
      "nationality": "Japan"
    }
  }
}
```

この記法はrecord_accessorプラグインヘルパーで実現されており、filter_grepプラグインに限らず、このプラグインヘルパーを使用しているプラグイン全般で共通して使用できます。組込みプラグインではfilter_parserプラグイン、filter_record_transformerプラグインおよびformatter_csvプラグインでサポートされています。

8.7 filter_parserプラグイン レコード内のデータをさらに解析する

未解析データを含んでいるレコードを解析し、より意味のあるレコードに更新するためのプラグインがfilter_parserプラグインです。Fluentdが扱うデータは常にタグ、日時、レコードが付けられ、またレコードはキーと値ペアのリストとして各データに意味のある名前が付けられているという前提があります。しかし、現実のシステムにおいてはデータ収集時に即座にはデータの解析ができず、とりあえずの方法としてログ行全体を1つの文字列としてでも入力したい、といったケースもよく存在します。

未解析のログ行全体をそのまま含むレコード

```
{
  "log": "2022-05-13 17:34:20 +0900 [info] (4094): starting fluentd-1.12.2"
}
```

次のようなレコードであってほしい

```
{
  "timestamp": "2022-05-13 17:34:20 +0900",
  "level": "info",
  "pid": 4094,
  "message": "starting fluentd-1.12.2"
}
```

filter_parserプラグインはこういったレコード内の文字列を解析し、結果を新しいレコードとして次のFilterプラグインまたはOutputプラグインに渡します。

データの取り出し
レコードの値に含まれる情報をレコードとする

前出の未解析のログ行全体の例をfilter_parserプラグインを用いて処理し、データを取り出してみます。解析対象のフィールド名はkey_nameパラメータで指定します。このとき、logの文字列全体は特定のルールには従っているようですが、あくまでただの文字列のパターンなので、自分で形式を指定してやる必要があります。このときは正規表現が便利なため、parser_regexpプラグインが使えます。これは<parse>セクション内で@typeパラメータで指定し、expressionパラメータで解析対象の文字列のパターンを指定します。

```
<filter server.log>
  @type parser
  key_name log
  <parse>
    @type regexp
    expression /^(?<timestamp>[^\[]*) \[(?<level>[a-z]*)\] \((?<pid>\d+)\): (?
<message>.*)/
    types pid:integer
  </parse>
</filter>
```

また、<parse>セクション内ではtypesパラメータを用いてpidフィールドが整数値であることを指定しています。typesパラメータに指定するフィールド名と型が複数ある場合には,(カンマ)で区切って指定します。これでレコードとしては期待したものが得られます。タグはもとのイベントのタグがそのまま使われますが、イベントの日時には現在日時が使用されます。

この設定によって得られるイベントは次のようになります。解析結果によってレコード全体が置き換えられ、もとのレコードの内容は残りません。

```
タグ
server.log

日時
現在の日時

レコード
{
  "timestamp": "2022-05-13 17:34:20 +0900",
  "level": "info",
  "pid": 4094,
  "message": "starting fluentd-1.12.2"
}
```

イベントの更新
レコードの値に含まれる情報をレコードに加える

前の例では解析結果によってもとのデータが完全に置き換えられました。しかし、解析前のイベントの情報も残しておきたいケースもあるでしょう。この場合には`reserve_time`パラメータや`reserve_data`パラメータが使用できます。

```
<filter server.log>
  @type parser
  key_name log
  reserve_time true # もとのイベントの日時をそのまま使う
  reserve_data true # もとのレコードのデータ（logフィールド）も残す
  <parse>
    @type regexp
    expression /^(?<timestamp>[^\[]*) \[(?<level>[a-z]*)\] \((?<pid>\d+)\): (?
<message>.*)/
    types pid:integer
  </parse>
</filter>
```

得られるイベントデータは次のように変化します。

```
タグ
server.log

日時
もとのイベントデータの日時

レコード
{
```

```
  "log": "2022-05-13 17:34:20 +0900 [info] (4094): starting fluentd-1.12.2",
  "timestamp": "2022-05-13 17:34:20 +0900",
  "level": "info",
  "pid": 4094,
  "message": "starting fluentd-1.12.2"
}
```

ただし、ここでtimestampフィールドを取り出しているのだから、このタイムスタンプをイベントの日時にしたいというのも正当な要求だと言えるでしょう。この場合はParserプラグイン側で日時の解析を行うようにパラメータを追加します。

```
<filter server.log>
  @type parser
  key_name log
  reserve_data true
  <parse>
    @type regexp
    expression /^(?<timestamp>[^\[]*) \[(?<level>[a-z]*)\] \((?<pid>\d+)\): (?
<message>.*)/
    types pid:integer

    time_key timestamp                # 日時として解析するフィールド名を指定
    time_format %Y-%m-%d %H:%M:%S %z  # 日時の形式

    # レコードにtime_keyのフィールドを残すか（デフォルト：false）
    keep_time_key false
  </parse>
</filter>
```

これで次のようなイベントが得られます[注38]。

```
タグ
server.log

日時
2022-05-13 17:34:20.000000000 +0900

レコード
{
  "log": "2022-05-13 17:34:20 +0900 [info] (4094): starting fluentd-1.12.2",
  "level": "info",
  "pid": 4094,
  "message": "starting fluentd-1.12.2"
}
```

注38 設定例ではkeep_time_keyパラメータにfalseを指定しているため、レコードにtimestampフィールドは残っていません。

データの形式が変わっても、<parse>セクション内の@typeパラメータ指定を変えて異なるプラグインを使用することで、簡単に各種データ形式に対応できます。汎用的なデータ形式であれば、組込みのParserプラグインがJSON(parser_jsonプラグイン)、CSV(parser_csvプラグイン)、TSV(*Tab-Separated Values*、タブ区切り)(parser_tsvプラグイン)、LTSV(*Labeled Tab-Separated Values*)(parser_ltsvプラグイン)の各形式に対応しています。

filter_record_transformerプラグイン
独自のルールやRubyコードを用いてさらに複雑な処理を実現する

filter_parserプラグインよりもさらに複雑な機能を提供する組込みFilterプラグインとして、filter_record_transformerプラグインがあります[注39]。このプラグインはレコードの編集にParserプラグインを使わず、独自のルールを設定ファイルに記述するため、自由度が高いプラグインです。Parserプラグインの機能では足りなくなった場合にはこのプラグインの利用を検討してもよいかもしれません。

ただし、筆者としてはfilter_record_transformerプラグインを使うくらいであれば、実現したい処理の専用プラグインを自分で開発したほうがよいのではないかとも思います。filter_record_transformerプラグインのルールは設定ファイルに書かれテストもできず、複雑性が上がるとメンテナンスが難しくなるためです[注40]。

8.8 in_exec/out_execプラグイン
外部コマンドの実行によるデータの入出力

in_execプラグインとout_execプラグインはそれぞれ、外部コマンドを実行して結果をイベントとして取り込む機能と、外部コマンドを実行して出力データを渡す機能を実現します(**図8.20**)。

組込みあるいはgemとして多くのプラグインが提供されることで多様なユースケースに対応できるのがFluentdの最大の利点です。しかし、それでもプラグインではどうしても対応できないケースもあります。商用のソフトウェアなどとの間でのデータの入出力において、実行コマンドしか用意されていないというものが典型的でしょう。また、Fluentd導入前から使用しているデ

注39 https://docs.fluentd.org/filter/record_transformer

注40 Filterプラグインの開発については第10章、第12章などで解説しています。

図8.20 in_exec と out_exec を用いた外部コマンド実行によるデータの入出力

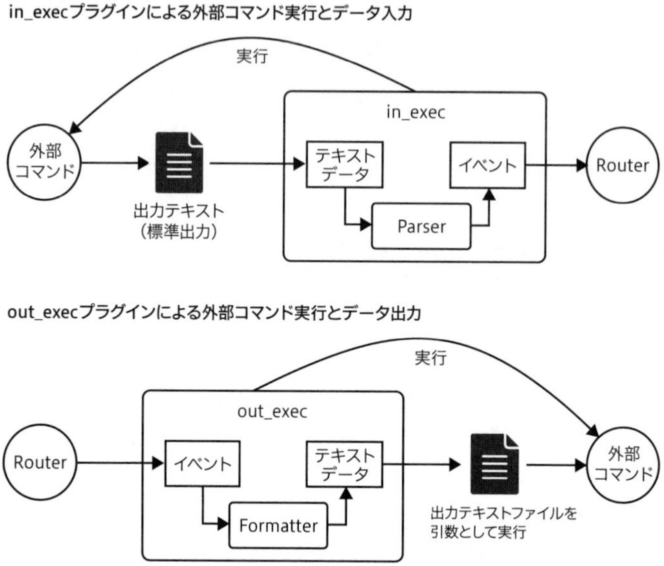

ータ収集用あるいは出力用のコマンドを持っていて、それをそのまま使い続けたいという状況もよくありそうです。このような状況で in_exec プラグインや out_exec プラグインを使用します。

in_execプラグイン
コマンド実行結果を取り込む

in_exec プラグインは外部のコマンドを実行し、その標準出力を解析してイベントとして取り込みます。出力の解析には、ほかのプラグインと同様に Parser プラグインを使用します。

■——起動後に継続的にデータを出力するコマンドの利用

in_exec プラグインのデフォルトの挙動では、外部コマンドは1回のみ起動されます。これは、一度起動したら終了されるまでは動き続けてデータを継続的に出力するコマンドを想定しているためです。

次の例では、tail -f コマンドを使ってあるファイルを読み出し続けるコマンドを実行しています。出力されるデータはタブ区切りのデータとします。

```
<source>
  @type exec
  command tail -f /var/log/mydevice/device_values.log
  <parse>
    @type tsv
    keys tag, time, device, temperature, voltage, uptime
  </parse>
  <extract>
    tag_key tag          # <parse>で指定したtagの値をタグとして使用
    time_key time        # <parse>で指定したtimeの値を日時として使用
    time_type unixtime   # 日時はUNIX timeで表現されていることを想定
  </extract>
</source>
```

プラグインの起動処理中にtail -fコマンドが起動されます。このコマンドから出力されてくるデータはFluentdが停止するまで継続的に取り込まれ、Inputプラグインからの入力イベントとなります。

■——定期的なコマンド実行からのデータ取り込み

一度起動したら動き続けるコマンドのほかにも、起動後に出力を行ってすぐに終了するコマンドも扱えます。この場合はin_execプラグインのrun_intervalパラメータを指定して一定の時間ごとにコマンドを起動し、出力を取り込みます。

次の例では、dfコマンドを定期的に実行してmountされているボリュームの容量情報を取り込んでいます。

```
<source>
  @type exec
  command df
  tag my.server.df

  # スペースを区切り文字として指定、複数スペースが続く場合にも対応
  delimiter " "

  run_interval 5m # 5分ごとにコマンドを実行してデータ取り込み
  <parse>
    @type tsv
    keys [
        "filesystem", "blocks", "used", "available",
        "capacity", "iused", "ifree", "iused_percent",
        "mountpoint"
    ]
  </parse>
  # 日時はデータを取り込んだ時点のものとなる
</source>

# 以降でフィルタなどを用いてdfコマンドのヘッダ行を取り除く必要あり
```

多くの場合において、データなどはコマンドの標準出力から読み取れるはずです。もし標準エラー出力の内容もすべて受け取りたいということであれば、connect_mode read_with_stderrを指定してください。

out_execプラグイン
コマンド実行によりデータを出力する

Fluentdからのデータをコマンド実行によって外部出力する場合にはout_execプラグインを用います。この外部コマンドは次の例のmy-data-transfer-cmdのように、実行時の引数としてデータが書き込まれたファイルのパスを受け取って処理するコマンドでなければなりません。

```
$ my-data-transfer-cmd /var/tmp/data_file.tsv
```

実際には、渡されるファイルはFluentdが作成したバッファチャンクファイルです[注41]。チャンクがflushされるタイミングで指定されたコマンドが実行されます。

```
<match output.data>
  @type exec
  command my-data-transfer-cmd
  <format>
    @type tsv
    keys host, uptime, cpu, memory, disk, network
  </format>
</match>
```

実行された外部コマンドが正常終了した段階で出力は完了しますが、コマンドが異常終了した場合、あるいは指定のタイムアウトまで終了しなかった場合には出力は失敗したとみなされ、リトライされます。

■──データ出力の実行時間の制御

特に、コマンド実行が長時間かかる場合には注意が必要です。コマンド実行時間のタイムアウトはout_execプラグインのcommand_timeoutパラメータで指定され、デフォルトは270秒(4分30秒)です。1回のコマンド実行がこれよりも長い時間かかると、出力処理は失敗したとみなされます。

処理対象のファイルサイズが大きいときに長時間かかるコマンドであれば、まずバッファのチャンクサイズを小さくできるかどうかを検討します。ある

注41 ファイルバッファを使用していない場合にはいったんデータをファイルに書き出し、そのファイルが使用されます。

いは、タイムアウトを長く設定することもできます。その場合はcommand_timeoutパラメータを長く設定し、同時に<buffer>セクションのdelayed_commit_timeoutパラメータ[注42]も長くしなければなりません。delayed_commit_timeoutパラメータにはcommand_timeoutパラメータよりも長い時間を指定する必要があるので注意してください。

8.9 in_http/out_httpプラグイン HTTP通信によるデータの入出力

in_httpプラグインとout_httpプラグインは、名前のとおりHTTPを用いてデータを入出力するためのプラグインです（**図8.21**）。

各種アプリケーションやシステムとの連携を考えるとき、最も幅広く使用されているプロトコルと言えばHTTPでしょう。データをHTTPリクエストとして外に送り出す機能を持つソフトウェアやサービスは数多くありますし、外部からHTTPリクエストを受け取ることでデータを保存するソフトウェアやサービスも一般的です。こういったユースケースに対応するのがin_httpプラグインとout_httpプラグインです。

注42 非同期バッファOutputプラグインにおけるバッファチャンクのcommit待ち時間を指定するパラメータです。out_execプラグインはこのパラメータのデフォルト値を300秒に上書きしています。このパラメータについては、詳しくは12.3節で解説します。

図8.21 in_httpとout_httpを用いたHTTPリクエストによるデータの入出力

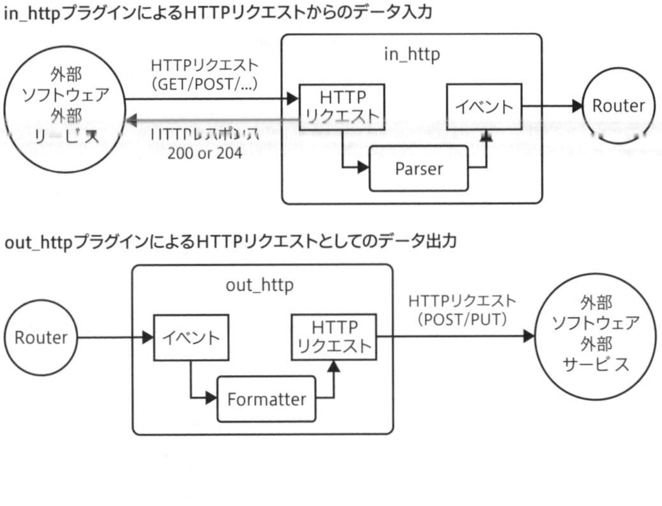

HTTPでデータを送受信する際のリクエストの組み立て方にはきわめて幅広いやり方があります。これらのプラグインはあらゆるやり方をサポートできているわけではなく、リクエストの種類によっては対応できないこともあるでしょう。そのケースでは独自のプラグインを開発することになるかもしれませんが、それでもin_httpプラグインあるいはout_httpプラグインをベースクラスとして必要な部分だけを拡張すれば、より簡単に実装できるでしょう。

なお、これらのプラグインは現状HTTP/2およびHTTP/3には対応していません。HTTP/1.1で使用できます。

HTTPリクエストによる外部からのデータ受信

HTTPリクエストにより外部からデータを受け取るin_httpプラグインは、外部つまりクライアントから見ればHTTPサーバとして動作します。クライアントからのリクエストを受け取り、データをFluentd内部へイベントとして流しつつ、クライアントにレスポンスを返します。

クライアントから送られるHTTPリクエストのメソッドは何でもかまいませんが、一般的にはGETもしくはPOSTが使われるでしょう。データはデフォルトではリクエストボディにjson={レコードとなるJSONオブジェクト}のように格納することが想定されています。次の例ではポート19998でHTTPサーバを起動し注43、リクエストをイベントとして読み込みます。タグはリクエストのパスを用いて指定します。

```
<source>
  @type http
  port 19998
  bind 0.0.0.0
  body_size_limit 8m    # 大きすぎるイベントを拒否
  keepalive_timeout 2s # 長時間の接続はリソースを占有するため拒否
</source>

<match test.*>
  @type stdout
</match>
```

この設定を読み込ませたFluentdを起動し、次のようにリクエストを送ることでFluentdにイベントを入力できるのが確認できます。リクエストのパス部分でタグを指定し、リクエストのクエリパラメータtimeでUNIX timeによる

注43 in_forwardプラグインと同様に、<transport>セクションを記述してHTTPSサーバを起動することもできます。

イベントの日時を指定しています[注44]。

```
$ curl -v -X GET 'http://localhost:19998/test.hoge?time=1621499744' \
  --data 'json={"a":1}'
（リクエスト部分省略）
< HTTP/1.1 200 OK
< Content-Type: text/plain
< Connection: Keep-Alive
< Content-Length: 0
```

```
Fluentdログにおける出力
2022-05-20 17:35:44.000000000 +0900 test.hoge: {"a":1}
```

HTTPレスポンスについて、単にステータスコード200（OK）を返すだけでなく特定の挙動をさせたい場合には、use_204_responseパラメータ、respond_with_empty_imgパラメータも使用できます。

■――リクエストヘッダやクエリパラメータの値のレコードへの追加

in_httpプラグインにおいて、リクエストから得られるほかの情報、リクエストヘッダやクエリパラメータそれぞれの値をレコードに追加することもできます。

```
<source>
  @type http
  port 19998
  bind 0.0.0.0
  add_http_headers yes # HTTPヘッダのキーと値をレコードに追加
  add_query_params yes # クエリパラメータのキーと値をレコードに追加
</source>
```

次の例では、jsonクエリパラメータにJSONオブジェクトを指定することでレコード本体を指定しています。前の例とは異なるタグを指定しています。HTTPヘッダは、ヘッダ名をすべて大文字化し - を _ に変え HTTP_ を接頭辞に付けたフィールド名です。クエリパラメータも同様のルールでQUERY_を接頭辞としてレコードに追加されます。

```
$ curl -v -H 'X-My-Own-Metadata: yaaaaaaay' \
  'http://localhost:19998/test.yay?k1=v1&k2=v2&json=\{"key":"val"\}'
```

```
Fluentdログにおける出力
2022-05-25 17:42:22.960489000 +0900 test.yay: {"key":"val","HTTP_HOST":"localh
ost:19998","HTTP_USER_AGENT":"curl/7.64.1","HTTP_ACCEPT":"*/*","HTTP_X_MY_OWN_
METADATA":"yaaaaaaay","QUERY_K1":"v1","QUERY_K2":"v2","QUERY_JSON":"{\"key\":\
"val\"}"}
```

注44 timeクエリパラメータが指定されていないときはレコード内のtimeフィールドをチェックし、それも存在しなければ現在日時がセットされます。

レコードのJSON形式

```
{
  "key":"val",
  "HTTP_HOST":"localhost:19998",
  "HTTP_USER_AGENT":"curl/7.64.1",
  "HTTP_ACCEPT":"*/*",
  "HTTP_X_MY_OWN_METADATA":"yaaaaaaay",
  "QUERY_K1":"v1",
  "QUERY_K2":"v2",
  "QUERY_JSON":"{\"key\":\"val\"}"
}
```

■──クロスオリジンリクエストの受信

ブラウザからの直接のリクエストを`in_http`プラグインに受信させたい場合、リクエストがクロスオリジンリクエスト(*Cross-Origin request*)[注45]となることが多いでしょう。この場合のために、`cors_allow_origins`パラメータが用意されています。このパラメータにリクエスト元となるサイトのオリジンのFQDNをリストとして指定することで、ブラウザからのサイトをまたいだリクエストを処理できます。

異なるサイトへのリクエストについてはセキュリティ境界をまたぐため多くのルールがあり、また日々変わっています。そのときどきの最新の状況については、オリジン間リソース共有、またはCORS(*Cross-Origin Resource Sharing*)といったキーワードで調べてみてください。

■──任意の形式を用いたHTTPでのデータ受信

`in_http`プラグインでデータを受け取るとき、クライアントが送るデータの形式を自由に変えられない場合には、`in_http`プラグイン側でリクエストボディの解析方法を変更する方法もあります。これは`<parse>`セクションを用いて任意のParserプラグインを指定する機能を用いることで実現できます。

次の例では、リクエストのボディで1行のCSVデータを送信してくることを想定しています。

```
<source>
  @type http
  port 19998
  bind 0.0.0.0
  <parse>
    @type csv
    keys id, name, email
```

注45 ブラウザで表示しているページとは異なるサイトへのリクエスト送信のことを指します。

```
  </parse>
</source>
```

このサーバに対して次のコマンドでデータの送信を行えば、受信されたイベントを確認できます。

```
$ curl -v -H 'Content-Type: application/csv' \
  -X POST 'http://localhost:19998/test.hoge' \
  --data "1,Satoshi Tagomori,tagomoris@gmail.com"
```

Fluentdログにおける出力

```
2022-05-25 18:09:41.209964000 +0900 test.hoge: {"id":"1","name":"Satoshi Tagom
ori","email":"tagomoris@gmail.com"}
```

これを応用すれば、リクエストボディがどんな形式であってもParserプラグインを自分で開発することでデータの受信が可能になります。

HTTPリクエストとしての外部へのデータ送信

HTTPリクエストを受け付けている場所に対してデータを送信するためのものが`out_http`プラグインです。HTTPリクエストメソッドはPOSTまたはPUTを用い、`<format>`セクションを用いて指定した形式のデータをリクエストボディにセットします。必要に応じてFormatterプラグインを開発できればどんな形式を要求されても対応が可能というところは、`in_http`プラグインの場合と同様です。

```
<match test.*>
  @type http

  # リクエストパスの一部にタグを使用
  endpoint https://api.service.example.com/category/${tag}

  http_method post # postもしくはput、postがデフォルト
  open_timeout 5 # 接続に5秒以上かかる場合は失敗とする。以下同様
  read_timeout 5
  ssl_timeout  5

  <buffer tag> # endpointで使用するキーはここでチャンクキーとして指定しておく
    chunk_limit_size 10m # リクエストの最大サイズを10MBに
    flush_interval    1m # 最長でも1分ごとにflushする
  </buffer>
  <format>
    @type json # これはデフォルトのまま
  </format>
</match>
```

`endpoint`パラメータに出力先のURIを指定します。このパラメータではプ

レースホルダ展開が有効ですので、パスの一部がデータの種別などを要求する場合にタグやほかのキーをセットすることで対応できます。

デフォルトではイベントの形式としてはJSONを用い、イベント1つごとに改行を挟んで記述することによりイベントの集合を表現します。これはNDJSON[注46]あるいはJSONL[注47]と呼ばれることが多い形式です。

```
{"key1":1622105719,"key2":"the message is ...","name":"tagomoris"}
{"key1":1622105720,"key2":"new challenger is coming","name":"frsyuki"}
```

■——1つのJSONオブジェクトとしてのリクエストボディ

out_httpプラグインがデフォルトで用いる形式はリクエストボディ全体としては正しいJSONとならないため、「JSONを受け入れる」という要求のサーバにおいてはエラーとなります。このときは複数のイベントを1つのリストとしてJSONで次のように表現する必要があり、この挙動はjson_arrayパラメータで指定できます。

out_httpの設定

```
json_array true
```

リクエストボディ

```
[
  {"key1":1622105719,"key2":"the message is ...","name":"tagomoris"},
  {"key1":1622105720,"key2":"new challenger is coming","name":"frsyuki"}
]
```

■——Content-Typeや任意のリクエストヘッダの指定

out_httpプラグインのリクエストのContent-Typeヘッダは、よく使われるものであれば<format>セクションの設定に合わせて自動的にセットされます。また、個別にcontent_typeパラメータで指定もできます。そのほかのヘッダもheadersパラメータを用いて個別に指定できますが、タグやレコード内の値を使ってヘッダを追加する場合にはheaders_from_placeholdersパラメータを使う必要があります。

```
<match test.*>
  @type http
  endpoint https://my.endpoint.example.com/
  # ...
  <format>
    @type for_this_service
```

注46 http://ndjson.org/

注47 https://jsonlines.org/

```
  </format>
  content_type application/x-example-service
  headers {
    "X-My-Example-Header": "xxxxxxxxxxxxxx",
    "X-Service-Api-Key": "myaccount/deadbeef"
  }
  headers_from_placeholders {
    "X-Service-Data-Type:": "${$.metadata.type}"
  }
  <buffer $.metadata.type>
    # ...
  </buffer>
</match>
```

■──HTTPリクエストの失敗のコントロール

out_httpプラグインは送信したリクエストに対してレスポンスが返ってきた場合、それがエラーレスポンス(ステータスコード400番台および500番台)であっても、デフォルトでは出力処理は成功したとみなします。この動作は都合が悪い場合[注48]には、エラーレスポンスを受け取ったときに出力をリトライするよう設定できます。

```
<match test.*>
  @type http
  # ...
  error_response_as_unrecoverable false # デフォルトではtrue
</match>
```

ただし、400番台のステータスコードのエラーについては、いくらリトライしても永遠に成功しないことも考えられます。その場合、たまっていく一方のデータでバッファが溢れる状況も考えられるため、設定には注意が必要かもしれません。

ステータスコードごとに個別にリトライすべきかどうかを指定したい場合は、retryable_response_codesパラメータで個別に設定できます。デフォルトでは503のみがリトライすべきステータスコードとして指定されていますが、見ることが多い500番台のコードをすべて指定するなら次のようになります。

```
<match test.*>
  @type http
  # ...
  retryable_response_codes 500, 502, 503, 504
</match>
```

注48 実際に500番台のレスポンスが返ってきたとき、多くの場合では送信したデータは相手には受け取られていないでしょう。

8.10 まとめ

本章では、Fluentdに標準で備わっている組込みプラグインの代表的なものについて、その機能と実際の用法、使用上の注意点などを解説しました。

in_tailプラグインとParserプラグインの組み合わせはテキストファイルからイベントを読み込むことができます。また、設定により複数行からなるデータやログローテーションが行われるファイルのデータにも対応できます。out_fileプラグインとFormatterプラグインの組み合わせは逆にイベントをテキストデータとしてファイルに書き出すためのものです。in_forwardプラグインとout_forwardプラグインの組み合わせを用いることでネットワークを介してFluentdどうしがイベントデータを送受信できます。その通信においてはat most onceとat least onceという2つの通信モードが選べ、ほかにもService Discoveryプラグインを利用しての通信相手の柔軟な管理、暗号化や認証などによる安全な通信といった機能が提供されています。ほかにも同じイベントを複数のOutputプラグインで処理するためのout_copyプラグイン、正規表現でデータを選別するfilter_grepプラグイン、レコード内のデータからさらにデータを取り出すfilter_parserプラグイン、外部コマンドを用いてイベントを入出力するためのin_execプラグインとout_execプラグイン、そしてHTTPによるデータの送受信を行うin_httpプラグインとout_httpプラグインなどがあります。

第9章

本番環境における構成と運用

Fluentdはログやデータの収集と管理のための豊富な機能を持っています。これらの機能はほとんどの場合、データセンターやクラウド環境での、ある程度以上の規模のシステムで利用されるものです。多くのサーバからさまざまなデータを収集し保存する、またその構成を長期間にわたって運用するためには、1つのFluentdで完結する機能や設定だけを考慮するのではなく、複数のFluentdを効果的に連携させ全体としてうまく働くように注意しなくてはなりません。

本章では、データの収集元と保存先が異なる場合にFluentdをどう配置するか、それぞれのFluentdはどう設定すべきか、障害時を考慮したときにFluentdのどんな設定が有効かなど、主にFluentdを用いた環境の設計と運用に関するトピックについて述べます。

9.1 本番環境における難しさ

稼働している多数のサーバからデータを収集し保存、活用するとき、単にそれらのサーバにFluentdをインストールすれば実現できるかというと、実際にはさまざまに難しい問題が起きます。このため、性能、安定性、データの安全性、設定や構成の管理などに注意をはらって全体を設計し運用しなければなりません。

性能や安定性について考えるうえでは、データの収集と集約においてある程度の戦略を考える必要があります。各サーバにおいて稼働するエージェントと、エージェントからのデータを集約する集約ノードといった役割について知っておくとよいでしょう。また、近年ではコンテナを利用した環境も多いでしょうから、コンテナからどのようにログを収集するかについても考える必要があります。これら各々について、Fluentdをどう設定したらよいかの詳細も把握しておきたいところです。

データを安全に保持するためにはFluentdのバッファの設定に気を遣う必要もあります。また、トラブルが発生したときには状況の把握と原因の調査のためにFluentdのログを見ることとなりますが、このとき不要なログが調査を邪魔しないようあらかじめ設定を行っておくとよいでしょう。

さらに、これらすべての内容を長期間にわたって管理し続けていくうえで、どのような管理手法があるかを学んでおくべきです。設定ファイルを分割しての管理方法や、それらがどうFluentdに読み込まれるか、動作させるプラグインやそのバージョンの管理をどのように行えばよいかなどは、管理上、重要なトピックです。

9.2 データの収集と集約における戦略

データの収集と集約を行うしくみを作るときには、どのように実現するのかについて戦略を考えておく必要があります。多くの場合、データはサーバ、端末、センサなど多くの場所でバラバラに発生します。それらのデータを有効に活用するためにはまとめて検索、集計、統計の対象とする必要があり、そのためまず1ヵ所に集める必要があります。1ヵ所というのは1つのファイルのこともありますし、1つのストレージシステム、1つのデータベースサーバ、1つの分散処理基盤、あるいは1つのサービスのこともあるでしょう。

こういった分析用途のストレージやデータベースは、多くの場合、普通のファイルやストレージ、データベースとは異なった特性を持っています。このため、データを収集し出力する側のFluentdにおいてもそこに注意を払う必要があるのです。次に示すのは、データ保存先となるシステムと、その性能特性の例です。

- **通常のRDBMS**
  1行ずつの書き込みに向く
- **分析用途のデータベース**
  大量の行をまとめての書き込みに向く
- **分散ファイルシステムやオブジェクトストレージ**
  さらに大容量の書き込みに向くが分析に一手間必要

規模の拡大と権限および認証情報管理の両立

特に大規模に、あるいは広範囲からデータを集めることになると、出力先の情報をどこで管理するかという問題も発生します。当然ですが、誰にでも無制限にデータ分析用ストレージに書き込ませるというわけにはいきません。書き込みのための権限や認証情報を、出力元となるFluentdにだけ持たせる必要があります。いっぽうでデータを収集する範囲が広くなるほど稼働するFluentdの数も多くなりますし、データ収集元が、ストレージとは別のデータセンターに存在することもあります。データ収集元と保存先では会社が異なったり、あるいは会社内でも部門が異なったりということも考えられます。

このような場合、すべてのFluentdに同じ認証情報を持たせるわけにはいかないでしょう。どこのFluentdにどのような情報を持たせるかは事前に考える必要があります。具体的なデータ収集元と出力先に対しての、権限や認証の管理についての関係を次に例示します。

- **1つのデータセンター、1つの出力先ストレージ**
  1組織がすべてを管理
- **複数のデータセンター、1つの出力先ストレージ**
  収集元はさまざまな組織や部署が管理、出力先はデータ分析サービスや部署で管理
- **1つのデータセンター、複数の出力先ストレージ**
  収集元は1組織がすべてを管理、出力先はマーケティング、データ分析、監査などの別会社や別組織で管理

このように、データの収集、集約においては性能と情報管理の2つの面について考える必要があります。

エージェント
データ発生元からデータを読み込む

すべてのデータは収集から始まります。データ発生元でデータ収集に用いるFluentdのことを、本書ではエージェントと呼びます(**図9.1**)。

エージェントはさまざまなデータ発生元からデータを読み込み、それらのデータを外部に何らかの方法で送信します。データを読み込むのが最優先の機能ですから、当然、エージェントはデータ発生元にできる限り近い場所に置き、データにアクセスできるように設定しておく必要があります(**図9.2**)。

エージェントは収集したデータを直接どこかに書き込む場合もありますし、データを書き込む前に別のFluentdを経由する場合もあります。

なお、データ発生元においてはFluentd以外のソフトウェア、たとえばFluent

図9.1 データが発生する各サーバにFluentdをエージェントとして実行する

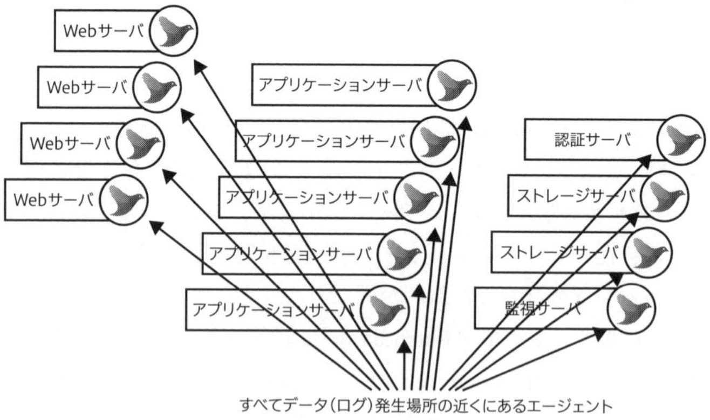

BitやElasticのBeats[注1]などをエージェントとして用いることもできます。ユースケースによっては、古典的なsyslogなどでも不可能ではありません。この場合、使用するソフトウェアはデータの入力元および出力先の両方に対応している必要があります。

集約ノード
エージェントからデータを集めて書き込む

集約ノードとは、エージェントが収集したデータを受け取り、最終的な保存先に書き込むためのノードのことです。

エージェントにおいて発生したデータは当然ながら、どこかに送られ、保存されます。このとき、データ発生場所すべてから個別に最終的な保存先に書き込もうとすると、問題が起きることがあります。

多くの場合、データ分析用のストレージやデータベースは、小さいサイズでの書き込みを大量に行う処理には適していません。しかし、各エージェントで発生するデータは、ほとんどの場合にはデータ分析用の各種ソフトウェアが期待するよりは小さいデータです。しかも、データセンターの規模が大きくなったりサービスの提供規模が大きくなったりして使用するサーバの台数が多くなると、そういった小さいデータを書き込むエージェントが大量に存在する状況になります。これは、場合によっては性能の深刻な低下やストレージでの保存効率の低下、データ分析サービスの費用の増大など、極めて大きい問題を引き起こします(**図9.3**)。

注1 https://www.elastic.co/jp/beats/

図9.2 エージェントはデータにアクセスするための権限が必要

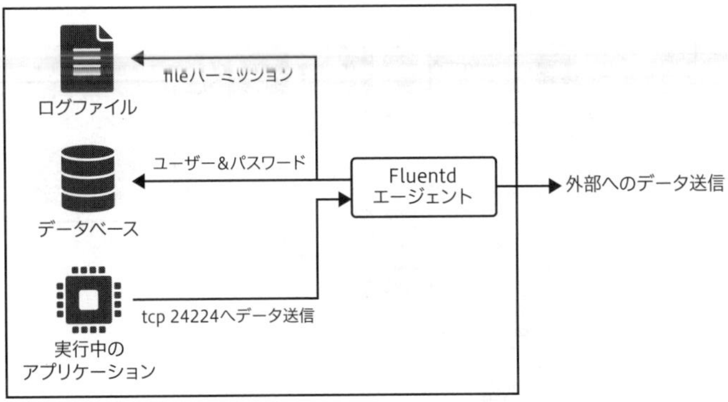

こういった問題を起こさないために、運用ノード数が大きくなってきた構成においては、集約ノードを設けることもよくあります。集約ノードはエージェントからのデータをいったん受け取り、データの書き込み単位ごとにまとめなおしてから最終的な保存先に出力します(**図9.4**)。このとき出力先の状況に合わせて集約ノードの設定を行うことで、出力先の性能特性に合わせた書き込みサイズ、頻度などを設定できます。

図9.3 エージェントが分析用ストレージに直接書き込むと、小さい書き込みが大量に発生する

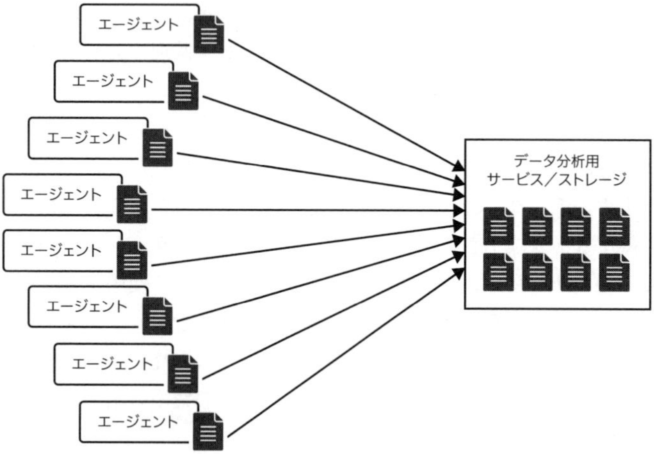

図9.4 集約ノードを経由することで、適切なデータサイズの書き込みに調整できる

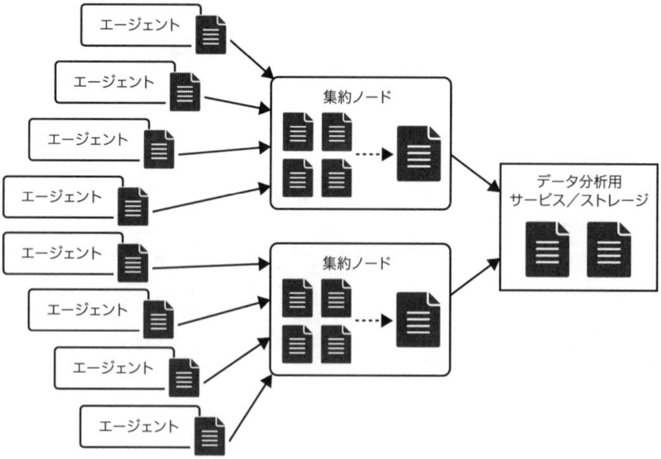

■――集約ノードによる性能と運用性の向上

集約ノードを設ける利点として、性能面では、書き込みデータサイズや頻度の調整のほかに、出力先へのネットワーク接続数の減少が見込めます。書き込み時にデータを圧縮している場合はその圧縮率の向上も期待できるでしょう。

また、出力先が外部サービスである場合など認証が必要なとき、そこに接続するための認証情報注2を集約ノードだけで設定すればよく、これは運用面あるいはセキュリティ面の向上に大きく貢献します。

■――集約ノードの冗長化

エージェントは常に集約ノードに対してデータを送り続けることになるため、集約ノードが障害にあったときに全体が停止するようでは困ります。このため、集約ノードは冗長化させ、少なくとも2台のサーバで動かすこととなります。理想的には、性能的に必要な台数に、耐障害性を考えて1台もしくは2台を足す構成がよいでしょう。

このときエージェントは、各集約サーバへロードバランスする形でデータを送信します。集約ノードの情報をどう管理しエージェントに読み込ませるかについては、Service Discoveryプラグインを用いることも有力な選択肢となります注3。

コンテナからのログ収集

近年では、Dockerに代表されるコンテナ技術を用いたサーバの運用を行うことが多くなっています。1ホスト上で実行された各コンテナはそれぞれ独立した環境を持ち、その中でアプリケーションやミドルウェアなどが実行されます。こういった環境において何も手当をしないと、各アプリケーションやミドルウェアのログはコンテナ内で生成され、外に出されません。コンテナの実行環境は終了時にそのまま破棄されることが多いため、外に出されないログは消えてしまいます。これは運用上、重大な問題です(**図9.5**)。

こうした状況を解決するには、以降で解説するように、いくつかの方法があります。実行するアプリケーションやミドルウェアのログ出力方法、およびコンテナ環境の構成に合わせて選択するとよいでしょう。いずれにしても、コン

注2　ユーザー名とパスワードの組み合わせ、あるいはAPIキーなどのことを指します。

注3　Service Discoveryプラグインを含めたデータ送信先の管理方法の詳細については8.4節で解説しました。

テナを実行するホスト上でFluentdを実行してログを収集することとします[注4]。

コンテナの使用は今後、増えはしても減りはしないでしょう。コンテナを使用した環境では従来のようにファイルに書いて放置することは不可能ですので、Fluentdを使用した効率的なログ管理をぜひ実現したいものです。

■――ファイルを経由したログ収集

実行するものがnginxやApache httpdなどのWebサーバ、あるいはMySQLやPostgreSQLなどのデータベースサーバといったミドルウェアの場合、ログは指定したディレクトリ内のファイルに書き出されるのが普通でしょう。この場合は、ホスト側のディレクトリをコンテナ内に共有するように設定してコンテナを実行すれば、ログが書き出されたファイルはホスト側から直接読めます。これをFluentdで読み込めばよいでしょう(**図9.6**)。

注4　ホスト内でFluentdを実行しないことも可能ではありますが、データ保存にホスト間通信が必要となり、耐障害性が悪いため筆者はお勧めしません。

図9.5　コンテナ内部で書かれたログは、何もしないとそのままコンテナ終了時に消えてしまう

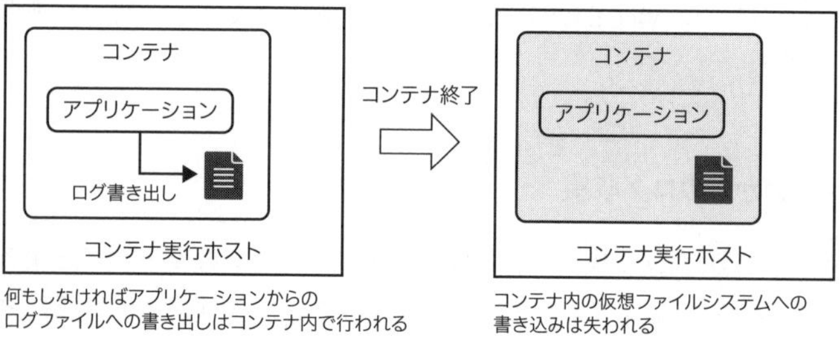

図9.6　ログの書き出し先をホストからの共有ディレクトリにすることで、コンテナ外のFluentdから読み出せるようにする

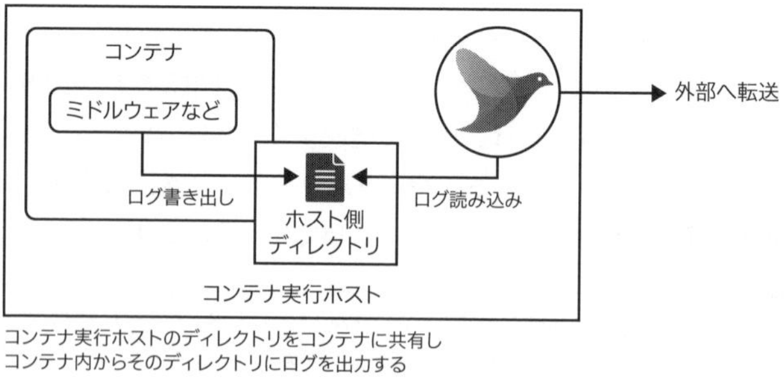

コンテナ内で実行するものが何らかのアプリケーションコードの場合、ログの出力方法は変更できる場合も多いと思います。変更できずファイルへの出力となる場合には、前述のミドルウェアなどと同じように処理できるでしょう。

ログをファイルではなく標準出力(STDOUT)などに出力できる場合は、コンテナツールのログ管理機能が使えるケースとなります。Dockerコンテナを使用しているのであれば、まずDockerの標準のログファイルが使えるでしょう。Dockerはコンテナ内のアプリケーションの標準出力(STDOUT)および標準エラー出力(STDERR)への書き出しをキャプチャし、ホストのファイルにJSONで書き出します。これをホスト側で起動したFluentdで読み込み、外部へ送信します(**図9.7**)。

■――DockerのLogging Driverを経由したログ収集

DockerにはLogging Driverという機構があり、Fluentdにも対応しています。Logging Driverを使えば、Dockerコンテナからファイルに書くことなくFluentdにログを直接送信できます(**図9.8**)。そのため、ファイルI/Oを削減

図9.7 コンテナログとしてアプリケーションログを書き出し、Fluentdから読むこともできる

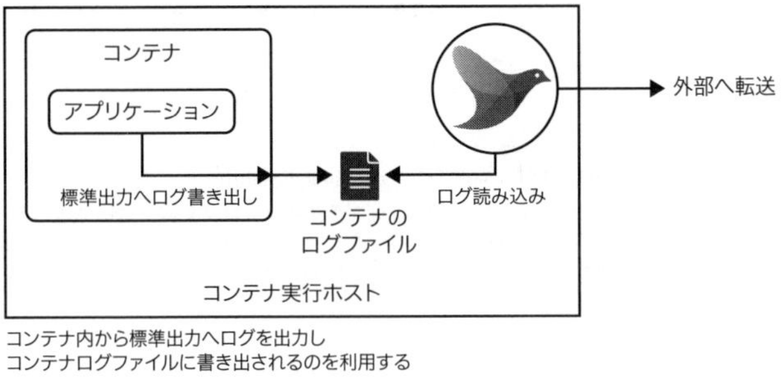

図9.8 Logging Driverを用いてコンテナログをFluentdに直接送る

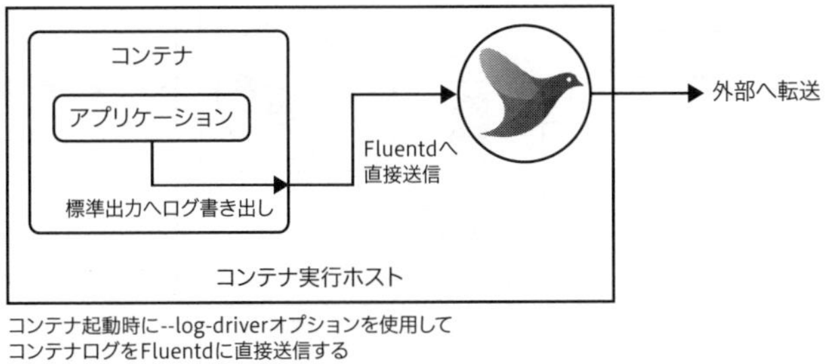

できるなど性能面でメリットがあります。

Logging Driverは、`dockerd --log-driver=fluentd`としてDockerデーモンを起動することでデフォルトに指定するか、`docker run --log-driver=fluentd ...`としてコンテナごとに個別に指定することで使用できます。詳細は、Dockerのドキュメント[注5]を参照してください。

■──Fluentdをコンテナで動かしてのログ収集

コンテナ利用を中心としたシステム構成、特にKubernetesやAmazon ECSのようなコンテナ実行環境を用いる場合、サービス提供のためのミドルウェアやアプリケーションのみならず、Fluentdのように補助的な役割のソフトウェアにもコンテナを用いることが多くなります。この補助的な役割のコンテナを、サイドカー(*side car*)と呼びます(**図9.9**)。Fluentdをコンテナとして動作させ、ログファイルが置かれるディレクトリをFluentdコンテナに共有する以外は、ここまで解説してきたコンテナからのログ収集パターンと基本的には変わりません。

また、Fluentdをサイドカーとして動作させる場合、コンテナのアプリケーションからFluentdに対して、ネットワーク経由でログを直接送信することもできます(**図9.10**)。このときアプリケーションは、各言語向けのロガー(fluent-logger)を使用することになります[注6]。このとき、ホストのポート24224をFluentdのコンテナに接続しておく必要があります。

注5　https://docs.docker.com/config/containers/logging/fluentd/

注6　各言語向けのロガーは、Fluentdの`in_forward`プラグインにログを直接送信できるライブラリです。アプリケーションに直接組み込んで使用します。GitHub上でFluentdと同じようにホストされています。https://github.com/orgs/fluent/repositories

図9.9　サイドカーとしてFluentdコンテナを用いる

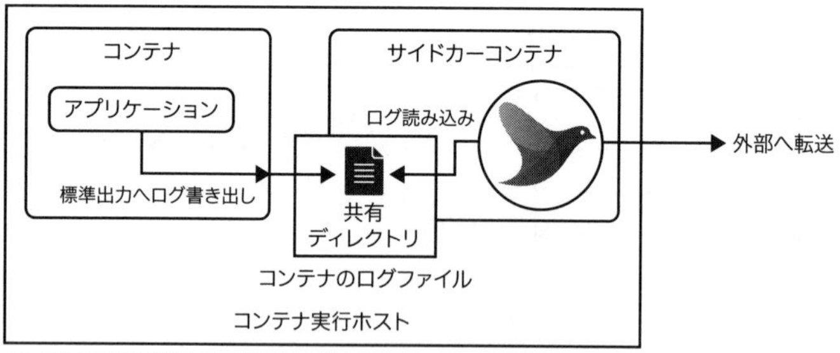

コンテナ内から標準出力へログを出力し書き出されるコンテナログを
Fluentdサイドカーコンテナに共有する

アプリケーションなどのコンテナからホストのストレージにログファイルを書き、そこから`in_tail`プラグインを用いてログを読み込むこともできます。このときは、ログファイルのあるディレクトリをFluentdコンテナに共有(マウント)することになります(**図9.11**)。

9.3 エージェントにおけるFluentd設定の注意点

各サーバにおけるデータの収集、つまり、エージェントとしてのFluentdの設定を行う場合について考えてみましょう。このときに最も気を付けるべきは、同じサーバ上で動いているほかのプログラムの動作に影響を与えないことです。

データやログの収集を行うほとんどの場合は、そのデータの発生源となっ

図9.10 サイドカーのFluentdにコンテナ内アプリケーションから直接ログを送信する

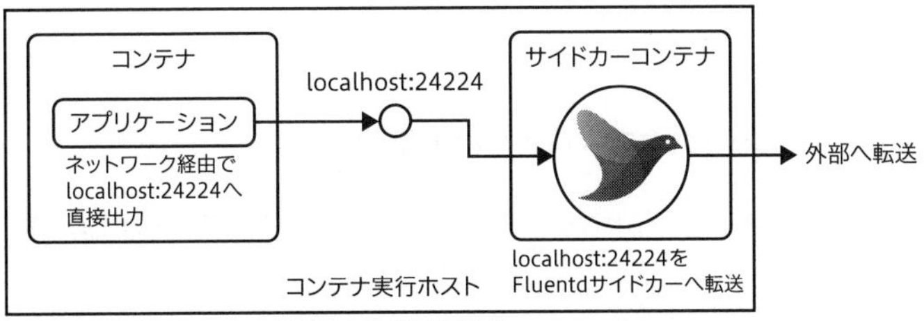

アプリケーションからネットワーク経由でログを送信させ
コンテナ設定でFluentdまで直接転送する

図9.11 アプリケーションコンテナとFluentdサイドカーコンテナの両方にディレクトリを共有して、ファイル経由でデータを読み書きする

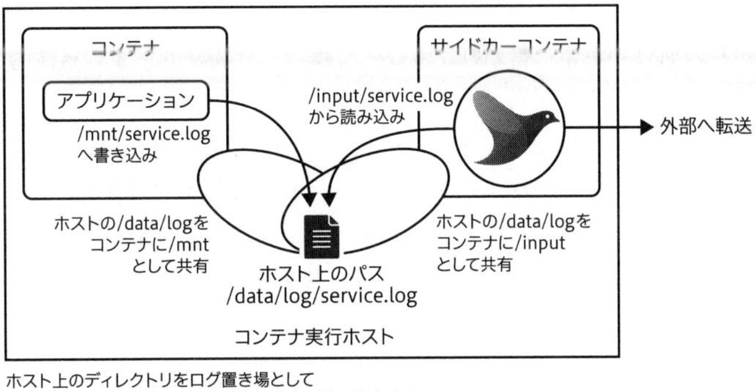

ホスト上のディレクトリをログ置き場として
アプリケーションとサイドカー両方に共有し読み書きする

ている何らかのプログラムがあり、そのサーバが本来行うべき機能を提供しています。Fluentdの影響により本来の機能提供が滞るようでは本末転倒ですから、そんなことが起きないよう、次の点に気を付けるべきです。

CPUやメモリなどのリソース消費の抑制

CPUおよびメモリなどのリソースの消費量については、エージェントとしてのFluentdでは必要最低限の処理のみを行い、ほかに必要な処理は集約ノード側で行うことで最小限に抑えておくべきでしょう。データの収集および解析と外部への転送のみを行えば、消費するCPUおよびメモリは最小限に抑えられます。これにより、本来の機能の提供を邪魔しないでおけます。

また、メモリ消費量を抑えるため、バッファについてはメモリバッファではなくファイルバッファを使用するとよいでしょう。ファイルバッファを選ぶことによる性能の低下が気になる場合もあるかもしれませんが、非常に大きなデータ量を扱う場合に限定的に問題になる程度で、ほとんどの場合には気にする必要はありません。

エージェントのディスクスペースへの上限設定

ファイルバッファを使用するときには、バッファ使用容量の上限設定に気を付けましょう。

ファイルバッファは、Fluentdに入力されたデータを一時的にディスク上のチャンクファイルに書き込みます。Fluentd上において処理が正常に実行されている間は、このチャンクファイルによるディスクスペースの消費はほとんどありません。チャンクファイルのサイズ[注7]の数倍程度を見込んでおけばよいでしょう。多くの場合は数十MB〜数百MB程度です。

しかし、処理が正常に行われなくなった場合には異なります。具体的には、データ出力先に何らかの障害が起きて出力のリトライを繰り返す場合や、データ出力先の性能が低下してデータやログの増加速度よりも遅い速度でしか送信が行われなくなった場合などです。こういった場合には未送信のチャンクファイルがディスク上にどんどんたまっていくため、上限サイズを適切に指定しておかなければ、全ディスクスペースを使い尽くすことになりかねま

注7 <buffer>セクションにおけるchunk_limit_sizeパラメータで指定されたサイズのことです。chunk_limit_sizeパラメータについては7.4節で解説しました。

せん。

バッファの合計容量上限は`total_limit_size`パラメータで指定できます[注8]。この上限は、ほかのソフトウェアに影響を与えない範囲で、できるだけ大きくしておくとよいでしょう。

■──プラグインごとのバッファの最大使用サイズ

バッファは、プラグインごとに上限までバッファチャンクをためる可能性があることに注意しましょう。つまり、バッファを2ヵ所で用いている場合、Fluentd全体で消費する可能性のある容量はこの2つのバッファの最大容量の合計となります。また、複数ワーカーを用いている場合にもワーカー数分だけ倍にする必要があります。

ネットワークへの過負荷の防止

バッファ設定を行ううえでは、障害からの回復時にネットワークへ過負荷を与えないようにしなければなりません。バッファの容量設定を適切に行えば、Fluentdは出力先の障害時などにも数時間〜数日分のデータをディスク上に保存できることでしょう。しかし、この障害が長時間にわたって継続し、そのあとに回復すると、Fluentdは滞留しているディスク上のデータをいっせいに再送信し始めることになります。配慮なしにこれを行えば、サーバが接続されているネットワークの帯域をすべて使い尽くすことになりかねません。また、エージェントが多数存在する場合、出力先のサーバの性能についても過負荷を起こしてしまうでしょう。

これを防ぐため、FluentdのOutputプラグインにおいて、`<buffer>`セクションの`flush_thread_burst_interval`パラメータを設定しておくとよいでしょう。デフォルトは1.0秒です。これは、滞留しているバッファを連続で送信するとき、1.0秒を空けることを意味します。仮にバッファチャンクのサイズが32MBだった場合、1秒ごとに32MBが送信されると大雑把には256Mbpsとなり、かなりの帯域使用量です。これを下げるため、2.0秒あるいはもっと大きく指定するのは、いざというときのトラブル防止に有効です。

注8　Fluentd v0.12以前は、バッファチャンクの容量制限にバッファチャンク数の上限をかけて使用量上限を見積もるしか方法がなく、またこれは小さいバッファチャンクができた場合などに大きい誤差が出ました。Fluentd v0.14およびv1以降では、各バッファチャンクの容量を合計したサイズで直接的に制御ができます。

Fluentdの停止順序制御
ログ出力元よりもあとにFluentdを停止する

ログを出力するミドルウェアやアプリケーションは、終了直前までログを出力し続けます。サーバ全体のシャットダウンや再起動の際、これらのソフトウェアよりもFluentd[注9]が先に停止すると、Fluentd停止後に出力されるミドルウェアやアプリケーションのログを取りこぼします。

たとえば、Linuxで標準的に使われるsystemdなどであれば、Fluentdの停止をアプリケーションよりもあとに設定するといった依存関係が指定できます。これらの指定を用いて重要なログが失われないようにしましょう。

9.4 集約ノードにおけるFluentd設定の注意点

前述のとおり、特に大規模な環境におけるログ収集において集約ノードを用いるのは有効な構成です。運用上注意するべき点がいくつかありますが、集約ノードはFluentdによるログ集約専用とすることから、エージェントのFluentdとは注意するべき点が異なります。順に見ていきましょう。

サーバ性能を活かせるようなパラメータ設定

集約ノードはFluentdによる集約のみのためのサーバを使用することから、CPUおよびメモリはすべて使ってよいと想定できるはずです。現在であればマルチコアCPUの載ったサーバを使用できるでしょう。`workers`パラメータをCPUコア数と同じだけ指定して複数ワーカー(複数プロセス)での動作を設定すれば、その性能を十分に活かせます。

1コアあたりのCPU使用率が十分上がらない、性能が足りずバッファチャンクがたまっていくという場合、`<buffer>`セクションの`flush_thread_count`パラメータ(デフォルトは1)に大きい値を指定します。最適な値は処理内容によって異なるため2から始めて少しずつ大きくしていくべきですが、最終的に10やそれ以上の値を指定することもあるでしょう。

いっぽうメモリについては厳密に使用量を制限することが難しいため、あまり積極的には使用せず、ファイルバッファを用いるほうがよいでしょう。

注9　このFluentdが`in_tail`プラグインなどを用いてミドルウェアやアプリケーションのログを読み込んでいる状況を想定しています。

そのほうが出力先の障害時などにも長時間のバッファリングができます。性能的に問題になることもまずありません。

集約ノードのディスクスペースの設計と制御

集約ノードはデータを書き込む前の集約地点ですから、データ出力先のサーバもしくはサービスが障害により利用できなくなったときは、一時的な保管場所としての責任を負うことになります。このため、バッファにはファイルバッファを用い、可能な限り多くのデータを一時保管できるようにしておくほうが望ましいでしょう。

■──必要なローカルディスクの総容量を見積もる

ファイルバッファに用いるローカルディスクの総容量は、データの流量、集約ノードの台数および出力先の障害想定時間を考慮して決める必要があります。データの出力先に対して書き込みができない障害が長時間続く場合には、集約ノードのディスクがデータの一時保存先となるからです。これはデータ流量(bytes/h)をB、出力先障害停止時間(hour)をL、集約ノードの台数をNとして次の式になります。

$B \times L \div N$

たとえば、データ流量を10GB/h、出力先の障害停止時間を24時間として集約ノード台数が2台の場合には$10 \times 24 \div 2 = 120$となり、集約ノード1台あたり120GBが必要だとわかります。この式で見積もれるローカルディスク容量に加えて、システムとして最低限必要な容量などを足したものが最終的にローカルディスクとして必要な容量になります。現実的には複数の集約ノードに均等にデータが分散するという想定より、ある程度の偏りが起きることを見越してさらに50%程度の余裕を見たほうがよいかもしれません。また、バッファされたデータの安全性を考え、このローカルディスクはRAID(*Redundant Arrays of Inexpensive Disks*)などを用いて冗長化することが望ましいでしょう。

■──ディスク使用量を考えたパラメータ設定

こうして計算したローカルディスク必要容量から、Fluentdが使用する容量を割り当てます。バッファの合計容量上限は`total_limit_size`パラメータで設定できますが、これはあくまでFluentdの1プロセスのうち、このバッファのみの使用容量であることに注意しましょう。Fluentdの設定ファイルにおけるすべてのバッファのtotal_limit_sizeパラメータの合計値[注10]は、ローカルディスクの総容量より小さくなければなりません。現実的には、ローカルディスクの容量の80%未満程度にしておくのがよいでしょうか。

最終的な出力先が1ヵ所である場合、つまり、最終的な書き込みを行うOutputプラグインが1つである場合は単純です。そのOutputプラグインにおけるバッファ設定に、バッファとして使用可能な容量のほとんどを割り当てておけば問題ないでしょう。Outputプラグインが複数ある場合には、それぞれの流量を考えてバッファ容量の割り当てをバランスさせます。

常に余裕を持たせたネットワーク帯域

集約ノードは基本的には、エージェントからのデータ転送を常に受け付けられる状態にしておかなくてはいけません。データ転送元のサーバはいつどんな理由で停止するかわからないからです。これはクラウド環境やコンテナ使用環境においては特に顕著になるでしょう。

そのため、ネットワーク帯域を使い切らないように、特に長時間の出力先障害からの回復時の挙動に注意する必要があります。これは、前節のエージェントにおけるネットワーク帯域の注意点と同じです。

■──高スループットなデータ出力のための設定と設計

集約ノードが本当に大容量のデータをバッファする場合、集まってくるデータ量が出力されるデータ量を上回っていることがあります。この場合、いつまで経ってもローカルディスクにたまっているデータが減らないことになり、最終的にはバッファが溢れてしまいます。

具体的には、バッファチャンクのサイズが32MB、flush_thread_burst_intervalパラメータの設定値が1.0秒だった場合、このOutputプラグインは毎秒で32MBしかデータを出力できません。この集約ノードに集まってくるデータ量が毎秒32MBよりも大きかった場合、この設定は破綻します。データ流量が30MB近い場合でも、出力先障害が一度起きると、そのあとにデータ出力の遅延が解消されるまでには長い時間を必要とするでしょう。

こういった場合には、flush_thread_burst_intervalパラメータの値はもっと小さくする必要があります。出力先の性能の心配をしなくてよいなら0.1秒くらいに設定してもよいかもしれません。このときネットワーク帯域とし

注10 複数ワーカーを用いている場合はさらにその合計値をワーカー数分だけ倍にする必要があります。

ては2.5Gbpsに近い性能を要求しますが、現在のコンピューティング環境であれば、特にクラウド環境においては問題ないことが多いでしょう。

複数の集約ノードへの分散データ転送

クライアントから大量のデータが送信されるため、1台の集約ノードでは処理しきれないことがあります。あるいは、サーバ側でトラブルが起きた場合の影響を軽減するため、普段から複数台の集約ノードを使いたいということもあるでしょう。このときは複数の集約ノードに分散してデータを転送します。

■──out_forwardプラグインによる分散データ転送

Fluentdのout_forwardプラグインは複数のサーバを送信先として登録する機能を持っています。たとえば、次のように2つの<server>セクションを指定した場合、この2つのサーバにほぼ均等にデータが送られることになります[注11](**図9.12**)。

```
<match data.*>
  @type forward

  <server>
    name destination_a
    host a.fluentd.example.com
  </server>
  <server>
    name destination_b
    host b.fluentd.example.com
  </server>
</match>
```

注11　これは厳密に均等にはおそらくなりません。out_forwardプラグインはデータ送信が必要となったタイミングで設定されたサーバから対象を選択しますが、その選択の機会が均等になるよう動作します。各データ送信において送られるデータ量は多かったり少なかったりするため、全体としてデータ送信量に偏りが出ることがあります。

図9.12　1台のクライアントから2台のサーバへデータを分散して送信できる

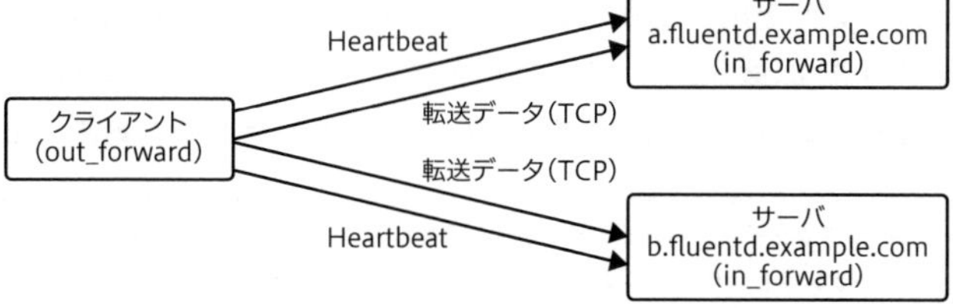

このとき、クライアントから各サーバへは個別にHeartbeatが送られて死活監視が行われます。

何も指定しなければ各サーバに均等に送られるデータを、<server>セクションにweightパラメータで数値を指定して偏らせることもできます。また、Service Discoveryプラグインを用いてサーバのリストを動的に管理することもできます[注12]。

■──複数の集約ノードへのデータ転送におけるロードバランサの利用

複数の集約ノードを宛先とするデータ転送については、前述のとおりの複数のサーバを設定ファイルなどで指定する方法のほかに、ロードバランサなどを利用して実現できるのではないか、と思われる人も多いでしょう。通常のWebサービスにおいては、ロードバランサを用いて全体のトラフィックを複数台の宛先サーバに分散するのは一般的に行われています。これはFluentdでもできます。

ロードバランサを用いる場合には、トラフィックの増大に合わせてサーバ台数を増やしても宛先サーバの増減をクライアントまで伝える必要がありません。ロードバランサの設定のみ変更すればよいため、管理面でも優れていると思われることも多いでしょう。一方でロードバランサを用いる場合、ロードバランサ自体の設定や費用のコストに加え、通信に何かトラブルがあったときに調査しなければならない箇所が増えるデメリットもあります。メリットとデメリットの双方を考えて使用の可否を考えましょう。

in/out_forwardプラグインによるデータ転送においてはL4ロードバランサ[注13]を使用します(**図9.13**)。また、UDPによるHeartbeatはこの場合には使用できません。データ転送プロトコル(TCPもしくはTLS)の接続確認によるHeartbeatも、ロードバランサまでの到達可能性のチェックとなってしまい、あまり意味がありません。このときはheartbeat_typeパラメータにnoneを指定してHeartbeat自体を無効にしておくほうがよいでしょう。

■──ロードバランサによる暗号化の組み合わせ

ロードバランサを用いる利点の一つに、ロードバランサでTLS終端を行えることがあります(**図9.14**)。TLS終端とは、クライアントへの通信におけるTLS暗号化をこのロードバランサで行い、ロードバランサと裏側にある実際

注12 out_forwardプラグインにおけるデータ送信先の管理については8.4節で解説しました。

注13 L4ロードバランサとはIPアドレスとポートによる通信制御を行うロードバランサで、ネットワークロードバランサなどとも呼ばれます。

のサーバの間では暗号化を行わずに通信することです。この場合、データを受信するFluentdはTLSの処理を行わなくてよくなり、性能的に多少のメリットがあります。また、サーバ証明書の管理をロードバランサのみで行えばよいため、サーバ側のFluentdにおける設定が容易になることも大きなメリットでしょう。

9.5 コンテナにおけるFluentd設定の注意点

コンテナを使用した環境における設定の注意点は、基本的にはエージェントにおける設定の注意点と同様です。これはFluentdを実行するコンテナが同一ホスト上のほかのプログラムの動作に影響を与えない点で当然のことです。

図9.13 Fluentd間でのデータ転送先の分散にロードバランサを用いる

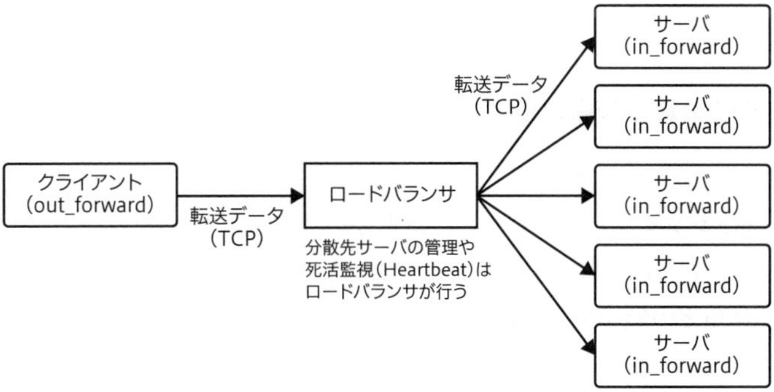

図9.14 TLSによる暗号化をロードバランサとの間で行いつつ、分散先へは非暗号化通信でデータ転送を行うこともできる

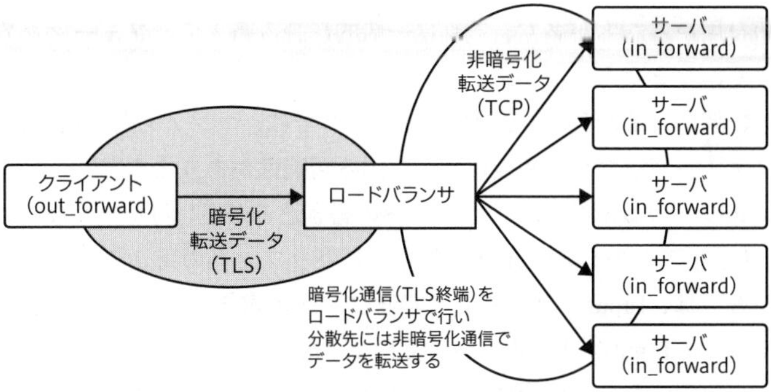

CPUやメモリ、ディスクスペース、ネットワーク帯域といった資源を過大に消費しないよう注意しましょう。そのうえで、次に解説するように、コンテナ特有の事情のいくつかに注意を払う必要があります。

ファイルの所有権とパーミッションの確認

ホストのファイルをFluentdのコンテナに共有してログを読み取る場合、そのファイルの所有権やパーミッションに注意する必要があります。Fluentdコンテナに共有されたファイルは、Fluentdコンテナの実行ユーザーが読み取れる権限設定になっていなければなりません。また、そのファイルがあるディレクトリの実行権限も付与されている必要があります。

この実行ユーザーやファイル、ディレクトリの所有者およびパーミッションは、コンテナを使っているとしばしば不明瞭になります。実際に動かしたらデータが読み取れなかったということにならないよう、事前に確認しておきましょう。

コンテナの終了順序の指定

エージェントにおけるケースと同様に、ログを出力するコンテナよりも先にFluentdコンテナが終了すると、いくらかのログを読み損ねることになります。サーバ起動時にはFluentdコンテナは最初に起動し、サーバ停止時にはできるだけあとの順序でFluentdコンテナを終了します。

コンテナ外を利用したファイルバッファ

コンテナを実現するソフトウェアはコンテナ内のファイルシステムに特殊なものを用いることが多く、これは一般的に読み書きのパフォーマンスがあまり良くありません。ほとんどのケースではそれでも問題にならないと思いますが、特に大量のデータを処理するケースでは、コンテナ内のFluentdが用いるファイルバッファの性能に影響が出る可能性があります。

Fluentdコンテナの内部でバッファへの書き込みが追い付かなくなった場合には、Inputプラグインがemitしたときにバッファへの書き込みに失敗します。あるいは、Inputプラグインのバッファへの書き込みによりCPU使用率が高くなってInputプラグインが応答しなくなることもあります。`in_tail`プラグインを用いている場合にはデータの読み込みが大きく遅れることもあるでしょう。

このときには、Fluentdが使用するファイルバッファの置き場所を、ホストから共有したディレクトリに変更します。ホスト側のディレクトリであればホストで用いている通常用途のファイルシステムへの書き込みとなるため、コンテナに起因する書き込み性能の劣化は起きないはずです。

9.6 バッファ管理のための設定とオプション

設定をする際には性能や耐障害性のみならず、運用のしやすさも考えてパラメータなどを決定するべきでしょう。運用性をあまり考えずに設定すると、毎日のオペレーションで細かな不便さが積み重なっていき、最終的には運用が苦になりかねません。本節では運用しやすさを向上させられるいくつかの方策のうち、バッファ管理のためのものについて解説します。

flush_at_shutdownパラメータ
停止時にローカルストレージにファイルを残さない

Fluentdにおいて信頼性向上のために必須といってもよいのがファイルバッファ（buf_fileプラグイン）ですが、flush_at_shutdownパラメータの使用を必ず考慮しましょう。ファイルバッファを使用しているときにFluentdを停止させると、デフォルトの動作として、たまっているデータはそのままローカルストレージ上に残るという挙動となります。メモリバッファ（buf_memoryプラグイン）の場合にはFluentdを停止するときに書き出しが行われるのとは対照的です[注14]。

しかし、近年ではクラウド環境を用いることも多くなり、ローカルストレージ上のデータもいつ消えるかわからない状況が当たり前になってきました。この状況でFluentdの停止後にローカルストレージ上にデータが残ってしまうのは不便です。これを防止するには、<buffer>セクションでflush_at_shutdownパラメータを明示的に指定し、シャットダウン時に強制的に書き出しが行われるようにします。

```
<match event.logs>
  @type my_output
  @id   event-log-my_output
  # Outputプラグインの設定
```

注14 メモリ上にあるデータはプロセス終了時に消えるため、当然の違いとも言えますが。

```
    <buffer>
      @type file
      flush_at_shutdown true # シャットダウン時にflushを実行
    </buffer>
  </match>
```

このパラメータが指定されているかどうかで、クラウド上のインスタンスを停止するときに考慮すべきポイントが1つ減らせます。これにより、意図しないインスタンス停止に伴うログの欠損を予防できます。

without-sourceコマンドラインオプション
残ったバッファを出力するためにFluentdを起動する

`--without-source`コマンドラインオプションは、Inputプラグインを動かさずにFluentdを起動するためのものです。

`flush_at_shutdown true`を指定しても、シャットダウン時に出力先のサービスやホストが停止していると書き出しは失敗し、バッファファイルがディスク上に残ることとなります。こうなるとデータを保全するためにインスタンスそのものを停止できないということにもなりかねません。このデータはできれば早めに書き出しを終えたいところです。しかし、普通の方法でFluentdを起動してはInputプラグインまで動作し、データを書き出すだけでなく新たなイベントまで追加で生成されてしまいます(**図9.15**)。

こういった状況のため、`--without-source`コマンドラインオプションが用意されています。このオプションを有効にして起動したFluentdはInputプラグインを動作させないため、新たなイベントが生成される状況を回避できます(**図9.16**)。Filterプラグイン、Outputプラグインは正常に動作するため、これらのプラグインがディスク上のバッファを正常に処理し終えるのを待てば、データを欠損させることなく安全にこのインスタンスを停止させられます。常用するものではないかもしれませんが、いざというときの対処法として知っておくとよいオプションでしょう。

■――サーバシャットダウン処理としてのバッファ出力用の起動

サーバをシャットダウンする、あるいはクラウド環境におけるサーバインスタンスを停止するときに動作させるフックスクリプトの一部として、`--without-source`オプション付きでのFluentdの起動を入れておいてもよいかもしれません。

バッファに使っている特定のディレクトリにファイルがある場合に

--without-sourceオプションを付けてFluentdを起動します。一定時間経過後にファイルが消えていればFluentdを停止してシャットダウンを継続します。このようなスクリプトを作っておくことで、バッファが残るケースへの対処をほぼ完全に自動化できるでしょう。

図9.15 未処理バッファチャンクを処理しようとFluentdを起動すると、新しいデータが入ってきてしまう

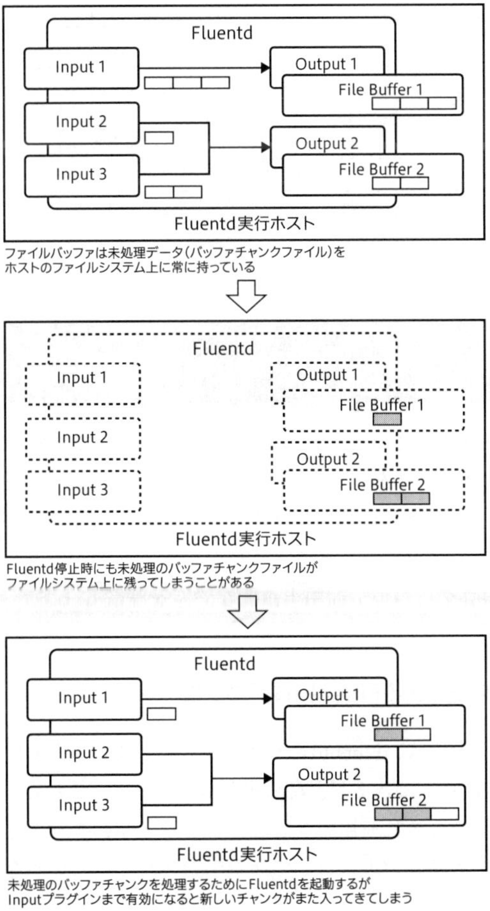

図9.16 コマンドラインオプションを付けて起動することで、Inputプラグインを動かさず未処理バッファチャンクの処理のみが可能

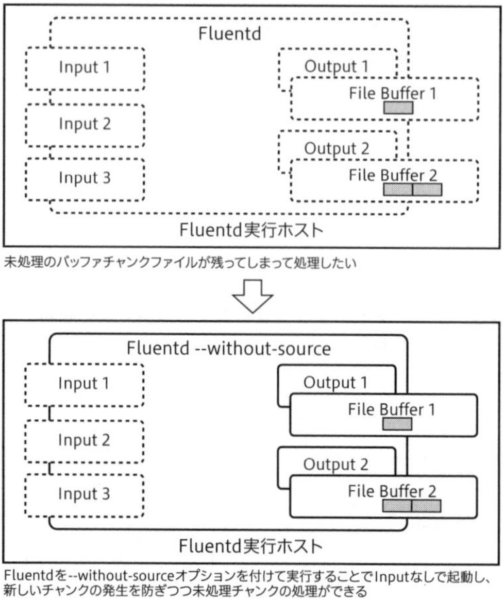

9.7 実運用のためのFluentdログ設定

Fluentdを実運用するうえでは安定性が重要です。安定性の向上のためには、Fluentd自体のログをチェックすることが欠かせません。常にFluentdのログに注意する必要まではありませんが、何かおかしなことが起きたときにログから状況と原因を調査できるようにしておく必要があります。ここではFluentd自体のログについて運用上重要な設定を解説します。

ログレベル変更によるFluentdログの制御

ログレベルの変更は、Fluentdのログ設定において最も基本的で重要なことです。Fluentdはログにさまざまな情報を出力します。これらのログは、何かトラブルがあったときに有用です。想定外のことが起きたときは、まずログを確認し、該当の時刻付近において何か出力されていないかを確認するべきです。

しかし、プラグインによっては常時何らかのログを定期的に出力していることもあるため、ログを確認する際に大量のログの中から役立つものを探し出すのに苦労することになります。ログというものは、正常に起動したことを示したあと、正常動作している間は何も出力しないという状態が理想的です。しかし、残念ながら、そうではないプラグインも存在します。

デフォルトのログレベルはinfoとなっており、これは深刻な順にfatal、error、warn、info、debug、traceのうち下から3番目にあたります。infoレベルのログは特に問題が起きていない場合にも出力されるため、もしinfoレベルのログを常時出力し続けているプラグインがあれば、ほかのプラグインからの重要なログを隠すことになりかねません。

解決方法として、ログレベルを変更しこのログを出力させないことができます。

■——Fluentd全体のログレベルの変更

全体的にinfoレベルのログが多すぎる場合、Fluentd全体のログレベルを変更することで対応できます。<system>セクションにおけるlog_levelパラメータを使用します。

```
fluentd.conf
<system>
  log_level warn
</system>
```

コマンドラインオプションの場合、-qを指定すればwarn、-qqを指定すればerrorを指定したこととなります[注15]。

```
$ fluentd -c fluentd.conf -q
```

ただし、Fluentd全体のログレベルをwarnやerrorに変更すると、Fluentdそのものの起動ログなども表示されなくなるため、運用上あまりお勧めはできません。

■——プラグイン単位のログレベルの変更

Fluentd全体のログレベルに影響を与えず、プラグイン単位のログレベルを変更できます。あるプラグインがinfoログを大量に出し続けるとき、そのプラグインに関してのみログレベルを変更できます。ログの量が多すぎる場合

注15 逆に-vでdebug、-vvでtraceを指定することとなります。

には、通常はこちらの方法で対処するとよいでしょう。こちらは各プラグインの設定セクションにおいて、@log_levelパラメータを使用します。

```
fluentd.conf
<system>
  log_level info # 全体のログレベルはinfoのまま
</system>

<source>
  @type my_verbose_plugin
  @log_level warn
  # ...
</source>
```

同内容のエラーログの出力量の制御

エラー(error)ログはinfoログよりもログレベルが高く重要なログですが、トラブル発生時には同じエラーが大量に発生することがあります。エラーログの量はあるエラーがどのくらいの頻度で発生しているかを知るための重要な情報でもありますが、あまりに大量の同内容のエラーログはトラブル調査にとって邪魔になります。

データが出力失敗したときに、Fluentd自体のログのサイズが膨れ上がり、別のトラブルが引き起こされることがあります。また、出力対象のシステムやサービスがいつも不安定だと、ログが常時そのエラーで埋め尽くされることも考えられます。

■――連続した同じスタックトレースの非表示化

エラーログの出力において、特に比重が大きいのがスタックトレースです。スタックトレースは、Fluentd内部においてどこをどのような順序で呼び出したか、最終的にどこでエラーが発生したかを表すものです。トラブルの原因調査には重要ですが行数が多く、しかも同じエラーが続く場合は同じ内容のスタックトレースが大量に出力されることとなってログを圧迫します。

連続したスタックトレースを非表示化するのがsuppress_repeated_stacktraceパラメータです。この設定を有効にすると、同じエラーが続けて発生する場合、最初の1回のみスタックトレースが表示され、次回以降は表示されなくなります。

```
fluentd.conf
<system>
  suppress_repeated_stacktrace true
</system>
```

Fluentd実行コマンドの--suppress-repeated-stacktraceオプションでも同じ設定が行えます。

```
$ fluentd -c fluentd.conf --suppress-repeated-stacktrace
```

■——一定時間内の同内容ログの非表示化

前項の設定も、異なるエラーが交互に発生するケースではあまり役に立ちません。このため、別のオプションとしてignore_same_log_intervalパラメータが用意されています。

これは、あるログが出力されるときに、まったく同じ内容のものが過去の指定された時間内に出力されていないかをチェックします。もし過去に同内容のものが出力されていたら、今回のログは無視され、出力されません。

```
fluentd.conf
<system>
  ignore_same_log_interval 10s # 同じ内容のログは10秒に一度だけ表示
</system>
```

ignore_same_log_intervalパラメータはエラーログのみならずすべてのレベルのログに適用されるため、かなり便利に使用できる機能です。ただし、あまり長い期間を指定すると、トラブルが起きているにもかかわらずログに何も表示されない状況を招きかねません。期間の設定には注意し、またこの設定を有効にしたことを忘れないようにしましょう。

9.8 Fluentdの監視

Fluentdを長期運用する場合には、それぞれのホストでFluentdが正常に動作しているか、バッファ溢れなどの問題が起きていないかの監視が必要となるでしょう。Fluentdのログを常にすべてチェックすることは現実的ではありませんし、ほかにもっと簡単な方法で監視したいものです。

in_monitor_agentプラグインによる監視

Fluentdには組込みプラグインとしてin_monitor_agentプラグインがあります。これはFluentdの各プラグインの状態を可視化するためのもので、監視に役立ちます。さまざまなオプションがあるため、詳細についてはFluentdのドキュメント[注16]を参照してください。ここでは典型的な2つの用法を紹介します。

なお、どちらの用法についても、得られる情報がどのプラグインのものかを判別するためにプラグインIDを使用します。そのため、Fluentdの設定中のすべてのプラグインについて@idパラメータを指定しておくことを強く勧めます[注17]。

■――外部からの監視リクエストへの応答

in_monitor_agentプラグインを有効にすると、HTTPサーバが自動的に起動して、外部からのリクエストを受け付けます[注18]。

次のような設定をした場合を見てみましょう。

```
<source>
  @type monitor_agent
  @id monitor_agent
</source>

<source>
  @type sample
  @id testing_input
  tag data.test
  sample {"data": "yaaaaaaay"}
</source>

<match data.*>
  @type null
  @id testing_output
  <buffer>
    flush_interval 10
  </buffer>
</match>
```

この設定例ではin_monitor_agentプラグインが設定され、そのほかにInputプラグインが1つ、Outputプラグインが1つ設定されています。この設定でFluentdを起動すると、次のようにHTTPでプラグインの状態を取得できます。

```
$ curl -s http://127.0.0.1:24220/api/plugins.json | jq .
{
  "plugins": [
    {
      "plugin_id": "testing_input",
```

注16 https://docs.fluentd.org/input/monitor_agent

注17 プラグインIDを指定する@idパラメータについては4.6節を参照してください。

注18 デフォルトで24220ポートを使用します。

```
      "plugin_category": "input",
      "type": "sample",
      "config": {
        "@type": "sample",
        "@id": "testing_input",
        "tag": "data.test",
        "sample": "{\"data\":\"yaaaaaaay\"}"
      },
      "output_plugin": false,
      "retry_count": null,
      "emit_records": 0,
      "emit_size": 0
    },
    {
      "plugin_id": "monitor_agent",
      "plugin_category": "input",
      "type": "monitor_agent",
      "config": {
        "@type": "monitor_agent",
        "@id": "monitor_agent"
      },
      "output_plugin": false,
      "retry_count": null,
      "emit_records": 0,
      "emit_size": 0
    },
    {
      "plugin_id": "testing_output",
      "plugin_category": "output",
      "type": "null",
      "config": {
        "@type": "null",
        "@id": "testing_output"
      },
      "output_plugin": true,
      "buffer_queue_length": 0,
      "buffer_timekeys": [],
      "buffer_total_queued_size": 189,
      "retry_count": 0,
      "emit_records": 191,
      "emit_size": 0,
      "emit_count": 191,
      "write_count": 17,
      "rollback_count": 0,
      "slow_flush_count": 0,
      "flush_time_count": 0,
      "buffer_stage_length": 1,
      "buffer_stage_byte_size": 189,
      "buffer_queue_byte_size": 0,
      "buffer_available_buffer_space_ratios": 100,
```

```
      "retry": {}
    }
  ]
}
```

この出力例で最も重要なのが、プラグインIDがtesting_outputとなっているOutputプラグインについての出力です。ここではバッファOutputプラグインの内部状態として、write_count[注19]やretry_count[注20]などのカウンタ、そしてbuffer_queue_length[注21]やbuffer_available_buffer_space_ratios[注22]などのバッファ使用状況を示す数値などが示されています。

外部でサーバ監視ツールなどを用いて運用管理を行っている場合、このin_monitor_agentプラグインからの情報を得るようにしておけば、有用な監視が行えるでしょう。特に、予期しないタイミングでのバッファ溢れなどは、この情報をグラフ化しておけば、時系列での変化を含めて把握できます。

また、Outputプラグインが正常に出力できているときretryフィールドは上記の出力例のように空ですが、出力に失敗している状況では次のようになります。

```
"retry": {
  "start": "2022-03-25 16:47:22 +0900",
  "steps": 3,
  "next_time": "2022-03-25 16:47:30 +0900"
}
```

出力に失敗している状況を検出するのであれば、この情報を監視するようにしてもよいでしょう。

■——外部への動作状況の報告

in_monitor_agentプラグインは外部からHTTPリクエストを受け付けるほかにも、プラグインの動作情報をイベントとしてemitさせることができます。このイベントを適当なOutputプラグインを経由して監視ツールなりチャットツールなりに報告させられるでしょう。

注19 Outputプラグインが外部にチャンクを出力した回数を示します。
注20 Outputプラグインがチャンク出力に失敗してリトライした数の累計回数を示します。
注21 flushされるべきだがまだ待たされているバッファチャンクの数を示します。
注22 バッファが使用できる全体の容量の使用率を示します。

```
<source>
  @type monitor_agent
  @id monitor_agent
  tag monitor_agent.plugins
  emit_interval 60 # default
</source>
```

in_monitor_agentプラグインの設定でtagパラメータを指定すると、デフォルトで60秒に一度、HTTPでの応答と同じ内容をプラグインごとに別のイベントとしてemitします。あとは好きなOutputプラグインを用いて監視ツールと連携すれば、Fluentdの監視が行えます。

9.9 設定ファイルとプラグインの管理手法

Fluentdを長期間運用していくうちに、設定の変更やプラグインのバージョンアップなどが必要となってくることでしょう。設定ファイルもプラグインも、管理することを考えずにセットアップしていると、自分たちが何をどう使っているのかがすぐわからなくなります。長期間の安定した運用のためには、設定ファイルとプラグインのきちんとした管理手法が必要となるでしょう。ここではこれらのトピックについて解説します。

@includeによる設定ファイルの用途ごとの分割と共有

会社単位で環境を管理していると、共通でセットアップされているFluentdが異なる複数のサービスから使われることも少なくないでしょう。その場合、サーバそのもののメトリクスやログ(CPU、メモリ、ディスクの使用率、ディスクI/OやネットワークI/O、OSそのもののログ)とサービスのメトリクスやログ(Webサーバやアプリケーションサーバのログ、アプリケーションから出力される各種の指標など)は別々の人によって管理されるかもしれません。

こういった場合に、管理する人ごとに設定ファイルを分離して全体の見通しを良くする方法として、@includeキーワードを使用できます。@includeキーワードは、設定ファイルから別のファイルの内容を取り込むことができる機能です。たとえばtd-agentを使っている場合、次のように関連する内容ごとに/etc/td-agent/td-agent.conf.d/ディレクトリ以下に設定を分離して格納できます。

/etc/td-agent/td-agent.conf

```
# このファイルには<system>ディレクティブとほかのファイルを読み込む設定のみ書く
<system>
  root_dir /var/run/td-agent/plugins
  log_level info
  workers 2
  # ...
</system>

# これで別ファイルの設定内容を取り込む
@include /etc/td-agent/td-agent.conf.d/*.conf
```

こうしておけば、あとは/etc/td-agent/td-agent.conf.dディレクトリに、たとえば次のように別々のファイルを置いていけます。この例であれば、項目の番号順に読み込まれます。

❶ 00_server.conf
サーバ全体(CPU、メモリ、ディスク、ネットワーク)に関するログやデータの収集と出力

❷ 01_os_logs.conf
syslogやdmesgなどOSが出力するログの収集と出力

❸ 11_my_service.conf
このサーバで稼働しているサービスに関するログやデータの収集と出力

■──設定ファイルの読み込み順序の明示

<match *>がマッチする順序は先に書いてあるほうが優先されるなど、Fluentdの設定は順序に影響を受けます。このため、@includeキーワードで読み込まれるファイルは順序をわかりやすくしておいたほうがよいでしょう。@includeキーワードによる読み込み順序はファイル名の辞書順です。前述の例のようにファイル名の先頭に00_のような明示的な順序を示すのが最も簡単かつ確実で、誰にでもわかる方法です。

Gemfileによるプラグインの一括管理

Gemfileは、Fluentdやプラグインを管理するためのファイルです。Fluentdで多種類のプラグインを使用していると、どんなプラグインをインストールするか、どのプラグインはどのバージョンを使用しているかが問題になることがあります。プラグインはfluent-gemコマンド[注23]でインストールできま

注23 td-agentを使用している場合はtd-agent-gemコマンドを使用します。

すが、サーバのセットアップ手順やセットアップスクリプトなどに書いてあっても、あまりわかりやすくはないでしょう。また、そのような方法でインストールするプラグインすべてのバージョンを指定するのもなかなか難しいです。

この場合、Gemfileを用いることでFluentdそのものやプラグインのバージョンを指定し、固定できます。Gemfileは、Ruby用の依存パッケージ管理システムBundlerによって解釈、実行される定義ファイルです[注24]。

Gemfileを用いれば意図しないバージョンのプラグインやFluentdを実行することもなくなり、全体としてより安定した運用が可能となるでしょう。

DockerによるFluentdとプラグイン、設定の一括管理

本章で前述したとおり、Fluentdをコンテナを用いて実行するケースは近年増えてきました。このコンテナにおいてFluentdとプラグイン、およびそれらの設定の管理をどうするか考える必要があります。

Fluentdのコンテナイメージは Docker Hubで提供されている公式のもの[注25]も使用できますが、これではFluentdそのもののバージョンしか指定できません。また、必要な設定ファイルなどはコンテナの外部から読み込ませる必要があります。

もしFluentdのDockerコンテナを多用する場合には、Fluentdの自作Dockerイメージのビルドも選択肢に入れてよいでしょう。一般的なDockerについての知識があればそう難しくはありません。Fluentdの公式のDockerイメージ用リポジトリ[注26]を参照し、自分用の設定ファイルとプラグインをインストール済みのイメージを一度ビルドすれば、あとはサービスの実行環境でそのイメージをpullしてくるだけでログの収集環境がセットアップできます。

9.10 まとめ

本章では、実際のコンピュータシステムにおけるデータ収集、集約を行うための戦略や設定の注意点、運用上考慮すべきポイントについて解説しました。

注24 プラグインの管理については5.4節で詳細を解説しています。

注25 https://hub.docker.com/r/fluent/fluentd/

注26 https://github.com/fluent/fluentd-docker-image

大規模なコンピュータシステムでのデータ収集、あるいは大容量のデータ収集を行うにあたっては、容量や速度など性能面での考慮がもちろん必要です。加えて、データの読み書きに関する権限などをどこでどう扱うかについても注意が必要でしょう。これを解決するためには、末端でデータ収集を行うエージェントと集められたデータをまとめて書き込む集約ノードという役割に分けて考え、状況に応じて組み合わせなければなりません。また、近年ではコンテナの採用も多く、これも含めて設定や運用において雑多な事柄への配慮が必要となりますが、適切な設計と運用を行えば、重要なログ基盤の運用性を大きく向上させることができます。

第10章
プラグイン開発の基本

プラグイン開発とは、Fluentdのユーザーが自身でFluentdのプラグインを作成することを指します。プラグインを作成するといっても、その内容はプラグインのソースコードを書くだけという単純なものではありません。どのようにパッケージするか、どのようにテストするか、どういったパラメータを用意するかなど、多岐に渡ります。

本章では、プラグイン開発の一連の流れ、プラグインのリリースに必要なさまざまな事項、およびどの種類のプラグインにも共通するルールなどについて解説します。

10.1 プラグイン開発の必要性

プラグインはどのようなときに開発する必要性が生まれるのでしょうか。Fluentdはログの収集、集約、転送、変換、保存などを実現するためのソフトウェアです。しかし、一口にそう言っても実際の収集や集約、転送、変換、保存にはさまざまな方法や要求があります。使用条件や周辺のシステム構成、実現したいことによって、実際に何をしなければいけないのかが大きく変わります。そしてそれら多くの機能は、Fluentdではプラグインによって実現されていることは、ここまでの章で解説してきました。

しかし、たとえば収集一つとっても、すでに存在しているプラグインで対応できればよいのですが、そうはいかないケースも世の中には数多くあります。ビジネスの必要上特殊なソフトウェアを使用してシステムを構成していれば、そのソフトウェアのログの収集には独自の処理が必要になるでしょう。こんなときに、自分でプラグインを書くことで解決できるのがFluentdの最大の特色です。この特色のおかげでFluentdは世界中で使われるようになったといっても過言ではありません。

ほとんどのケースにおいて、ユーザーが開発することになるのはInput、Filter、Outputの3種類のデータ処理を行うプラグイン、加えてテキストデータとイベントデータの間の変換を行うためのParser、Formatterプラグインでしょう。本書におけるプラグイン開発においてもこれらのプラグインについて解説します[注1]。

注1　ただし、本章と次章で解説する各プラグイン共通の事項については、ここで挙げていないほかのプラグインにも共通する内容です。

10.2 プラグイン開発チュートリアル
簡単なプラグインを書いてみる

最初に、簡単なプラグインを1つ書いてみましょう。対象はInputプラグインとし、名前をmy_sampleとします。このプラグインは5秒に一度、決まった内容のレコードを生成することにします。また、そのデータは、毎回1ずつ大きくなる数値も含むことにしましょう(**図10.1**)。

なお、Fluentdのプラグインはすべて Rubyのプログラムコードとして記述します。本章以降の章では多くのRubyコードが出てきますが、Rubyの文法などの細かい点については解説を省略します。一般的なRubyプログラミングの解説書などを参考にしてください。Fluentdのプラグインコード自体は非常に簡潔ですので、ほかの言語でのプログラミング経験があれば問題なく理解できるものと思います。

最小限のプラグイン作成

まず、最小限のプラグインコードを作成します。Fluentdのインストールは済んでいるものとします。適当なディレクトリに移動して、そこを作業用ディレクトリとします。

■──プラグインファイルの作成

作業用ディレクトリにおいて、プラグイン用のテキストファイルをin_my_sample.rbという名前で作成してください。このファイルに、次のように書き込みます。これはとりあえずFluentdが起動すること、プラグインが読み込

図10.1 in_my_sampleとして5秒に1回、1イベントを生成するプラグインを作る

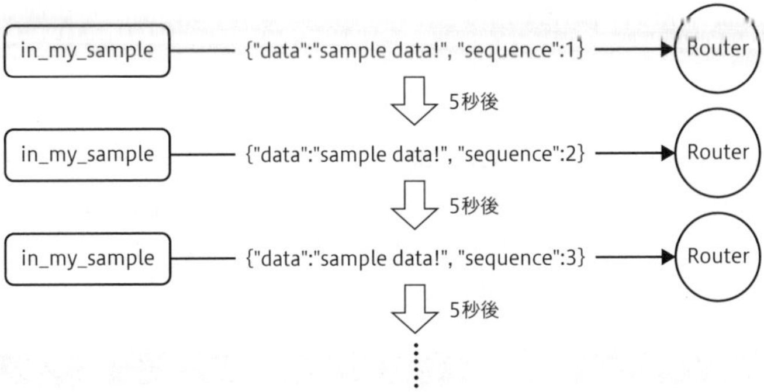

まれていることを確認するための内容であって、これだけでは目的のようにはまだ動きません。

```
in_my_sample.rb
require "fluent/plugin/input"

module Fluent::Plugin
  class MySampleInput < Input
    Fluent::Plugin.register_input('my_sample', self)

    def start
      super
      router.emit(
        "test.my_sample",
        Fluent::EventTime.now,
        {"data" => "sample data!", "sequence" => 1}
      )
    end
  end
end
```

このコード例におけるMySampleInputがプラグインの実体となるクラスです。Inputプラグインを作るため、Fluent::Plugin::Inputをベースクラスとして継承しています。

■──プラグインを使用する設定ファイルの作成

このプラグインを使用する設定ファイルも、同じディレクトリに次の内容で作成しましょう。ファイル名はtest.confでよいでしょう。

```
test.conf
<source>
  @type my_sample
</source>

<match test.my_sample>
  @type stdout
</match>
```

■──作成したプラグインの読み込みと起動

両方を正しく書けたら、次のコマンドでFluentdを起動します。-pのあとの.(ドット)に気を付けましょう。これでカレントディレクトリにプラグインファイルがあることを指定します。

```
$ fluentd -p. -c test.conf
```

コマンド実行後、次のログが出力されれば成功です。作成したプラグインが正しく読み込まれ、設定ファイルによって有効になり、プラグインが生成したレコードが下から2行目に正しく出力されています。

```
2022-07-12 17:11:00 +0900 [info]: parsing config file is succeeded path="test.
conf"
2022-07-12 17:11:00 +0900 [info]: gem 'fluentd' version '1.15.0'
2022-07-12 17:11:00 +0900 [info]: using configuration file: <ROOT>
  <source>
    @type my_sample
  </source>
  <match test.my_sample>
    @type stdout
  </match>
</ROOT>
2022-07-12 17:11:00 +0900 [info]: starting fluentd-1.15.0 pid=4931 ruby="3.1.0"
2022-07-12 17:11:00 +0900 [info]: spawn command to main:  cmdline=[".../3.1.0/
bin/ruby", "-Eascii-8bit:ascii-8bit", ".../3.1.0/bin/fluentd", "-p.", "-c", "t
est.conf", "--under-supervisor"]
2022-07-12 17:11:00 +0900 [info]: adding match pattern="test.my_sample" type="
stdout"
2022-07-12 17:11:00 +0900 [info]: adding source type="my_sample"
2022-07-12 17:11:00 +0900 [info]: #0 starting fluentd worker pid=4945 ppid=493
1 worker=0
2022-07-12 17:11:00.359229000 +0900 test.my_sample: {"data":"sample data!","se
quence":1}
2022-07-12 17:11:00 +0900 [info]: #0 fluentd worker is now running worker=0
```

成功した場合、そのまま待っているとFluentdは何も出力しないまま動き続けますので、Ctrl + Cキーで停止させましょう。

もしログが上記のものと異なっているようであれば、何かがうまくできていなかったのでしょう。プラグインのソースコード中に記述の間違いがあるかもしれません。設定ファイルが正しく書けていないかもしれません。また、実行時のコマンドにも違いがないかチェックしてください。

一定間隔でのレコード生成の実装

ここまでがうまくいっていれば、プラグインを作成してFluentdに読み込ませ、そのプラグインからレコードをFluentd内にemitすることまでは成功しています。しかし、レコードがemitされるのはFluentdが起動しプラグインが有効になってからの1回だけで、これではまだ、目的の「5秒に一度、決まった内容のレコードを生成」する機能が実現できていません。続いてこの機能を実装します。

■──プラグインヘルパーを用いた一定時間ごとの処理実行

一定時間ごとの処理実行を実現するため、Fluentdが持っているプラグインヘルパーという機能を使用します。プラグインヘルパーにはFluentdのプラグインを書くときによく必要となる機能のものがありますが、そのうちのtimerプラグインヘルパーを使用します。timerプラグインヘルパーはその名のとおり、指定した時間ごとに指定した処理を実行するためのものです。

これを使用して、プラグインを次のように書き換えます。変更点はhelpers :timerとしてtimerプラグインヘルパーを呼び出しているところ、およびstartメソッド内においてtimer_executeメソッドを使用し、5秒ごとに呼び出される内容を記述しているところです。

in_my_sample.rb

```
require "fluent/plugin/input"

module Fluent::Plugin
  class MySampleInput < Input
    Fluent::Plugin.register_input('my_sample', self)

    helpers :timer

    def start
      super

      counter = 1
      timer_execute(:my_sample_timer, 5) do
        router.emit(
          "test.my_sample",
          Fluent::EventTime.now,
          {"data" => "sample data!", "sequence" => counter}
        )
        counter += 1
      end
    end
  end
end
```

■──変更した処理内容の確認

このプラグインを使用して、そのまま前と同じ設定ファイル、およびコマンドで起動します。

```
$ fluentd -p. -c test.conf
```

起動したあとの出力は次のようになるでしょう。Ctrl + C キーで停止するまでは5秒ごとにレコードが出力されるはずです。

```
2022-07-12 17:13:29 +0900 [info]: parsing config file is succeeded path="test.
conf"
2022-07-12 17:13:29 +0900 [info]: gem 'fluentd' version '1.15.0'
2022-07-12 17:13:29 +0900 [info]: using configuration file: <ROOT>
  <source>
    @type my_sample
  </source>
  <match test.my_sample>
    @type stdout
  </match>
</ROOT>
2022-07-12 17:13:29 +0900 [info]: starting fluentd-1.15.0 pid=5118 ruby="3.1.0"
2022-07-12 17:13:29 +0900 [info]: spawn command to main:  cmdline=[".../3.1.0/
bin/ruby", "-Eascii-8bit:ascii-8bit", ".../3.1.0/bin/fluentd", "-p.", "-c", "t
est.conf", "--under-supervisor"]
2022-07-12 17:13:29 +0900 [info]: adding match pattern="test.my_sample" type="
stdout"
2022-07-12 17:13:29 +0900 [info]: adding source type="my_sample"
2022-07-12 17:13:29 +0900 [info]: #0 starting fluentd worker pid=5132 ppid=511
8 worker=0
2022-07-12 17:13:29 +0900 [info]: #0 fluentd worker is now running worker=0
2022-07-12 17:13:34.942982000 +0900 test.my_sample: {"data":"sample data!","se
quence":1}
2022-07-12 17:13:39.942846000 +0900 test.my_sample: {"data":"sample data!","se
quence":2}
2022-07-12 17:13:44.947449000 +0900 test.my_sample: {"data":"sample data!","se
quence":3}
```

これで5秒ごとにレコードを出力できるようになりました。データに含まれる数値も毎回1ずつ大きくなっています。このように、Fluentdプラグインにおいてよく使われる機能であればプラグインヘルパーとして用意されていることがあり、その場合はプラグイン自体を簡単に実装できるのです。

パラメータによる設定の利用

次に行うべきことはパラメータによるプラグイン設定の導入です。

ここまではプラグインの動作は完全に固定されており、設定ファイルは単にプラグインを呼び出すためだけにありました。しかし、実際のFluentdプラグインでは、ここまで動作が決まっていることはほとんどありません。設定ファイルに何らかの指定があり、それに基づいて動作を変化させるということがほとんどでしょう。

■── 文字列のためのパラメータ追加

プラグインにパラメータを追加してみましょう。まず、レコード中のdata

フィールドに任意の文字列を入力できるようにしてみます。次のコードが改良された例です。パラメータを定義するためのconfig_paramメソッド呼び出しが追加されていること、およびレコード生成時にsample_intervalメソッドやdataメソッドが参照されていることに注意してください。

in_my_sample.rb

```
require "fluent/plugin/input"

module Fluent::Plugin
  class MySampleInput < Input
    Fluent::Plugin.register_input('my_sample', self)

    helpers :timer

    config_param :data, :string
    config_param :sample_interval, :time, default: 5

    def start
      super

      counter = 1
      timer_execute(:my_sample_timer, sample_interval) do
        router.emit(
          "test.my_sample",
          Fluent::EventTime.now,
          {"data" => data, "sequence" => counter}
        )
        counter += 1
      end
    end
  end
end
```

これを前の設定ファイルとコマンドのまま起動すると、次のようにエラーになります。

```
$ fluentd -p. -c test.conf
2022-07-12 17:15:47 +0900 [info]: parsing config file is succeeded path="test.
conf"
2022-07-12 17:15:47 +0900 [info]: gem 'fluentd' version '1.15.0'
2022-07-12 17:15:47 +0900 [error]: config error in:
<source>
  @type my_sample
</source>

2022-07-12 17:15:47 +0900 [error]: config error file="test.conf" error_class=F
luent::ConfigError error="'data' parameter is required"
```

これは追加したパラメータのうち、dataパラメータにはデフォルト値が指定されていないためで、エラーメッセージにもそのように表示されています。

デフォルト値が指定されていないパラメータは設定ファイルで指定する必要があります。

■──追加したパラメータの設定ファイルにおける指定

では、設定ファイルにおいて追加したパラメータの値を指定してみましょう。

test.conf

```
<source>
  @type my_sample
  data This is my sample record.
</source>

<match test.my_sample>
  @type stdout
</match>
```

この設定ファイルを使用してFluentdを起動すれば、思ったとおりの動作になるはずです。

```
$ fluentd -p. -c test.conf
2022-07-12 17:16:56 +0900 [info]: parsing config file is succeeded path="test.
conf"
2022-07-12 17:16:56 +0900 [info]: gem 'fluentd' version '1.15.0'
2022-07-12 17:16:56 +0900 [info]: using configuration file: <ROOT>
  <source>
    @type my_sample
    data "This is my sample record."
  </source>
  <match test.my_sample>
    @type stdout
  </match>
</ROOT>
2022-07-12 17:16:56 +0900 [info]: starting fluentd-1.15.0 pid=5228 ruby="3.1.0"
2022-07-12 17:16:56 +0900 [info]: spawn command to main:  cmdline=[".../3.1.0/
bin/ruby", "-Eascii-8bit:ascii-8bit", ".../3.1.0/bin/fluentd", "-p.", "-c", "t
est.conf", "--under-supervisor"]
2022-07-12 17:16:57 +0900 [info]: adding match pattern="test.my_sample" type="
stdout"
2022-07-12 17:16:57 +0900 [info]: adding source type="my_sample"
2022-07-12 17:16:57 +0900 [info]: #0 starting fluentd worker pid=5242 ppid=522
8 worker=0
2022-07-12 17:16:57 +0900 [info]: #0 fluentd worker is now running worker=0
2022-07-12 17:17:02.122699000 +0900 test.my_sample: {"data":"This is my sample
record.","sequence":1}
2022-07-12 17:17:07.118265000 +0900 test.my_sample: {"data":"This is my sample
record.","sequence":2}
2022-07-12 17:17:12.117891000 +0900 test.my_sample: {"data":"This is my sample
record.","sequence":3}
```

また、このプラグインには`sample_interval`パラメータもすでに足されています。ここではデフォルトとして5が指定されているので5秒ごとにレコードが生成されます。設定ファイルにおいて`sample_interval 1s`と指定すれば1秒ごととなりますし、`sample_interval 1h`と指定すれば1時間ごととなります。

このように、要求に応じて変化させる可能性のあるものは簡単にパラメータとして定義できます。こういった自由度の高さと、そのために必要なことの簡単さ、これがFluentdのプラグインの強力さの理由です。

チュートリアルのふりかえり

ここまでで、プラグイン開発全体の流れのうち、FluentdのプラグインをRubyのコードとして記述する方法の全体像を見てきました。大きくふりかえれば、次のようになります。

❶最小限のコードを書いてプラグインを正常に読み込めるのを確認する
❷期待の動作をするようコードを記述していき、少しずつ動作を確認しながら完成させる
❸ユーザーごとに異なる要求についてパラメータを定義し、必要に応じてデフォルト値を指定する

10.3 プラグイン開発の流れ

プラグインの開発のうち、Rubyのコードを書く部分については、前述のチュートリアルで解説しました。プラグインとして動かすだけであれば、これだけで必要を満たしています。しかし、実際に自作のプラグインを長期間運用すること、あるいは自作のプラグインをほかの人にも使ってもらうことなどを考えると、ほかにも必要なことがあります。パッケージング、依存ライブラリのリストアップ、テストコードの記述、バージョン管理、リリース管理などです。これらについて順に解説していきます。

プラグインのgemパッケージ化の考慮

プラグイン開発の流れのうち、最初のステップで考慮すべきことが、プラグインのgemパッケージ化です。前節で書いたプラグインは単一のRubyのプログラムコードで、1ファイルのみのものでした。自分のためだけに単純なプラグインを書いて使用するのであれば、この1ファイルで十分動作します。しかし、プラグインの動作が複雑になってきたり、プラグインを動作させるためにさらに別のライブラリを必要としたりする場合にはうまくいきません。

プラグインの動作が複雑な場合や多くの機能を含む場合には、ソースコードのファイルを分割したくなることもあるでしょう。この場合、作成したプラグインを安全に配布しインストールするため、ひとまとめにパッケージする必要が出てきます。Fluentdのプラグインは実体としてはRubyのライブラリコードとなるので、パッケージにもRubyで広く使われるgemファイル形式を用いることになります。

gemとしてパッケージされたライブラリは、Ruby用の公開リポジトリRubyGemsに登録することで公に配布できます[注2]。Fluentd本体もgemとしてRubyGemsに登録されており、誰でもダウンロードしインストールできます。これと同様に、ほかの誰のどんなプラグインも、RubyGems経由で公開できます。実際にそうして数百のプラグインが公開され、大勢の人に利用されています。ほかの人に使ってほしいプラグインは、gemでパッケージすることが大前提になると言ってもよいでしょう。

また、後述しますが、1ファイルのみのプラグインに対してきちんとテストコードを書くのはあまり簡単ではありません。プラグインのソースコードは1ファイルで簡潔に済むものだとしても、仕事としてプラグインを開発する場合にはきちんとテストを書きたいことが多いでしょう。その場合にはgemとしてのパッケージングを行うほうが、最終的には開発を簡単に進められるはずです。

gemパッケージの初期作成

Fluentdのプラグインをgemパッケージとして作成するとき、gemとして必要なファイルをすべて手で書いていては面倒です。このため通常は、プラグイン開発の最初のステップとして、初期作成のためにgemのひな型を作成してくれるコマンドを使用することとなります。

■――fluent-plugin-generateコマンドによるファイル生成

プラグインの種類のうち、どれを作成するか決まっているのであれば、Fluentdが用意しているコマンド`fluent-plugin-generate`により必要なファイルを一度にそろえて生成できます。たとえば、`awesome`という名前でInput

---

注2　RubyGemsに登録せず、非公開のプラグインのままにしておく選択ももちろん取れます。

プラグインを作成する場合、プラグインの種類とプラグイン名をコマンドの引数として、次のように実行します。

```
$ fluent-plugin-generate input awesome
License: Apache-2.0
    create Gemfile
    create README.md
    create Rakefile
    create fluent-plugin-awesome.gemspec
    create lib/fluent/plugin/in_awesome.rb
    create test/helper.rb
    create test/plugin/test_in_awesome.rb
Initialized empty Git repository in /home/tagomoris/repo/fluent-plugin-awesome
/.git/
```

これで必要なファイルは一通り生成されます。プラグインのライセンスはApacheライセンス2.0が自動的に選択されます。あとは後述のとおり、作成するプラグインに合わせて細部を変更します。また、`fluent-plugin-generate`コマンドを使用した場合は第13章で解説するテスト関連のファイルも自動生成されるため、テストの記述や実行の下準備をしなくてよい点も便利です。

■──bundle gemコマンドによるファイル生成

gemとしてのFluentdプラグインを作るときは、ほかのgemの作成時と同様の手順およびテンプレートも利用できます。InputプラグインとOutputプラグインなど複数のプラグインを1つのgemに入れたい人、Rubyのライブラリ作成に慣れた人やプラグインのライセンスを異なるものにしたい人などは、`fluent-plugin-generate`コマンドを使うよりもこちらの方法のほうがよいかもしれません。ここではあまり細部までは紹介しませんが、大まかな流れとしては次のようになります。

❶`bundle gem`コマンドでファイル群を生成する
❷プラグインファイルを再配置する
❸gemspecを編集する

RubyGemsを用いたアプリケーション開発用の管理ツールとしてデファクトとなったBundler[注3]を用いて、必要なディレクトリやファイル一式を生成できます。

注3　Ruby 3.0からは標準添付されています。Ruby 2.7以前のバージョンを使用している場合は`gem install bundler`コマンドでインストールできます。

```
$ bundle gem fluent-plugin-my_sample
Creating gem 'fluent-plugin-my_sample'...
MIT License enabled in config
      create  fluent-plugin-my_sample/Gemfile
      create  fluent-plugin-my_sample/lib/fluent/plugin/my_sample.rb
      create  fluent-plugin-my_sample/lib/fluent/plugin/my_sample/version.rb
      create  fluent-plugin-my_sample/fluent-plugin-my_sample.gemspec
      create  fluent-plugin-my_sample/Rakefile
      create  fluent-plugin-my_sample/README.md
      create  fluent-plugin-my_sample/bin/console
      create  fluent-plugin-my_sample/bin/setup
      create  fluent-plugin-my_sample/.gitignore
      create  fluent-plugin-my_sample/LICENSE.txt
Initializing git repo in /home/tagomoris/repo/fluent-plugin-my_sample
Gem 'fluent-plugin-my_sample' was successfully created. For more information o
n making a RubyGem visit https://bundler.io/guides/creating_gem.html
```

`fluent-plugin-my_sample`の部分がgemの名前になります。ここでは`my_sample`プラグインを作ることとしているので、その前に`fluent-plugin-`接頭辞を付けて全体として`fluent-plugin-my_sample`という名前にします。ほかの人が公開しているものと同じ名前にはできませんので、作り始める前にRubyGemsのWebサイトで目的の名前のものがすでに存在しないか、確認をしておくとよいでしょう。

生成されたディレクトリはGit用に初期化されています。また、生成されたファイルにはFluentdプラグインとしては不要なものもいくつか含まれています。Fluentdプラグインに実行コマンド類は必要ないはずですので、特別な理由がなければ、削除しましょう。

```
$ cd fluent-plugin-my_sample
$ git rm bin/console bin/setup
```

また、Fluentdのプラグインのファイル名は、プラグインの種類によってファイルの接頭辞が異なります[注4]。作成するプラグインの種類に合わせてファイル名を変更しましょう。次の例はInputプラグインを作る場合のものです。

```
$ git mv lib/fluent/plugin/my_sample.rb lib/fluent/plugin/in_my_sample.rb
```

1つのgemに複数の種類のプラグインを同梱する場合、次のように、同じディレクトリに複数のファイルを置きます。

注4　このルールについては5.5節で詳細を解説しました。

- lib/fluent/plugin/in_my_sample.rb
- lib/fluent/plugin/out_my_sample.rb

gemspecへのgem情報の記述

gemspecは、このgemの名前やバージョン、作成者についての情報や動作環境、依存ライブラリなどを記述するためのファイルです。gemspecはプラグインの開発を始める前に完成させておかないといけないわけではありませんが、最低限の情報は事前に入力しておき、開発が終わってリリースする前の段階で再度見なおして内容を整えましょう。

gemspecのファイル名はgem名fluent-plugin-exampleに拡張子.gemspecを付けてfluent-plugin-example.gemspecとしなければなりません。

次の例は筆者がメンテナンスしている公開プラグインfluent-plugin-sampling-filterのgemspecです。

fluent-plugin-sampling-filter.gemspec

```
Gem::Specification.new do |gem|
  gem.name    = "fluent-plugin-sampling-filter"
  gem.version = "1.2.0"
  gem.authors = ["TAGOMORI Satoshi"]
  gem.email   = ["tagomoris@gmail.com"]

  gem.description = %q{Fluentd plugin to get samples}
  gem.summary = %q{Fluentd plugin to get samples using intervals}

  gem.homepage = "https://github.com/tagomoris/fluent-plugin-sampling-filter"
  gem.license  = "Apache-2.0"

  gem.files       = `git ls-files`.split($\)
  gem.executables = gem.files.grep(%r{^bin/}).map{ |f| File.basename(f) }
  gem.test_files  = gem.files.grep(%r{^(test|spec|features)/})

  gem.require_paths = ["lib"]

  gem.add_development_dependency "rake"
  gem.add_runtime_dependency "test-unit", "~> 3.1.0"
  gem.add_runtime_dependency "fluentd", [">= 0.14.12", "< 2"]
end
```

※空白や文字列を多少変更している。最新版は公開リポジトリ上で確認できる。
https://github.com/tagomoris/fluent-plugin-sampling-filter

■──プラグイン情報の編集

gemspecにおいて作成者の情報を示すauthorやemailなどは必要があれば編集し、summaryやdescriptionとしてプラグインについての説明を記述します。

homepageはプラグインをGitHubにおいてOSSとして公開するのであればそのリポジトリのURLになるでしょう[注5]。業務用途などで非公開のプラグインにするなら、関係者向けのドキュメントなどのURLを書くのがよいと思います。

ライセンスは目的に合ったものを選んでください。非公開ならその旨を記述します。OSSの場合、MITライセンスまたはApacheライセンス2.0のものが多いですが、それ以外のものでも問題ありません[注6]。

Bundlerで自動生成されたgemspecには`required_ruby_version`の指定が最初から入っている場合があります。しかし、これははっきりと有害ですので、存在する場合はこの行は削除したほうがよいでしょう。これはgemを読み込むことができるRubyのバージョンを強制するためのものですが、Fluentdプラグインの場合はFluentdがサポートするRubyのバージョンがそもそも決まっています。プラグイン側で個別に指定をする意味はまったくありません。

そのほかの項目も個別の事情に合わせて指定することになりますが、ほかの多くはどう指定しても動作には特に影響はありません。しかし、自動生成されたgemspecに存在しない行を追加する必要があります。それが依存ライブラリの指定です。

■――依存ライブラリの指定

多くのgemはさらにほかのgemを依存ライブラリとして利用しています。Fluentdプラグインは Fluentd本体から利用されるものですが、ソフトウェアとしては、プラグインはFluentd本体に依存しているという主客逆転の関係になります(**図10.2**)。

注5　もちろんリポジトリとは別に個別のWebサイトを作るのであれば、そちらのURLでもかまいません。

注6　OSSライセンスについて詳しくは、『OSSライセンスの教科書』(上田理著、岩井久美子監修、技術評論社、2018年)、『知る、読む、使う！ オープンソースライセンス』(可知豊著、達人出版会、2011年)などを参考にしてください。

図10.2　Fluentdとプラグインの依存関係

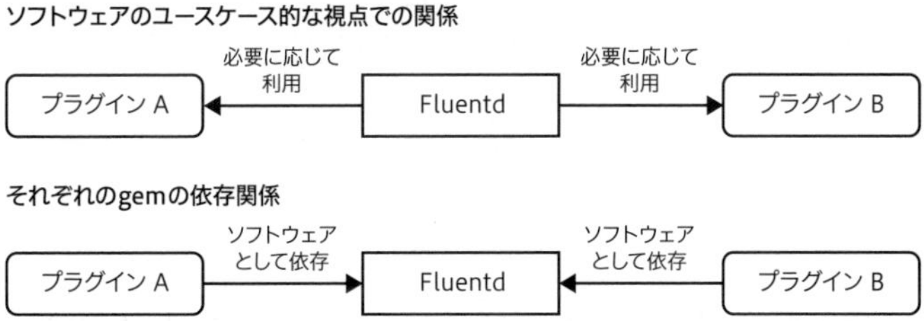

まず、この関係をgemspecに次のように記述します。同時に、プラグイン開発に最低限必要な依存についても記述しておきます。

fluent-plugin-my_sample.gemspec

```
require_relative 'lib/fluent/plugin/my_sample/version'

Gem::Specification.new do |spec|
  spec.name = "fluent-plugin-my_sample"
  # そのほかのgemメタデータ

  # endの直前に依存関係を記述する
  spec.add_runtime_dependency "fluentd", ">= 1.0"  …❶
  spec.add_development_dependency "rake"           ┐…❷
  spec.add_development_dependency "test-unit"      ┘
end
```

❶は、このプラグインが動作するにはFluentdのv1.0以降が必要なことを示しています。

❷は、リリース時やテスト走行などにあると便利なRake[注7]、およびユニットテストの記述と実行に必要なtest-unitへの依存の指定です。これらの依存については、依存先のgemの名前だけを記述し、バージョンについての制約をしていません。rakeやtest-unitを使うだけであれば、バージョンの指定をする必要はないでしょう。不要なバージョン制約の指定はメンテナンスの手間を増大させますし、あるプラグインの制約と別のプラグインの制約が衝突すれば、ユーザーが不利益をこうむります。避けたほうがよいでしょう。

また、❶の`fluentd`については`add_runtime_dependency`を用い、❷の`rake`や`test-unit`については`add_development_dependency`を用いています。これは、実行時に必要な依存ライブラリと、開発およびリリースのみに必要な依存ライブラリを分けて管理するためのものです。プラグインのユーザーが実行時に必要とするライブラリについては`add_runtime_dependency`を用います。プラグインの開発やリリースにのみ必要なライブラリについては`add_development_dependency`を用いましょう。`add_development_dependency`で指定されているライブラリは、gemを使うためにインストールするユーザーの環境にはインストールされません。これにより、実行環境に不要なライブラリが大量にインストールされるのを防ぐことができます。

注7　ソフトウェアのビルドなどによく使われるMakeのRuby版と言うべきソフトウェアです。

プラグインコードの記述

ここまでで、プラグインを開発する準備は整っています。実際にプラグインコードを記述し、プラグインが動作するようにしましょう。具体的な手順は前節のチュートリアルで説明したとおりです。また、プラグイン各種の実装については第12章で解説します。

テストの記述

テストの記述は、プラグイン開発の流れのうちの重要な一部です。プラグインは、書いてみても思ったとおりに動かないことがあります。というより、書いたプラグインが最初から完全に思ったとおりに動作することはまずないと言ってもよいでしょう。もちろん動かしてみれば動かないことがわかるかもしれません。しかし、動かしてみるのも、設定ファイルやそのほかの動作条件を整えるのが大変です。また、一見して動いているようには見えるが、細かいところで動作がおかしいという問題は、動かしてもなかなか気付けません。

あるいは、最初は動いていたのに、気付いたら動かなくなっていたということもよくあります。特に、プラグインの動作が外部のライブラリに依存している場合には、外部ライブラリの挙動の変化によってプラグインの動作も影響を受けてしまいます。

こういった事態を防ぐためのものがテストです。テストコード、ユニットテストあるいは自動化テストなどと呼ばれますが[注8]、どれも主目的は、プログラムの動作を別のプログラムによって確認するところにあります。

テストの実際の記述方法については、第13章で詳述します。

■——テストによるプラグインに期待する動作の明示

テストを記述すれば、このプラグインに期待されている動作がどのようなものかがわかります。プラグインを書いただけではあいまいだった挙動の細かい部分についても、テストを書くことで明らかにできます。

また、外部のライブラリに依存するプラグインの場合は、外部ライブラリの動作もこれで確認できるのが大きな利点でしょう。えてして、想定していた動作とは異なるものです。

注8　そして呼び方によって実際の内容も少しずつ異なります。

■──テストの継続的な実行による挙動の確認

記述したテストを自動的に実行することも、挙動の確認を継続的に行うためには重要です。CI(*Continuous Integration*、継続的インテグレーション)と呼ばれる分野になりますが、変更を行うたびに、あるいは変更が提案されるたびにテストを自動的に実行するものです。自分でCIのための環境をセットアップすることもできますが、GitHubにリポジトリがある場合ならさまざまなCIのためのサービスを利用できます。また、OSSなら無料で利用できるサービスとして、GitHub Actions[注9]やCircleCI[注10]などがあります。これらは安定したプラグインの開発、運用には欠かせないと言ってよいでしょう。

テストやCIの重要性などについて、ここですべてを議論するには紙幅がまったく足りません。ソフトウェア開発一般においてテストは重要で大きな問題であり、多数の書籍が出版されていますし、ブログエントリなどでも多く言及されています。テストの重要性を意識したことがない人はそれらをご一読いただくとよいかもしれません。

■──教材としての他プラグインのテストコード

特にFluentdプラグインのテストについては、すでに存在する多くのオープンソースプラグインのテストが参考になるでしょう。GitHubのfluentオーガニゼーション[注11]およびfluent-plugins-nurseryオーガニゼーション[注12]の下に多くの`fluent-plugin-`で始まるFluentdプラグインリポジトリを見つけられます。Input、Output、Filterなどのプラグインの種類ごとに、自分が書こうとするものと似たプラグインを見つけて、そのテストコードを参考にできるはずです[注13]。

バージョン管理
バージョン番号を付けて更新する

Fluentdのバージョンがv0.14、v1.0、v1.1……と管理されているのと同様に、プラグインのバージョンも何らかの形で決められる必要があります。これもプラグイン開発の一連の流れの重要なパートです。多くのプラグインは大まかに

注9 https://github.co.jp/features/actions

注10 https://circleci.com/docs/ja/oss

注11 Fluentdそのものの開発チームのためのものです。https://github.com/fluent

注12 サードパーティのFluentdプラグインをメンテナンスする有志のチームのためのものです。https://github.com/fluent-plugins-nursery

注13 FluentdのWebページに種類ごとのプラグインリストがあるので、それを参考にしてもよいでしょう。https://www.fluentd.org/plugins

はセマンティックバージョニング(*Semantic Versioning*)[注14]という方法でバージョン番号が付けられていますが、その一方でセマンティックバージョニングのやり方を厳密に守っているケースも多くはないと思います。ここでは、多くのプラグインで行われているバージョン管理の方法を紹介します。この方法ではセマンティックバージョニングと同様、メジャー、マイナー、パッチという3つのバージョン数値を組み合わせてバージョン番号を決めます[注15](**図10.3**)。

- **バージョン番号には3つの数字を . でつないだ形式を使用し、それぞれの数字を順にメジャーバージョン、マイナーバージョン、パッチバージョンと呼ぶ**
- **細かいバグ修正の場合にはパッチバージョンを上げる(例：1.13.0➡1.13.1)**
- **機能追加、軽微な機能変更、大きめのバグ修正などの場合にはマイナーバージョンを上げる(例：1.13.1➡1.14.0)**
- **互換性を失う大きな機能変更の場合にはメジャーバージョンを上げる(例：1.14.3➡2.0.0)**

マイナーバージョンやメジャーバージョンを上げるときは、それより下位(右側)の桁は0に戻します。

■──プラグインリリース時の初期バージョン

最初のリリースのバージョンをどうするかにはいくつか流儀があり、0.0.1にする人もいれば0.1.0にする人もいます。まれにですが最初から1.0.0にする人もいます。

どうしなければならないという決まりはないのでどれでもよいのですが、筆者は0.1.0から始めるようにしています。0.0.1から始めるとあらゆる変更についてパッチバージョンを上げることになりがちで、利用者にとって0.0.1から0.0.2

注14　https://semver.org/lang/ja/

注15　セマンティックバージョニングはメジャー、マイナー、パッチそれぞれのバージョンを上げる基準を、パブリックAPIに関する後方互換性の有無と機能追加の有無にのみ従って決定します。それに対して、ここで紹介しているプラグインのバージョン管理はもっとあやふやで、作者の感覚によるところの大きいものです。

図10.3　バージョン番号は3つのバージョン数値を組み合わせて決める

への変更がどのようなものかがわかりにくいのではないかと思うからです。

■——プラグインをバージョン1.0にする時期

0.Y.Zのバージョンのプラグインをいつ1.0.0にするかについても悩む人が多いようです。「バージョン1.0」はある種の完成品を表す印象があり、二の足を踏む感じを抱くからでしょう。

筆者としては、ある程度使われるようになったときに区切りとして、特に大きい変更がなくても1.0.0をリリースする、くらいでよいのではないかと思います。安心して使ってもよいことをバージョン番号で示せれば、利用者にとってもメリットが大きいでしょう。

リリース
プラグインを必要な場所で動かせるようにする

プラグインが手元で動作するようになったら、あとはそれを実際に必要としている場所まで持っていき、その場所のFluentd利用環境にインストールできるようにします。この作業をリリースと呼びます。

■——非公開gemとする場合のリリース

手元で完成したプラグインをgemとしてほかの環境で動かせるようにするには、次の手順をとります。

❶`rake build`コマンドを実行してgemファイルをビルドする

❷インストール先のホストにgemファイルを移す

❸`fluent-gem install fluent-plugin-xxx-1.0.0.gem`のようにコマンド実行してインストールする[注16]

作成したプラグインを非公開のgemとするなら、手順はこれだけです[注17]。次に解説する公開gemとする場合でも、ここまでの手順に従って手元のFluentdで動作を確認してからリリース手順をとるほうがよいでしょう。

■——RubyGemsを通して公開する場合のリリース

RubyGems.orgを通じて一般公開する場合は、あらかじめRubyGems.orgのユーザー登録を行ったうえで`rake release`コマンドを用います。`rake release`

注16 td-agentの場合は`td-agent-gem`コマンドを使用します。

注17 Fluentd動作環境でのプラグイン管理の詳細については5.4節を参照してください。

コマンドを実行すると、自動的にrake buildコマンドも実行されます。認証情報の入力などを適切に行えば[注18]、すぐに公開され誰でもダウンロード、あるいはfluent-gem installコマンドでのインストールができます。

RubyGemsへのユーザー登録や公開されたgemの管理の詳細についてはここでは触れません。オンラインの記事が多数ありますので、「RubyGems gem リリース」などで検索すれば有益なページがあれこれ見つかるでしょう。

■──リリースはユーザーに対するコミュニケーション

リリースは、そのソフトウェアのユーザーに対してのアクションです。通常はそのリリース手順の一環として、バージョン番号の更新やドキュメントへの変更点の追記などを行います。バージョン更新やドキュメント更新など一連のものをすべて含めてリリースだと言ってよいでしょう。

リリースは重要な手順です。開発者がある機能をプラグインに追加しても、それは開発の途中の段階なのか、それとも開発が完了して使用してよい段階なのかはユーザーには見分けが付きません。しかし、バージョンが更新されてリリースされればある区切りだということはユーザーにもわかりますし、またドキュメントの更新はユーザーに変更点を伝える意味では極めて重要です。開発が活発なプラグインであれば、こまめなリリースを行うように心がけたほうがよいでしょう。

10.4 プラグイン共通の処理

さて、ここからは、実際にプラグインを開発するにあたって知っておくべきFluentdプラグインの細部について解説をしていきます。プラグインにはいくつもの種類がありますが、ここで解説している事項はすべてのプラグインに共通の、重要な事柄です。

プラグインの設定パラメータ

ほとんどのプラグインには何らかの設定値が必要となります。プラグイン

注18 RubyGems.orgのユーザー情報で多要素認証(MFA、*Multi Factor Authentication*)を有効にしている場合は、releaseコマンド実行時にOTP(*One Time Password*)の入力を求められます。なお、MFAの設定は有効にすることが強く推奨されており、MFAが無効の場合にユーザー権限を乗っ取られるケースが実際に発生しています。ユーザー登録を行ったときは必ず、即座にMFAを有効にしましょう。

がどういう設定値を受け入れるかは、パラメータのためのconfig_paramメソッド、セクションについてのconfig_sectionメソッドによって定義します。すべてのパラメータおよびセクションには名前が必要です[注19]。

プラグインライフサイクル
プラグイン起動時や停止時に処理を実行する

ライフサイクルとは、プラグインの起動や停止に関わる各種の処理をまとめて呼んだものです。プラグインは、Fluentdの起動処理中に設定ファイルに従って呼び出され、複数段階の初期化および開始処理を経たのちに実際に使用されることになります。また、Fluentd停止時にも、プラグインはいくつかの段階を経て動作を停止させられます。

このライフサイクルをすべて書き出すと次のようになります。次のうち括弧で囲まれているものは、そのタイミングで呼ばれるプラグインクラスのメソッド名です。

- ❶ **Fluentd起動**
- ❷ **起動処理**
  - ❶ プラグインファイルのrequireによる読み込み
  - ❷ プラグインオブジェクトの初期化(initialize)
  - ❸ 設定(configure)
  - ❹ 起動(start)
  - ❺ 起動後の確認処理(after_start)
- ❸ **Fluentdの稼働**
- ❹ **停止処理**
  - ❶ プラグインへの停止の通知(stop)
  - ❷ 停止処理の開始通知(before_shutdown)
  - ❸ 停止処理(shutdown)
  - ❹ 停止後の確認処理(after_shutdown)
  - ❺ プラグインが使用したリソースのクローズ(close)
  - ❻ プラグインの破棄(terminate)
- ❺ **Fluentd全体の停止**

■──必要なライフサイクルの選択と実装

プラグインの起動と停止に関わるメソッドは上述のようにたくさんありますが、実際にプラグインを開発するときは、必要なもののみを選択して実装

注19 プラグインの設定については多数の型の種類やオプションがあります。詳細は、第11章で解説します。

します。多くのプラグインでは、configureメソッドのみ、あるいはconfigureメソッドとstartメソッドのみの実装で済むことが多いでしょう。複雑なプラグインになってくると、shutdownメソッドも必要になる場合があります。

ほかのメソッドは、主にプラグインのベースクラスやプラグインヘルパーにおける処理で使用されるものです。一般的な用途のInputプラグイン、Outputプラグイン、Filterプラグインの実装においては、まず不要でしょう。

プラグインのライフサイクルに伴うメソッドを通常必要な範囲で実装したプラグインは、次のようになります。例としてInputプラグインについての場合を示していますが、ライフサイクルについてはほかのすべての種類のプラグインで共通のものです。

in_example.rb
```
require "fluent/plugin/input"
require "library-used-by-this-plugin"

module Fluent::Plugin
  class ExampleInput < Input
    Fluent::Plugin.register_input('example', self)

    def configure(conf)
      super
      # 設定の読み込みとバリデーションをここで行う
    end

    def start
      super
      # プラグインの動作開始に関わる処理はここに記述
    end

    def shutdown
      # 停止処理
      super
    end
  end
end
```

プラグインの実際の処理を開発するうえで、上記のもの以外にもいくつもメソッドを追加することになるでしょう。それらのほとんどは、上記のconfigure、start、shutdownの各メソッドから直接あるいは間接に呼ばれます。

■――ライフサイクルメソッドにおけるsuper呼び出し

注意すべき点として、ライフサイクルに関連するメソッド内では、継承元の同名メソッド呼び出しを行うためのsuperを必ず呼ばなくてはなりません。そうすることで、各プラグインのベースクラスなどで実装されている処理が適切に呼ばれ、正しいプラグインの起動、停止が行えます。

呼び出しの順序としては、プラグインの起動に関連するinitialize、configure、start、after_startの各メソッドでは、メソッドの先頭でsuperを呼びます。プラグインの停止に関連するstop、before_shutdown、shutdown、after_shutdown、close、terminateの各メソッドでは、メソッドの末尾でsuperを呼びます。

プラグインヘルパー
Fluentdが用意する共通の機能を呼び出す

プラグインヘルパーとは、プラグイン共通の処理において、Fluentd側であらかじめ実装され、プラグインから簡単に使えるようになっている機能のことです。

自分でプラグインを実装するときに必要となることの多くは、ほかのプラグインでも行われています。次のような処理は多くのプラグインで共通するでしょう。

- **時刻や日付をテキストから、あるいはテキストへ変換する**
- **テキストデータを解析し、構造化されたレコードに変換する**
- **外部コマンドを実行してデータを渡す、あるいはデータを受け取る**
- **ネットワークサーバを実行して外部からの通信を受け取る**

そういった共通しがちな処理をすべてのプラグインが独自に書いていては無駄が多いですし、独自に実装されたものは安定性があまり良くないこともあります。これら共通の機能をFluentd側からプラグインに提供するのがプラグインヘルパーです。プラグインヘルパーはInput、Output、Filterのどのプラグインにおいても使用できます。

■──プラグインヘルパーの使用宣言

プラグインヘルパーは、プラグインコードにおいてhelpersメソッドにより明示的に使用を宣言することで有効化されます。たとえば、一定時間ごとに処理を実行するtimerプラグインヘルパーは次のように使用します。

```
require "fluent/plugin/input"

module Fluent::Plugin
  class MyGreatInput < Input
    Fluent::Plugin.register_input('my_great', self)

    helpers :timer
```

```
    # 以下通常のプラグインのコード
  end
end
```

複数のプラグインヘルパーを有効化する場合には、helpersメソッド呼び出しの引数にプラグインヘルパーの名前をすべて書きます。

```
helpers :timer, :counter, :server
```

有効化されたあとは、プラグインヘルパーが提供する各メソッドを呼ぶこととなります。Inputプラグインならstartメソッド内、あるいはそこから呼ばれる独自メソッド内でプラグインヘルパーを呼び出すことが多いでしょう。Outputプラグインならwriteメソッド内が多くなると思います。もちろん必要であれば、これら以外の場所からでもプラグインヘルパーは呼び出せます。

プラグインヘルパー各種の詳細な機能については第14章を確認してください。

■──ライフサイクルメソッドにおけるsuper呼び出し

プラグインヘルパーにも停止処理が必要なことに気を付け、ライフサイクルメソッドでは必ずsuperを呼び出しましょう。有効化され呼び出されたプラグインヘルパーには何らかの処理を裏側で行っているものも多く、これらを正常に停止してやらなければ、Fluentd全体の安定動作に影響が出ることがあります。

プラグインのコードがstopメソッドやshutdownメソッドなどの停止処理用のメソッドを持っていない場合は、自動的にベースクラスのものが呼ばれるため問題ありません。しかし、プラグインのコードがこれらの停止処理に関わるメソッドを実装している場合には、そのメソッドの末尾で必ずsuperを呼ぶようにしてください。superを呼んで初めて、プラグインヘルパーに関連した停止処理も行われます[注20]。

```
def shutdown
  @my_own_client.close # プラグイン独自に必要な停止処理

  # super呼び出しでプラグインヘルパーなどの停止処理が行われる
  super
end
```

注20　複数のプラグインヘルパーを有効化していてもsuperを呼ぶのは一度だけです。

プラグインIDの確認と利用
動作中のプラグイン固有の情報を使う

プラグインIDとは、Fluentdの設定ファイルにおいて、各プラグイン用のディレクティブで`@id ...`として指定できる値のことです。この値は同一プラグインの間では異なるものを指定しなければなりません。同一のプラグインに対して複数の設定セクションで同じ`@id`パラメータ値を指定した場合、Fluentdはエラーを報告して起動に失敗します。このため、Fluentdプロセス内で同じプラグインが複数同時に動作していても、プラグインIDはそれぞれ異なった値を持っていることが保証されています[注21]。

```
<source>
  @type my_awesome
  @id   input_002
  # ...
</source>

<source>
  @type my_awesome
  @id   input_005
</source>
```

このプラグインIDは、プラグインのコードにおいては`plugin_id`メソッドの呼び出しで取得できます。ユーザーが指定したプラグインIDなのかどうかを検査したい場合は、`plugin_id_configured?`メソッドを使用します。結果が`true`の場合、プラグインIDはユーザーが指定したものです。

プラグインIDはFluentd内の各所で自動的に使用されます。そのほかにもプラグイン自身によって、次のようにも使われます。

- **Inputプラグインでの利用法**
  レコードがどのプラグインで生成されたのかを示すため、データの一部としてプラグインIDを入れる
- **Outputプラグインでの利用法**
  どこから来たデータかを記録するため、データ書き出しのパスやメタデータの一部としてプラグインIDを入れる

注21 設定ファイルにおいて`@id`パラメータが指定されていない場合、Fluentdは内部状態を利用して`object:0123...`という形式の文字列をプラグインIDとして生成します。この自動生成されたプラグインIDでは、プラグインルートディレクトリをはじめとした各種機能は使用できません。

プラグインルートディレクトリ
プラグインのためのファイル置き場を使う

プラグインルートディレクトリとは、各プラグインが他プラグインの影響を受けずに使用可能なディレクトリのことです。プラグインにおいてさまざまな動作を実現するとき、何らかの形でデータを外部に書き出したいことがあります。たとえば、Outputプラグインにおいて出力データの一時ファイルを作る場合などが該当するでしょう。また、Fluentd停止時にファイルにプラグインの内部状態のデータを書き出しておき、Fluentdが次回起動したときにその内部状態を使用して続きから処理を再開したいということもあるでしょう。

こういった用途でプラグインが使用できるディレクトリが、プラグインルートディレクトリという機能で提供されています。plugin_root_dirメソッドの呼び出しでプラグイン固有のディレクトリのパスを取得でき、その中に自由にファイルなどを読み書きできます。

```
unless plugin_root_dir
  raise Fluent::ConfigError, "プラグインID @id を指定してください"
end
path = File.join(plugin_root_dir, "internal.json")
File.open(path, 'w') do |file|
  file.write plugin_status_object.to_json
end
```

■──プラグインルートディレクトリ使用時の注意点

この機能は設定ファイルにおいて、<system>ディレクティブ内にroot_dirパラメータが指定されており、かつ各プラグインディレクティブにおいてプラグインIDを明示的に指定されている場合のみ使用できます。使用できない場合にはnilが返ってくるため、plugin_root_dirメソッドの戻り値はチェックしてから使用しましょう。

また、Fluentdが動作しているシステムのローカルディスクを使用しますから、使用容量があまり大きくならないように注意したほうがよいでしょう。

■──Storageプラグインによるプラグインデータ保存の検討

なお、プラグインから使用できる保存領域としては、Storageプラグインを使用する方法もあります注22。小さい値の保存には、KVSとして使用できるStorageプラグインを使用するとよいでしょう。依存ライブラリなどの制約で

注22 Storageプラグインおよびそのためのstorageプラグインヘルパーの用法については、14.14節で解説しています。

ファイルとしての扱いが必要な場合には、プラグインルートディレクトリ以下で直接ファイルを読み書きするというように使い分けてください。

複数ワーカー対応
複数のFluentdプロセスでプラグインを動作させる

Fluentdには、複数のプロセスをワーカーとして動作させる機能があります[注23]。複数ワーカーを有効にすると1ホスト上で同じ設定のFluentdプロセスが複数動作するため、このことを考慮していないプラグインは意図しない動作を起こします。さらに悪い場合、外部のシステムに意図しない形で悪影響を与える可能性もあります。

複数プロセスが同時に動いても問題ないようにするために必要な配慮はプラグインの種類によって異なりますが、まずそもそもプラグインの側で複数ワーカーでの起動を許可するかどうかを決められます。

■──複数ワーカーに対応したプラグインの作成

すべてのプラグインクラスにはmulti_workers_ready?メソッドがあります。このメソッドがtrueを返す場合には、複数ワーカーに対応したプラグインということになります。設定ファイルで指定されたプラグインの中にmulti_workers_ready?メソッドがfalseを返すものがあった場合、Fluentdを複数ワーカーで起動しようとしても失敗します。

このメソッドの戻り値は、デフォルトではFilterプラグインでtrue、InputプラグインとOutputプラグインでfalseとなっています。作成したプラグインが複数ワーカーで起動しても問題ない場合には、同名のメソッドをプラグインクラス内で定義してtrueを返します。逆に、複数ワーカーに対応できない事情がある場合にはfalseを返します。

out_blackhole.rb
```
require "fluent/plugin/output"

module Fluent::Plugin
  class BlackholeOutput < Output
    Fluent::Plugin.register_output('blackhole', self)

    def multi_workers_ready?
      true
    end
```

注23 複数ワーカーの機能について6.5節で詳細を解説しました。

```
    def write(chunk)
      # Throw the chunk to the blackhole!
    end
  end
end
```

複数ワーカーに対応したプラグインを作るにはmulti_workers_ready?メソッドの戻り値をtrueにします。そのうえで、複数のワーカーが動いても、つまりプラグインが複数並行で動作しても不具合が起きないよう、きちんと挙動を設計、実装しなければなりません。

■──設定による複数ワーカー対応の可否

複数ワーカー対応に関してmulti_workers_ready?メソッドが返す結果は、パラメータに設定された値によっても変えられます。

たとえば、データを出力する先としてローカルストレージのファイルを利用するプラグインを考えます。このプラグインは通常multi_workers_ready?メソッドでfalseを返します。ただし、設定により出力先ファイル名にランダムでユニークなID[注24]を用いることができるようにし、その場合のみmulti_workers_ready?メソッドからtrueを返します。

out_random_path.rb

```
require "fluent/plugin/output"

module Fluent::Plugin
  class RandomPathOutput < Output
    Fluent::Plugin.register_output('random_path', self)

    config_param :use_random_file_name, :bool

    def multi_workers_ready?
      if @use_random_file_name
        true
      else
        false
      end
    end

    def write(chunk)
      if use_random_file_name
        file_name = dump_unique_id_hex(generate_unique_id)
        # file_nameに対して出力
```

注24　余談ですが、FluentdのOutputプラグインではこういった用途のためにユニークなIDを生成するgenerate_unique_idメソッドと、そのIDをテキストとして読めるよう変換するdump_unique_id_hexメソッドが提供されています。

```
      else
        # タグなどをもとにファイル名を決定して出力
      end
    end
  end
end
```

出力先ファイル名がユニークな文字列を含んでいれば、複数ワーカーが同時に動いていたとしても競合は発生しなくなります。一方でそういったランダムな情報を含んだ名前は利用者にとっては見にくいものとなるでしょう。どちらにもメリットとデメリットがあるため、設定で分岐させるのは悪いアイデアではありません。

プラグインロガー
プラグインの動作状況を記録する

プラグインロガーとは、プラグインがログを記録する際に使用するロガーオブジェクトのことです。Fluentdを起動したときに表示されるログには、プラグインの読み込みや停止についてのものもあります。これらのログはFluentdコアが出しているものですが、同様のログをプラグインコードの中からもプラグインロガーを経由して出力できます。

```
log.info "Emitting a record..."
```

上記のようなログ出力用のコードにより、次のようなプラグインからのログが出力されます。

```
2022-02-15 17:21:18 +0900 [info]: #0 [moris_sample] Emitting a record...
```

#0はFluentdのワーカーIDを示し、複数ワーカーを利用する設定になっている場合には#1など、より大きい番号も見られます。[moris_sample]として表示されているのは、設定ファイルのディレクティブにおいて@idパラメータで指定された値です。これにより、同じプラグインが設定ファイル内の複数ヵ所で使われている場合でも、どのプラグインから出力されたログなのかを見分けることができます[注25]。

■——プラグインロガーの使用方法

プラグインロガーは、プラグインコード中からlogメソッドで呼び出すこ

注25 設定ファイルにおいて@idパラメータが指定されていない場合、この部分はログに出てきません。

とができます。また、ログ記録用メソッドとして、fatal、error、warn、info、debugおよびtraceメソッドを持っています。それぞれのメソッドは対応するログレベルでログを出力します注26。

infoログとerrorログの出力
```
log.info "Notification messages for users"
log.error "Detected something bad to be notified"
```

出力されるログ例
```
[info]: #0 [moris_sample] Notification messages for users
[error]: #0 [moris_sample] Detected something bad to be notified
```

■――キーワード引数を用いた付加情報の付与

プラグインロガーの各メソッドは引数としてログメッセージの文字列を受け取りますが、それ以外にもキーワード引数スタイルでの付加情報の受け渡しができます。渡された情報は、key=value形式に展開されてログメッセージの末尾に付与されます。

次のコード例では、infoメソッドを用い、付加情報をキーワード引数スタイルで渡しています。ログの末尾にhereやintervalといった付加情報のそれぞれの値が記録されているのがわかるでしょう。ほかのすべてのログレベル用のメソッドでも同じように使用できます。

infoログを付加情報付きで記録する
```
log.info "Message", here: "starting", interval: @interval
```

出力されるログ例
```
[info]: #0 [moris_sample] Message here=starting interval=5
```

■――ブロックを用いた付加情報の付与

プラグインロガーにおける付加情報はブロックを用いても渡せます。ブロックが返すHashオブジェクトがログにおける付加情報として記録されます。ただし、この場合、Rubyの文法の関係から、ブロック定義に{}(ブレース、またはカーリーブラケット)を用いている場合には、次のように{}がネストする構造になることに注意が必要です。

ログの付加情報をブロックにより指定する
```
log.debug("This is a debug log") {
  # この部分はdebugログが表示される設定の場合にだけ実行される
  { interval: @interval, client_info: @client.dump }
}
```

注26 @log_levelパラメータでログレベルが設定されている場合は、それ以下のレベルのログは表示されなくなります。

```
do ... endを用いて次のようにも書ける
log.debug "This is a debug log" do
  { interval: @interval, client_info: @client.dump }
end
```

ブロック指定での付加情報は、付与するデータの生成が比較的重い処理の場合に使用するとよいでしょう。ロギングメソッドのブロックは、ログレベル指定がそのログを出力することになっている場合だけ実行されます。たとえば、debugメソッドで出力したログはログレベルを明示的にdebugかそれ以下に指定しない限り表示されません。表示されないデバッグログのために生成に時間がかかるデータを毎回生成するのは計算リソースの無駄です。ブロックを用いた付加情報の付与は、デバッグログなどで結果的に表示されない場合にも対応できます。

■──errorキーワードによる例外のロギング

特殊な付加情報として、例外を記録するためのerrorキーワードがあります。ロギングメソッドの付加情報としてerrorキーワードが指定されていて、その値が例外オブジェクトだった場合には、ログメッセージは自動的に例外クラスのためのerror_classと例外メッセージのためのerrorの2つに展開されます。

これはプラグインのコード中において、例外処理として次のようなコードが頻出するためです。例外オブジェクトはそのままダンプしても詳細がわからないケースが多いため、自動的にどの種類の例外なのかと、その例外で報告されているメッセージの両方を出すようになっています。

```
begin
  # 失敗する可能性のある処理、つまり、ほぼすべての入出力処理
rescue => e
  log.error "Failed to process data", error: e
  raise e
end
```

```
出力されるログ例
[error]: #0 [moris_sample] Failed to process data error_class=BadError error=m
essage-about-reason
```

■──ログ出力の重要性

ログはプラグイン開発者の手元からプラグインが離れ、ユーザーの環境で使用されているときのトラブルシュートに重要な役割を果たします。特に、例外処理時のエラーログなど、何かに失敗したときのログについてはかなり

詳細に出しても損することはないでしょう。

一方でinfoログを大量に出せば、あまり意味のない、正常に動作しているというだけの報告でFluentdのログを埋め尽くすことになります。これでは、ほかのプラグインやFluentd全体の動作状況の把握に支障が出ることになりかねません。プラグインからのログの出力は、頻度そしてログレベルをうまく選ぶようにしましょう。

10.5 まとめ

本章では、プラグインを開発する一連の流れやプラグイン一般に必要となる処理について解説しました。

自分で自分の業務に合わせたプラグインを簡単に書けるのはFluentdの最大の特徴でもあり、それは本章のチュートリアルからもわかるはずです。開発したプラグインはRubyのライブラリパッケージであるgemとしてまとめることができ、テスト、バージョン付与およびリリースもそれに準じて行えます。プラグイン一般に必要な処理としては、パラメータの定義、起動や停止を行うメソッドの実装、プラグインに共通の処理を提供するプラグインヘルパーの使用、複数ワーカー対応およびロガーの使用などがあります。これらの処理を適切に実装することで、使いやすいプラグインが作れるでしょう。

第11章

プラグインの設定

これまで繰り返し述べてきたように、Fluentdにおいてプラグインは極めて重要な存在です。しかし、プラグインがどのように動作するかが完全に固定されていると、少しだけ動作方法を変更したい、少しだけ想定と異なる環境で動かすことになったなどの状況ごとにプラグインを作りなおすことになってしまいます。これを避けるためには、調整可能な部分、変化が見込まれる部分をプラグインの設定として変更可能にしておくことが重要です。

本章では、プラグインを設定可能とするためのパラメータやセクションの定義方法、およびそれぞれで指定可能なオプションの詳細、プラグインの設定処理の詳細やより柔軟な設定チェックを行う方法について解説します。

11.1 プラグインの設定方法

パラメータとセクションを使用する

プラグインの動作には設定が欠かせません。設定には大きく分けて、Fluentdの動作環境によって異なる値を指定させるものと、プラグインの挙動を変更させるものの2種類があります。複雑な条件を指定させたり、複数のパラメータを指定させたりする必要がある場合には、設定ファイルにおけるセクションを追加させたいこともあるかもしれません。また、ベースクラスで定義されているパラメータのデフォルト値を自分のプラグインでは上書きしたいこともあるでしょう。

こういった要求に対して、Fluentdはプラグインの開発時に使用できるメソッドを提供しています。これは、設定ファイルにおける次のような記述をサポートするためのものです。

```
<source>
  @type my_plugin

  param1 "my value1"
  param2 12800
  param3 500M
  param4 12h

  <paramgroup myname>
    param5 true
    param6 3.1415
  </paramgroup>
</source>
```

上記の例における`param1`などはすべてプラグインによって指定された名前で、その値の型や必須パラメータ、デフォルト値などもプラグイン側から指定します。同様に、<paramgroup>などのセクションもプラグインによって定義でき、各セクションの中にはさらに複数のパラメータを定義できます。

こういった設定のうち、パラメータの定義はconfig_paramメソッドによって行い、セクションの定義はconfig_sectionメソッドによって行います。また、これらのメソッドは多くのオプションを持っており、要求に応じて利用できます。

11.2 パラメータの定義と利用

プラグイン設定において基本となるのがパラメータです。Fluentdのプラグインのほぼすべてが何らかのパラメータを持っており、それによってプラグインの動作の一部を変更可能としています。通常は変更する必要がない設定値であっても、デフォルト値付きのパラメータとして定義しておけば、万が一にも変更の必要に迫られた場合に対応できます。

パラメータ
設定をオブジェクト化する

パラメータはプラグインの設定において名前と値のペアとして指定するものですが、設定ファイル中ではこれはあくまで名前を示すリテラルと、値を示すリテラルです。しかし、リテラルそのままの文字列ではプラグイン側では使用しづらいですし、また想定していない設定値が入力された場合のチェックも難しくなります。

```
myname   "Satoshi Tagomori"  # これは文字列でよい
myheight 171                 # 身長が数値で指定されている、OK
myweight "Not so heavy"  # 数値が欲しいのに文字列が入っているのは困る
```

このため、Fluentdのプラグインはパラメータというしくみを経由して設定値を受け取ることになっています。パラメータはパラメータ名と値の型をペアにして定義するもので[注1]、設定ファイルで指定されたリテラルはその型に従って解釈され、最終的にはパラメータの値としてのオブジェクトがプラグインに渡されることになります。

注1　型を指定せずパラメータを定義することもできます。方法は本節で後述しています。

config_paramメソッド
パラメータを定義する

パラメータは、プラグインクラスからconfig_paramメソッドを呼び出して定義します。プラグイン開発を行う場合は、作成するプラグインの種類に応じてFluent::Plugin::Inputクラス、Fluent::Plugin::Outputクラス、Fluent::Plugin::Filterクラスなどのベースクラスを継承します注2。そして、これらのクラスを継承しているとき注3、クラス定義の中でconfig_paramメソッドが使用できます。

config_paramメソッドは、設定ファイルにおける該当プラグインの設定セクションにおいて使用可能なパラメータを追加するためのものです。

out_config_example.rb

```
require "fluent/plugin/output"

module Fluent::Plugin
  class ConfigExampleOutput < Output
    Fluent::Plugin.register_output('config_example', self)

    config_param :name, :string  …❶

    def start
      super
      log.info "Configured name is #{name} (or #{@name})"  …❷
    end

    def write(chunk)
      # 全イベントを破棄
    end
  end
end
```

❶のconfig_param :name, :stringという指定により、このプラグインは文字列型のパラメータnameを設定として要求するようになります。設定ファイルでは次のように使用されます。

```
<match *.*>
  @type config_example
  name "Satoshi Tagomori"
</match>
```

注2 詳しくは、第12章で解説します。

注3 実際には、これらのプラグインベースクラスにおいてmix-inされているConfigurableモジュールが、継承チェインに含まれていることが条件です。

設定されたパラメータは❷のように使用できます[注4]。

■——パラメータの名前と型の指定

config_paramメソッドでは、第一引数でパラメータの名前をシンボルで指定し、第二引数でパラメータの値の型をシンボルで指定します。

```
パラメータ名が:name、型が:string
config_param :name, :string

パラメータ名が:max_size、型が:size
config_param :max_size, :size
```

パラメータに指定できる型それぞれについては本節で後述します。

■——パラメータのオプションの指定

パラメータには多くのオプションが指定できます。代表的な例はdefaultオプションで、パラメータのデフォルト値を指定するためのものです。デフォルト値のあるパラメータは、設定ファイル内では指定を省略できるパラメータとなります。逆に、デフォルト値がないパラメータは設定ファイル内での指定が必須となります。

パラメータのオプションは、config_paramメソッドのキーワード引数としてパラメータ型のあとに指定します。

```
defaultオプションを指定した場合
config_param :name, :string, default: "my-first-plugin"

secretオプションとaliasオプションを指定した場合
config_param :password, :string, secret: true, alias: :apikey
```

パラメータで指定できるオプションそれぞれについては本節で後述します。

■——パラメータの値の利用

パラメータ定義ののちには、実際に設定ファイルなどで指定された値をプラグインコードから参照して利用します。❷のプラグインコードのstartメソッド内でも示されていますが、設定ファイルで指定された値はプラグインコード内では、パラメータと同名のアクセサメソッドの呼び出し(この場合はname)か、プラグインのインスタンス変数(この場合は@name)によって参照できます。どちらを使用してもかまいません[注5]。

注4　パラメータの値の利用について、詳しくは後述します。

注5　メソッド呼び出しを使用したほうがよりRubyらしいコードと言えるかもしれません。

設定ファイルにおいて必須パラメータの値が指定されていない場合、Fluentdは起動処理中にそのことを検出して設定エラーを報告し、起動に失敗します。設定された値がパラメータの型に合わなかったりする場合にも、設定エラーとして起動を拒否できます注6。

パラメータの型

パラメータには型があり、設定ファイルにおいてどのような書式でユーザーに指定をしてもらうか、指定された設定値をRubyのどの値として解釈するかを指定できます。次の型が使用でき、config_paramメソッドの第二引数としてシンボルで指定します注7。

- integer
  整数型
- float
  浮動小数点数型
- size
  サイズ型
- time
  時間型
- bool
  真偽値型
- string
  文字列型
- enum
  列挙型
- array
  配列型
- hash
  ハッシュ型(キー・値ペアの集合型)
- regexp
  正規表現型

■── integer、float 整数と浮動小数点数

integerは整数型です。入力された数値が整数として評価されます。また、

注6 システム設定のstrict_config_valueパラメータの設定値によります。3.1節で解説しました。

注7 型の指定は省略でき、その場合は文字列となりますが、型指定の省略は推奨できません。すべてのパラメータで型を明示したほうが、他者の理解を助けるためにもよいでしょう。

floatは浮動小数点数型です。入力された数値が浮動小数点数として評価されます。

パラメータ定義

```
config_param :age, :integer
config_param :weight, :float
```

コードからの参照

```
age    #=> 41
weight #=> 63.5
```

■──size、time 単位を指定できる数値

sizeはサイズ型です。特に、バイト数などコンピュータシステムにおけるデータサイズなどを表記するのによく使用されます。値は整数値として評価されますが、ユーザーはキロ(kまたはK)、メガ(mまたはM)、ギガ(gまたはG)、テラ(tまたはT)の単位を入力時に使用できます。それぞれ1,024、1,024の2乗、1,024の3乗、1,024の4乗として評価されます。

パラメータ定義

```
config_param :capacity, :size
```

コードからの参照

```
capacity #=> 524288000 (500M)
```

timeは時間型です。時間間隔や経過時間などを表記するのに使用されます。値は浮動小数点数値として評価されますが、ユーザーは秒(s)、分(m)、時間(h)、日(d)の単位を入力時に使用できます。

パラメータ定義

```
config_param :expire, :time
```

コードからの参照

```
expire #=> 86400.0 (1d)
```

■──bool 真か偽の値

boolは真偽値型で、真もしくは偽どちらかの値を表します。機能の有効／無効を指定するなどの用途に用いられます。

パラメータ定義

```
config_param :enable_feature, :bool
```

コードからの参照

```
enable_feature #=> true (or false)
```

string 任意の文字列

stringは文字列型で、設定ファイルにおいて書かれた文字列をそのまま受け取れます。文字列のエンコーディングはUTF-8です。

パラメータ定義
```
config_param :name, :string
```

コードからの参照
```
name #=> "My name"
```

enum シンボルの選択肢

enumは列挙型となり、プラグイン側であらかじめ指定したリストの値のみを設定ファイル内で指定できるパラメータです。固定の選択肢を提供するために用いられます。リストはlistオプションを用い、シンボルの配列で渡します。プラグイン側で指定されていない値が設定ファイルから入力された場合、その値はエラーとなります。また、入力された値はすべてシンボルとなります。

パラメータ定義
```
config_param :language, :enum, list: [:ruby, :python, :php, :go, :java]
```

コードからの参照
```
language #=> :ruby
```

array 値の配列

arrayは配列型で、複数の値を一度に指定する必要がある場合に用います。値のセットが必要な場合に用いたり、複数の値の候補から実行時にどれかを1つを選択して、あるいは順番に使用するという用途で用いたりします。配列の値については、value_typeオプションを用いてシンボルで型を指定します。指定可能な値の型はstring、integer、float、size、time、boolのいずれかです。

値の型の指定は省略できます。しかし、その場合には設定ファイル中の記述によって実行時の型が変わり、意図しないバグを招く恐れがあります。実用上はvalue_typeオプションを常に指定したほうがよいでしょう。

パラメータ定義
```
config_param :values, :array, value_type: :integer
```

コードからの参照
```
values #=> [1, 2, 3]
```

hash キーと値のペア

hashはRubyにおけるHashオブジェクトを受け取るハッシュ型で、キーと値のペアの集合を受け取るためのものです。決まった名前のパラメータについては、本来は個別にconfig_paramメソッドを指定していくべきです。しかし、キー名を事前に確定できない場合や、複雑な設定オブジェクトなどを外部システムにそのまま渡す必要がある場合もあるでしょう。このようなときにhash型のパラメータを用いることがあります[注8]。

```
任意の値をとるハッシュ型のパラメータ定義
config_param :remote_parameter, :hash

コードからの参照
remote_parameter
#=> {"key"=>"c0ffee", "param"=>{"size"=>10, "repeat"=>2}}
```

array型の場合と同様にvalue_typeオプションで値の型を明示できますが、深い階層構造を持つ値を指定させたい場合など、値の型を指定できないケースも多いでしょう。

```
整数の値をとるハッシュ型のパラメータ定義
config_param :ages, :hash, value_type: :integer

コードからの参照
ages
#=> {"windows"=>38, "macos"=>38, "linux"=>31}
```

RubyではHashオブジェクトのキーを文字列ではなくシンボルにするケースも多く、ハッシュ型のパラメータでもsymbolize_keysオプションを用いてキーをシンボルにできます。

```
トップレベルのキーをSymbolにする場合
config_param :remote_parameter, :hash, symbolize_keys: true

キーがSymbolになっている値のコードからの参照
remote_parameter       #=> {:key => "c0ffee"}
remote_parameter[:key] #=> "c0ffee"
```

■──regexp 文字列のパターン

regexpは正規表現型です。用途としては、プラグインが処理する対象を選択する条件として設定ファイルで正規表現を指定させる場合などがあるでしょう。

```
パラメータ定義
config_param :pattern, :regexp
```

注8 特に、深い階層構造を持ったデータを指定しなければならず、その構造が事前に特定できない場合などに有用でしょう。

コードからの参照
```
pattern #=> /^mydata.+$/
```

型破りなパラメータ
型のみでは定義できない設定値を使う

パラメータ定義において型を宣言するだけですべてのケースで問題ないかというと、そうでもありません。型を定義できない情報をプラグインが必要とすることもあります。そういったパラメータを扱う方法も用意されています。

■――型を明示しないパラメータの定義と使用

config_paramメソッドの特殊な使用方法として、パラメータに型を指定せず、プラグインコード側で独自にパラメータの値を解析する方法があります。config_paramメソッドにブロックを渡すことでこの挙動を指定できます[注9]。このブロックは設定ファイル上でユーザーが指定した文字列をそのまま受け取り、任意の値を返します。返した値がそのままパラメータの値としてセットされます。

```
config_param :date, default: Time.now do |text|
  if text == 'Today' || text == 'Now'
    Time.now
  else
    begin
      Time.parse(text)
    rescue => e
      raise Fluent::ConfigError, \
        "Failed to parse the date: #{text}, cause: #{e.message}"
    end
  end
end
```

たとえば、Fluentdのパラメータは日付および時刻を受け取る型を提供していません。どうしてもそのような値を受け取りたい場合はこのブロックを使用する方法で上記の例のように実装できます。

しかし、筆者としては、この手法はごく例外的な場合のためのもので、通常は使用するべきではないと思っています。この手法はconfig_paramメソッドによるパラメータ宣言部分を複雑にしてコードの見通しを悪くしますし、既存の型に収まらなければドキュメントでの説明も難しいでしょう。設定の解析に失敗したときに適切なエラーメッセージを出すことも難しく、また一般的な型に該当しない値の設定はユーザーにとっても難しいものです。

注9　この場合、型を引数として渡してはいけません。渡すとエラーになります。

■──困ったときの文字列パラメータ

直接パラメータの型を指定しにくい場合のやり方として、パラメータは既存の型、多くの場合はstringで指定しておきます。そのうえで、configureメソッド内で別途受け取った値を解析するコードを書けばよいでしょう。

次の例では、パラメータとして日付を指定させたいが、簡単のためにTodayやNowという形でも指定できるようにしたいという要求に対応しています。

```
config_param :date, :string, param_name: :raw_date, default: 'Today'

def configure(conf)
  super
  @date = if @raw_date == 'Today' || @raw_date == 'Now'
            Time.now
          else
            begin
              Time.parse(@raw_date)
            rescue
              raise Fluent::ConfigError, \
                "Invalid date format: #{@raw_date}"
            end
          end
end
```

上記のコードでは、設定ファイルにおけるdateパラメータの値を、内部名raw_dateで受け取れるようにparam_name: :raw_dateオプションを指定しています[注10]。そのうえで、raw_dateパラメータの値をあらためて解析して、@dateインスタンス変数に格納しています。こうすれば、ユーザーにはdateというわかりやすいパラメータ名を提供しつつ、内部でも@dateというわかりやすいインスタンス変数で望みのTimeオブジェクトを受け取れます。

特に扱うパラメータの数が多い場合に、こちらの方法のほうが、個々のconfig_paramメソッドによるパラメータ宣言をシンプルに保ち、プラグインコードの見通しを良くできるでしょう。

パラメータのオプション

ここまでで解説してきたconfig_paramメソッドには、パラメータ名と型を指定する以外にも、共通で使用できるオプションがあります。これらはプラグインの利便性を高めるといった目的のほかに、プラグイン作者がプラグインの更新やメンテナンスを行いやすくするためのものもあります。

注10 param_nameオプションについては本節で後述して解説しています。

各オプションはconfig_paramメソッドのキーワード引数として指定します。また、複数のパラメータオプションを、1つのパラメータに対して同時に指定できます。

■──defaultオプション　無指定の場合のデフォルト値を指定する

defaultオプションは、パラメータのデフォルト値を指定するためのものです。このオプションが指定されていない場合、そのパラメータは設定ファイルにおける必須パラメータとなります。

```
config_param :req_user_agent, :string, default: "my_awesome v1.1"
config_param :max_data_size, :size, default: 1024
```

実際のプラグインでは、多くのパラメータにデフォルト値を指定しておいたほうがよいでしょう。特にプラグインの性能に関わるパラメータなどについては、開発者の意図に反した挙動をできるだけ避けるためにも、デフォルト値を指定するべきです。

また、現実的には固定値であっても、例外的に変更したいケースのある値などもデフォルト付きパラメータとしておいたほうがよい場合があります[注11]。

たとえば、特定のサービスに対してデータを送信するOutputプラグインを考えます。送信先のAPIサーバのアドレス(URL)などは固定と思えるかもしれませんが、サービス提供元の都合などにより変更されることもあります。この場合にAPIサーバのアドレスが定数になっていると、ユーザーは開発者によるプラグインのバージョンアップを待たなければいけなくなります。しかし、APIサーバのアドレスがデフォルト付きパラメータとなっていれば、ユーザー自身により設定ファイル中で新しいアドレスを指定するだけで、プラグインを使用できます。

■──secretオプション　設定値をログに表示しないよう秘密にする

secretオプションは、パスワードやAPIキーなどの秘密情報を指定するためのパラメータに用います。これが指定されたパラメータは、Fluentd自身のログにおいて設定がダンプされる際、値がマスクされた状態で出力されます[注12]。

```
config_param :service_password, :string, secret: true
```

■──param_nameオプション　プラグインコード内では設定名と異なる名前を使う

param_nameオプションは、設定ファイルにおけるパラメータ名とプラグイ

注11　本当にまったく変更の必要がない場合はRubyのコードにおける定数として定義するでしょうが、プラグイン開発中に例外的にこの値を変更したいことなどもあります。

注12　具体的には、出力時に値がxxxxxxという文字列に置き換えられます。

ンコードで参照するパラメータ名で異なる名前を使うためのものです。

次のように指定したパラメータは、設定ファイル内ではserverとして指定しますが、プラグインコード内ではserver_nameとして参照します。

```
プラグインコード側でのパラメータ名をserver_nameとして定義
config_param :server, :string, param_name: :server_name

設定ファイルではserverとして指定
server "my.server.local"

プラグインコード中ではserver_nameもしくは@server_nameで参照
server_name  #=> "my.server.local"
@server_name #=> "my.server.local"
```

たとえば、プラグインコード中で@serverインスタンス変数は別に使いたい用途がある、しかし、ユーザーにはできるだけ短い名前で設定させたいという場合に、このオプションを使用するとよいでしょう。多用すると混乱しがちですが、どうしてもという場合に限って使用するなら便利なオプションです。

■──aliasオプション　設定ファイル内でのパラメータの別名を使えるようにする

aliasオプションは、設定ファイル内で使用できるパラメータの別名をシンボルで指定します。これが指定されたパラメータは、本来の名前と別名のどちらでも設定ファイル内で指定できます。設定ファイル内ではどちらを指定しても、プラグインコード内では本来のパラメータ名、下記のコード例で言えばpayloadメソッドもしくは@payloadインスタンス変数で参照できます。

```
設定ファイル内ではpayloadでもcontent_bodyでも指定可能
config_param :payload, :string, alias: :content_body

コード中ではパラメータ名payloadで参照
payload #=> "the configured value"
```

これは、プラグインのバージョンアップの際などにパラメータ名を変更したくなった場合に、旧パラメータとの互換性を維持する目的で使われることが多いでしょう。

■──deprecatedオプション　もう使用しないでほしいパラメータを示す

deprecatedオプションは、非推奨のパラメータであることを示すためのものです。このオプションが有効になっているパラメータを設定ファイル中で使用した場合、Fluentdの起動処理中にログにおいて警告が行われます。その際に表示するガイダンスを文字列で指定します。

パラメータoldparamをdeprecatedとして定義

```
config_param :oldparam, :string, \
  default: "not used anymore", \
  deprecated: "Use newer parameter X instead"
```

oldparamを設定ファイルで指定したときに表示されるログ

```
2022-01-10 16:04:15 +0900 [warn]: 'oldparam' parameter is deprecated: Use newe
r parameter X instead
```

バージョンアップ時にパラメータを削除する計画がある場合、それより前の段階でこのオプションを有効にしたバージョンをリリースしておけば、ユーザーに対してパラメータの使用を停止するように働きかけられます。

■——obsoletedオプション　パラメータを使用禁止だと宣言する

obsoletedオプションは、すでに使用禁止となったパラメータであることを示すためのものです。このオプションが有効になっているパラメータを設定ファイル中で使用した場合、Fluentdはエラーを出力して起動を拒否します。エラー時に出力するガイダンスを文字列で指定します。

パラメータoldparamをobsoletedとして定義

```
config_param :oldparam, :string, \
  default: "not used anymore", \
  obsoleted: "Don't use this parameter"
```

oldparamを設定ファイルで指定したときにログ表示されエラーで起動失敗する

```
2022-01-10 16:10:13 +0900 [error]: config error file="fluentd.conf" error_clas
s=Fluent::ObsoletedParameterError error="'oldparam' parameter is already remov
ed: Don't use this parameter"
```

特にプラグインのバージョンアップ時などに、すでに無効となったパラメータを使用させないためにこのオプションを用います。しかし、多くの場合はobsoletedにせずとも、単にパラメータを削除するだけでよいでしょう[注13]。

ただし、バージョンアップとともにプラグインの動作が大幅に変わる場合は問題です。古いパラメータの指定が設定ファイル中に残っていると、その設定ファイルを読む人にプラグインの動作について誤認させてしまう場合があります。こういったケースでは、誤解を招きかねないパラメータはobsoletedを指定して強制的に設定ファイルから削除させるようにしたほうがよいでしょう。

具体的な例として、あるサービスに対してデータを送信するプラグインを考えましょう。プラグインの旧バージョンはそのサービスに対してHTTPSで

注13　プラグインで定義されていないパラメータが設定ファイル中で指定された場合には無視され、その旨がログにおいて警告されます。

データを転送していましたが、HTTPで転送することもでき、そうするための設定パラメータを備えていました。しかし、サービス提供者側で仕様の変更があり、HTTPでの転送は禁止されました。プラグインはバージョンアップを行いすべての通信をHTTPSで行うようにしました。このケースでHTTPで通信を行うためのパラメータ指定が設定ファイルに残っていた場合、その設定ファイルを読んだユーザーは実際に行われている通信について誤解する余地が大いにあります。この誤解の余地をなくすためには、すでに無効となったまぎらわしいパラメータは明示的に使用を禁止するべきです。obsoletedはこのような用途で使用されます。

■——descオプション　パラメータの説明を記述する

descオプションは、パラメータがどのような機能のためのものかを説明するためのオプションで、descriptionの略です。これはFluentdの実行時には直接は利用されません。プラグインのユーザーに対しての説明のためだけのオプションです。標準的なやり方でパラメータの説明を書いておくのは、それだけでユーザーのためになることです。

```
config_param :myparam, :string, desc: "This parameter is only for demo!"
```

Fluentdに同梱されているfluent-plugin-config-formatコマンドを使用すれば、この説明を埋め込んだREADME用のMarkdownドキュメントを生成してくれます。使用可能なパラメータのリストをREADMEに載せておきたいが、文書の形式を整えるのが面倒、といったケースで有用でしょう[注14]。

```
コマンドの使用方法を出力
$ fluent-plugin-config-format --help

カレントディレクトリのin_my_sampleプラグインのドキュメントを生成
$ fluent-plugin-config-format -p. input my_sample
```

また、descオプションについてのみ、ほかのオプションとは異なる指定方法があります。次のように、直下に続くconfig_paramメソッド呼び出しのための説明を、独立したdescメソッドの呼び出しで記述できます。

```
この記述はconfig_paramメソッドのキーワード引数desc:を使った場合と同等
desc "This parameter is only for testing!"
config_param :danger_feature, :bool, default: false
```

注14　コマンドの詳細については、--helpで出力されるヘルプ、もしくはドキュメントを参照してください。https://docs.fluentd.org/plugin-development#writing-documents-for-plugins

パラメータの解説というものは、丁寧に書けばそれなりに長い文章になります。それをconfig_paramメソッドの引数に毎回書いていると、呼び出し行が長くなってしまいます。すると、長い行となることを嫌って注15説明書きを短くまとめてしまうという、本末転倒なことも起きるかもしれません。descを独立した行に書ける機能は、そんなことが起きないよう、各パラメータに十分丁寧な説明ができるようにというものです。積極的に利用したほうがよいでしょう。

config_set_defaultメソッド
デフォルト値を上書きする

config_set_defaultメソッドは、プラグインのベースクラスで定義されているパラメータについて、デフォルト値を上書きするためのものです。

FluentdのプラグインはRubyのクラスとして実装されます。自分でプラグインを新しく作るときには、ここまで解説してきたとおりベースクラスであるFluent::Plugin::InputやFluent::Plugin::Outputなどを継承して実装します。しかし、ほとんどの仕様や動作が既存のプラグインと同じで、一部分だけを変えて自分で使いたい場合、既存のほかのプラグインを継承して一部分だけ動作を上書きすることもできます。これは通常のRubyのベースクラスとサブクラスとして、継承と必要な部分のみのオーバーライドを用いて実現できます。

ただし、ベースクラスでconfig_paramメソッドで定義されたパラメータについてはどうしてよいかという問題が残るでしょう。ベースクラスにおいて定義されているパラメータは、サブクラスでは変更、削除などは基本的にできません注16。しかし唯一、ベースクラスのパラメータのデフォルト値はconfig_set_defaultメソッドによりサブクラス側で変更できます。

■──デフォルト値の上書きの利用ケース

デフォルト値の上書きは特に、一般に公開されているプラグインの動作を少しだけ変えて自社環境に配布する場合に有効でしょう。

たとえば、自社環境内でFluentd間でのデータ転送にout_forwardプラグイ

注15 プログラマーは一般に1行が長くなることを嫌いますし、また一般的に1行を短くするのが良い習慣とされています。

注16 ベースクラスのパラメータを削除または根本的に変更したいという場合、おそらく想定するプラグインの動作がまったく異なっていると思われますので、そういった場合にはプラグインの継承を行わないほうがよいでしょう。

ンを使用するとき、通信方法のデフォルトをTLS接続としたいとします。この場合に、Fluent::Plugin::ForwardOutputクラスを継承した独自のプラグインを作成して、通信方法のデフォルトを上書きしてTCP接続からTLS接続に変更します。さらに、必要な証明書の設定をすべてデフォルト値としてセットした状態のものを配布しておけば、各サーバの利用者は通信方法や証明書の設定を意識しなくてよくなります。

このパラメータのデフォルト値の上書きは、config_set_defaultメソッドによって次のように行えます。

```
ベースクラスにて定義されているconfig_param :transportについてデフォルト値を :tlsに変更
config_set_default :transport, default: :tls
```

また、config_set_defaultメソッドを用いてデフォルト値を指定することで、ベースクラスではデフォルト値が指定されておらず必須パラメータとなっているものについても、サブクラスのプラグインについては、設定ファイルで指定を省略できます。これは社内環境用プラグインなどを作るときなどに便利なため、選択肢の一つとして覚えておくとよいでしょう。

セットアップ時に多くのパラメータを記述した設定ファイルを配布するのと、デフォルト値を上書きした社内用プラグインを配布するのでどちらが簡単に行えるか、管理しやすいかは状況によります。自分の環境に合わせて運用しやすい方法を採用するべきです。

11.3 セクションの定義と利用

セクションは、ディレクティブを使ってパラメータをグループ化するためのものです。

config_paramメソッドによってパラメータを追加していくと、数が多くなってきたときに名前付けに困ることも増えてきます。似た制限を違うものに対してかけるときなどに、パラメータ名が長くなってきたり部分的に重複したりして、プラグイン開発者もプラグイン利用者も混乱してくることがあります。また、パラメータが数多くあると、どれとどれが関係するパラメータなのかを判断するのが難しくなってきます。

このようなとき、セクションを用いてパラメータをグループ化します。セクションにより、ユーザーにどのパラメータがそれぞれ関係しているのかを意識させられます。

```
<source>
  @type my_awesome

  <node>
    # このhostとpassがペア
    host "api1.shop.example.com"
    pass "secret-dayo!"
  </node>
  <node>
    # このhostとpassは別のペア
    host "api2.shop.example.com"
    pass "secret-desu!"
  </node>
</source>
```

また、上述の例のように、プラグインの設定においては同じ名前のセクションを複数書くことができます[注17]。同じセクションに同じ名前のパラメータを複数指定することはできないため、何かのデータを複数指定させる必要がある場合にもセクションは用いられます。

セクション
ディレクティブをオブジェクト化する

プラグインの文脈ではセクションという名称を用いていますが、設定ファイルの文脈ではディレクティブという名前で呼ばれていました。これらの違いを厳密に説明すると、設定ファイル中に書かれている状態ではディレクティブであり、これが設定として解釈されプラグインで利用可能な状態となったものがセクションです。

セクションは、ディレクティブをオブジェクト化したものとも言えるでしょう。これはパラメータについて、設定ファイル中ではリテラルだったものがパラメータとして解釈されそれぞれのパラメータ型のオブジェクトとなるのと同じです。

config_sectionメソッド
セクションを定義する

セクションを定義するためのメソッドがconfig_sectionです。このメソッドは設定ファイルにおけるディレクティブ(例：<section>...</section>)を定義します。ディレクティブは、任意の数のパラメータや、さらにネストさ

注17 セクションごとに複数書けるか書けないかをプラグインが指定でき、複数書けないセクションを設定ファイルで複数指定すると設定エラーとなります。

れたセクションを含むことができます。

config_sectionメソッドの基本的な使い方は次のようになります。

```
config_section :receiver do
  config_param :endpoint, :string
  config_param :port, :integer
  # ...
end
```

設定ファイルにおける記述

```
<receiver>
  endpoint my.endpoint.example.com/data/path
  port     8080
</receiver>
```

また、ネストされたセクション、つまりセクションの中のセクションを定義することもできます。

```
config_section :destination do
  config_param :host, :string

  # <destination>の中に<authentication>を定義する
  config_section :authentication do
    config_param :username, :string
    config_param :password, :string, secret: true
  end
end
```

設定ファイルにおける記述

```
<destination>
  host database.example.com
  <authentication>
    username admin-user-san
    password this-is-the-top-secret
  </authentication>
</destination>
```

■――セクションの名前とパラメータの指定

セクションの名前は、config_sectionメソッドの第一引数にシンボルとして指定します。また、そのセクション内のパラメータを定義するためにブロック引数を渡し、ブロック内では該当セクション内で有効なパラメータを定義します。

セクション名がserver、セクション内で有効なパラメータがhostname

```
config_section :server do
  config_param :hostname, :string
end
```

ブロック引数なしでconfig_sectionメソッドを呼び出すことはできません。

■──セクションの引数の指定

ディレクティブ構文は引数を受け取るものと、受け取らないものがあります。たとえば、<source>ディレクティブは引数を取りませんが、<match>ディレクティブは<match my.data>のように引数を取ります。

引数を受け取るには、config_sectionメソッド呼び出しに加えて、ブロック引数内でconfig_argumentメソッドを用いて指定します。

```
config_section :receiver do
  config_argument :priority, :integer, \
    default: 10, \
    desc: "lower receiver will be prior to others"

  config_param :endpoint, :string
  config_param :port, :integer
end
```

この定義におけるreceiverセクションの引数priorityは、次の例のように指定します。ここではpriorityとして300を指定しています。

```
<receiver 300>
  endpoint api.example.com
  port 8080
</receiver>
```

config_argumentメソッドの引数はconfig_paramメソッドと同様で、オプションについても同じものがそのまま使用できます。ただし、セクションごとに可能なconfig_argumentメソッドの呼び出しは1回だけです。

■──セクションオブジェクトの利用

指定されたセクションは、プラグインのコード内ではアクセサメソッドの呼び出しやインスタンス変数を経由してセクションオブジェクトとして参照できます[注18]。これは通常のconfig_paramメソッドで定義したパラメータと同様です。参照して返ってきたセクションオブジェクトを経由して、さらに次のようにセクション内のパラメータを参照できます。

上記コード例で定義した<receiver>セクションのパラメータの参照

```
receiver.endpoint #=> "my.endpoint.example.com/data/path"
receiver.port #=> 8080
```

注18　ディレクティブが設定ファイル内で記述されておらず、initオプション(後述)も指定されていない場合は、空配列[]もしくはnilになります。

インスタンス変数でのセクションの参照

```
@receiver.port #=> 8080
```

また、セクションの引数も同様に、receiverメソッド経由でreceiver.priorityのように参照できます。

セクションのオプション

セクションにもパラメータと同様オプションが指定できます。設定ファイル中でのディレクティブは、指定が必須のものと必須でないものや、同じディレクティブを複数書けるものと1つしか書けないものがあります。これらのオプションはconfig_sectionメソッドのオプション(キーワード引数)によって指定します。たとえば、requiredオプションの指定は次のように行います。

```
config_section :receiver, required: true do
  # ...
end
```

■——requiredオプション　指定必須のセクションを作る

requiredオプションは、config_sectionメソッドで指定したディレクティブの記述を設定ファイル中で必須とするためのものです。required: trueが指定されているディレクティブが設定ファイルに存在しなかった場合、Fluentd起動処理中にエラーが出力され起動に失敗します。このオプションを指定しない場合のデフォルトはfalseです。

必須ディレクティブがあるとユーザーにとって設定が多少煩雑になりますが、それでも指定する必要があるケースは多いでしょう。

■——multiオプション　同名セクションを複数指定可能にする

multiオプションは、1つのプラグインが同じディレクティブを複数受け取る場合に指定します。multi: trueを指定した場合、セクションを参照すると、オブジェクトではなく、複数のセクションオブジェクトが含まれる配列が返ってくるようになります[注19]。multi: falseを指定した場合には、同じディレクティブは1回しか指定できなくなります。このオプションを指定しない場合のデフォルトはtrueです。

注19　設定ファイル内でディレクティブがまったく指定されていない場合は空配列[]が返ります。

同じディレクティブを複数受け取るのは、実用例としてはout_forwardプラグインやout_copyプラグインなどで見られます。複数のデータ入力元あるいは出力先などを持つ場合によく用いられます。

destinationを複数回指定可能なセクションとして定義

```
config_section :destination, multi: true do
  config_param :name, :string
end
```

プラグイン内での参照

```
destination[0].name #=> "OUTPUT ONE"
destination[1].name #=> "OUTPUT TWO"
```

同一セクションの複数設定

```
<destination>
  name "OUTPUT ONE"
</destination>
<destination>
  name "OUTPUT TWO"
</destination>
```

■──initオプション　設定ファイルで指定されなくてもセクションオブジェクトを作る

initオプションは、該当するディレクティブが設定ファイル中で記述されていなかったとき、暗黙に1つ指定されたと仮定してセクションオブジェクトを初期化、生成するためのものです。このオプションを指定しない場合のデフォルトはfalseです。

設定ファイルにおいて指定されなかったセクションについても、セクション内の全パラメータにデフォルト値がセットされたものを用意したい場合に用います。デフォルト値がセットされていないパラメータがある場合には、このオプションは使用できず、起動時にエラーが発生します。

serverをデフォルトで初期化するよう定義

```
config_section :server, init: true do
  config_param :name, :string, default: "https://foo.example.com"
  config_param :port, :integer, default: 8088
end
```

設定ファイルに<server>ディレクティブがなくてもオブジェクトが生成される

```
server[0].name #=> "https://foo.example.com"
```

■──finalオプション　セクション定義を上書き不可能にする

finalオプションは、そのセクションの定義を上書き不可能にするためのものです。プラグインの動作が各パラメータの型や値に強く依存していて、想定外のものをセットされると誤動作する場合に指定します。final: true

が指定されたセクション定義は、このプラグインが継承された場合でも、サブクラスで上書きできません。定義を上書きしようとした場合にはエラーが発生します。このオプションを指定しない場合のデフォルトはfalseです。

■──param_nameオプション　プラグインコード内では設定名と異なる名前を使う

param_nameオプションは、セクション名と設定ファイル中で用いるディレクティブとを変えたい場合のためのものです。

次の例は<server>ディレクティブを定義します。ここでは複数の<server>ディレクティブを記述するためのmulti: trueオプションが指定してあります。しかし、それをプラグインのコード内で参照すると、参照するための名前がserverと単数形の単語になってしまい、複数形ではないため見た目がおかしなことになっています。

複数回指定できるserverセクションを定義

```
config_section :server, multi: true do
  config_param :name, :string
  config_param :port, :integer
end
```

プラグインコード内での参照

```
server # 単数形の変数名だが、実体はセクションオブジェクトの配列
server[0].name
```

気にしなければそれで済むこともあるのですが、プラグインのコードが長く複雑になってくると、こういった細かい違和感の放置がバグの温床になるため、意外にあなどれないものです。

これを解決するのがparam_nameオプションで、定義したセクションを参照するための名前を変更します。次の例であれば、ディレクティブは<server>ですが、それをプラグインコード中で参照するのはserversと複数形になっています。複数記述できるディレクティブを複数形の名前で参照するため整合性がとれています。

複数回指定できるserverセクションを定義、serversという名前で参照

```
config_section :server, multi: true, param_name: :servers do
  config_param :name, :string
  config_param :port, :integer
end
```

複数形の変数名serversでの参照

```
servers #=> [...]
servers[0].name
```

■—— **aliasオプション** 設定ファイル内でのディレクティブの別名を使えるようにする

aliasオプションは、パラメータの場合と同様に、ディレクティブの別名を定義するためのものです。

たとえば、次の例は設定ファイルにおける<server>ディレクティブを定義するためのものですが、別名として<node>も使えるようにします。

```
config_section :server, alias: :node do
  config_param :name, :string
end

server[0].name
```

```
設定ファイル内では別名でもセクションが指定できる
<node>
  name "server.name.local"
</node>
```

これはconfig_paramメソッドにおけるaliasオプションと同様に、バージョンアップ時のディレクティブ名の変更を行うときの移行措置のため、といった用途が考えられるでしょう。

11.4 プラグインによる設定の解析と利用

本章ではパラメータおよびセクションをどのように定義するかを解説してきましたが、これらの設定がプラグインで実際にどう解析されるのかを理解すると、プラグイン設定をより確実に、柔軟に行えます。プラグイン設定の理解はより使いやすいプラグインを作ることにもつながります。

configureメソッド
プラグインを設定する

パラメータの値は、どのタイミングでどのようにして設定ファイルから読み込まれるか。これはconfigureメソッドで行われます[注20]。

■—— **プラグイン設定解析の詳細**

プラグインがどのように設定を解析するかの詳細について、プラグインのコードを見ると次のようになっています。各メソッドが呼ばれる順番はプラ

注20 正確には、プラグインのベースクラスがincludeしているConfigurableモジュールのconfigureメソッドで行われます。実装したプラグインクラスがconfigureメソッド内でsuperを呼んでいない場合、正常に動作しません。

グインのライフサイクルとともに確認するとわかりやすいでしょう[注21]。

in_display_param.rb

```
require "fluent/plugin/input"

module Fluent::Plugin
  class DisplayParamInput < Input
    Fluent::Plugin.register_input('display_param', self)

    config_param :myparam, :string

    def initialize
      super
      # ここではまだ設定は読み込まれていない
    end

    def configure(conf)  …❶
      # ここではまだ設定は読み込まれていない
      myparam #=> nil
      log.debug "Before super in #configure", myparam: myparam

      super # superの先で設定内容の解析と値のセットが行われる  …❷
      # 不正なパラメータ値や必須パラメータの未設定があればエラー(例外)

      # 設定ファイルから読み込まれた値になる
      myparam #=> "a value"
      log.debug "After super in #configure", myparam: myparam
    end

    def start
      super
      # configureが呼ばれたあとなのでパラメータの値が参照できる
      myparam #=> "a value"
      log.debug "In #start", myparam: myparam
    end
  end
end
```

❶でconfigureメソッドに渡ってくる引数confの中身は、設定ファイルを解析したあとのFluent::Config::Elementオブジェクトです。古いバージョンのFluentdではこれを直接操作しなければならないことがありました。現在のFluentd(v0.14およびv1以降)ではそんな必要はありません[注22]。基本的には❷のようにsuperを呼び出すことでFluentdのコアに設定チェックなどを任せれば、それでよいでしょう。

注21 プラグインのライフサイクルの詳細は10.4節で解説しました。

注22 Fluentd v0.12以前にはconfig_sectionメソッドが存在しなかったため、設定ディレクティブを自分で定義する場合にはElementオブジェクトを直接操作する必要がありました。

■——設定値の追加チェックの実装

configureメソッドにおいて、プラグインが独自に設定値の追加チェックを行うことがあります。

設定値として想定したものがセットされているかどうかは、基本的にはパラメータの型などでチェックします。しかし、パラメータの型だけでは設定値が正しいかどうかチェックしきれない場合もあります。一番簡単な例としては、ある文字列パラメータについて、長さが16文字以上32文字以下でなければならないというようなルールが必要な場合です。

このような個別のチェックは各々のプラグインのconfigureメソッド内で行わなければなりません。また、このチェックのためのコードはsuper呼び出しのあとでなければならないことにも注意してください。設定エラーがあった場合にはFluent::ConfigError例外をraiseすれば、Fluentdは設定エラーとして動作を停止します。

in_additional_check.rb

```
require "fluent/plugin/input"

module Fluent::Plugin
  class AdditionalCheckInput < Input
    Fluent::Plugin.register_input('additional_check', self)

    config_param :myparam, :string

    def configure(conf)
      super
      # superのあとにパラメータの値が取得できるようになる
      if myparam.size < 16 || myparam.size > 32
        raise Fluent::ConfigError, \
          "Parameter 'myparam' must be 16-32 chars"
      end
    end
  end
end
```

また、複数のパラメータの値について、正しくない組み合わせの場合にはエラーとするといったケースもあるでしょう。そのようなパラメータの型やオプションだけではチェックしきれない設定エラーについては、configureメソッドで十分にチェックする必要があります。

設定値を用いたプラグイン起動の準備

入力されたパラメータを実際に使用するにあたっては、startメソッドが起点となります。Inputプラグインであれば、データの入力元となる情報を組み立てて実際の読み込み操作を起動します。Outputプラグインであれば、データ出力に必要なもの、たとえば外部サービスのクライアントオブジェクトの生成などの準備を行います。

out_my_service.rb

```
require "fluent/plugin/output"
require "my_service"

module Fluent::Plugin
  class MyServiceOutput < Output
    Fluent::Plugin.register_output('my_service', self)

    config_param :endpoint, :string, \
      desc: "Endpoint URI starting with https://..."

    def configure(conf)
      super
      unless endpoint.start_with?("https://")
        raise Fluent::ConfigError, "Use https:// endpoint"
      end
    end

    def start
      super # 呼ぶのを忘れないこと

      @client = MyService.new(endpoint)
    end

    def write(chunk)
      # chunkからデータを読み、相手サービスに合うようデータ形式を整える
      data = build_data(chunk.read)
      @client.send(data)
    end

    def build_data(data)
      # この例ではとりあえず文字列化だけする
      data.to_s
    end
  end
end
```

configureメソッドではパラメータの値のチェックだけを行いましょう。実際の値の使用はstartメソッドなど、さらにあとの処理で行います。そうしたほうがプラグインのコードが整理されて読みやすく、メンテナンスしやすくなりますし、ライフサイクルの各段階で別の種類の処理が混ざらなくなって動作が安定します。

11.5 まとめ

本章では、プラグインの設定項目を定義するための方法と、設定が実際にプラグインに読み込まれる処理について解説しました。

プラグインではパラメータを宣言することで設定項目を定義できます。パラメータの値には基本的にそれぞれ型があり、整数型、浮動小数点数型、サイズ型、時間型、真偽値型、文字列型、列挙型、配列型、ハッシュ型および正規表現型が使用できます。また、パラメータごとにデフォルト値やパラメータ別名などをオプションとして指定できます。パラメータをグループ化するにはセクションを用いることができ、これによりプラグインごとに独自のディレクティブが使用可能となります。セクションにはパラメータのほかにネストされたセクションを含むこともでき、またセクションごとに指定を必須にしたり同一セクションを複数指定不可能にしたりするなどのオプションを指定できます。これらの設定はプラグインのconfigureメソッドで設定ファイルから定義に従って読み込まれますが、このとき必要に応じて設定値のチェックなどを追加できます。

第12章
プラグインごとの開発手順

プラグイン開発においては、各種プラグインに共通の事項のほかに、プラグインの種類それぞれにおいて注目すべきことが多くあります。プラグインの種類ごとに異なる部分はそのプラグインの中心的な部分と言ってもよく、その詳細を知ることは良いプラグインを作るための第一歩と言えるでしょう。

本章では、各種プラグインを作るときの実際の手順や個別の気を付けるべき点について、Input、Filter、Outputプラグインの3つのオーナープラグイン、およびParser、Formatterの2つのオウンドプラグインを対象に解説します。Input、Filter、Outputの3種のプラグインはFluentdから直接起動され、直接的にユーザーのデータ処理方法に関わります。そのほかのプラグインはオーナープラグインから必要に応じて使われることになります。ここでは用途に応じてユーザー自身が作成する可能性が高いParserプラグインとFormatterプラグインについて紹介します。

これ以外のプラグイン、たとえばBufferプラグインなどももちろん作れますが、Fluentd組込み以外のものを作ることは極めてまれで、実装の難易度も高くなります。本当に作成が必要かどうかをまず確かめ、組込みプラグインの実装なども見て作れるかどうかを考えるとよいでしょう。

12.1 Inputプラグインの開発

Inputプラグインにはデータを外部から読み込む特性上、さまざまなパターンの実装があります。大雑把に分けても、次のパターンのものがあります。

- **ある処理を定期的に実行して結果を取り込む**
- **外部コマンドを実行して結果を取り込む**
- **ネットワークサーバを起動して入ってくるデータを取り込む**

FluentdのInputプラグインですから、どのパターンでも、データを取り込んでFluentd内に流し込む処理をどこかで呼ぶことになります。また、Fluentdが起動している間、その処理を継続的に行います。

Inputプラグインの形式

Inputプラグインはプラグインの名前(設定ファイルにおいて`@type ...`で指定するもの)を用い、先頭に`in_`接頭辞を付けて`in_*.rb`というファイル名で保存します。

プラグイン自体の実装は、`Fluent::Plugin`モジュールの下に、Inputクラス、あるいはInputクラスを継承した別のInputプラグインクラスを継承して作ります。また、慣例として、プラグイン名はsnake case[注1]で名付け、プラグインクラス名はそのプラグイン名をCamelCase[注2]で表記したものにInput接尾辞(*suffix*)を付けます。たとえば`my_good_service`というInputプラグイン名の場合、クラス名は`MyGoodServiceInput`となります。

in_my_good_service.rb

```
require "fluent/plugin/input" # これでFluent::Plugin::Inputを参照

module Fluent::Plugin
  class MyGoodServiceInput < Input
    Fluent::Plugin.register_input('my_good_service', self)  …❶
  end
end
```

上記がInputプラグインとして最小限のコードです。❶の`Fluent::Plugin.register_input()`という呼び出しは、Fluentdが設定ファイルに記述してあるプラグイン名からこのプラグイン実装を探し出せるように、Inputプラグインとして登録する処理です。第一引数にはプラグイン名、第二引数にはこのクラス自体の参照を`self`として渡します。

データの取り込み

次に実装するべきなのはデータの取り込みです。前述のコードはInputプラグインとしては正しく、Fluentdの設定ファイルでこのプラグインを指定して起動することもできます。しかし、まだ実際にイベントを取り込むためのコードが皆無なので、起動しても何も行いません。動作するInputプラグインにするためには、次のようにデータを取り込むコードを加えます。

■ Routorを経由するデータ取り込み

データの取り込みはRouterを経由します。Inputプラグインには`router`メソッドが用意されており、これはRouterの実体である`Fluent::EventRouter`オブジェクトを返します。このオブジェクトがFluentd内部に取り込まれたデータのルーティングを担当しており、Inputプラグインの責務はこのRouterにデータを流し込むこととなります。

注1　小文字アルファベットの単語を_でつないだ形式のことをこう呼びます。

注2　先頭を大文字、残りを小文字としたアルファベットの単語をつないだ形式のことです。

基本はこのオブジェクトのemitメソッドを、次のように呼びます。

```
record = {"key1" => "value1", "key2" => "value2", "key3" => 3}
router.emit("tag.of.record", Fluent::EventTime.now, record)
```

■──router.emitメソッドに渡すタグと日時、レコード

emitメソッドは3つの引数を受け取ります。1つ目はタグ(文字列)、2つ目は日時(Fluent::EventTimeオブジェクト、または整数)、3つ目はレコード(Hashオブジェクト)です。

タグおよび日時についてはプラグインごとにどうするかの方針を決めるのですが、最も簡単な方法は、前述の例のようにタグを固定の文字列にし[注3]、日時は常に現在日時とすることです。

レコードのキーはすべて文字列でなければなりません[注4]。値は任意のRubyオブジェクトにできますが、MessagePack[注5]でシリアライズできるものでなければなりません。基本的には値はStringオブジェクト、Integerオブジェクト、Floatオブジェクト、trueやfalse、およびそれらの値を含むHashやArrayなどのオブジェクトのみにしておいたほうがよいでしょう。

Inputプラグインが行うべきことは、基本的にはこれだけです。しかし、この処理をどのようにして継続的に呼び出すか、またemitする対象のレコードをどのように取得してどのように組み立てるかについて、ユースケースに合わせてさまざまなことを考える必要があるでしょう。

■──読み取ったデータの日時や種別の扱い

Inputプラグインが読み取るデータに日時や種別が付いているなら、できるだけ利用しましょう。

前述の例では日時は現在日時でもよいと述べましたが、実際にはデータがどのような出自のものかに大きく依存します。emitするデータがどこかで今発生したばかりのものを読み込んだのであれば、日時は現在日時でよいでしょう。たとえば、何らかのデバイスから現在の数値やログデータを読み取ったケースなどです。

しかし、読み取ったデータがすでに日時情報を持っていた場合や、データ

注3　実際にはパラメータにしてユーザーが変更可能にするほうが望ましいでしょう。

注4　Rubyを書き慣れている人はシンボルにしたくなるかもしれませんが、レコードのキーは文字列にしてください。

注5　データをシリアライズ(書き出し)する方法の一つで、Fluentdにおける標準のデータシリアライズ形式です。

に種別情報などが付いていた場合、基本的にはそれらの情報を尊重してemitする場合のタグや日時に使用するべきです。読み込むログファイルの各ログエントリにタイムスタンプや種別タグなどが付いている場合には、それをそのまま取り込むべきでしょう。

ログデータの例

```
[2022-07-27 10:33:10.378421 +0900] app.warn > key1:one,key2:two
              日時                   タグ          レコード
```

読み込んだデータがテキストデータであれば、Inputプラグイン内でさらにParserプラグインを用いて解析し取り込めます。このとき同時にタイムスタンプを解析して、`Fluent::EventTime`オブジェクトとして受け取れます[注6]。データがバイナリである、あるいは外部ライブラリによるクライアントなどを経由して情報を得られる場合には、変換が必要です。日時がRubyの`Time`オブジェクトとして得られるなら、`Fluent::EventTime`クラスに用意されているメソッドを用いて変換できます。

```
Time.now #=> RubyのTimeオブジェクト：2022-07-27 18:02:03.99879 +0900
event_time = Fluent::EventTime.from_time(Time.now)

router.emit(tag, event_time, record)
```

また、タイムスタンプ情報としてUNIX timeを得られる場合には、それを用いて`EventTime`オブジェクトを生成できます。このとき、もし秒未満の情報もあるなら、ナノ秒単位に変換すれば使用できます。

```
何らかの外部サービスで用いられるタイムスタンプ情報
time

UNIX timeが得られる場合
event_time = Fluent::EventTime.new(time.unix_time)

1秒未満の数値もナノ秒で得られる場合
event_time = Fluent::EventTime.new(time.unix_time, time.nano_sec)

1秒未満の数値がミリ秒で得られる場合
nano_sec = time.msec * 1_000_000 # 100万倍すればナノ秒に変換できる
event_time = Fluent::EventTime.new(time.unix_time, nano_sec)

UNIX timeが浮動小数点数で得られ、そこに小数点以下の情報も含まれる場合
sec = time.unix_time.floor # 切り落としで整数化
# 1未満の部分を取り出してナノ秒に変換
```

注6　プラグインコードにおけるParserプラグインの使用にはparserプラグインヘルパーを使用します。詳しい方法については14.12節で解説します。

```
nsec = ((time.unix_time - sec) * 1_000_000_000).floor
event_time = Fluent::EventTime.new(sec, nsec)
```

Fluentdが扱うデータにとって、日時は重要な情報です。読み込まれるデータに含まれている場合は、できるだけ正確に読み取って使用するべきでしょう。

複数イベントの効率的なemit

Inputプラグインが多くのイベントを生成する場合には、効率に気を付ける必要があります。InputプラグインにおいてレコードをFluentd内部にemitする方法には、レコードを1つずつ流していくrouter.emitメソッドのほかに、router.emit_arrayメソッドがあります。router.emit_arrayメソッドを使用すると、タグさえ同じであれば複数のレコードをFluentdに一度に流し込めます。

たとえば、コマンドを実行してその出力結果をレコードとするInputプラグインの場合を考えます。コマンドの出力1行を1レコードとする場合にコマンドからの出力が100行を超える場合、router.emitメソッドのみを用いると、たとえば100回のループを回すコードとなるでしょう。

```
lines = get_command_result()
lines.each do |line|
  time, record = parse_line_to_record(line)
  router.emit(@tag, time, record)
end
```

これは動作するのですが、効率があまり良くありません。FluentdはInputプラグインからのemit実行ごとに内部のイベントルーティングを行うので、ラベルおよびタグによるルーティングの解決がループの回数分だけ要求されるためです。

■──同一タグのイベントに対するemit_arrayメソッドの使用

複数イベントをemitする場合にはemit_arrayメソッドを使用します。原則として、同じタイミングで生成されるレコードについては、同じタグのものはすべて一度にemitするのが望ましく、そのためのメソッドがemit_arrayメソッドです[注7]。emit_arrayメソッドはtagとarrayの2つの引数をとります。arrayは、日時とレコードからなる2要素配列をさらに配列にしたものです。

注7 なお、emit_streamメソッドもあり、EventStreamという複数の日時、レコードをまとめたオブジェクトを引数にとります。これは特定のプラグイン向けの特殊な用途のものだと思っておいてよいでしょう。たとえば、in_forwardプラグインなどで用いられています。

```
lines = get_command_result()
array = lines.map{ |line|
  time, record = parse_line_to_record(line)
  [time, record]
}
array #=> [
      #     [time0, record0],
      #     [time1, record1],
      #     [time2, record2],
      #     ...
      #   ]
router.emit_array(@tag, array)
```

すべてのレコードが同じタグの場合は、配列にまとめて一度の呼び出しで済み、効率的です。レコードごとにタグが異なる場合でも、同一タグのものがあるならタグごとにまとめたうえでemit_arrayメソッドを使えば、効率の向上が見込めるでしょう。

Inputプラグインにおけるパターン

Inputプラグインはプラグインのベースクラスが提供する機能が少なく、どのようにイベントを入力するかはプラグイン作者に任せられている部分が大きいプラグインです。ここではInputプラグインの構造によくあるパターンを紹介し、Inputプラグインをどう作ればよいかを解説します。

■──定期的な処理実行

Inputプラグインにおいてよくあるパターンが、一定の時間ごとにある処理を実行し、そこで得られたデータを変換してレコードとするものです。実行の対象は外部コマンドであったりHTTPリクエストであったりさまざまですが、実行の対象がなんであれ、プラグインの構造は似通ってきます。

こういったプラグインの実装にはtimerプラグインヘルパーが便利です。まさにこういった処理のために用意されたもので、次のコードで簡単に一定時間ごとの処理の起動を実現できます。

in_my_great.rb

```
require "fluent/plugin/input"

module Fluent::Plugin
  class MyGreatInput < Input
    Fluent::Plugin.register_input('my_great', self)

    helpers :timer
```

```
    config_param :tag, :string, default: "my.great.events"
    config_param :interval, :time, default: 10 # デフォルトで10秒ごとに実行

    def start
      super

      timer_execute(:my_great_input, @interval) do
        # このブロック内の処理が定期的に呼び出される

        array = call_http_and_get_array()
        #=> [[time,record],[time,record], ...]

        router.emit_array(@tag, array)
      end
    end

    def call_http_and_get_array
      # HTTPリクエストを実行、結果を解析して日時、レコードのペアの配列を返す
    end
  end
end
```

ここで使用されているtimer_executeメソッドは、timerプラグインヘルパーによって提供されるメソッドです[注8]。

単純なInputプラグインであれば、いくつかのパラメータ定義のほかにはstartメソッドの実装だけでほとんど終わることもよくあります。実際には、コードの可読性のためtimer_executeメソッドが定期実行する処理は別メソッドに切り出したほうがよいでしょうが、いずれにせよ十分に簡単なコードと言えるはずです。

■——ネットワーク経由でのデータ受信

もう一つの典型的なパターンが、ネットワーク経由でのデータ受信です。Inputプラグインが自分からデータを取得しにいく場合は、前項の定期的な実行によるパターンで済むことが多いでしょう。しかし、外部から送られてくるデータを受け取りレコードとしてFluentdに流し込むという場合は、別の構成をとる必要があります。これは多くの場合、ネットワークサーバの実装という形で行われます。

ネットワークサーバを実装する場合、それがどのようなコードとなるかは対

注8　timerプラグインヘルパーについての詳細は14.3節で解説します。また、外部コマンドを繰り返し実行するのであればchild_processプラグインヘルパーも使用できます。こちらは14.4節で解説します。

応すべきプロトコルや使用するライブラリの構造によって大きく異なります。しかし、ほとんどの場合では、startメソッド内でサーバを準備して起動、stopメソッド内で終了という形をとります。次のようなコードになります。

in_my_server.rb
```
require "fluent/plugin/input"

# サーバライブラリMyProtocolServerを読み込む
require "my_protocol_server"

module Fluent::Plugin
  class MyServerInput < Input
    Fluent::Plugin.register_input('my_server', self)

    helpers :thread

    config_param :port, :integer, default: 8118

    def start
      super

      @server = MyProtocolServer.create(@port) do |data|
        tag, record = parse_data_and_get_a_tag_and_record(data)
        router.emit(tag, Fluent::EventTime.now, record)
      end
      thread_create(:my_server_input_thread) do
        @server.start # ここでブロックする  …❶
      end
    end

    def stop
      @server.stop # サーバの停止  …❷
      super
    end

    def parse_data_and_get_a_tag_and_record(data)
      # 送信されてきたデータを解析してtagとrecordを取り出す
      record = JSON.parse(data)
      tag = record.delete("tag")
      return tag, record
    end
  end
end
```

ポイントは、threadプラグインヘルパーが提供するthread_createメソッドによりスレッドを分離し、その中でサーバを起動している❶です[注9]。サーバ

注9　threadプラグインヘルパーの詳細は14.7節で解説します。

ライブラリの実装にもよりますが、リクエストを待ち受ける場所でブロック(処理の停止)する場合、うかつにstartメソッド内で直接実行すると、Fluentd全体の停止を招いてしまいます。ブロックする処理はこのように別スレッドに隔離するのを忘れないようにしましょう。

threadプラグインヘルパーを使用しているため、作成したスレッドはプラグインの停止時に自動的に停止、終了されますが、作成したサーバ自体の停止は❷のようにプラグイン自身で行うべきです。

ネットワークサーバの起動は実際には多様な方法があります。TCPやTLSによる接続を直接使用するのであれば、serverプラグインヘルパーが使用できる場合もあるでしょう[注10]。既存のプラグインがどう実装しているかを参考にするのもよいかもしれません。

12.2 Filterプラグインの開発

Filterプラグインは Inputプラグインと Outputプラグインの間に挟まるもので、Fluentd内部を流れているイベントのレコードまたは日時を処理するために用いられます。処理後のイベントは、次のFilterプラグイン、もしくはOutputプラグインに渡されます。Filterプラグインが可能なことは、大雑把には次のとおりです。

- **条件に合ったイベントの内容を変更して次に渡す**
- **条件に合ったイベントを破棄する**

Filterプラグインは基本的に1つのイベントを受け取り、次に渡す、または破棄する処理を書くだけなので、シンプルに記述できます。また、イベント内容の変更は日時とレコードに限り、タグは変更できません。

Filterプラグインの形式

Filterプラグインはプラグインの名前(設定ファイルにおいて`@type ...`で指定するもの)を用い、先頭に`filter_`接頭辞を付けて`filter_*.rb`というファイル名で保存します。

注10 serverプラグインヘルパーについては14.5節で解説します。また、HTTPサーバを作成するためのhttp_serverプラグインヘルパーについて14.6節で解説します。

プラグイン自体の実装は、`Fluent::Plugin`モジュールの下に、`Filter`クラス、あるいは`Filter`クラスを継承した別のFilterプラグインクラスを継承して作ります。プラグイン名にsnake caseを用い、プラグインクラス名にCamelCaseを用いるのはInputプラグインと同様です。クラス名の接尾辞は`Filter`です。たとえば`my_awesome_convert`というFilterプラグイン名の場合、クラス名は`MyAwesomeConvertFilter`となります。

filter_my_awesome_convert.rb

```
require "fluent/plugin/filter" # これでFluent::Plugin::Filterを参照

module Fluent::Plugin
  class MyAwesomeConvertFilter < Filter
    Fluent::Plugin.register_filter('my_awesome_convert', self)  …❶

    def filter(tag, time, record)  …❷
      record
    end
  end
end
```

上記がFilterプラグインとして最小限のコードです。Inputプラグインと同様に、❶の`Fluent::Plugin.register_filter()`という呼び出しでこのプラグインクラスをFilterプラグインとしてFluentdに登録します。

Inputプラグインと異なるのは❷の`filter`メソッドを最初から記述していることです。これがあって初めて、Filterプラグインは渡されたレコードを次のプラグインに渡せます。このメソッド、もしくは次に解説する`filter_with_time`メソッドのどちらか一つが実装されていなければなりません。どちらも実装されていない場合、あるいは両方とも実装されている場合は、Filterプラグインはエラーを発生させ動作しません。

■──日時操作の有無による実装の違い

Filterプラグインの実装は日時を操作するかどうかで異なります。Filterプラグインは実装するメソッドにより、次の2つのうちどちらかの動作を選択することになります。

- `filter`**メソッド**
  イベント(タグ、日時、レコード)を受け取り、レコードを返す
- `filter_with_time`**メソッド**
  イベント(タグ、日時、レコード)を受け取り、日時とレコードを返す

どちらの動作においても、このフィルタを通したあとでは、イベントのレ

コードはフィルタ実装が返したレコードに変化します。前出の最小限のコード例のように渡されたレコードをそのまま返す実装の場合には、特に何も変化は起きません。

2つのメソッドの違いはただ一つ、日時も返すかどうかだけです。filter_with_timeメソッドを実装して日時を返す場合、このフィルタを通したあとは、該当イベントの日時はこのフィルタが返した日時に置き換えられます。逆に言うと、filterメソッドを実装したFilterプラグインは日時を変更できません。

イベント内容の変更
レコードや日時を更新する

Filterプラグインは、少ない行数のコードでイベント内容の変更、つまり日時やレコードの操作が行えます。業務目的に合わせたデータの操作に便利ですので、ぜひ試してみてください。

■――レコードの変更

Filterプラグインにおいてレコードに何か変更を加えたい場合には、単にrecordとして渡されるHashオブジェクトを操作します。

たとえば次のコード例では、パラメータを用いてキーと値をそれぞれ指定し、渡されたrecordすべてにそのキーと値のペアをセットします。

```
config_param :key_name, :string
config_param :value, :string

def filter(tag, time, record)
  record[key_name] = value
  record  …❶
end
```

filterメソッドの戻り値として、最後に❶のように明示的にrecordを返す必要があることに注意してください。

■――日時の変更

日時を変更したい場合は前述したとおり、filter_with_timeメソッドを実装し、戻り値の1つ目の値をFluent::EventTimeオブジェクトとするだけです。filter_with_timeメソッドを実装し、かつ日時もレコードも変更しないFilterプラグインの場合は次のような実装例となります。

```
def filter_with_time(tag, time, record)
  return time, record
end
```

たとえば、recordの内容から何らかの方法で日時情報を取り出して新たにイベントの日時とするというプラグインの場合には、1つ目の戻り値にはその新しい日時のオブジェクト(Fluent::EventTime)を返します。次の例では、レコードのnano_timestampフィールドにEpochからの経過ナノ秒が入っている前提で、その値を日時としてイベントを変更します。

```
def filter_with_time(tag, time, record)
  nano_time = record["nano_timestamp"]
  seconds = nano_time / 1_000_000_000
  nsec = nano_time % 1_000_000_000
  return Fluent::EventTime.new(seconds, nsec), record
end
```

イベントの破棄
特定の条件に合わせてイベントを破棄する

Filterプラグインはイベントを破棄できます。用例として、受け取ったタグ、日時、レコードをチェックして、特定の条件、あるいはパラメータで指定された条件に合うものを破棄するプラグインなどが考えられます。特にOutputプラグインが受け取るイベントにノイズが多い場合に、そのノイズを低減する目的などで用いられます。

Filterプラグインが受け取ったイベントを破棄するには、実装したメソッドからnilを返します。

```
desc "指定フィールド名がレコードに存在しない場合にイベントを破棄する"
config_param :check_field_name, :string

def filter(tag, time, record)
  if record.has_key?(check_field_name)
    record
  else
    nil  …❶
  end
end
```

filterメソッドの場合は、❶のように単にnilを返して破棄を示します。filter_with_timeメソッドの場合は、戻り値のどちらか片方でもnilのときに、やはりイベントの破棄を示すこととなっています。

■――破棄されたイベントのエラーストリームへの出力

Filterプラグインにより破棄されたイベントは、そのまま完全に失われるか、エラーストリームに出力されるかを選べます。

Filterプラグインでイベントを処理するとき、対象となったイベントが処理の条件を満たさないことがあります。たとえば、レコードのnameフィールドの値の文字列を大文字にする処理を考えます。この処理の対象レコードにnameフィールドが存在しなかったり、あるいは値が文字列ではなく数値だったりする可能性があります。この場合にFilterプラグインは動作する条件を満たしません。

動作条件を満たさない場合、Filterプラグインはそのイベントを単純に破棄することもできますが、一方で動作条件を満たさなかったイベントをユーザーに処理させるため、エラーストリームへ出力することもできます。エラーストリームに出力するには、router.emit_error_eventメソッドを呼び、引数としてtag、time、recordおよび例外オブジェクトeを渡します。

```
def filter(tag, time, record)
  record["name"].upcase! # "name"の値が文字列なら大文字にする
  record
rescue => e # 例外が上がって失敗した場合
  log.error("Record dropped, 'name' missing (Check @ERROR stream)")
  # 処理できなかったイベントをエラーストリームに例外とともに流す
  router.emit_error_event(tag, time, record, e)
  # nilを返すことで破棄して、このFilterプラグインからは出力しない
  nil
end
```

正常に処理できなかったイベントをそのまま破棄するだけだと、ユーザーは想定外のデータに気付けませんし、ログが出力してあっても気付くことが難しい場合もあります。エラーストリームを使えば、保存するなり別の処理にかけるなり、ユーザーに正しい選択肢を与えられるでしょう。

Filterプラグインに期待しない処理

Filterプラグインにおいて、受け取った1つのイベントを2つのイベントにして渡すことは、できないわけではありませんが、あまりしないほうがよいのではないかと思います。ユーザーがそういった挙動を期待していないからです。

どうしても必要な場合、実際にやる方法はFilterプラグインにおいてfilter_streamメソッドを実装するというものです。このメソッドはEventStreamオ

ブジェクトを渡されEventStreamオブジェクトを返します。この戻り値として、もとよりも多くのレコードを含むEventStreamオブジェクトを返せばイベントを増やせます。詳細や実装例については、Fluentd組込みのプラグインfilter_record_transformerなどを参考にしてください。

12.3 Outputプラグインの開発

Fluentdのプラグインにおいて、最も多くの種類のものが作られているのはおそらくOutputプラグインでしょう。データ出力には幅広い要求がありますし、同じ出力先であってもデータの表現形式や出力頻度、書き込み方法や通信方法などに異なった処理が要求されることも多いからです。

このため、各種プラグインの中でOutputプラグインが最も複雑な構造をしています。実装メソッドやユーザーの設定によって挙動が変わることもあります。これらはすべて、Outputプラグインに要求される機能が幅広く、それらを可能な限りサポートしようとしているためです。

Outputプラグインの形式

OutputプラグインはInputプラグインやFilterプラグインと同様にプラグインの名前を用い、先頭にはout_接頭辞を付けてout_*.rbというファイル名で保存します。

Fluent::Pluginモジュールの下に実装のクラスを置くことも同様で、ベースクラスはFluent::Plugin::Outputクラスにします。プラグイン名にsnake caseを用い、クラス名にはCamelCaseを用いてOutput接尾辞を付けるという命名規則も同様です。例として、Outputプラグインの名前をexcellent_serviceとする場合、プラグインクラス名はExcellentServiceOutputとなります。

out_excellent_service.rb

```
require "fluent/plugin/output"

module Fluent::Plugin
  class ExcellentServiceOutput < Output
    Fluent::Plugin.register_output('excellent_service', self)  …❶

    def write(chunk)
      # どこにも出力しないで破棄する
```

```
    end
  end
end
```

上記がOutputプラグインとして最小限のコードです。❶のFluent::Plugin.register_output()という呼び出しは、設定ファイルに記述されるプラグイン名からこのプラグイン実装を探し出せるようにOutputプラグインとして登録するための処理です。第一引数にはプラグイン名、第二引数にはこのクラス自体をselfとして参照して渡します。

なお、このコードはバッファOutputプラグインという動作モードのプラグインになります。動作モードについてはこのあとに続けて解説します。動作モードは、実装するメソッドによって、また1つのプラグインが複数の動作モード用のメソッドを実装している場合はいくつかの方法によって、動的に決定されます[注11]。

Outputプラグインの動作モード

Outputプラグインの動作モードは、データをどういう単位で処理するか、処理完了をどのように通知するかという違いで3種類に分かれます。

- **バッファ(*Buffered*)Outputプラグイン**
- **非同期バッファ(*Async-buffered*)Outputプラグイン**
- **非バッファ(*Non-buffered*)Outputプラグイン**

Outputプラグインはどの場合でも、Fluentdのコアからメソッド呼び出しという形でデータを渡されて動作します。この呼ばれたメソッドから、目的の方法でデータを外部に出力するのがOutputプラグインの責務です。

■——バッファOutputプラグイン　バッファにためたデータをまとめて外部に書き出す

おそらく最も多く実装され使われているのは、同期バッファを用いた、バッファOutputプラグインとしての動作です。組込みプラグインではout_fileプラグインやout_httpプラグインなど、多数のOutputプラグインがバッファOutputプラグインとして動作します。

このモードではOutputプラグインが受け取ったイベントをいったんバッフ

注11　Outputプラグインが動作モードを決定するルールについては本節で後述しています。

ァにため込み[注12]、バッファ容量あるいは経過時間をトリガとして、バッファにため込まれたイベントを一度に外部に書き出します(**図12.1**)。この書き出し処理はFluentdにより自動的に開始され、例外が発生せずメソッドから処理が戻れば成功となります。例外が発生して失敗した場合にも設定された間隔が経過したのちに自動的にリトライ(再実行)され、処理が成功するまで繰り返されます[注13]。

注12 このときBufferプラグインを自動的に使用します。
注13 成功しない状態が続く場合、設定された繰り返し回数もしくは時間が経過したあとに破棄されます。

図12.1 バッファOutputプラグインにおけるデータの蓄積と出力

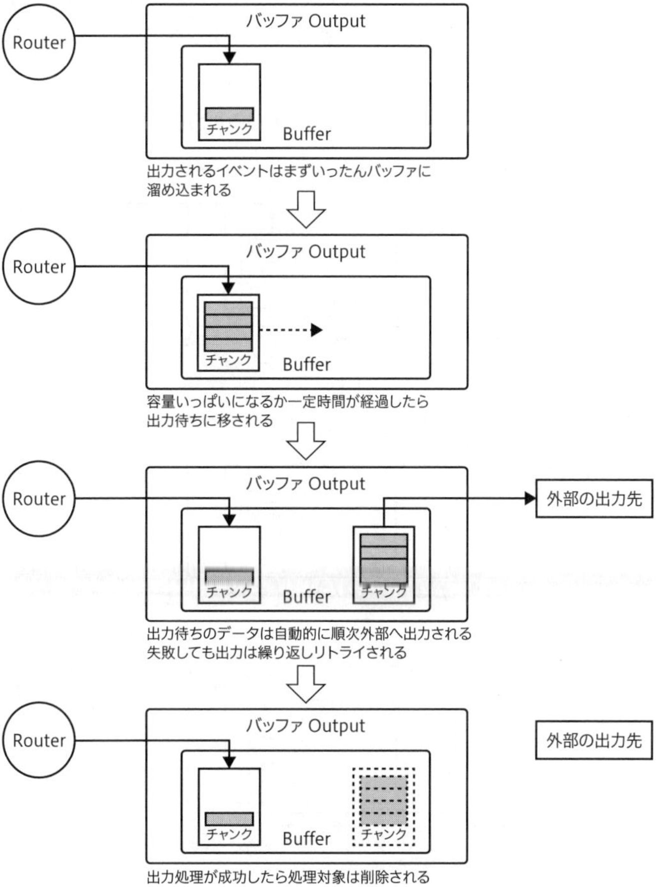

これはデータ処理的にはマイクロバッチと呼ばれる種類の処理方法で、ストリーム状に切れ目なく流れてくるデータをある程度の単位にまとめて処理するというパターンです。データをまとめる時点でリアルタイム性が落ちる欠点がありますが、その一方で全体のデータ処理性能(スループット)が向上する、通常処理およびリトライを実装するのが簡単になるなどの大きな利点があります。

■──非同期バッファOutputプラグイン　まとめたデータ書き出しの結果を別途確認する

もう一つのモードが非同期バッファOutputプラグインとしての動作です。これはほとんどの点において同期バッファの場合と変わりません。異なるのは、書き出し用のメソッドが成功して返っただけでは書き出しを成功したと確定せず、別途バッファチャンクに対して書き込みが成功したことを通知して初めて完了とするという点です(**図12.2**)。組込みプラグインでは`out_`

図12.2 非同期バッファOutputプラグインにおける出力の確認通知

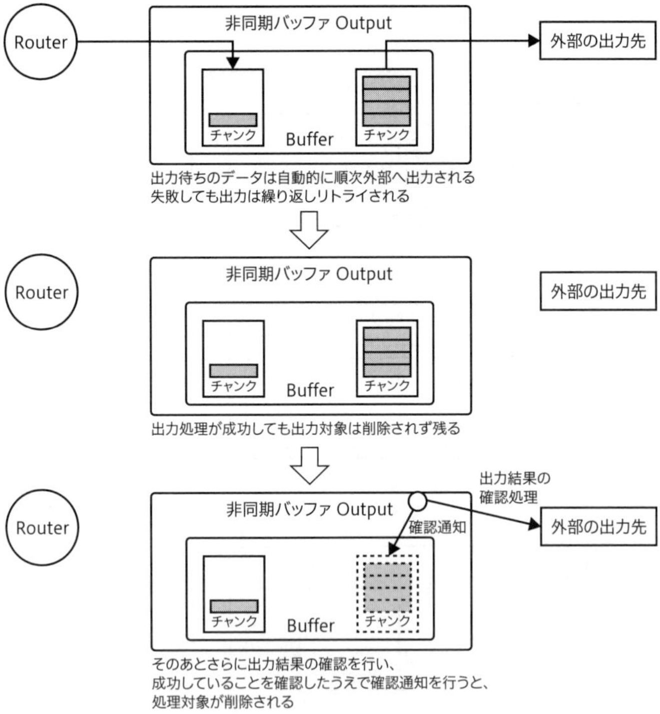

forwardプラグインのat least onceモードやout_execプラグインが、非同期バッファOutputプラグインとして動作します。

このモードは多少例外的なケースとして、書き込み処理を行ったものの即座にそれが成功したかは確定しない場合に用いることができます。出力先において書き込み結果が即座に反映されず、そのあとに読み込み操作を行って初めて書き込みが成功したかどうかが確定するという特性がある場合に非同期バッファモードを用いるよう想定されています。また、書き込まれたデータを再度読み込めることを確認して初めてデータ書き込みを完了するという高い信頼性を求める場合にも有用でしょう。

このモードも性能特性としては同期バッファモードとほとんど変わりません。ただし、バッファチャンクに対する書き出し完了の処理を別途行わなければならないため、プラグインの実装は複雑化するでしょう。書き出し処理において例外が発生したり、バッファチャンクに対して書き出し完了の処理が行われなかったりする場合の書き出しリトライはFluentdから自動的に実行されます。

■──非バッファOutputプラグイン　データが来たら即座に書き出す

非バッファOutputプラグインはこれらと異なり、Outputプラグインにデータが到着するたびに即座に処理するモードです(**図12.3**)。Inputプラグインがデータをemitするたびに Outputプラグインが呼び出されるので、データの遅れなしに書き出し処理ができレイテンシが向上する利点があります。一方で、細切れのデータに対して都度出力処理を行うこととなるため、全体の処理性

図12.3　非バッファOutputプラグインにおけるデータの即時出力

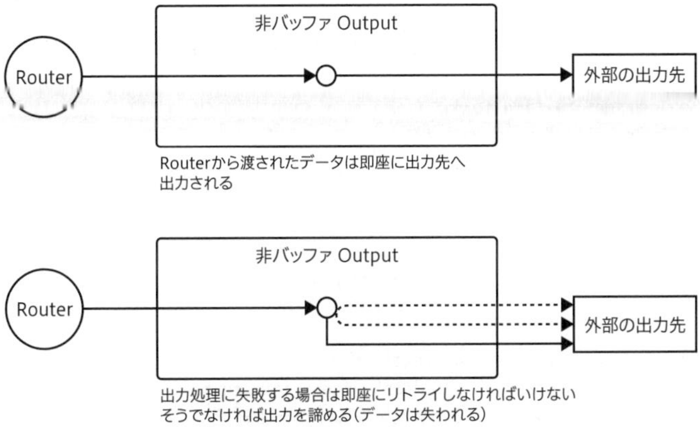

能(スループット)は低下します。組込みプラグインでは、out_stdoutプラグインやout_nullプラグインが、デフォルトの設定では非バッファOutputプラグインとして動作します。

また、非バッファOutputプラグインの場合にはFluentdが途中で介在しないため、出力に失敗した場合などには例外処理をプラグイン自ら行わなくてはなりません。しかし、プラグイン内で時間をかけてリトライを繰り返すと、今度はFluentd全体の処理がブロックされ悪影響が出ます。非バッファOutputプラグインでの長時間あるいは多回数のリトライ処理はお勧めはできません。

これらのことから、非バッファOutputプラグインは基本的にはリトライが不要な場合の用途に限るべきであろうと思います。

バッファOutputプラグインの実装

バッファOutputプラグインはOutputプラグインとしては最もよく使われるモードでしょう。プラグインはバッファチャンクを外部に書き出すためのwriteメソッドを実装します。Bufferプラグインを用いたバッファリングや書き出しタイミングの制御、書き出し失敗時のリトライなどはすべてOutputプラグインのデフォルト動作が実施してくれます。

out_marvelous_service.rb

```
require "fluent/plugin/output"

module Fluent::Plugin
  class MarvelousServiceOutput < Output
    Fluent::Plugin.register_output('marvelous_service', self)

    def write(chunk)
      return if chunk.empty?
      array = []
      chunk.each do |time, record| # timeはEventTime、recordはHash
        obj = {
          "time" => time.to_i,
          "nano_sec" => time.nsec,
          "record" => record,
        }
        array << obj
      end
      send_to_somewhere(JSON.dump(array))
    end

    def send_to_somewhere(json_text)
      log.debug "sending a JSON data", json: json_text
      # ここに、外部にjson_textを送信するコードを記述
```

```
    end
  end
end
```

書き出しが失敗した場合には何らかの例外をraiseします。writeメソッドから例外がraiseされると、Fluentdは自動的にその書き出しを失敗したとみなしてリトライの対象にします。

■――バッファリングの単位となるバッファチャンク

Outputプラグインまで到達したイベントは、デフォルトではMessagePackに変換され、Bufferプラグインの管理するバッファチャンクに自動的に書き込まれます。このバッファチャンクが渡されるのがwriteメソッドの引数となるchunkで、実体はFluent::Plugin::Buffer::Chunkオブジェクトです。

デフォルトのMessagePackに変換されている場合に限り、このオブジェクトは内容をeachメソッドで1つずつ取り出すことができます。この場合には、上記のようにバッファチャンクに含まれるイベントを1つずつ読み込んでから、最終的にどこかに書き出せます。writeメソッドが例外を発生させず戻ったときは書き出しが完了したものとし、このバッファチャンクは削除されます。

■――バッファチャンク内のデータ

デフォルトのバッファチャンク形式はMessagePackを用いたもので、イベントをMessagePackでシリアライズしたものが追記されていくものです。各イベントは、日時(Fluent::EventTimeオブジェクト)およびレコード(Hash、MessagePackにおけるmap)を2要素の配列とし、それをMessagePackに変換しています(**図12.4**)。

図12.4 バッファチャンク内でのデータの配置

配列 要素数2	日時	レコード(map)
配列 要素数2	日時	レコード(map)
配列 要素数2	日時	レコード(map)

■——バッファチャンクに対して可能な操作

バッファチャンクchunkに対して呼べるメソッドはほかにもいくつかあります。Outputプラグインから呼ぶ可能性のあるメソッドは次のとおりです[注14]。

- empty?
  このバッファチャンクが空かどうかを返す
- size
  このバッファチャンクのサイズ(バイト数)を返す
- metadata
  このバッファチャンクに紐付いたメタデータオブジェクトを返す
- unique_id
  このバッファチャンクが持つユニークID(バイナリ表現)を返す
- read
  このバッファチャンクが持つ全データをStringとして一度に返す
- open
  ブロックを指定して呼ぶと、ブロック引数にバッファチャンクのデータを読めるIO的なオブジェクトを渡す
- write_to
  引数に指定したIOオブジェクトに対してバッファチャンクの全データを書き込む

readメソッド、openメソッドおよびwrite_toメソッドはどれもチャンクの内容を読み出して外部へ書き込むためのメソッドで、簡単な使い方の例は次のようになります。提供されているメソッドのどれかを用いて、各種クライアントライブラリなどのAPIに最も適した形でデータを書き出せます。

```
全データを読み出してどこかへ送信する
data = chunk.read
@client.send_data(data) # ここで@clientは外部サービスのクライアントなど

データをIOオブジェクトとして取り出し、クライアントライブラリへ渡す
chunk.open do |chunk_read_io|
  @client.send_file_content(chunk_read_io)
end

クライアントライブラリの書き込み用のIOオブジェクトにデータを書き込む
chunk.write_to(@client.io)
```

■——バッファチャンクのメタデータの利用

metadataメソッドで得られるメタデータオブジェクトは、そのバッファチャンクがどういった条件で保存されたかを保持しています。Outputプラグイ

注14　このほかに、Fluentdがバッファリングなどの制御に使用するメソッドが多数あります。

ンはユーザーの設定によりバッファリングの方法を変えられます。たとえば、「タグごと」「タグごと、毎分」「タグおよびレコードのnameフィールドごと」などの分け方ができます[注15]。

metadataメソッドが返すMetadataオブジェクトは、このチャンクキーに該当するデータを保持しています。metadata.tagはタグ文字列を返し、metadata.timekeyは日時をUNIX time（整数）で返します。また、metadata.variablesはHashとして、タグと日時以外のチャンクキーの名前（フィールド名）とその値が格納されます。いずれも、実行時にチャンクキーとして指定されていない場合にはnilになります。

なお、ここでの日時は日時キーとなる値、つまり、このチャンクに保存されるイベントのうち最も早い日時の値です。timekey 1hが指定されていればある時間の0分0秒の値、timekey 5mが指定されていればその5分の範囲のうち最初の0秒の値です。

これらのメタデータはプラグインコード内での直接の使用もできますが、一般的には出力先情報の設定値にチャンクキーのプレースホルダを使えるようにしておき、間接的に利用することがほとんどでしょう。この方法については本節で後述します。

■――バッファチャンクのユニークIDを用いたデータ処理の追跡

最後にunique_idメソッドですが、各バッファチャンクには自動的に生成されたユニークなID[注16]が付与されており、それを返すためのものです。これはバイナリ値のためそのまま利用するには難しい場合が多いですが、プラグイン内で使用できるdump_unique_id_hexメソッドを用いて16進表現文字列に変換できます。

```
dump_unique_id_hex(chunk.unique_id)
#=> "aca051267f40735aa7532a4df7f8c73e"
```

このユニークIDは外部へのデータ書き込み時に、パスの一部として使用したり、あるいは書き込まれるデータに付随するメタデータとして付与したりできるでしょう。プラグイン開発時はTRACEレベルのログにユニークIDを出力しておけば、どのバッファチャンクがどう処理されたかがログからわかります。それと出力先の情報を突き合わせればどのデータがどう書き込まれたかを追跡できるでしょう。同じような調査方法は、ユーザーがプラグイン

注15　チャンクキーによる出力用のデータのグルーピングについては7.4節で詳しく解説しました。

注16　実体は日時および乱数から生成される128ビットの値です。

を使用中に起きたトラブルの解析にも役立ちます。

■──バッファチャンク単位での出力先の変更

バッファリングを行うOutputプラグインにおいては、それぞれのバッファチャンクごとに出力先を変えたいこともあります。たとえば、ログを履歴管理用のデータベースサービスに格納するが、その際にイベントに付与されているタグによって出力先のデータベース名やテーブル名を変えたいという状況です(**図12.5**)。

また、データ保存を日時で区切って1時間ごとのファイルに格納していきたい場合、該当イベントの日付および時間(00-23)をファイル名に付けたいという要求もごく一般的でしょう。さらに、レコードに含まれる特定のフィールドの値もファイル名に含めたくなるかもしれません。これらの事情はユーザーの要望によるもので、一般的には、プラグイン開発者が把握しきれるものでもありません。

そこで、こういったさまざまなユーザーの要望を実現可能とするため、Fluentdの設定ファイルではパラメータに指定する値にプレースホルダを使用できます(**図12.6**)。

プレースホルダのサポートには、対象のパラメータの値をextract_placeholdersメソッドで処理します。プレースホルダの展開にはバッファチャンク、およびそのメタデータを使用するため、チャンクオブジェクトも引

図12.5 タグによって出力先のデータベース名およびテーブル名を決定したいというユースケース

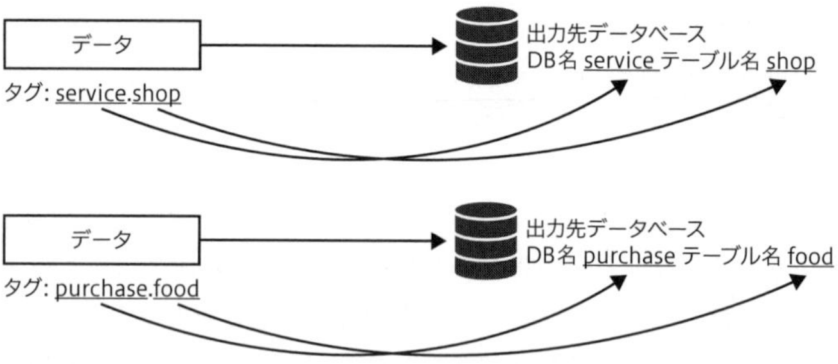

図12.6 プレースホルダを用いて出力先をタグや日時から決定する

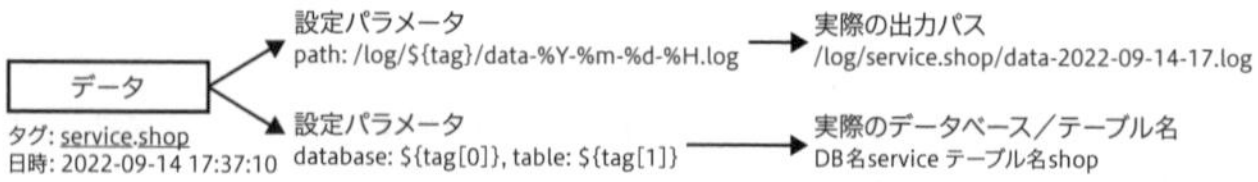

数として渡します。メソッドの戻り値はプレースホルダが実際の値に置き換えられた結果の文字列です。

プレースホルダをサポートするパラメータ

```
config_param :path, :string
```

writeメソッド内で、プレースホルダを含むパラメータ値を文字列に展開

```
actual_path = extract_placeholders(@path, chunk)
```

対象のパラメータは文字列でなければなりません。また、プラグインコードにおいてextract_placeholdersメソッドで個別に処理する関係から、すべてのパラメータで自動的にサポートされるわけでもありません。プレースホルダを利用可能なパラメータはプラグイン開発者が決定し、実装する必要があります[注17]。通常データの出力先を指定するパラメータは1つか2つ程度でしょうから、それらのパラメータのみをプレースホルダ展開対象としておけば問題ないでしょう。

何より、プレースホルダを展開するようにしておくだけで、あとはユーザーが自由にデータ出力先を設定できます。タグ、日時およびレコード内のデータすべてが利用可能なため、プレースホルダが使用できれば大きい設定の自由を得られることになります。バッファOutputプラグインを作るときにはぜひプレースホルダのサポートも検討してみてください。

■──バッファチャンクのデータ形式変更

ここまで、バッファリングを行うプラグインはすべてバッファにデータがたまったものを受け取る形でした。このときバッファチャンク内のデータはどうなっているのかというと、前に説明したとおりEventStreamオブジェクトをそのままMessagePackでエンコードしたものになっています。この形式は比較的高速に処理でき、また特に数値データなどを小さいサイズで保存できるため効率的です。一方で、このデータを外部に書き出す場合にはwriteメソッドにおいて一度データを読みなおし、形式を変換してやらなければなりません[注18]。

これはほとんどの場合において特に問題ともなりません。しかし、書き出し処理において通信エラーなどの失敗が起きやすい場合、エラーからのリトライのたびに全データの読み出しと形式の変更を繰り返すのは多少効率が悪いかもしれません。また、データ形式の変更処理が重く時間を要する場合にも、writeメソッドの処理時間が長くなり全体として効率が落ちます。

注17 プレースホルダの展開は比較的複雑な処理なので、すべてのパラメータに対して全自動で実行するようなことはやめておいたほうがよいと判断され、現在のようなしくみになっています。

注18 後述する非同期バッファOutputの場合にはこの処理をtry_writeメソッド内で行います。

このケースに対応するため、FluentdのOutputプラグインではデータをバッファチャンクに書き出す形式を変更できます。次のようにformatメソッドをプラグインで実装することで実現できます。

```
out_cool_service
require "fluent/plugin/output"

module Fluent::Plugin
  class CoolServiceOutput < Output
    Fluent::Plugin.register_output('cool_service', self)

    def format(tag, time, record)
      obj = {
        "tag" => tag,
        "time" => time.to_f,
        "record" => record,
      }
      JSON.dump(obj) + "\n"  …❶
    end

    def write(chunk)
      return if chunk.empty?
      send_to_somewhere(chunk.read)
      # あるいは出力先へのIOオブジェクトがあるなら
      # chunk.write_to(@myclient.io)
    end

    def send_to_somewhere(data)
      log.debug "sending a data", data: data
      # ここに、外部にdataを送信するコードを記述
    end
  end
end
```

formatメソッドはタグ、日時、レコードを引数に受け、文字列を返すメソッドです。❶で返った文字列はそのままバッファチャンクに書き込まれます。改行などで区切るといったルールも特に存在しません。しかし、最終的には書き込まれていったデータがバッファチャンクとしてwriteメソッドに渡されることに注意しておく必要があります。

なお、formatメソッドはFluentd内でイベントが生成されてOutputプラグインに到達するたびに呼び出されます[注19]。formatメソッド内で例外を発生させると予期しない問題を引き起こす可能性があります。あまり複雑な処理を行うことは避け、失敗しない簡潔な処理のみを行うにとどめておいたほうが

注19 後述する非バッファOutputプラグインのprocessメソッドと同様のタイミングです。

よいでしょう。

また、ここでFormatterプラグインを用いれば、ユーザーがデータ形式を自分で変更したくなった場合にも対応できます[注20]。

Outputプラグインが最終的に必要とする形式にformatメソッドで変換しておけば、writeメソッドで行う処理は簡単になります。チャンクの中身をすべて読み出し、宛先へ送信するだけです。出力先へのIOオブジェクトがあれば、そのままchunk.write_toメソッドを用いるだけで済むこともあるでしょう。

バッファチャンクのデータ形式はこのように簡単に変更できますが、筆者としてはあまり行わないほうがよいと考えています。問題が起きて必要が出てこない限りは、formatメソッドを自分で実装せず、標準の形式を使ったほうがよいでしょう。この理由として、7.4節で解説したFluentdの<secondary>ディレクティブ、およびSecondary Outputが挙げられます。

あるOutputプラグインの設定において<secondary>ディレクティブが存在している場合、処理の失敗が連続すると該当のバッファチャンクはSecondary Outputのプラグインに渡されます。この場合、バッファチャンクのデータ形式の再変換などは行われません。このため、仮にメインのOutputプラグインとSecondary Outputのプラグインの間で期待するバッファチャンクのデータ形式にズレがあった場合、出力結果がおかしなことになる可能性があります。期待しない出力が行われるだけならまだよいのですが、例外の発生によりSecondary Outputのプラグインでの書き出しが失敗したりして、せっかく最後の手段として設定したSecondary Outputがまったく機能しないことにもなりかねません。

メインのOutputプラグインとSecondary Outputのプラグインの両方が標準のバッファチャンク形式を用いていれば、この問題は起きません。これが、できればバッファチャンクのデータ形式変更は行わないほうがよい理由です。

非同期バッファOutputプラグインの実装

非同期バッファを扱う非同期バッファOutputプラグインのモードは、基本的には前項で解説した通常のバッファOutputプラグインと変わらない構造をしています。writeメソッドの代わりにtry_writeメソッドを用いる部分が異なります。また、非同期でバッファチャンクのcommit操作を行う必要があります。

注20 Formatterプラグインについては12.5節、OutputプラグインからFormatterプラグインを用いるためのformatterプラグインヘルパーについては14.11節で詳細を解説します。

out_nice_service.rb

```
require "fluent/plugin/output"

module Fluent::Plugin
  class NiceServiceOutput < Output
    Fluent::Plugin.register_output('nice_service', self)

    helpers :timer

    config_param :verify_interval, :time, default: 10

    def start
      super  …❶
      @unconfirmed_ids = []  …❷

      timer_execute(:nice_output_commit, @verify_interval) do
        @unconfirmed_ids.dup.each do |chunk_id|  …❹
          log.debug "checking the id", chunk_id: chunk_id
          if exist_at_somewhere?(chunk_id)
            log.debug "committing the id", chunk_id: chunk_id  …❸
            commit_write(chunk_id)  …❺
            @unconfirmed_ids.delete(chunk_id)
          end
        end
      end
    end

    def try_write(chunk)  …❻
      if chunk.empty?
        commit_write(chunk.unique_id)  …❼
        return
      end

      array = []
      chunk.each do |time, record| # timeはEventTime、recordはHash
        array << {"time" => time, "record" => record}
      end
      send_to_somewhere(chunk.unique_id, JSON.dump(array))  …❽
      @unconfirmed_ids << chunk.unique_id  …❾
    end

    def send_to_somewhere(chunk_id, data)
      log.debug "sending a data", chunk_id: chunk_id
      # ここに、外部にdataを送信するコードを記述
    end

    def exist_at_somewhere?(chunk_id)
      # ここに、外部サービスにてchunk_idを確認するコードを記述
      # 確認できたらtrue、できないならfalseを返す
      true
```

```
    end
  end
end
```

■――非同期バッファのバッファチャンクの扱いは同期バッファと共通

非同期バッファOutputプラグインにおいては、commit操作をバッファチャンクのIDを用いて行う以外、バッファチャンクに関する操作はすべて同期バッファOutputプラグインと共通です。バッファチャンクのメタデータ利用やデータ形式変更、ユニークIDやプレースホルダなどもすべて同じように使えます。

唯一の違いとなるバッファチャンクのcommitは、前述のサンプルコード❺や❼においてcommit_write(chunk.unique_id)のようにcommit_writeメソッドをチャンクのユニークIDを引数に呼び出している処理です。単にtry_writeメソッドでバッファチャンクの内容を書き出すほかに、この処理を行わなくてはなりません。

■――出力時の書き出しごとのID付与

上記のコードにおいてバッファOutputプラグインと異なる部分を見ていきましょう。

まずstartメソッドを実装しており、❶で忘れないようsuperを呼び出しています。そのうえで、❷にて@unconfirmed_idsインスタンス変数に空の配列を入れています。これはあとで使用します。そのあとに❸のtimer_executeメソッドの呼び出しがありますが、これも後述します。

バッファチャンクがflushされるときの書き出しメソッドとしては❻のtry_writeが実装されており、ここに書き出しの対象となるバッファチャンクオブジェクトchunkが渡されます。このオブジェクトは同期バッファの場合とまったく同じです。このチャンクの内容を必要に応じて書き出すことになりますが、重要なのは書き出しが完了したチャンクについてcommit_writeメソッドを呼んで書き出しの完了を通知する必要があることです。

ここではまず、バッファチャンクが空だった場合[注21]、書き出すデータがないため❼でcommit_writeメソッドをチャンクのユニークIDを与えて呼び出し、即座にreturnしています。

空ではない通常のチャンクについては、同期バッファ時と同じようにデー

注21 こういうことは基本的に起こらないはずですが、念のためと、非同期バッファOutputプラグインにおけるチャンクの扱いを例示するために考慮しています。

タの書き出し処理を行います。❽のデータ送信においてはあとから送信結果を確認するためのキーにできるよう、chunk.unique_idを付与しています。ここで送信されたデータを保存するとき、このユニークIDをキーとして参照できるようにしておくためです。ファイルパスを必要とする場合にファイル名に使用する、データベースシステムの場合にユニークキーとして使用するなどの用途が考えられます。最後に書き出しまでが終わったチャンクについて、❾でそのユニークIDを@unconfirmed_idsに加えておきます。

■──書き出し結果確認後のコミット

前述したとおり、非同期バッファOutputプラグインについては、正常に処理が完了したバッファチャンクについて出力成功を確定するためにcommit_writeメソッドを呼ばなければなりません。commit_writeメソッドを呼ぶのは確実に書き込みが完了してそのデータが読み出せることを確認してからです。

これを行っているのがstartメソッド内で起動している❸のtimer_executeメソッドからのタイマーです。このタイマーは、一定時間ごとに起動しては❹の@unconfirmed_idsインスタンス変数に保存されている未完了のバッファチャンクIDについて問い合わせを行い、データが出力先に確認できれば❺でそのチャンクIDについてcommit_writeメソッドを呼びます。

commit_writeメソッドが一定時間呼ばれなければ、バッファチャンクの書き出しは失敗したとみなされてtry_writeメソッドが再度呼び出されます。このタイムアウトは<buffer>セクションのdelayed_commit_timeoutパラメータで制御でき、デフォルトは60秒です。

■──非同期バッファによる強固なデータ保護の実現

非同期バッファOutputプラグインは実装が複雑になりますが、「送信して、保存されていることを別途確認して初めて成功とみなす」ように、より強固なデータ保護を実現できます注22。

これはメッセージ配送のセマンティクスとして解説したat least onceにあたります注23。実際にFluentdのin/out_forwardプラグインにおいては、非同期バッファモードで動作するrequire_ack_responseオプションを有効にした場合の挙動を「at least onceモード」と表現しています。データ送信において高い信頼性を要求するプラグインについては、このように非同期バッファOutput

注22 同期バッファOutputプラグインであれば「送信して送信が失敗しなければ成功とみなす」という動作でした。

注23 メッセージ配送のセマンティクスについては詳細を1.7節で解説しました。

プラグインのしくみを用いて実装することを考える価値があるでしょう[注24]。

非バッファOutputプラグインの実装

Outputプラグインの動作モードで実装が最も簡単なのは、非バッファつまりバッファなしで動作するモードです。このモードでは、イベントはEventStreamオブジェクトとしてそのままOutputプラグインのprocessメソッドに渡されます。processメソッドは渡されたEventStreamオブジェクトからeachメソッドを用いて個々のイベントを取り出し、順次外部へ出力することになります。

out_brilliant_service.rb

```
require "fluent/plugin/output"

module Fluent::Plugin
  class BrilliantServiceOutput < Output
    Fluent::Plugin.register_output('brilliant_service', self)

    def process(tag, es)
      es.each do |time, record| # timeはEventTimeオブジェクト、recordはHash
        send_event_to_somewhere(tag, time, record)
      end
    end

    def send_event_to_somewhere(tag, time, record)
      log.debug "sending an event", record: record
      # ここに、外部にtag, time, recordを送信するコードを記述
    end
  end
end
```

■——自力での例外処理の実施

ここで重要なのは例外の扱いです。非バッファOutputプラグインにおいては、例外処理は自力で行う必要があります。

processメソッド中において例外が発生した場合、例外はprocessメソッドに渡ってきたイベントの生成元、つまりInputプラグインまで伝《でん》播《ぱ》していきます。これは回復不可能な例外がOutputプラグインで発生した場合に、Inputプラグインに例外処理を任せるためです。しかし、通常のInputプラグインの実装としては、

注24　応用的な事例として、外部への保存時にチャンクのユニークIDを記録しておくことで、重複データの排除を行うというものがあります。at least onceセマンティクスを実現する非同期バッファOutputモードは、これまでの解説どおりデータの重複が起きやすいものですが、ユニークIDを記録して同じIDを見つけたら片方は無視するようにすれば、複数回書き込まれてしまった同じバッファチャンクの重複を排除できます。

そこまで配慮はされていないものがほとんどでしょう。未処理の例外を不用意に上げると、Fluentd全体として意図しない挙動を誘発するかもしれません。

したがって、発生する可能性がある例外はすべて捕捉し、リトライするべきであればリトライを行いましょう。

out_fantastic_service.rb
```
require "fluent/plugin/output"

module Fluent::Plugin
  class FantasticServiceOutput < Output
    Fluent::Plugin.register_output('fantastic_service', self)

    def process(tag, es)
      es.each do |time, record| # timeはEventTime、recordはHash
        success = false
        until success
          begin
            send_event_to_somewhere(tag, time, record)
            success = true
          rescue => e
            log.error "Failed to send an event", error: e
          end
        end
      end
    end

    def send_event_to_somewhere(tag, time, record)
      log.debug "sending an event", record: record
      # ここに、外部にtag, time, recordを送信するコードを記述
    end
  end
end
```

■――失敗を許容するケースでの利用

あるいは、失敗が起きた場合には出力を諦めるのも選択肢の一つです。何かの失敗が起きたときにプラグインのprocessメソッド内で長時間リトライを繰り返すと、Fluentd全体の処理がそこで止まります。これは全体の効率を考えるとあまりうれしくありません。また、バッファを行わないOutputプラグインの利点の一つがリアルタイム性ですから、リトライを繰り返していてリアルタイム性が失われては本末転倒という場合もあるでしょう。

out_amazing_service.rb
```
require "fluent/plugin/output"

module Fluent::Plugin
  class AmazingServiceOutput < Output
```

```
    Fluent::Plugin.register_output('amazing_service', self)

    def process(tag, es)
      es.each do |time, record| # timeはEventTime、recordはHash
        begin
          send_event_to_somewhere(tag, time, record)
        rescue => e
          log.error "Failed to send an event", record: record, error: e
        end
      end
    end

    def send_event_to_somewhere(tag, time, record)
      log.debug "sending an event", record: record
      # ここに、外部にtag, time, recordを送信するコードを記述
    end
  end
end
```

こういった理由から、出力に失敗した場合に例外は捕捉して、そのままリトライせず次に進むのも選択肢の一つとなります[注25]。ユーザーにとっても利点となる場合があるでしょう。しかし、出力失敗時にそのような挙動をとることは、ユーザーには前もって知らせておくべきです。READMEなどのドキュメントには明確に記すべきでしょう。

Outputプラグインの動作モード決定ルール

ここまで見てきたように、Outputプラグインは実装および設定によって異なる3つの動作モードがあります。Outputプラグインは最低限、これらの動作モードのうちどれか一つを選択して実装します。もし必要であれば、すべての動作モードを実装したうえで、設定内容によってどのモードで動作するかを決定できます。

Outputプラグインは基本的には実装してあるメソッドがwrite、try_writeもしくはprocessのどれなのかによって動作モードが変わります。しかし、実際には1つのOutputプラグインにおいてこれらのメソッドの2つもしくは全部が実装されていることもあり得ます。各モードはそれぞれ性能上の特性が異なるため、複数の動作モードを実装しておいてどれを使用するかをユーザーに選ばせることは原理上あり得ます。

注25　ただし、発生したエラーを記録するためのエラーログは出すべきでしょう。また後述するように、エラーストリームに出力しておくことも選択肢の一つです。

複数のモードが実装されているとき、どういった条件でどのモードが選択されるかについては**図12.7**のルールに従うこととなります。

バッファリングを行うか行わないかについては、`process`メソッドとバッファOutput用メソッド[注26]の両方のメソッドが実装されている場合には`prefer_buffered_processing`メソッドを呼んで決定します。バッファOutputプラグインとしての動作で同期、非同期どちらのモードを使用するかについては、

注26 バッファOutput用メソッドとは、`write`メソッドまたは`try_write`メソッドのどちらか片方、もしくは両方のことです。

図12.7 Outputプラグインの出力モード決定ルール

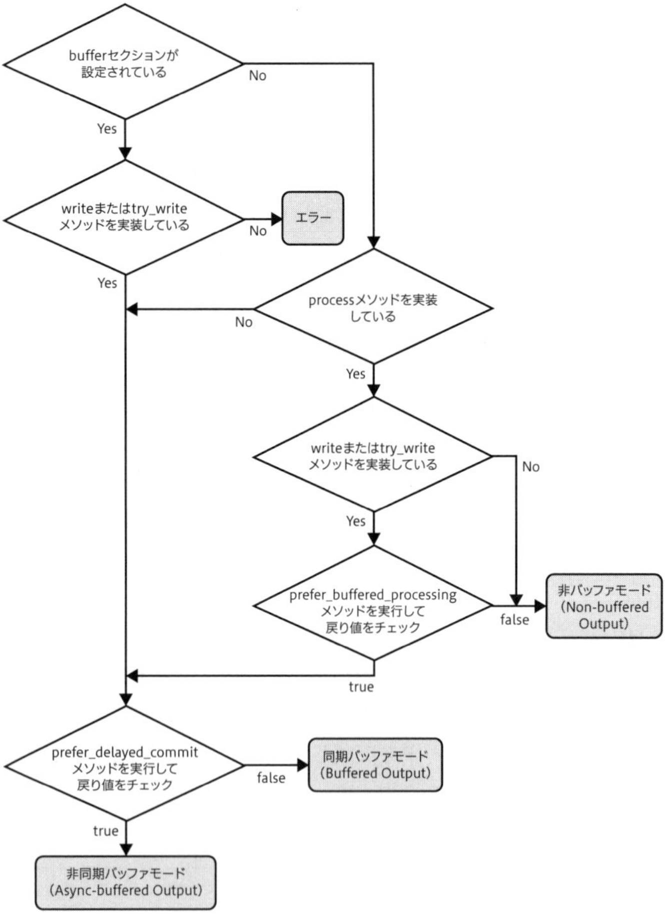

writeまたはtry_writeメソッドの両方が実装されている場合にはprefer_delayed_commitメソッドを呼び、その戻り値に従います。このprefer_buffered_processingメソッドやprefer_delayed_commitメソッドを用いた動作モードの決定は、startメソッドが呼ばれるタイミングで起きます。したがって、configureメソッドで確定する設定情報をもとにプラグインの動作モードを決定することも可能となっています。

次のコード例のプラグインは、performance_modeパラメータの値によって、どのモードを使用するかを動的に決定します。独自の設定処理や開始処理は不要なので、configureメソッドとstartメソッドは実装しておらず、ベースクラスの実装に任せています。

out_my_lazy_service.rb

```
require "fluent/plugin/output"

module Fluent::Plugin
  class MyLazyServiceOutput < Output
    Fluent::Plugin.register_output('my_lazy_service', self)

    # realtimeの場合は非バッファ
    # stableの場合は非同期バッファ
    # throughputの場合は同期バッファ
    config_param :performance_mode, :enum, \
      list: [:realtime, :stable, :throughput]

    def prefer_buffered_processing
      # realtime以外ならバッファする（同期、非同期）
      @performance_mode != :realtime
    end

    def prefer_delayed_commit
      # stableの場合は非同期バッファする
      @performance_mode == :stable
    end

    def process(tag, es)
      log.debug "processing events"
      # ...
    end

    def write(chunk)
      log.debug "writing a chunk"
      # ...
    end

    def try_write(chunk)
      log.debug "trying to write a chunk"
      # ...
```

```
    end
  end
end
```

本当に全部のモードに対応しているプラグインが必要かどうかは疑わしいところです。しかし、2つのモードの切り替えであれば、実際によく使われています。たとえば、Fluentd組込みのout_forwardプラグインはバッファOutputモードと非同期バッファOutputモードの両方に対応しています。こういった複数のモードの切り替えが可能だということを知っておけば、要求に対応できる幅が広がるでしょう。

正常に出力できないイベントのエラーストリームへの出力

レコードのデータによってはOutputプラグインから正常に出力できないこともあります。たとえば、レコードに含まれているオブジェクトが出力に必要なJSONへの変換に対応しておらず、エラーを起こすというケースです。この場合には、Filterプラグインと同様にエラーストリームが使用できます。

ただし、Outputプラグインの場合は通常はイベントをストリームに流すようには想定されていません。この機能を有効にするには、プラグインコードの中でhelpers :event_emitterを宣言してください[注27]。

out_incredible_service.rb

```
require "fluent/plugin/output"

module Fluent::Plugin
  class IncredibleServiceOutput < Output
    Fluent::Plugin.register_output('incredible_service', self)

    # エラーストリームを使用する場合にはこのヘルパーが必要
    helpers :event_emitter

    def format(tag, time, record)
      if ! record.has_key?("number")
        # 仮に、numberフィールドがない場合は不正データだとする
        raise "Unexpected data, without the key 'number'"
      end
      obj = {"tag" => tag, "time" => time.to_f, "record" => record}
      JSON.dump(obj) + "\n"
    rescue => e
      log.error("Failed to dump events into JSON", error: e)
      router.emit_error_event(tag, time, record, e) # エラーストリームへ
```

注27 event_emitterプラグインヘルパーについては14.17節で詳しく解説します。

```
      # formatからnilを返すと処理対象から除外される
      nil
    end

    def write(chunk)
      return if chunk.empty?
      send_to_somewhere(chunk.read)
    end

    def send_to_somewhere(data)
      log.debug "sending a data", data: data
      # ここに、外部にdataを送信するコードを記述
    end
  end
end
```

Outputプラグインが処理できないデータを黙って破棄すればユーザーにとって不便であることは、Filterプラグインの場合と同様です。処理できないデータが発生する可能性は常に考慮し、それらのデータをどのように扱うかはREADMEなどで明示するようにしましょう。

12.4 Parserプラグインの開発

Parserプラグインは、データを解析して日時およびレコードを生成するためのものです。主にテキストデータからFluentdのイベントを生成する部分で使用され、数多くの組込みプラグインや公開プラグインがあります。

組込みのParserプラグインでも普段よく使われるデータ形式におおむね対応しているとは言えますが、テキストデータの形式は各社あるいは各システムで最も独自に発明されがちなものでもあります。それぞれの業務に合わせたParserプラグインを開発する余地や利点は大いにあるでしょう。

Parserプラグインの形式

Parserプラグインはプラグインの名前を用い、`parser_*.rb`のようなファイル名に記述します。`Fluent::Plugin::Parser`クラスを継承した実装クラスを、`Fluent::Plugin`モジュールの下に置きます。プラグイン名にsnake caseを用い、クラス名にはCamelCaseを用いて`Parser`接尾辞を付けます。例として、Parserプラグインの名前を`hyper_text`とする場合、プラグインクラス名は`HyperTextParser`となります。

Parserプラグインはparseメソッドを実装し、引数として受け取ったデータを処理します。生成した日時およびレコードは、ブロック引数を呼び出して渡してやる（yieldする）こととなります。この動作を行う最小限のParserプラグインは次のようなコードになります。

parser_pipe.rb

```
# 各行のパイプ（|）で区切られた値を、番号をキーにしたレコードとして返す
# 先頭の値は日時を表すとする
# 例：2022-07-05 16:21:33 +0900|one|two|three
# 結果：
#   日時：2022-07-05 16:21:33 +0900
#   レコード：{"1": "one", "2": "two", "3": "three"}
require 'fluent/plugin/parser'

module Fluent::Plugin
  class PipeParser < Parser
    Fluent::Plugin.register_parser('pipe', self)

    config_set_default :time_key, "0"

    def parse(text) # ブロック引数を受け取る
      text.split("\n").each do |line|
        values = line.split("|")
        raw_record = {}
        values.each_with_index do |value, index|
          raw_record[index.to_s] = value
        end
        time, record = convert_values(parse_time(raw_record), raw_record)
        yield time, record
      end
    end
  end
end
```

Parserプラグインによるデータからの複数のイベント取り出し

Parserプラグインは、yield time, recordすることでブロック引数に対して解析結果を渡します。ここではparseメソッドが一度呼び出されるのに対して、複数回のyield time, recordを行う可能性があることに注意してください。一塊のデータ（text）からは複数のレコードが取り出される可能性があるためです。これは実際に処理するデータ形式、および渡されてくるデータによって決まりますが、引数のデータと結果のイベントが1対1に対応するわけではないことは気にしておきましょう。

また、ParserプラグインはタグをAし返しません。タグは常にInputプラグイン

などが処理する、Parserプラグインよりも外側のデータだと理解してください。

Parserプラグインが共通で提供する機能

parseメソッド内では、ベースクラスのParserクラスが提供する機能のための2つのメソッド、parse_timeメソッドとconvert_valuesメソッドを呼び出しています。これらは両方とも、Parserプラグインが共通で受け入れる設定を参照して処理を行うメソッドです。parse_timeは設定に従ってレコードから日時を解析するメソッド[注28]、convert_valuesは設定に従ってレコードの各フィールドについて値の型変換を行うメソッド[注29]です[注30]。

これらのメソッド呼び出しを行うかどうかは、Parserプラグインごとに選択できます。日時情報をデータのどこから取り出すかは普通のデータフォーマットには定義されていませんから、parse_timeメソッドの呼び出しはほとんどのParserプラグインで必要となるでしょう。一方、データを見れば型が決定するデータ形式を扱うのであれば、convert_valuesメソッドを呼び出す必要はないかもしれません。しかし、データフォーマットで値の型が決定できるといっても、ユーザーが求める値の型は入力とはまた異なるということも十分に考えられます。このため、一般的なParserプラグインとしてはconvert_valuesメソッドの呼び出しは必須と考えてよいでしょう。

12.5 Formatterプラグインの開発

Formatterプラグインは Parserプラグインの逆で、イベントを受け取り特定の形式に従って文字列化してテキストデータを返すためのものです。イベントデータのテキスト化も、逆のテキストデータのイベント化[注31]と同様に業務ロジックの影響を受けやすく、組込みプラグインや既存の公開プラグインでは足りないことがあり、独自に開発をする余地が大きいプラグインだと言えるでしょう。

注28 time_key、estimate_current_eventおよびkeep_time_keyパラメータに関連します。

注29 types、null_value_patternおよびnull_empty_stringパラメータに関連します。

注30 Parserプラグインの共通機能に関係するパラメータの一覧についてはドキュメントを参照してください。https://docs.fluentd.org/configuration/parse-section

注31 Parserプラグインが担当する処理のことです。

Formatterプラグインの形式

Formatterプラグインはプラグインの名前を用い、formatter_*.rbのようなファイル名に記述します。Fluent::Plugin::Formatterクラスを継承した実装クラスを、Fluent::Pluginモジュールの下に置きます。プラグイン名にsnake caseを用い、クラス名にはCamelCaseを用いてFormatter接尾辞を付けます。例として、Formatterプラグインの名前をhyper_textとする場合、プラグインクラス名はHyperTextFormatterとなります。

テキストデータを変換する機能はformatメソッドを実装して提供します。このメソッドがタグ、日時、レコードというイベントデータを受け取り、変換後のテキストデータを返します。

formatter_pipe.rb
```
require 'fluent/plugin/formatter'

module Fluent::Plugin
  class PipeFormatter < Formatter
    Fluent::Plugin.register_formatter('pipe', self)

    def format(tag, time, record)
      values = []
      num_keys = record.keys.select{|k| k =~ /^\d+$/}
      num_keys.sort_by{|k| k.to_i}.each do |key|
        values << record[key]
      end
      values.join("|") + "\n"
    end
  end
end
```

基本的にはこれだけの単純なプラグインです。Parserプラグインとは異なりformatメソッドはブロック引数を受け取らず、結果をテキストデータとして返す(returnする)ことに注意しましょう。

Formatterプラグインが共通で提供する機能

Formatterプラグインは値の変換結果がテキストデータということもあり、Parserプラグインのような共通の機能がほとんどありません。日時の変換のためのパラメータは一通り定義されていますが、実際にはほとんど使われていません[注32]。

注32 ドキュメントで定義されているパラメータの一覧を確認できます。Parserプラグインとほぼ同様のパラメータがそろっていますが、Fluentd組込みのうちでもformatter_out_fileプラグインしか、これらのパラメータをサポートしていません。https://docs.fluentd.org/configuration/format-section

日時の変換と整形は出力時にも必要です。しかし、実際には日時の変換を`inject`プラグインヘルパーを経由して行えば機能的には十分だということがあるでしょう。Formatterプラグインを自作するほとんどの場合にも、同様に考慮は不要だと思います。

12.6 まとめ

本章ではInput、Filter、Output、Parser、Formatterの各種プラグインそれぞれについて、実装の詳細を解説しました。

Inputプラグインがデータを取り込むには、`router`メソッドを経由して1イベントずつか、複数イベントを同時に処理する方法があります。実装のパターンとして、定期的に処理を実行して結果を取り込んだり、ネットワークサーバを起動して通信内容を取り込んだりするものがあります。Filterプラグインはイベントを受け取って変更または破棄するためのもので、日時を操作するかどうかによって実装すべきメソッドが異なります。Outputプラグインにはバッファ Output、非同期バッファ Outputおよび非バッファ Outputの3つのモードがあり、用途によってどのモードを実装するべきかを選択する必要があります。バッファを利用する2つのモードでは、バッファチャンクのメタデータやユニークIDを用いたり、バッファチャンクごとに出力先を変更したりできます。非同期バッファ Outputのモードはより強固なデータ保護を実現できますが、バッファチャンクごとにコミット処理を行う必要があるため実装が複雑になります。非バッファ Outputモードは単純に実装できますが、出力の失敗を自分で処理する必要があるため注意しましょう。Parserプラグインや Formatterプラグインは簡単に実装できるので、業務に合わせて開発する利点が大きいでしょう。

第13章
プラグインのテスト

ここまでプラグインを書くことについて解説してきましたが、実際のプラグイン開発はプラグイン本体のコードを書けば終わるものではありません。書いたコードが正しく動作することを何らかの形で確かめる必要があります。また、いったんは動いたプラグインでも、Fluentdの異なるバージョンと組み合わせると想定どおりには動かなくなったりするなど、動作の確認というものは容易ではありません。この問題を解決するのがテストです[注1]。

本章ではテストの手法の一つとして、テストコードによるプラグインの自動化テストの記述について、まずテスト記述の全体的な方法を解説します。さらに、Input、Filter、OutputおよびParser、Formatterの各プラグインを対象にプラグインごとのテストの詳細について解説し、最後にテストの記述を便利にするためのヘルパーメソッドを紹介します。

13.1 テスト記述の方法

本節では、どのようにしてプラグインのテストコードを書いていくかについて解説します。

Fluentdの本体および大多数のプラグインの自動テストは、Rubyのテスト用ライブラリであるtest-unitを用いて書かれています。また、そのことを前提に、プラグインのテスト記述に便利な機能がFluentdから提供されています。自作のプラグインにおいても、それらの機能をそのまま使用してtest-unitでテストを書くとよいでしょう[注2]。

テストの流れ

プラグイン開発全体におけるテストの流れについてですが、多くの場合、プラグインのテストはプラグインの開発と並行して進めるほうがよいでしょう。プラグインをすべて書き終えてからテストの記述にとりかかることもあります。しかし、テストを書いてみてわかる不具合や設計の間違いなどもあるため、プラグインの開発を始める段階から最小限のテストコードもあった

注1　テストの重要性については10.3節でも解説しました。

注2　余談ですが、Rubyのテスト用ライブラリとしてもう一つRSpecという著名なものがあります。RSpecを使ってテストを書くことも不可能ではなく、いくつかのプラグインでは実際にRSpecを用いてテストが書かれていますが、筆者としてはわざわざ大変な思いをしてまでRSpecを使わなくてもよいのではないかと思います。

ほうが、最終的には楽にプラグインを完成させられます。

なお、fluent-plugin-generateコマンドを用いてプラグインコードを生成した場合、次に解説する最小限のテストコード、およびテスト実行に必要なRakefileは自動的に生成されるため、そのまま利用できます。また、各プラグインの節で解説しているテストドライバの選択などについても、生成済みのテストコードではすでに行われているため、そのまま実際のテストコードを書き始められます。

■──最小限のテストコード記述

プラグインの最小限のコードを書いたら、すぐにテストを実行する準備もしましょう。プラグインに何も機能がない状態で、何の検証も実行しない最小限のテストコードを実行できる状況が望ましいです。

プラグインのテストコードは、プラグインディレクトリツリーにtest/pluginというディレクトリを作成し、そこに記述します。テスト本体はtest_接頭辞で始まるファイル名にします。これは、Fluentd本体のテストコードと同じルールを適用することで、誰が見ても配置をわかりやすくするためです。たとえば、in_awesomeプラグインのテストコードはtest/plugin/test_in_awesome.rbに書きます。

次のコード例が、プラグインのテストコードとして最小限のものです。

test_in_awesome.rb

```
# AwesomeInputプラグインのテストを書く場合
require "fluent/test"
require "fluent/plugin/in_awesome"

class AwesomeInputTest < Test::Unit::TestCase
  def setup
    Fluent::Test.setup
  end

  test 'the first test case' do
    assert_equal true, true
  end
end
```

これはほぼ何も検証していないテストコードですが、まずテストを実行できるようにするため、これだけでも書いておくとよいでしょう。

■──テストの準備と実行

加えての準備として、Rakefileにテスト実行に必要な情報を記述します。

Rakefile（の一部）
```
require 'rake/testtask'
Rake::TestTask.new(:test) do |test|
  test.libs << 'lib' << 'test'
  test.pattern = 'test/**/test_*.rb'
  test.verbose = true
  test.warning = true
end
```

こうしておけば、あとはbundle exec rake testコマンドを実行することでテストを実行できます。一度実行して、成功するかどうかを確認してみましょう。CIサービスなどを使用できるのであれば、それぞれGitHub ActionsやCircleCIなどでこのコマンドを実行するよう設定しておけばよいでしょう。

■——実行と修正の繰り返し

テストが実行可能になったらプラグインの実装を進め、テストの実行とプラグインの修正を、プラグインが完成するまで繰り返します。

プラグインのある機能やあるメソッドなどの実装が一区切り付くタイミングになったら、テストコードの側で対応するテストケースを書き、実行して動作を検証します。テスト実行時にプラグインコードが想定どおりに動けば次の機能の実装にとりかかり、何か想定どおりに動かないものがあればプラグインのコードやテストケースを修正します。

テストを通じて細かい単位でプラグインの動作を確認していけば、着実にすばやくプラグインの開発を進められるでしょう。

テストコードの書き方

実際のテストコード本体については、多岐にわたる書き方があります。本書で基本的な構造については解説しますが、特にInputプラグインとOutputプラグインについては、外部とのデータのやりとりをどのようにテストコードとして表現するかが非常に難しく、また対象によってもさまざまな方法があります。

外部サービスとやりとりする部分に既存のライブラリなどを使っているのであれば、そのライブラリオブジェクトをモック（スタブ）で置き換える方法が一般的です。実際には動作せず、動作したフリをするオブジェクトをモック（*mock*）やスタブ（*stub*）などと呼びます。依存ライブラリは正しく動作すると仮定して、そのライブラリまでの出力、あるいはそのライブラリからの入力を検査する方法です（**図13.1**、**図13.2**）。

既存のライブラリなどを使っていない場合は問題が複雑になります。ローカルファイルなどへの入出力であれば、ファイル操作を直接行って想定データを作成したり出力結果を検証したりすることもあります。しかし、外部コマンドの実行やネットワーク通信を伴う場合にはそう簡単にはいきません。該当のコマンドや通信の相手などのダミーをテスト専用に作成することもありますし、入出力を行うオブジェクト（IOオブジェクト）をモックで置き換えることもあります。実装の困難さ、複雑さや手間が効果に見合わなければ、諦めるケースもあるかもしれません。

■——公開プラグインのテストの参照

プラグイン開発時のテスト記述については、ぜひ世の中で使われている各種プラグインの実際のテストコードを参考にしてみてください。入力あるい

図13.1 Inputプラグインのテスト時におけるライブラリオブジェクトの置き換え

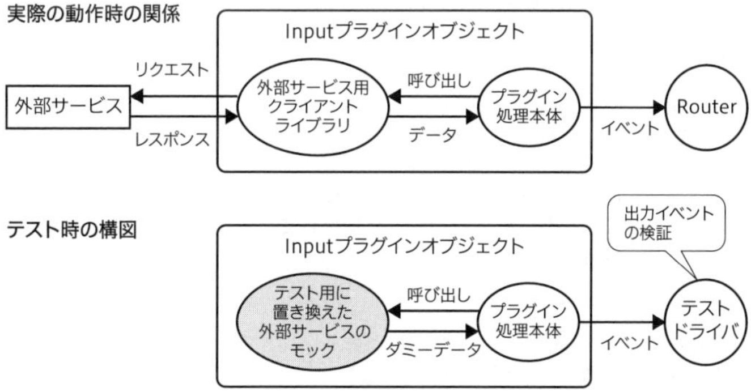

図13.2 Outputプラグインのテスト時におけるライブラリオブジェクトの置き換え

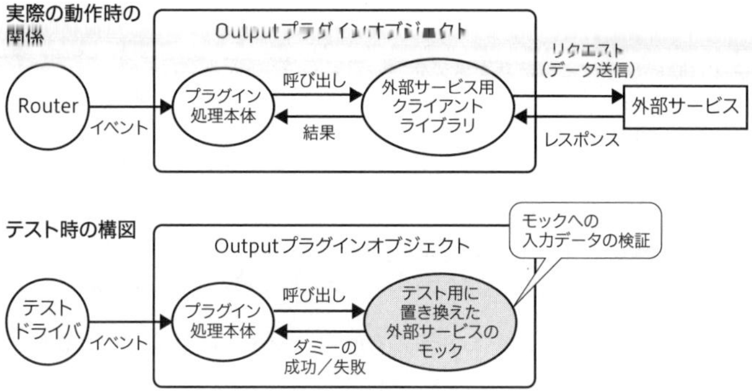

は出力の部分をどのようにモックを用いて隠蔽《いんぺい》するか、プラグインの動作をどう検証するか、参考になる部分があるでしょう。

13.2 Inputプラグインのテスト

プラグインのテストに必要なライブラリなどはFluentdに含まれており、特に`Fluent::Test`というモジュールに必要なものがあります。プラグインのテストを行うときはプラグインの種類に合わせたテストドライバを用いることになり、Inputプラグインの場合は`Fluent::Test::Driver::Input`です。これらを次のようにそろえてやると、テストを書くためのファイルの必要最小限の構成が整います。

自分で開発したInputプラグインが`lib/fluent/plugin/in_my_good.rb`の`Fluent::Plugin::MyGoodInput`であるとき、これをテストするコードは`test/plugin/test_in_my_good.rb`に記述します。

test_in_my_good.rb

```
require "fluent/test"
require "fluent/test/driver/input"
require "fluent/plugin/in_my_good"

class MyGoodInputTest < Test::Unit::TestCase
  def setup # テスト実行の前に行われる処理として、テスト用に環境のセットアップ
    Fluent::Test.setup
  end

  def create_driver(config)
    # テストドライバとプラグインの初期化用
    # テスト内に頻出するのでメソッドにしておくと便利
    d = Fluent::Test::Driver::Input.new(Fluent::Plugin::MyGoodInput)
    d.configure(config)
  end

  # テスト時にプラグインに与える設定 <source>の内側（@typeは不要）
  CONFIG = <<~EOS
    interval 5s
    tag "test.output"
  EOS

  test 'MyGoodInput should emit events for ...' do
    d = create_driver(CONFIG) # テストドライバを引数の設定で初期化

    d.run(expect_records: 2) # ドライバからプラグインを起動、終了条件付き …❶
```

```
    # Inputプラグインから出力されたイベントの検査
    d.events.each do |tag, time, record|
      assert_equal "test.output", tag
      # ...
    end
  end
end
```

Inputプラグインのテスト実装は、Fluentdのプラグイン開発に関連することの中で最も難しいものだと言ってもよいかもしれません。しかし、前述したとおり、きちんと整備されたテストコードはあなたのプラグインの安定性を何倍にも高めてくれます。ぜひ挑戦してみましょう。

イベント生成の正しい検証

Inputプラグインのテストはほかのプラグインと比べると、イベント生成の検証について、難しい部分があります。Inputプラグインの機能は外部からデータを受け取ってイベントを生成するものです。そのため、プラグインが正常に機能していなければそもそもイベントも生成されず何も検証できない状態となったり、永遠に待ち続ける挙動に陥ったりしがちだからです。

こういった状況を避けるため、テストドライバには与えられた条件が整うまで待つ機能がそろっています。上記コード例の❶の`d.run(expect_records: 2)`というメソッド呼び出しもその一つで、このキーワード引数により2レコードが生成されるまで待つように動いてくれます。ほかのものも含めて次の終了条件があり、複数のものを組み合わせることもできます。複数組み合わせた場合、どれか一つの条件でも満たされたら`d.run`メソッドから制御が返ります。

- `expect_records`
  数値を指定し、その数だけレコードが入力されたら条件を満たす
- `expect_emits`
  数値を指定し、その回数だけemitが呼ばれたら条件を満たす
- `timeout`
  数値を指定し、その秒数だけ経過したら条件を満たす（デフォルトでは300秒経過でタイムアウトする）

これらの機能を組み合わせ、次のようにInputプラグインの動作を検証します。テスト対象のInputプラグインは、`path`パラメータで指定されたファイルにデータを書き込まれるたびに、それを読み出してレコード化するものと

します。

```
require 'tempfile'

test 'Input will read the text file then emit 1 record immediately' do
  text = Tempfile.new
  text.write '{"data":112233}'
  text.close
  d = create_driver(CONFIG + "path #{text.path}\n")

  # 即座にレコードがemitされるはずなのでtimeoutは短くてよい
  d.run(expect_records: 1, timeout: 5)

  assert_equal 1, d.events
  # そのほかのassert
end
```

■──動作検証前の特定の処理の実行

また、動作検証前に特定の処理を実行するため、d.runメソッドにはブロックパラメータも指定できます。ブロックパラメータが指定された場合にはプラグインの起動後にまずブロックの内容が実行され、そのうえで終了条件が満たされるかのチェックが行われます。

```
File.open("file_read_by_input.txt", "w") do |io|
  # ioに書かれたデータがInputプラグインによって読み込まれる場合
  # 1行ごとに1回emitされる想定
  d.run(expect_emits: 10) do
    10.times do |i|
      io.puts "input data #{i}"
    end
  end
end
```

■──プラグインの起動や停止処理の省略

プラグインは実行時に起動や停止処理が行われますが、省略することもできます。

d.runメソッドを実行するときはstartメソッドなどによるプラグインの起動処理が行われます。また、制御が返ってくる前にはstopやshutdownメソッドなどによるプラグインの停止処理も行われます。

これらの処理が不要な、あるいは起動、停止処理を行いたくない場合には、それぞれd.runメソッドのキーワード引数startかshutdownにfalseを指定すれば、起動、停止処理を省略できます。ごくまれなケースで、ある程度動作したあとのプラグインの内部状態を検査する場合などに必要になるかもしれません。

```
プラグイン実行を10秒で中断したあと、停止処理を省略
d.run(timeout: 10, shutdown: false)
```

入力イベントの検査に使用できるメソッド

Inputプラグインにより入力されたイベントは、テストドライバが備える次の各メソッドで取り出し、検査できます。通常はeventsメソッドやrecord_countメソッドを使えばよいでしょう。詳しくどのような挙動をしたか、どのようにemitしたかまで検査したい場合は、event_streamsメソッドやemit_countメソッドが必要になるかもしれません。

■——eventsメソッド　イベントを返す

eventsメソッドは、その時点までにInputプラグインがemitしたイベントを返すメソッドです。

```
events(tag: nil)
```

キーワード引数tagを指定した場合はそのタグのイベントを全件返し、tagが指定されていない場合にはすべてのイベントを返します。

```
イベントとして配列の配列を返す
test_driver.events
# [
#   ["event.sales", time, {"key": "value1"}],
#   ["event.sales", time, {"key": "value2"}],
#   ["event.ads", time, {"key": "value3"}],
#   ["event.sales", time, {"key": "value4"}],
# ]

タグがevent.adsのもののみ返す
test_driver.events(tag: "event.ads")
# [
#   ["event.ads", time, {"key": "value3"}]
# ]
```

イベントなどを取り出したあとは、通常のRubyのテストとしてtest-unitに備わっているassert_equalメソッドなどを使用して検査します。ほかに使用できるメソッドなどについてはtest-unitのドキュメント[注3]が参考になるでしょう。

また、eventsメソッド呼び出し時にブロック引数を渡すと、イベントを返す代わりにブロックに引数として渡すようになります。そのブロック内でイベントの検査などを行います。

注3　https://test-unit.github.io/ja/

```
test_driver.events(tag: "event.sales") do |tag, time, record|
  assert_equal "event.sales", tag
  # ...
end
```

■──record_countメソッド イベントの数を返す

read_countメソッドは、その時点まででInputプラグインがemitしたイベントの数を返します。Inputプラグインが想定どおりの数のイベントをemitしたかどうかをチェックするのに用います。

```
test_driver.record_count #=> 3
```

■──event_streamsメソッド イベントストリームを返す

event_streamsメソッドは、その時点まででInputプラグインがemitしたイベントをイベントストリーム単位で返します。

```
event_streams(tag: nil)
```

イベントストリームはInputプラグインがemitするごとに作成されるため、Inputプラグインがどのようにemitを実行したかを検査できます。キーワード引数tagで、特定のタグのみに対象を限定できます。

```
streams = test_driver.event_streams
# [
#   [tag, event_stream],
#   [tag, event_stream],
#   ...
# ]
streams.each do |tag, es|
  assert_equal "event.web", tag
  assert_equal 3, es.size
  first_event = es[0]
  assert_equal time1, first_event[0]
  assert_equal record1, first_event[1]
end
```

また、eventsメソッド同様、ブロック引数を指定することもできます。

```
test_driver.event_streams(tag: "event.web") do |tag, es|
  assert_equal "event.web", tag
  assert_equal 3, es.size
  # ...
end
```

■──**emit_countメソッド** emitした回数を返す

emit_countメソッドは、Inputプラグインがemitした回数を返します。これはイベントストリームの数と同じです。Inputプラグインが想定よりも高い頻度でemitしていないかをチェックするテストに使用します。

```
test_driver.emit_count #=> 2
```

13.3 Filterプラグインのテスト

Filterプラグインのテストには、テストドライバのFluent::Test::Driver::Filterを用います。

自分で開発したFilterプラグインがlib/fluent/plugin/filter_my_first.rbのFluent::Plugin::MyFirstFilterであるとき、これをテストするコードはtest/plugin/test_filter_my_first.rbに記述します。

test_filter_my_first.rb

```
require "fluent/test"
require 'fluent/test/driver/filter'
require 'fluent/plugin/filter_my_first'

class MyFirstFilterTest < Test::Unit::TestCase
  def setup # テスト環境のセットアップはInput同様に行う
    Fluent::Test.setup
  end

  def create_driver(config)
    d = Fluent::Test::Driver::Filter.new(Fluent::Plugin::MyFirstFilter)
    d.configure(config)
  end

  # テスト時にプラグインに与える設定、通常の<filter>の内側（@typeは不要）
  CONFIG = '' # パラメータがない場合は空白文字列にしておく

  test 'MyFirstFilter should filter events like ...' do
    d = create_driver(CONFIG)

    time = Fluent::EventTime.now
    d.run do
      d.feed("tag1", time, {"key1" => "value1", "key2" => 2})  …❶
    end

    result = d.filtered  …❷
    assert_equal 1, result.size

    first_event = result[0]
```

```
    assert_equal time, first_event[0]
    assert_equal "value1", first_event[1]["key1"]
    # ...
  end
end
```

上記のような構造でテストコードを書いていきます。

イベントに対するフィルタ結果の検証

イベントに対するフィルタ結果の検証を行うため、テストドライバの新しいメソッドを2つ使用しています。

まず、❷の filtered メソッドは、Filter プラグインのテストドライバ専用のメソッドです。ここには、emit されてきたレコードを Filter プラグインが処理した結果が Array オブジェクトとして格納されます。Array オブジェクトの各要素は、1要素目が日時で2要素目が処理結果のレコードです。なお、filtered_records メソッドも用意されており、こちらはレコードのみが Array オブジェクトとして返ります。

そして、プラグインに対して emit するレコードを指定しているのが❶で d.feed として呼び出している feed メソッドです。このメソッドを用いて Filter プラグインへの入力イベントを流し込みます。引数はいくつかのパターンで与えられ、次のようになります。

- **タグ**(String)、**日時**(Fluent::EventTime)、**レコード**(Hash)
- **タグ**(String)、**日時とレコードのペアの配列**(Array)
- **タグ**(String)、**イベントストリーム**(Fluent::EventStream **またはサブクラス**)

```
タグ、日時、レコードを指定してemit
d.feed("tag", Fluent::EventTime.now, {"key" => "value"})

タグ、日時とレコードのペアの配列を指定してemit
d.feed("tag", [
  [Fluent::EventTime.now, {"key" => 1}],
  [Fluent::EventTime.now, {"key" => 2}],
])

タグ、イベントストリームとしてOneEventStreamを指定してemit
es = Fluent::OneEventStream.new(Fluent::EventTime.now, {"key" => 3})
d.feed("tag", es)
```

Filterプラグインのテストにおけるタグの扱いの省略

また、Filterプラグインはタグを変更できないため、テスト中でfeedメソッドの引数において細かくタグを変更しないケースも多いはずです。このとき、runメソッドのキーワード引数default_tagを使用することで、feedメソッドにおいて都度指定する必要がなくなります。

```
d.run(default_tag: "event.tag") do
  d.feed(Fluent::EventTime.now, {"key" => 4})
end
```

Filterプラグインはすべてが同期的処理のため、Inputプラグインのように終了を待つ必要はありません。プラグインの処理に不確実なポイントがないため、テストを最も書きやすいのがFilterプラグインだと言ってもよいでしょう。

13.4 Outputプラグインのテスト

Outputプラグインのテストには、テストドライバのFluent::Test::Driver::Outputを用います。

自分で開発したOutputプラグインがlib/fluent/plugin/out_my_second.rbのFluent::Plugin::MySecondOutputであるとき、これをテストするコードはtest/plugin/test_out_my_second.rbに記述します。

test_out_my_second.rb

```
require "fluent/test"
require 'fluent/test/driver/output'
require 'fluent/plugin/out_my_second'

class MySecondOutputTest < Test::Unit::TestCase
  def setup # テスト環境のセットアップはInput同様に行う
    Fluent::Test.setup
  end

  def create_driver(config)
    d = Fluent::Test::Driver::Output.new(Fluent::Plugin::MySecondOutput)
    d.configure(config)
  end

  CONFIG = <<~EOS
    # ...
  EOS
```

```
  test 'MySecondOutput puts result to ...' do
    d = create_driver(CONFIG)

    time = Fluent::EventTime.now
    d.run do
      d.feed("testing.tag1", time, {"key1" => "value1", "key2" => 2})
    end

    # MySecondOutputが書き込んだ内容のチェックをここで行う
  end
end
```

ここではMySecondOutputが何をするプラグインなのかをはっきりさせていないため、書くべきテストでも動作の検証(*assertion*)がまったく書かれていません。Outputプラグインのテスト記述において難しいのはこの部分です。どのようにすれば検証が可能かということを実装の都合込みで考える必要があります。

モックを使った出力の検証

モックを使った出力の検証の実例として、実際にOutputプラグインのテストを書いてみましょう。MySecondOutputプラグインはあるWebサービスに通信を送ることとし、そのためにSecondService::Clientというクライアントライブラリクラスを使用します。

out_my_second.rb

```
module Fluent::Plugin
  class MySecondOutput < Output
    Fluent::Plugin.register_output('my_second', self)

    attr_accessor :client  …❶

    config_param :username, :string
    config_param :apikey, :string, secret: true
    config_param :timestamp_key_name, :string, default: 'timestamp'

    def configure(conf)
      super
      @client = SecondService::Client.new
    end

    def write(chunk)
      @data = []
      chunk.each do |time, record|
```

```
        @data << record.merge({@timestamp_key_name => time.to_f})
      end
      @client.transmit(@username, @apikey, @data)  …❷
    end
  end
end
```

プラグインのコードは上記のようになりました。SecondService::Clientのオブジェクトを保持するインスタンス変数@clientに外部からアクセスできるように、❶でattr_accessor :clientという行を定義していることに注意してください。データ送信はこのクラスのオブジェクトに対して❷のtransmitメソッドを呼んで実行します。簡単のため、引数としてユーザー名、APIキー、そしてデータ本体はHashオブジェクトの配列(Array)として渡すこととします。クライアントライブラリには日付や時刻を渡す特別な方法はないため、ここではデータ本体に1フィールドとして浮動小数点数で入れることとします。

では次に、テストコード側からクライアントライブラリオブジェクトをモックと入れ替えます。モック用のライブラリはRubyで使えるものならなんでもよいのですが、ここではFluentd本体でも使われているflexmock[注4]を例とします。あまり新しいライブラリではありませんが、必要な機能はそろっていてtest-unitと組み合わせて簡単に使えます。

test_out_my_second.rb

```
require "fluent/test"
require 'fluent/test/driver/output'
require 'fluent/plugin/out_my_second'

require 'flexmock/test_unit'
# この行により、テストケース末尾で自動的にモックの検証を行うようになる

class MySecondOutputTest < Test::Unit::TestCase
  def setup
    Fluent::Test.setup
    @test_client = flexmock('test_client')  …❸
  end

  def create_driver(config)
    d = Fluent::Test::Driver::Output.new(Fluent::Plugin::MySecondOutput)
    d.configure(config)
    d.instance.client = @test_client  …❹
    d
  end

  CONFIG = <<~EOS
```

注4 https://github.com/jimweirich/flexmock

```
    username tagomoris
    apikey   1234/deadbeefc0ffee
  EOS

  test 'data will be transmitted correctly' do
    time = Fluent::EventTime.now
    record = {"key" => "excellent value"}
    expected_record = record.merge("timestamp" => time.to_f)

    @test_client.should_receive(:transmit) \
      .with("tagomoris", "1234/deadbeefc0ffee", [expected_record])  …❺

    d = create_driver(CONFIG)
    d.run do
      d.feed("tag", time, record)
    end
    # ここで自動的にモック検証が行われる
  end
end
```

テストコード側では、まずテスト準備のために自動的に実行されるsetupメソッド中で❸のモックオブジェクトを作成しています。そして、テストドライバを初期化するたびにそのテストドライバが保持しているプラグインオブジェクトに❹のようにd.instanceでアクセスし、clientにモックを代入して置き換えます。

あとは各個別のテストケースにおいて、クライアントがどのようなオブジェクトを受け取るべきかを明確にして、❺のshould_receiveメソッドとwithメソッドでモックに対して与えます。このテストケースが完了した時点で指定したメソッドが指定したオブジェクトを引数に呼ばれていなかった場合、flexmockの機能によりテストが失敗することになります。

出力の検証方法を決めてからのテスト記述

どのようにして検証するかを決められれば、Outputプラグインのテスト記述もそこまで難しくはありません。ただし、モックを使うのか、モックを使うとしたらクライアントライブラリや入出力などのどの段階で使うのか、モックを使わない場合はどのようにして出力データを受け取る部分を用意するかなど、簡単には決められない部分でもあります。

幸いなことに、すでに多くのOutputプラグインがOSSとして公開されています。中には作ろうとしているプラグインに機能が似たものもあることでしょう。そういったプラグインのテストコードも参考にしてください。

13.5 Parserプラグインのテスト

Parserプラグインのテストには、テストドライバのFluent::Test::Driver::Parserを用います。

自分で開発したParserプラグインがlib/fluent/plugin/parser_my_format.rbのFluent::Plugin::MyFormatParserであるとき、これをテストするコードはtest/plugin/test_parser_my_format.rbに記述します。

test_parser_my_format.rb

```
require "fluent/test"
require 'fluent/test/driver/parser'
require 'fluent/plugin/parser_my_format'

class MyFormatParserTest < Test::Unit::TestCase
  def setup
    Fluent::Test.setup
  end

  def create_driver(config)
    d = Fluent::Test::Driver::Parser.new(Fluent::Plugin::MyFormatParser)
    d.configure(config)
  end

  # テストドライバに与える設定はHashにもできる
  CONFIG = {
    'myparam' => 'value1',
  }

  test 'key-value separator is pipe, pairs separator is comma' do
    d = create_driver(CONFIG)
    d.instance.parse('k1|1,k2|2') do |time, record|
      assert_equal ['k1', 'k2'], record.keys.sort
      assert_equal '1', record['k1']
      assert_equal '2', record['k2']
    end
  end
end
```

Parserプラグインのテスト対象となるのはparseメソッド1つだけで、このメソッドを直接呼び出してテストします。プラグインインスタンスはd.instanceでアクセスできるので、そのままさらにd.instance.parseのようにすれば直接テスト対象のメソッドを呼び出せます。

1回の呼び出しで複数レコードが返る場合の想定

Parserプラグインのparseメソッドは1回の呼び出しで複数の解析結果を返すことがあります[注5]。この場合にはparseメソッドのブロック引数が複数回実行されることになります。

この場合は、前述のテストコード例のようにブロック引数内でassert_equalメソッドなどを単純に呼ぶことができなくなります。呼び出しごとに期待する値が異なってしまうためです。したがってこのケースでは、次のように解析結果をすべて一度配列に入れてしまいます。parseメソッド呼び出しから戻ったあと、配列に入れた解析結果をあらためてassert_equalメソッドで検証したほうが、融通の利くテストコードになるでしょう。

```
test 'newlines can separate events' do
  d = create_driver(CONFIG)
  events = []
  d.instance.parse("k1|1,k2|2\nk1|3,k2|4\n") do |time, record|
    events << {time: time, record: record}
  end

  # parseの呼び出しが終わってから結果を検証する
  assert_equal 2, events.size
  assert_equal({'k1' => '1', 'k2' => '2'}, events[0][:record])
  assert_equal({'k1' => '3', 'k2' => '4'}, events[1][:record])
end
```

13.6 Formatterプラグインのテスト

Formatterプラグインのテストには、テストドライバのFluent::Test::Driver::Formatterを用います。

自分で開発したFormatterプラグインがlib/fluent/plugin/formatter_my_format.rbのFluent::Plugin::MyFormatFormatterであるとき、これをテストするコードはtest/plugin/test_formatter_my_format.rbに記述します。

test_formatter_my_format.rb

```
require "fluent/test"
require 'fluent/test/driver/formatter'
require 'fluent/plugin/formatter_my_format'
```

注5　Parserプラグインの動作の詳細は12.4節で詳しく解説しました。

```
class MyFormatFormatterTest < Test::Unit::TestCase
  def setup
    Fluent::Test.setup
    @tag = 'tag'
    @time = Fluent::EventTime.now
  end

  def create_driver(config)
    d = Fluent::Test::Driver::Formatter.new(Fluent::Plugin::MyFormatFormatter)
    d.configure(config)
  end

  CONFIG = ''

  test 'key-value separator is pipe, pairs separator is comma' do
    d = create_driver(CONFIG)
    text = d.instance.format(@tag, @time, {'K1' => '1', 'K2' => '2'})
    assert_equal "K1|1,K2|2\n", text
  end
end
```

Formatterプラグインの場合もParserプラグインの場合と同様に、プラグインインスタンスのformatメソッドを直接呼び出してテストを行います。formatメソッドは単純に変換結果の値を返すので、そのままassert_equalメソッドにかけて検証できます。

13.7 テスト記述のためのヘルパーメソッド

本節では、テストコードの記述を補助するためのヘルパーメソッドについて解説します。

ヘルパーメソッドは、require "fluent/test/helpers"によりファイルを読み込んだうえで、テストケースのクラス内でinclude Fluent::Test::Helpersして使用します。

```
require "fluent/test/helpers"

class MyOutputTest < Test::Unit::TestCase
  include Fluent::Test::Helpers

  # 以下このクラスで各メソッドが使用可能となる
end
```

event_timeメソッド
望みの日時オブジェクトを簡単に生成する

event_timeメソッドは、Fluent::EventTimeオブジェクトを簡単に生成するためのものです。文字列から日時のオブジェクトを得るために使用します。

```
引数なしで現在日時
event_time
#=> 2022-03-11 18:14:30.323314901 +0900

与えた文字列の日時
event_time('2022-03-11 18:14:30.323314901 +0900')
#=> 2022-03-11 18:14:30.323314901 +0900

与えた文字列を指定した形式で解析
event_time('03/11/2022 181430 Z', format: '%m/%d/%Y %H%M%S %Z')
#=> 2022-03-12 03:14:30.000000000 +0900
```

標準で多くの形式のタイムスタンプ文字列を解析できますが、不可能な場合はキーワード引数formatで形式を指定できます。

テストコード内で日時を扱うとき、EventTimeオブジェクトに直接変換できるUNIX timeの値などを使用していると、どのような日付を示すデータなのかが直感的にわからず困ることがあります。このメソッドを用いることで、テストコード内でわかりやすい形で日時を処理できます。

with_timezoneメソッド
タイムゾーンを変更する

with_timezoneメソッドは文字列引数を1つとブロック引数を受け取るメソッドで、ブロック内のコードを、指定したタイムゾーンをセットした状態で実行します。

```
# デフォルトで日本時間（+0900）の場合
t = event_time #=> 2022-03-11 18:23:41.046978000 +0900
with_timezone('UTC') do
  # このブロック実行中はタイムゾーンが+0000となる
  p t # 2022-03-11 09:23:41.046978000 +0000
end
```

Fluentdのプラグインを開発し、手元でテストしているときは正常に動作しているのに、CI環境に持っていったとたんに日付や時刻関連のテストが失敗することがあります。そういった問題の原因の多くはタイムゾーンの設定です。無意識にローカルタイムゾーンに依存したコードを書いているとこの問題に遭遇することがあります。

with_timezoneメソッドは、強制的にコード実行中のタイムゾーンを変更できます。このため、この問題が起きていないか、プラグイン中のコードがローカルタイムゾーンに依存した実装になっていないかをチェックできます。

with_worker_configメソッド
複数ワーカーでの動作をシミュレートする

複数ワーカーが有効になっている状況をシミュレートするためのメソッドがwith_worker_configメソッドです。ブロックで指定したコードが、ある特定の番号のワーカーで動いている状況を作るために使用します。

```
data1 = with_worker_config(worker_id: 4) do
  # worker_idが4のときに使用するパス
  d.instance.path_for_worker
end
data2 = with_worker_config(worker_id: 5) do
  # worker_idが5のときに使用するパス
  d.instance.path_for_worker
end
assert_not_equal(data1, data2)
```

プラグインを複数ワーカーに対応させるとき、複数同時に動作してもかまわないようワーカーごとに別のパスを用いて作業ディレクトリを作成したりする場合があります。あるいは、Inputプラグインがデータを生成するとき、どのワーカーから生成したのかをデータに入れておくこともあるかもしれません。そういった複数ワーカーにおける挙動をテストするために用います。

capture_logメソッド
プラグインからのログ出力を取得する

capture_logメソッドは、ブロック引数を与えて起動し、そのブロックを実行している間に出力されたログをすべてテキストで返します。データの入出力に失敗したりする場合に適切なログを出力しているかどうかをチェックできます。

```
captured = capture_log do
  d.instance.process_to_fail
end
assert { captured =~ /Error: Failed to connect to "api.example.com"/ }
```

テスト実行中はログが表示されないようになっているため、実際にどのようなログが出ているかはあまり意識せずにプラグイン開発を行っているかもしれません。しかし、特にエラーログなどにおいては、必要な情報がきちんと表示されているかを確認しておくことは重要です。エラーログに必要な情報が出ていない状況だと、ユーザーの環境でプラグインがうまく動作しないときにエラーログを報告されても、調査ができないということになりかねません。

13.8 まとめ

本章では、プラグインのテストコードの書き方について解説しました。

プラグインのテストはテストコード以外に実行のための準備をする必要があります。最小限のテストコードでテストを実行できるようにしておき、あとはプラグインの開発とテストコードの記述を進めながらテストを都度実行していきましょう。テストコードの書き方にはいろいろな方法がありますが、公開されているプラグインのテストコードを読めば参考にできるものが多いはずです。テスト時のプラグインの初期化や設定には各種プラグイン用にFluentdが提供するテストドライバが使用できます。また、テストドライバの各種メソッドやテストヘルパーとして提供されているメソッドなどもテストの記述に便利に使用できるはずです。

第14章
プラグインヘルパー

Fluentdのプラグインはそれぞれに異なる機能を提供します。しかし、それらの実装の詳細を見てみると、あちこちのプラグインで似た処理を行っていることがわかります。これら共通の処理をまとめてFluentdの本体から提供するものがプラグインヘルパー（*Plugin helpers*）です。プラグイン側からすると個別に実装する処理が少なくなり、プラグインを停止したときに確実に後始末が行われるようになります。また、関連するパラメータ名やディレクティブなどをほかのプラグインと共通のものにできることなど、多くのメリットがあります。

本章ではプラグインヘルパー共通の使用方法を紹介したうえで、各々のプラグインヘルパーの機能および使用方法を解説します。

14.1 さまざまなプラグインヘルパー

プラグインヘルパーはさまざまなプラグインに必要となる共通の機能を提供するものですが、Fluentdへの多様な要求をカバーするため、多くのヘルパーがあります。本章ではFluentdのプラグインヘルパーのうち、プラグイン作成においてよく使用される次のものについて、順に解説します。

- `timer`
  一定時間ごとに処理を実行する
- `child_process`
  外部コマンドを実行する
- `server`
  ネットワークサーバを作成する
- `http_server`
  HTTPサーバを作成する
- `thread`
  複数の処理を並行して実行する
- `socket`
  ネットワークサーバに接続する
- `inject`
  レコードにタグや日時を注入する
- `extract`
  レコードからタグや日時を取り出す
- `formatter`
  イベントをテキスト形式に変換する
- `parser`
  テキストを解析してイベントに変換する

- record_accessor
  複雑な階層を持ったレコードを操作する
- storage
  プラグインに保存領域を提供する
- service_discovery
  外部サービスの情報を提供する
- counter
  内部用カウンタを提供する
- event_emitter
  イベントの入力機能を提供する

14.2 プラグインヘルパーの使用方法

プラグインヘルパーにはそれぞれに異なる機能が含まれていますが、どれも次の手順を踏むことで使用できます。

❶helpersメソッド呼び出しの引数で名前を指定して有効化する
❷ヘルパー名から始まるメソッドを呼び出して使用する

プラグインヘルパーの有効化
プラグインで使用する機能を宣言する

プラグインクラスの実装内でhelpersメソッドを呼び出し、引数にプラグインヘルパー名をシンボルとして与えることで有効化できます。

```
class MyInput < Input
  helpers :timer
  helpers :http_server

  # ...
end
```

helpersメソッドの引数に複数のヘルパー名を与えることで、複数の機能を一度に有効化できます。

```
class MyInput < Input
  # 前の例と同じ効果
  helpers :timer, :http_server
end
```

プラグインヘルパーのメソッド呼び出し

プラグインヘルパーの機能は、有効化したあとで個別のメソッドを呼び出すことで使用できます。メソッド名は基本的に各ヘルパー名で始まります。たとえば、timerプラグインヘルパーのメソッド名はtimer_executeです。

また、実際にメソッドを呼び出して機能を使用するとき、第一引数としてtitleを要求するものがあります。この引数にはシンボルを与えます。これは裏側でスレッドなど何らかの常駐リソースを作成するとき、どのプラグインから作成されたものなのかを示すためです。基本的にはプラグイン自身の名前と使用目的をつなげて指定しておくとよいでしょう。

- **例1：MyFirstInputプラグインでのデータ取得用タイマー**
  :my_first_input_fetch_timer
- **例2：AwesomeOutputプラグインのHTTPSサーバ**
  :awesome_output_https_server

プラグインヘルパーが実現する機能はすべてstopメソッドやshutdownメソッドなどで停止処理が行われるようになっています。自分で同等の機能を実装するのに比べれば簡潔にプラグインを作成できるでしょう。

プラグインヘルパーメソッドの説明例

本章では数多くのプラグインヘルパーメソッドの使用方法を説明しますが、その際にメソッド名および引数の例示として次の記法を使用します。

```
example_execute(title, argument [, キーワード引数], &block)
```

これはexample_executeというメソッドの説明です。このメソッドには必須の引数としてtitle（第一引数）とargument（第二引数）があること、および省略可能なキーワード引数があること、必須のブロック引数があることを示しています。[]で囲まれている要素は省略可能なもの、&blockはRubyのブ

表14.1 example_executeメソッド（例示）

種別	名称	型	デフォルト
引数（必須）	title	Symbol	-
	argument	Integer	-
キーワード引数（省略可）	good_one	true/false	true
ブロック引数（必須）	block	-	-
戻り値	あり	true/false	-

ロック引数を表す記法です。なお、引数をとらないメソッドについては、それを明示するため()を付けて次のように示します。

```
example_execute()
```

また、メソッドのそれぞれの引数や戻り値について、**表14.1**のようにまとめます。もしメソッドが引数やキーワード引数をとらない場合には表に記載しません。また、戻り値についても、意味のある値が返らず呼び出し側で使うこともない場合には記載を省略します。

14.3 timerプラグインヘルパー 一定時間ごとに処理を実行する

プラグインヘルパーのうちで使用頻度が最も高いものが、おそらくtimerプラグインヘルパーでしょう。これは一定時間ごとに指定の処理を起動するためのものです。特にInputプラグインにおいて、一定時間ごとにデータを取得する処理は高い頻度で必要となります。

```
helpers :timer
```

timer_executeメソッド ブロック引数の処理を一定時間ごとに実行する

timer_executeメソッドは、ブロック引数として指定した処理を一定の時間間隔で繰り返し実行します(**表14.2**)。

```
timer_execute(title, interval [, キーワード引数], &block)
```

ブロック内の処理実行に長時間かかった場合には、重複しては実行されません。繰り返し実行はプラグインの停止処理時に自動的に停止します。

次の例では、10秒ごとにfetch_data_and_emitメソッドを呼んでデータ取得を行うタイマーを実行します。プラグインのstartメソッドで実行してい

説明
Exampleの名前
引数の例
キーワード引数の例
メソッドへのブロック引数(パラメータなし)
戻り値がある場合には説明する

るためプラグインの起動時にタイマーも起動し、プラグイン停止時にタイマーも自動的に停止します。

```
def start
  super
  timer_execute(:my_timer, 10) do
    fetch_data_and_emit()
  end
end
```

キーワード引数`repeat: false`を指定した場合には、ブロックの処理は一度だけ実行されます。これは、しばらくあとで別の処理を一度だけ実行したいというユースケースで有効です。ただし、そういった処理が高頻度で発生する場合には、繰り返し実行する1つのタイマーでまとめて処理したほうがよいでしょう。

14.4 child_processプラグインヘルパー 外部コマンドを子プロセスとして実行する

`child_process`プラグインヘルパーは、外部コマンドの子プロセスを実行し、そのコマンドとの間でデータを受け渡しするためのものです。Inputプラグインでシステム特有のコマンドを実行してデータを取得したり、Outputプラグインで逆にコマンドを実行してデータを与えたりするのに使用します。

```
helpers :child_process
```

あるいは、独自プラグインを実装するにも、Rubyのプログラミングが苦手だから外部コマンドにデータを渡して済ませたいという用途もあるかもしれ

表14.2 timer_executeメソッド

種別	名称	型	デフォルト
引数(必須)	title	Symbol	-
	interval	数値	-
キーワード引数(省略可)	repeat	true/false	true
ブロック引数(必須)	block	-	-

表14.3 child_process_exist?メソッド

種別	名称	型	デフォルト
引数(必須)	pid	Integer	-
戻り値	あり	true/false	-

ません[注1]。

child_process_exist?メソッド
子プロセスが実行中かどうかを返す

child_process_exist?メソッドは、指定したIDの子プロセスが実行中かどうかを確認します。実行中の場合はtrueを返します(**表14.3**)。

```
child_process_exist?(pid)
```

このメソッドは、child_process_executeメソッドによって実行された子プロセスについてのみ動作します。それ以外の方法で実行された子プロセスIDを与えた場合は、たとえ実行中であったとしてもfalseを返します。

child_process_executeメソッド
指定コマンドを子プロセスとして実行する

child_process_executeメソッドは、指定された外部コマンドを実行します(**表14.4**)。

```
child_process_execute(title, command [, キーワード引数, &block])
```

起動して長時間動作し続けるコマンドの場合にも、起動後短時間で終了するコマンドを繰り返し実行する場合にも対応しています。

注1 もっとも、外部コマンドを使用する場合なら組込みのout_execプラグインあるいはout_exec_filterプラグインを使用すれば用が足りるかもしれません。

説明
timerの名前
処理実行までの秒数
繰り返し実行するかどうか
実行対象の処理を記述する(パラメータなし)

説明
プロセスID
対象プロセスが実行中の場合にtrue

次の例では、データを書き出すために指定されたコマンドsend_dataを実行しています。これはwriteメソッドが呼び出されるたびに実行されます。

```
def write(chunk)
  path = write_chunk_to_temp_file(chunk)
  child_process_execute(:my_child_process, 'send_data', arguments:[path])
end
```

次の例では、プラグインが起動されたstartメソッド呼び出し時に、外部コマンドmycommandを一度だけ実行しています。そのうえで、コマンドから出力されてくるデータをreadioオブジェクトで受けてFluentd内部に読み込んでいます。この場合は一度実行されたコマンドが長時間動作し続ける想定です。

```
def start
  super
  child_process_execute(
    :my_child_process,
    'mycommand',
```

表14.4 child_process_executeメソッド

種別	名称	型	デフォルト
引数(必須)	title	Symbol	-
	command	String	-
キーワード引数(省略可)	arguments	Array[String]	[]
	subprocess_name	String	nil
	interval	Numeric	nil
	immediate	true/false	false
	parallel	true/false	false
	mode	Array[Symbol]	[:read, :write]
	stderr	:discard/:connect	:discard
	env	Hash[String, String]	{}
	unsetenv	true/false	false
	chdir	String	nil
	internal_encoding	String	'utf-8'
	external_encoding	String	'ascii-8bit'
	scrub	true/false	true
	replace_string	String	nil
	wait_timeout	Integer/Float	nil
	on_exit_callback	Proc	nil
ブロック引数:省略可能	block	-	-
戻り値	あり	Integer	-

```
    arguments: ['arg1', 'arg2'],
    mode: [:read]
  ) do |readio|
    while !readio.eof? && line = readio.readline
      router.emit(Fluent::EventTime.now, {"line" => line})
    end
  end
end
```

外部コマンドの子プロセスとしての実行は機能として複雑で、考慮すべきことが多いため、大量のキーワード引数を持っています。また、いくつか異なる使用方法があるため、それも複雑さに輪をかけていると言えるでしょう。

■——単純な外部コマンドの起動

ブロックパラメータを渡さずに呼んだ場合、単に指定されたコマンドが実行され、実行されたコマンドの終了を待たずに制御が返されます。また、子プロセスのプロセスIDを戻り値とします。外部コマンドが実行されればよ

説明
子プロセスの名前
子プロセスとして実行する外部コマンドの名前もしくは実行ファイルパス
子プロセスの引数リスト
子プロセスのプロセス名
指定した秒数ごとにコマンドを繰り返し実行する
intervalと組み合わせて使用し、呼び出し後に即座にコマンドを一度実行する
intervalと組み合わせて使用し、前に実行したコマンドが実行中であっても重複実行する
子プロセスとの間で確立するI/Oチャネルを指定する
子プロセスの標準エラー出力の処理方法を指定する
子プロセスの環境変数を指定する
Fluentdプロセスの環境変数を子プロセスに渡さない
子プロセスの動作ディレクトリを指定する
内部エンコーディング(入力データを受け取る文字コード)を指定する
外部エンコーディング(入力データがどの文字コードで表現されているか)を指定する
エンコーディング変換時、不正な文字があった場合に置き換える
不正な文字を置き換える文字を指定する
指定秒数だけ外部コマンドの終了を待ち、そのあとに強制終了する
子プロセス終了後に呼び出すコールバックを指定する
子プロセスとの間で入出力を行う処理を指定する(後述。パラメータはmodeの指定による)
実行された子プロセスのプロセスID(即座に実行されない場合はnil)

く、コマンド引数以外の形でデータの受け渡しを行わない場合にはこれで問題ありません。この場合、外部プロセスの終了などは特に処理しません。

■──起動した外部コマンドとの間での入出力

実行された外部コマンドの子プロセスとの間で入出力が必要な場合は、ブロックパラメータおよびmodeキーワード引数を用います。このとき、子プロセスの標準入力および標準出力、標準エラー出力が扱えます。modeには:read、:write、:stderr、:read_with_stderrから1つまたは複数を選んで配列で指定し、ブロック引数のパラメータで対応するIOオブジェクトを受け取ります。:readは子プロセスの標準出力からの読み込み、:writeは標準入力への書き込み、:stderrは標準エラー出力からの読み込みを示します。:read_with_stderrは標準出力と標準エラー出力の両方からのデータをまとめて読み込むためのもので、:read/:stderrと同時には指定できません。

与えたブロックの引数は、modeキーワード引数で指定した機能に対応するIOオブジェクトが指定の順番で渡されます。Inputプラグインであれば、:readを指定して得たIOオブジェクトからデータを読み込んでレコードを生成するでしょう。Outputプラグインであれば、:writeを指定して得たIOオブジェクトに対してデータを書き込むことになるはずです。

```
child_process_execute(:title, "command", mode: [:read]) do |readio|
  readio.read # 子プロセスのSTDOUTからデータが読み込める
end

child_process_execute(
  :title,
  "command",
  mode: [:read_with_stderr, :write]
) do |readio, writeio|
  readio.read # 子プロセスのSTDOUTおよびSTDERR両方からのデータが読める
  writeio.write data # 子プロセスのSTDINへデータが書き込める
end
```

modeに:stderrを指定しなかった場合、子プロセスの標準エラー出力の扱いはstderrオプションに従い、デフォルトでは:discard(破棄)となります。stderrオプションに:connect` を指定した場合、子プロセスによる標準エラー出力への出力内容はFluentd本体の標準エラー出力と連結されます。

■──外部コマンドとの入出力におけるエンコーディング変換

RubyのIOオブジェクトはすべてエンコーディング変換の機能を持っており、child_process_executeメソッドはデフォルトでエンコーディング変換を有効にします。内部エンコーディングはFluentdプロセスがどの文字エンコーディングでデータを受け取るかで、デフォルトはUTF-8です。外部エンコーディングはASCII-8BITがデフォルトとなっており、これはマルチバイト文字エンコーディングを指定していない状態と言えます。もし受け取るデータがバイナリ文字列などであれば、内部エンコーディングでもASCII-8BITを指定する必要があるかもしれません。そのほか、起動対象のコマンドに合わせて指定してください。

また、このエンコーディング変換において、不正な文字、変換方法が不定な文字が見つかった場合の処理の指定がscrubオプションです。デフォルトでこれらの文字を置き換える(scrub: true)こととなっています。置き換えの対象はreplace_stringオプションで指定します。指定されていなければ、対象がUnicode系のエンコーディングの場合にはU+FFFDで置き換えられ、それ以外のエンコーディングの場合には文字?(クエスチョンマーク)が使用されます。

scrub: falseを指定した場合には、エンコーディング変換が正常に行えないときにはRubyの例外が発生します。これは、エンコーディング関連の問題が起きたときにはすべてのデータ処理をやめてでもその問題を発見したいというケースでのみ有効にするべきです。

■——ブロック付き呼び出しとプロセスの終了

渡されたブロックはchild_process_executeメソッドの呼び出し元とは別のスレッドで実行され、このブロックを抜けたら子プロセスの終了を待つことになります。デフォルトの動作では何もせずプロセスの終了をずっと待っていることになりますが[注2]、wait_timeoutオプションを指定した場合、指定の秒数が経過しても子プロセスが存在する場合は強制的に終了させられることになります[注3]。

14.5 serverプラグインヘルパー ネットワークサーバを作成する

serverプラグインヘルパーは、TCP/TLS/UDPのいずれかを用いて、通信あるいは接続要求を待つネットワークサーバを実行する機能を提供します。また、同時にプラグイン設定に<transport>ディレクティブが使用できるよ

注2　Fluentdの停止時にまだ実行中の場合は強制的に終了させられます。
注3　LinuxなどのKILLシグナルを用います。

うに追加されます。これにより、ユーザーが指定したプロトコルオプション、主にTLSの暗号化および証明書についてのオプションなどを自動的に読み込むようになっています[注4]。

```
helpers :server
```

serverプラグインヘルパーによる設定内の<transport>セクションの自動読み込みは、Inputプラグインにおいてネットワークサーバのセットアップに必要な処理をプラグイン本体のコードから切り離すことと、通信プロトコルを簡単に切り替えられるようにすることなどを目的としたものです。特に通信プロトコルにおけるTCPとTLSの切り替えは比較的よく要求される機能です。最初はデータセンター内のみでデータ転送を行っていたためTCPでも問題なかったが、途中からデータセンターをまたいだ通信を行うようになると、

注4　<transport>ディレクティブで指定できるオプションやパラメータの完全なリストは、ドキュメントを参照してください。https://docs.fluentd.org/configuration/transport-section

表14.5 server_createメソッド

種別	名称	型	デフォルト
引数(必須)	title	Symbol	-
	port	Integer	-
キーワード引数(省略可)	proto	:tcp/:tls/:udp	:tcp
	bind	String	'0.0.0.0'
	shared	true/false	true
	socket	UDP	nil
	backlog	Integer	nil
	tls_options	Hash[Symbol, Object]	nil
	max_bytes	Integer	nil
	flags	Integer	0
キーワード引数：ソケットオプション(省略可)	resolve_name	true/false	システム依存
	nonblock	true/false	false
	linger_timeout	Integer	0
	recv_timeout	Integer	システム依存
	send_timeout	Integer	システム依存
	receive_buffer_size	Integer	システム依存
	send_keepalive_packet	true/false	システム依存
ブロック引数(必須)	block	-	-

暗号化が必要になったりします。こういった部分をプラグインのコードから独立させるために、このプラグインヘルパーを利用できます。

server_createメソッド
ネットワークサーバを作成して起動する

server_createメソッドは、ネットワークサーバを作成し起動します。ブロックを指定して実行します(**表14.5**)。

```
server_create(title, port [, キーワード引数], &block)
```

このメソッドを使用した場合、クライアントから送信されたデータを受信するごとにブロック引数に記述した処理が呼ばれます。このブロックはパラメータを1つもしくは2つ受け取る必要があり、1つ目はdataとして受信したデータ本体が渡されます。

説明
作成するサーバの名前
サーバがlistenするTCPもしくはUDPポート番号
指定されていない場合、設定に<transport>セクションがあればその指定を使用する(なければTCP)
サーバがbindするIPアドレス
複数ワーカー動作時にワーカー間でサーバソケットを共有する(falseの場合、複数ワーカー動作は不可能)
UDPサーバで特定のソケットで通信を待ち受ける場合に指定する(socket_create_udpの戻り値)
サーバへの接続要求を保持しておくキューの最大長を指定する
TLSサーバの暗号化、証明書オプションを渡す(<transport>で使用できるものと同一)
UDPサーバが一度に受け取るデータの最大長。UDPサーバの場合のみ有効かつ必須
UDPソケットが通信を受け取るときの低レベルオプション
クライアントのホスト名を逆引きするかどうか
ノンブロッキングI/Oを行うかどうか
サーバの強制コネクション切断までのタイムアウト秒数
データ読み込みに関するタイムアウト秒数
データ送信に関するタイムアウト秒数
データ受信バッファ長
接続キープアライブのためのパケットを自動送信する
受け取ったデータを処理するコールバック(パラメータはdataあるいはdata, connection)

```
def start
  super
  server_create(:my_server, 8880) do |data|
    log.info "Received a message", data: data
    router.emit(@tag, Fluent::EventTime.now, {"data" => data})
  end
end
```

■── ユーザーが設定したプロトコルの使用

プロトコルの指定(TCP、TLS、UDP)やTLSを使用する場合の暗号化、証明書オプションなどは、引数で指定されていない場合はこのプラグイン設定の`<transport>`セクションが自動的に参照されます。`<transport>`セクションも存在しない場合のデフォルトはTCPです。ユーザーに設定させたい場合には`proto`キーワード引数を指定せずにおき、ユーザーに指定させず固定のプロトコルを用いる場合には`proto`キーワード引数を明示的に指定するべきです。

プロトコルをユーザーに指定させずTCPを強制する呼び出し例

```
server_create(:my_server, 8880, proto: :tcp) do |data|
  # ...
end
```

■── コネクションを使用したメッセージ返信

ブロックのパラメータを1つだけ指定するのは、単にデータを受け取ればよい場合です。クライアントに何らかのデータを返信しなければならない場合は、ブロックパラメータを2つ指定してコネクションオブジェクト[注5]も受け取ります。次の例は簡単なEchoサーバ、つまり送った内容をそのまま送り返してくるサーバの例です。

```
def start
  super
  server_create(:my_server, 8880) do |data, conn|
    log.debug "Received a message", data: data, from: conn.remote_host
    router.emit(
      @tag,
      Fluent::EventTime.now,
      {"data" => data, "from" => conn.remote_host}
    )
    conn.write data
  end
end
```

注5　実体は`Fluent::PluginHelper::Server::CallbackSocket`クラスのインスタンスです。

■——複数ワーカー動作への対応

sharedキーワード引数は、Fluentdの複数ワーカーへの対応を行うかどうかとほぼイコールです。shared: true(デフォルト)が指定されているサーバは、複数ワーカーでの動作時にはListenしているソケットをほかのワーカープロセスと自動的に共有します。

もしすべての通信を1つのプロセスで受けなければならないのであれば、shared: falseを指定してください。もちろんこの場合、複数ワーカーでの動作はエラーとなるため、プラグインのmulti_workers_ready?メソッドはfalseを返し、複数ワーカー動作に非対応のプラグインとするべきです。

■——UDPデータ送信に対する返信の受信

socketキーワード引数はUDPプロトコルのためのもので、socketプラグインヘルパー(後述)を用いて作成したソケットオブジェクト[注6]を渡すのに使われます。これはUDPでどこかへ通信を送る場合に、相手からの返信をこのソケット上で受け取るために用います。

```
def start
  super
  @usock = socket_create_udp(@dest_host, @dest_port, nonblock: true)
  server_create(
    :my_pong_receiver,
    0,   # @usockを指定しているためこのポート番号指定は無視される
    proto: :udp,
    socket: @usock,
    max_bytes: @buffer_length
  ) do |data, sock|
    # @usockからのデータ送信後
    # 返信があったらこのブロックが呼び出される
  end
end
```

■——システムに依存する低レベルオプション

ほかにソケットおよびTLS関連の低レベルオプションを指定するための多くの引数があります。これらのオプションは使用するシステムやOSの機能とも密接に関わるため、ここでは解説しません。基本的にはどれも指定された値をシステムコールなど低レベルの呼び出しに渡しているだけですから、必要がある場合にはOSのマニュアルを調べてください[注7]。

注6 実体はFluent::PluginHelper::Socket::WrappedSocket::UDPクラスのインスタンスです。

注7 使用可能な低レベルオプションはシステムごとに異なります。LinuxやmacOSなどであればmanコマンドなどのオンラインマニュアルにより確認できます。

server_create_connectionメソッド
コネクション確立を検出するサーバを作成する

server_create_connectionメソッドもネットワークサーバを作成し起動するためのものですが、server_createメソッドとは異なり、クライアントからの接続を受け付けるごとにブロック引数の内容が呼ばれます(**表14.6**)。このメソッドは、データの送受信という点に限って言えばserver_createメソッドと変わらない機能しか持ちません。各クライアントとの接続の管理や接続、切断といったイベントごとに何か処理をしなければならない場合に、このメソッドを使用します。

```
server_create_connection(title, port [, キーワード引数], &block)
```

protoに指定できるのは:tcpもしくは:tlsのみです。UDPにはコネクションという概念が存在しないため、このメソッドでは使用できません。

ブロックにはパラメータとしてCallbackSocketクラスのコネクションオブジェクトconnが渡されます[注8]。

```
def start
  super
  server_create_connection(:my_server, 8180) do |conn|
    conn.data do |data|
      router.emit(@tag, Fluent::EventTime.now, {"data" => data})
    end
  end
end
```

注8　正確にはFluent::PluginHelper::Server::CallbackSocketクラスのインスタンスで、server_createメソッドのブロック引数の2つ目のパラメータと同じものです。

表14.6 server_create_connectionメソッド

種別	名称	型	デフォルト
引数(必須)	title	Symbol	-
	port	Integer	-
キーワード引数(省略可)	proto	:tcp/:tls	:tcp
	bind	String	'0.0.0.0'
	shared	true/false	true
	backlog	Integer	nil
	tls_options	Hash[Symbol, Object]	nil
キーワード引数:ソケットオプション(省略可)			
ブロック引数(必須)	block	-	-

■——確立した接続に対する操作

このメソッドを使用する場合、確立した接続に対する操作を登録する必要があります。接続を受け付けただけではデータは読み込まれません。前述の例のように明示的にデータ受信時のコールバックを登録します。

`CallbackSocket#data`メソッドは、データを受信するごとに指定されたブロックを呼び出します。この`CallbackSocket`クラスは、次のメソッドを持っています。

- `data`
  データ受信ごとにブロックを呼び出す(上記の例)
- `write(data)`
  相手へデータを送信する
- `remote_addr`
  相手のIPアドレスを返す
- `remote_host`
  相手のホスト名を返す(利用できない場合はIPアドレス)
- `remote_port`
  相手のポート番号を返す
- `close`
  コネクションを閉じる
- `close_after_write_complete`
  次のデータ送信が完了したら自動的にコネクションを閉じるようセットする
- `on(event, &callback)`
  コネクションに対するコールバックイベントを登録する

最後の`on`メソッドには、`event`引数として`:data`、`:write_complete`およ

説明
作成するサーバの名前
サーバがlistenするTCPポート番号
`:tls`を指定した場合にTLSサーバを作成する
サーバがbindするIPアドレス
複数ワーカー動作時にワーカー感でサーバソケットを共有する(`false`の場合、複数ワーカー動作は不可能)
サーバへの接続要求を保持しておくキューの最大長を指定する
TLSサーバの暗号化オプションや証明書オプションを渡す(<transport>で使用できるものと同一)
`server_create`と同じであるため記載を省略
コネクション確立時の処理を行うコールバック(パラメータはconn)

び:closeが指定できます。conn.on(:data, &block)メソッドは、conn.data(&block)メソッドと同一です。:write_completeイベントは、writeメソッドでの書き込みが完了するたびに呼び出されるコールバックの登録に用います。:closeイベントは、コネクションが閉じられたときに呼び出されるコールバックの登録に用います。

14.6 http_serverプラグインヘルパー HTTPサーバを作成する

http_serverプラグインヘルパーは、HTTPもしくはHTTPSサーバを作成、起動し、クライアントからのリクエストを受け付けるためのものです。

```
helpers :http_server
```

HTTP/HTTPSによる通信は広く用いられるため、serverプラグインヘルパーとは別に用意されています。なお、このプラグインヘルパーは執筆時点ではHTTP/2およびHTTP/3には対応していません。

http_server_create_http_serverメソッド HTTPサーバを作成して起動する

http_server_create_http_serverメソッドは、HTTPリクエストを受け取るサーバを作成して起動するメソッドです。リクエストを受信するたびに登録した処理が呼び出されます(**表14.7**)。ブロック引数を用いて、実際に受け付けるリクエストとそれに対する処理を記述する必要があります。

```
http_server_create_http_server(title, addr:, port:, logger: [, キーワード引数]
, &block)
```

表14.7 http_server_create_http_serverメソッド

種別	名称	型	デフォルト
引数(必須)	title	Symbol	-
キーワード引数(必須)	addr	String	-
	port	Integer	-
	logger	Fluent::Log	-
キーワード引数(省略可)	proto	:tcp/:tls	:tcp
	default_app	Object	nil
	tls_opts	Hash[Symbol, Object]	nil
ブロック引数(必須)	block	-	-

protoキーワード引数が指定されていない場合には設定の<transport>セクションを参照し、そこでtlsが指定されていた場合にはHTTPSサーバを作成します。それ以外の場合にはHTTPサーバを作成します。

```
def start
  super
  http_server_create_http_server(
    :my_http_server,
    addr: @addr,
    port: @port,
    logger: log
  ) do |server|
    # HTTPメソッドに合わせて、リクエストパスを引数に呼ぶ
    # server.get, server.head, server.post, server.put, server.patch
    # server.delete, server.connect, server.options, server.trace

    server.get('/request/path/one') do |request|
      log.debug "Received a HTTP request", path: request.path
      record = {
        "path" => request.path,
        "query_string" => request.query_string,
        "body" => request.body
      }
      router.emit(@tag, Fluent::EventTime.now, record)
      # Status, Headers(Hash), Body(String)
      [200, {'Content-type' => 'application/json'}, '{"result": "ok"}']
    end
  end
 end
```

■——リクエストパスごとの処理の記述

http_server_create_http_serverメソッドをブロック引数付きで呼び出し、ブロックの引数serverに対して、リクエストごとの処理を登録します。HTTP

説明
作成するサーバの名前
サーバがlistenするIPアドレス
サーバがlistenするポート番号
サーバに使用されるロガー。プラグインのロガーを渡せばよい
:tlsを指定した場合にHTTPSサーバを作成する
未登録のパスへのリクエストを処理するためのオブジェクト
TLSサーバの暗号化や証明書オプションを渡す(<transport>で使用できるものと同一)
HTTPリクエストの処理方法を登録するためのコールバック(パラメータはserver)

メソッド名に対応するgetなどのメソッドを、引数にリクエストパスを付けて呼び出すことで、そのリクエストに対する処理を記述できます。パスは完全一致でなければなりません[注9]。

処理内容はブロック引数として渡し、ブロックのパラメータはRequestオブジェクトです[注10]。このブロックはレスポンスを返すために配列を戻り値としなければなりません。配列の内容は、1要素目がHTTPレスポンスコード、2要素目はレスポンスヘッダのHashオブジェクト、3要素目はレスポンスボディの文字列です[注11]。

リクエストの情報は、Requestオブジェクトの各メソッドを用いて確認できます。

- path
  リクエストパスの文字列（例：/request/path/one）
- query_string
  リクエストのクエリ文字列（例：key=value&num=1）
- query
  リクエストのクエリパラメータを解析したHashオブジェクト（例：{"key"=>"value", "num"=>"1"}）
- body
  リクエストボディ文字列

リクエスト情報として取得できる内容が一般的なHTTPサーバと比べてかなり限定されており、本格的なアプリケーションサーバを作成する用途のものではありません。あくまでモニタリングやデータの送信に使用されるHTTPリクエストの簡易な処理のためのものです。

■——デフォルトの処理

http_server_create_http_serverメソッドのdefault_appキーワード引数により、リクエストに対するデフォルトの処理を登録できます。個別に登録してあるどのメソッドとパスにも該当しないリクエストが来た場合、このデフォルト処理が呼び出されます。指定しない場合は404レスポンスコードを返すようになっており、これを上書きしたい場合に使用します。

注9　パスのパターンやワイルドカードなどは現状サポートされていません。

注10　このオブジェクトは正確にはFluent::PluginHelper::HttpServer::Requestオブジェクトです。

注11　レスポンスボディは文字列でも動作しますが、より正確には文字列を含んだArrayオブジェクトが望ましいです。これはRubyでHTTPアプリケーションサーバを作るときに標準的に利用されるRackというライブラリの規約そのものです。詳細はRackのドキュメントを参照してください。
https://github.com/rack/rack/blob/main/SPEC.rdoc

callメソッドを呼び出せるオブジェクトであれば何でも使用できます。このためのクラスを定義してもよいですが、単にProcオブジェクトを渡すだけでもよいでしょう。

```
def start
  super
  # Procオブジェクト（ラムダ）を生成
  not_found_handler = ->(req){
    [
      404,
      {'Content-type' => 'application/json'},
      JSON.dump({"request_path" => req.path})
    ]
  }

  http_server_create_http_server(
    :my_http_server,
    addr: @addr,
    port: @port,
    logger: log,
    default_app: not_found_handler
  ) do
    # ...
  end
end
```

http_server_create_https_serverメソッド
HTTPSサーバを作成して起動する

http_server_create_https_serverメソッドは、必ずHTTPSサーバを作成する以外はhttp_server_create_http_serverメソッドと同じです。

```
http_server_create_https_server(title, addr:, port:, logger: [, default_app: n
il, tls_opts: nil], &block)
```

14.7 threadプラグインヘルパー
スレッドを作成する

threadプラグインヘルパーは、非同期的に動作させるスレッドを作成するためのものです。これを使ってプラグインコードから直接スレッドを作成することもできますが、基本的にはほかの高機能なプラグインヘルパーにスレッド作成機能を提供するためのものです。

```
helpers :thread
```

プラグインコードからはRubyの機能を使用して直接スレッドを作成することもできますが、このヘルパーを使用して作成したスレッドはプラグインが停止されるときに自動的に停止するなど、さまざまな点で便利になっています。

thread_createメソッド
スレッドを作成して開始する

thread_createメソッドは、スレッドを1つ作成し、そのスレッド内でブロック引数に記述した処理を開始します(**表14.8**)。

```
thread_create(title, &block)
```

このスレッドで例外が発生した場合は、呼び出し元のFluentdメインスレッドにおいても例外となって報告されます。

プラグインが停止されるときには、スレッドも停止させられます。正確には、stopメソッドにおいてスレッドは停止すべきだとマークされ、terminateメソッドにおいてもまだ動いているスレッドは強制的に停止させられます。スレッドで実行されるブロックの内側では、スレッドが実行中なのか停止すべきなのかを必ずチェックするべきです。次項のthread_current_running?メソッドを参照してください。

thread_current_running?メソッド
現在のスレッドが実行中状態かどうかを返す

thread_current_running?メソッドを呼び出すと、現在実行中のスレッド[注12]が実行中状態なのか(true)、それとも停止すべきなのか(false)を返します(**表14.9**)。

注12　thread_current_running?メソッドを呼び出すコード自身を実行中のスレッドのことです。

表14.8 thread_createメソッド

種別	名称	型	デフォルト
引数(必須)	title	Symbol	-
ブロック引数(必須)	block	-	-

表14.9 thread_current_running?メソッド

種別	名称	型	デフォルト
戻り値	あり	true/false	-

```
current_thread_running?()
```

このメソッドは、thread_createメソッドのブロック引数として記述するコード中から呼び出されることが前提となっています。次のようなコードにより、プラグインが停止するときに該当スレッドを安全に停止できます。

```
def start
  super
  thread_create(:my_thread) do
    while thread_current_running?
      # execute plugin process
      # ...
    end
    # もしくはwhileループの中からbreakする
    # while true
    #   break unless thread_current_running?
    #   ...
    # end
  end
end
```

このメソッドがfalseを返すのは、プラグインのstopメソッドが呼ばれ停止処理が開始してからです。スレッドは放っておいてもいずれ強制停止させられますが、何かの処理の途中で強制的に止められるよりも、処理と処理の間で整合性のある形で停止したほうがよいのは言うまでもありません。

thread_wait_until_startメソッド
すべてのスレッドが実行中になるまで待つ

thread_wait_until_startメソッドは、通常のプラグインコードで使うものではなく、特にテストケース内で用いるべきです。プラグイン内から実行されたスレッドがすべて実行中の状態になるまで処理を停止して待ちます。このメソッドは引数をとらず、意味のある値も返しません。

説明
作成するスレッドの名前
作成したスレッド内で処理するコールバック(パラメータなし)

説明
現在実行中のスレッドがそのまま動作するべき場合はtrue

```
thread_wait_until_start()
```

thread_wait_until_startメソッドは呼び出された時点で動作をブロックし、すでにthread_createメソッドを経由して作成済みのスレッドがすべて開始されるまで待ちます。スレッドがすべて開始された時点でメソッド呼び出し元のコードに制御が返ってきます。

スレッドは作成されても開始されていないということも多く、テストコードからプラグインのstartメソッドが呼ばれた[注13]にもかかわらず、startメソッドから起動されているスレッドが動いていないことがあります。これがスレッドを用いたプラグインのテストを記述するのが難しい要因の一つにもなっています。

自分でスレッドを直接扱うコードを書くには難しいポイントが多くありますが、テストコードにおいてはこのメソッドの呼び出しを忘れず行うことでその難しさを多少は軽減できます。

thread_wait_until_stopメソッド
すべてのスレッドが停止するまで待つ

thread_wait_until_stopメソッドは、thread_wait_until_startメソッドと同様、特にテストケース内で用いるべきものです。プラグイン内から実行されたスレッドがすべて停止するまでブロックして待ちます。このメソッドは引数をとらず、意味のある値も返しません。

```
thread_wait_until_stop()
```

注13 通常はプラグイン用のテストドライバがstartメソッドを実行します。

表14.10 socket_create_tcpメソッド

種別	名称	型	デフォルト
引数(必須)	host	String	-
	port	Integer	-
キーワード引数(省略可)	resolve_name	true/false	false
	connect_timeout	Integer	nil
キーワード引数:ソケットオプション(省略可)			
ブロック引数(省略可)	block	-	-
戻り値	あり	-	-

14.8 socketプラグインヘルパー
ソケットを作成する

socketプラグインヘルパーは、プラグインから外部にデータを送信するためのソケットを作成するメソッドを提供します。このメソッドにより得られるソケットオブジェクトは、通常のRubyのsocketライブラリとは異なります。これは、serverプラグインヘルパーなどほかのプラグインヘルパーにおいても用いられることを前提としているためです。

socketプラグインヘルパーの各メソッドが提供する機能は、ソケットオプションやTLS接続に関するオプションなど、単に外部に接続するだけの用途に便利です。

```
helpers :socket
```

作成されるソケットオブジェクトは、Fluent::PluginHelper::Socket::WrappedSocket::TCPおよびUDP、TLSのいずれかです。これらはいずれも通信先の情報を示すremote_addr、remote_host、remote_portメソッドを提供します。それ以外はRubyに標準添付されているTCPSocket、UDPSocket、OpenSSL::SSL::SSLSocketクラスと同じです。

socket_create_tcpメソッド
TCPソケットを作成して接続する

socket_create_tcpメソッドは、TCP接続を行うソケットを作成します(**表14.10**)。作成されたソケットを使用して接続先へのデータ送信や接続先からのデータ受信が行えます。

説明
接続先ホストのIPアドレスもしくはホスト名
接続先ホストのポート番号
接続先ホストについてIPアドレスからの逆引きを行う
TCP接続(CONNECT)時のタイムアウトをセットする
server_createと同じであるため記載を省略
ソケットを用いた処理を記述するコールバック(パラメータはsock)
ブロック引数を指定した場合はブロックの最後の評価値、しない場合はTCPソケットオブジェクト

```
socket_create_tcp(host, port [, キーワード引数, &block])
```

ブロック引数を指定せず呼び出した場合は、単純に作成されたソケットが返されます。これはFluent::PluginHelper::Socket::WrappedSocket::TCPのインスタンスで、実体はRuby組込みのTCPSocketオブジェクトとほぼ同一です。

```
sock = socket_create_tcp(@host, @port)
sock.write(data)
```

ブロック引数を渡して呼び出した場合は、ブロックパラメータとして作成されたソケットオブジェクトが渡されます。また、ブロックの末尾でそのソケットは自動的にcloseされます。一時的にソケットが必要なだけであれば、こちらのほうが使いやすいでしょう。

```
socket_create_tcp(@host, @port) do |sock|
  sock.write(data)
end
```

socket_create_udpメソッド
UDPソケットを作成する

socket_create_udpメソッドは、UDP通信を行うためのソケットを作成します(**表14.11**)。ソケット作成時に指定した通信先に対してデータ送信などが行えます。

```
socket_create_udp(host, port [, キーワード引数, &block])
```

UDP通信においては通常「接続」処理は行われないため、ここで作成したソケットも、実際にはhost、portで指定した相手以外にもsendmsgメソッドを用いてデータを送ることができます。

表14.11 socket_create_udpメソッド

種別	名称	型	デフォルト
引数(必須)	host	String	-
	port	Integer	-
キーワード引数(省略可)	resolve_name	true/false	false
	connect	true/false	false
キーワード引数:ソケットオプション(省略可)			
ブロック引数(省略可)	block	-	-
戻り値	あり	-	-

```
usock = socket_create_udp(@host, @port)
usock.sendmsg(data, 0, Socket.sockaddr_in(@port, @host))
```

しかし、sendmsgメソッドはあまり使い勝手が良いとは言えません。これを回避するため、ソケット作成時にconnect: trueオプションを指定することでデータ送信先をソケット作成時に指定した相手に固定できます。この場合はTCPの場合と同様にwriteメソッドを用いることができます。

```
socket_create_udp(@host, @port, connect: true) do |usock|
  usock.write(data)
end
```

connect: trueを指定すると、固定した相手以外からのUDPデータを受信できなくなるなど、通常UDPソケットに期待するものと異なる振る舞いになります。これはFluentdプラグインを作成する範囲であれば問題ないことが多いでしょう。

socket_create_tlsメソッド
TLSソケットを作成して接続する

socket_create_tlsメソッドは、TLS接続を行うソケットを作成します（**表14.12**）。ほかのメソッドと同様に、ブロック引数を指定しない場合は単純に作成されたソケットが返され、ブロック引数を指定した場合はブロックパラメータとしてソケットが渡されたのち、ブロックの評価結果を返します。

```
socket_create_tls(host, port [, キーワード引数, &block])
```

このメソッドは多くのオプション引数を持ち、そのすべてがTLS暗号化およびサーバ／クライアント証明書に関係します。一般的な相手との通信であれば、

説明
接続先ホストのIPアドレスもしくはホスト名
接続先ホストのポート番号
接続先ホストについてIPアドレスからの逆引きを行う
ソケット作成時にconnectシステムコールを用いてデータ送信先を固定する
server_createと同じであるため記載を省略
ソケットを用いた処理を記述するコールバック（パラメータはsock）
ブロック引数を指定した場合はブロックの最後の評価値、しない場合はUDPソケットオブジェクト

すべてデフォルトのままでも問題なく通信が可能なはずです。以下、特にプラグイン開発やテストなどで変更する可能性があるいくつかについて説明します。

insecureキーワード引数にtrueを指定した場合、サーバ証明書に関する検証を行いません。デフォルトはfalseです。これは通常の用途では絶対に指定すべきではありません。しかし、プラグインの開発時などについては、通信相手として有効なサーバ証明書を持ったホストを用意するのは難しいでしょう。開発段階あるいはテストコード内などでこのオプションを指定するケースがあるかと思います。

allow_self_signed_certキーワード引数も同様のオプションで、trueを指定すると自己署名証明書を受け入れます。デフォルトはfalseです。通常は有効な認証局(CA)からの署名のない証明書は受け入れるべきではありませんが、テ

表14.12 socket_create_tlsメソッド

種別	名称	型	デフォルト
引数(必須)	host	String	-
	port	Integer	-
キーワード引数(省略可)	version	Symbol	Fluent::TLS::DEFAULT_VERSION
	min_version	Symbol	nil
	max_version	Symbol	nil
	ciphers	String	Fluent::TLS::CIPHERS_DEFAULT
	insecure	true/false	false
	verify_fqdn	true/false	true
	fqdn	String	host引数の値
	enable_system_cert_store	true/false	true
	allow_self_signed_cert	true/false	false
	cert_paths	Array[String]	nil
	cert_logical_store_name	String	nil
	cert_use_enterprise_store	true/false	true
	cert_thumbprint	String	nil
	cert_path	String	nil
	private_key_path	String	nil
	private_key_passphrase	String	nil
キーワード引数：ソケットオプション(省略可)			
ブロック引数(省略可)	block	-	-
戻り値	あり	-	-

スト時などに限ってこのオプションを有効にすることは考えられるでしょう。

socket_createメソッド
指定プロトコルでソケットを作成する

socket_createメソッドは、指定したproto引数の値に従って、単純にほかの3メソッドを呼び出します。キーワード引数などもそのまま引き継がれるため、個別のメソッドの解説を参照してください。protoには:tcpか:udp、:tlsのいずれかを指定します。状況によって接続プロトコルを切り替える必要がある場合などに使用します。

```
socket_create(proto, host, port [, キーワード引数, &block])
```

説明
接続先ホストのIPアドレスもしくはホスト名
接続先ホストのポート番号
使用するTLSのバージョン文字列
TLSバージョンを複数選択可とする場合の最小バージョン
TLSバージョンを複数選択可とする場合の最大バージョン
利用する暗号スイートを表す文字列
通信相手の証明書を検証しない
TLS接続確立時に接続先ホスト名(FQDN)が証明書のものと一致しているか確認する
証明書の検証用に使用するFQDNの指定
OSが提供する証明書ストアを使用する
自己署名証明書を受け入れる
接続先の証明書検証用ルート証明書のリスト
Windowsの証明書ストア名
WindowsのEnterprise CAを使用する
Windowsの証明書ストアを用いて証明書を検証する場合のフィンガープリントの指定
クライアント証明書を用いる場合の証明書のパス
クライアント証明書を用いる際の秘密鍵ファイルのパス
秘密鍵のパスフレーズ
server_createと同じであるため記載を省略
ソケットを用いた処理を記述するコールバック(パラメータはsock)
ブロック引数を指定した場合はブロックの最後の評価値、しない場合はTLSソケットオブジェクト

14.9 injectプラグインヘルパー
タグや日時などを注入する

injectプラグインヘルパーは、プラグインにおいて<inject>ディレクティブを有効にするための機能を追加します。

```
helpers :inject
```

<inject>はイベントのレコードにタグや日時、ホスト名などを注入するためのディレクティブです。これらはさまざまなユースケースで必要となるため、プラグインがサポートしていればユーザーにとって便利になるでしょう。

inject_values_to_recordメソッド
タグや日時などをレコードに注入する

inject_values_to_recordメソッドを呼ぶことで、引数のレコードに<inject>セクションで指定されているデータ操作を実行します(**表14.13**)。

```
inject_values_to_record(tag, time, record)
```

このメソッドは、プラグイン設定において<inject>セクションが指定されていない場合は何も変更しません。

inject_values_to_event_streamメソッド
タグや日時などをイベントストリームに注入する

inject_values_to_event_streamメソッドは、引数のイベントストリーム内のすべてのレコードに対して<inject>セクションで指定されている操作を

表14.13 inject_values_to_recordメソッド

種別	名称	型	デフォルト
引数(必須)	tag	String	-
	time	Fluent::EventTime	-
	record	Hash	-
戻り値	あり	Hash	-

表14.14 inject_values_to_event_streamメソッド

種別	名称	型	デフォルト
引数(必須)	tag	String	-
	es	Fluent::EventStream	-
戻り値	あり	Fluent::EventStream	-

実行します(**表14.14**)。操作対象がレコードではなくイベントストリームであること以外はinject_values_to_recordメソッドと同様です。

```
inject_values_to_event_stream(tag, es)
```

14.10 extractプラグインヘルパー
レコードからタグや日時を取り出す

extractプラグインヘルパーは、プラグインにおいて<extract>ディレクティブを有効にするための機能を追加します。

```
helpers :extract
```

<extract>はレコード内のデータをもとにタグや日時を取り出すためのディレクティブです。タグや日時をレコード由来のデータを用いて更新するのはよくあるユースケースです。

extract_tag_from_recordメソッド
レコードからタグを取り出す

extract_tag_from_recordメソッドは、引数のレコードから<extract>セクションで指定されたとおりにタグ文字列を取り出して返します(**表14.15**)。

```
extract_tag_from_record(record)
```

<extract>セクションが指定されていない、あるいは<extract>セクションで指定されているフィールドがレコードに存在しない場合はnilを返します。戻り値が文字列の場合、プラグインはその値をタグとしてemitするべきです。

説明
イベントのタグ
イベントの日時
イベントのレコード
変更後のレコード

説明
イベントのタグ
複数のイベントをまとめたイベントストリーム
変更後のイベントストリーム

```
Inputプラグインのクラス定義中で
# タグが取り出せない場合のデフォルトのタグを指定するパラメータ
config_param :default_tag, :string, default: "my_plugin.event"

同クラス内の実際にデータを生成するメソッドにおいて
record = {"key": "value"}
# タグを取り出す。未設定や失敗していたらデフォルトのタグを用いる
tag = extract_tag_from_record(record) || @default_tag
router.emit(tag, time, record)
```

extract_time_from_recordメソッド
レコードから日時を取り出す

extract_time_from_recordメソッドは、引数のレコードから<extract>セクションで指定されたとおりに日時を取り出して返します(**表14.16**)。

```
extract_time_from_record(record)
```

<extract>セクションが指定されていない、あるいは指定されているフィールドがレコードに存在しない場合はnilを返します。

なお、このメソッドは日時の解析に失敗した場合にFluent::TimeParser::TimeParseError例外をraiseします。これはプラグインの責務としてrescueして、処理をやめないようにしましょう。

```
Inputプラグインのレコードを生成するメソッドにおいて
record = {"key": "value"}
time = begin
  # 日時を取り出す。未設定などの場合は現在日時を用いる
  extract_time_from_record(record) || Fluent::EventTime.now
rescue Fluent::TimeParser::TimeParseError
  # 設定してあるがデータが日時として解析できなかった場合も現在日時を用いる
  Fluent::EventTime.now
end
router.emit(tag, time, record)
```

表14.15 extract_tag_from_recordメソッド

種別	名称	型	デフォルト
引数(必須)	record	Hash	-
戻り値	あり	String	-

表14.16 extract_time_from_recordメソッド

種別	名称	型	デフォルト
引数(必須)	record	Hash	-
戻り値	あり	Fluent::EventTime	-

14.11 formatterプラグインヘルパー
データ文字列のためFormatterプラグインを作成する

formatterプラグインヘルパーは、Formatterプラグインのインスタンスを得るためのものです。Formatterプラグインはレコードなどを文字列に変換するためのプラグインです。

```
helpers :formatter
```

Formatterプラグインはプラグインから使用されるためのプラグインですが、その一方でデータをどう変換するかはデータに依存するため、ユーザーが指定する部分でもあります。したがってFormatterプラグインを得るときには、設定の<format>ディレクティブ中にユーザーが記述する内容を考慮する必要があります。このヘルパーは、ユーザーによる<format>ディレクティブの設定内容を反映したFormatterプラグインを取得します。

formatter_createメソッド
Formatterプラグインを作成する

formatter_createメソッドは、プラグインの設定を考慮しつつFormatterプラグインのインスタンスを作成します(**表14.17**)。

```
formatter_create([キーワード引数])
```

■──プラグインによるFormatterプラグインのデフォルト指定

プラグインにとってデフォルトの書式がある場合、プラグインコードからはFormatterプラグインのデフォルト指定を行います。これにより、設定ファイルで書式について何も指定されなくても、Formatterプラグインを用いてデータを変換できます。デフォルトの指定には、<format>セクションのためのconfig_

説明
イベントのレコード
レコードから取り出されたタグ文字列(もしくはnil)

説明
イベントのレコード
レコードから取り出された日時オブジェクト(もしくはnil)

section :formatブロック内でconfig_set_defaultメソッドを用います。

プラグインのパラメータ定義部分でFormatterプラグインのデフォルトを指定

```
helpers :formatter

config_section :format do
  config_set_default :@type, "json"
end
```

■──用途ごとに異なる複数のFormatterプラグインの作成

呼び出し時のusageキーワード引数の値と同一の指定が行われた<format>セクションが設定にあれば、その設定内容を反映したFormatterプラグインのインスタンスが得られます。なお、usage引数のデフォルト値である空文字列('')はディレクティブを引数なしで指定した場合と同じであるため、次のようになります。

fluentd.conf

```
<format> # デフォルトFormatter用の設定
  @type aaa
  # ...
</format>
<format v1> # 用途の異なるもの（v1）用の設定
  @type bbb
  # ...
</format>
```

プラグインコード

```
# デフォルトusageなので@type aaaの設定内容のものが得られる
formatter1 = formatter_create

# セクションの引数v1が指定された@type bbbのものが得られる
formatter2 = formatter_create(usage: 'v1')
```

usageキーワード引数によって異なるFormatterプラグインを作成できるようになっているのは、1つのプラグインが用途によって複数のFormatterプラグインを使い分ける可能性があるためです。また、confキーワード引数に

表14.17 formatter_createメソッド

種別	名称	型	デフォルト
キーワード引数（省略可）	usage	String	''
	type	String	nil
	conf	Fluent::Config::Element/Hash	nil
	default_type	String	nil
戻り値	あり	Formatter	-

HashオブジェクトもしくはElementオブジェクトとしてパラメータ名と値のペアの組を渡し、明示的に設定をセットできます。

■──作成したプラグインの利用

作成したFormatterプラグインは、formatメソッドを呼び出して使用します。

```
def start
  super
  @formatter = formatter_create
end

def write(chunk)
  tag = chunk.metadata.tag
  chunk.each do |time, record|
    data = @formatter.format(tag, time, record)
    # ...
  end
  # ...
end
```

14.12 parserプラグインヘルパー 文字列を解析してデータを得るためParserプラグインを作成する

parserプラグインヘルパーは、Parserプラグインのインスタンスを得るためのものです。Parserプラグインは文字列を解析してレコードを得るためのプラグインです。

```
helpers :parser
```

Formatterプラグインと同様に、Parserプラグインの作成もユーザーの設定を参照するべきです。このヘルパーは、ユーザーによる<parse>ディレクティブの設定内容を反映したParserプラグインを取得します。

	説明
	Formatterプラグインの用途を表す識別子
	作成するFormatterプラグインのtype
	Formatterプラグインの設定用パラメータを保持したもの
	confに@type指定がない場合のデフォルト
	作成と設定が完了したFormatterプラグインのインスタンス

parser_createメソッド
Parserプラグインを作成する

parser_createメソッドは、プラグインの設定を考慮しつつParserプラグインのインスタンスを作成します(**表14.18**)。

```
parser_create([キーワード引数])
```

Parserプラグインを作成すること以外は、formatter_createメソッドとすべて同様です。設定ファイルにusageキーワード引数の値が一致する<parse>セクションが存在すれば、その設定どおりのParserプラグインを作成します。

■──プラグインによるParserプラグインのデフォルト指定

Parserプラグインを用いる場合にも、Formatterプラグインの場合と同様にデフォルト指定が行えます。データ解析時に、あるデータ書式が使われることが多いなら、デフォルト指定を行っておけばユーザーにとって設定が省略できて便利です。デフォルトの指定には、<parse>セクションのためのconfig_section :parseブロック内でconfig_set_defaultメソッドを用います。

プラグインのパラメータ定義部分でParserプラグインのデフォルトを指定

```
helpers :parser

config_section :parse do
  config_set_default :@type, "json"
end
```

■──Parserプラグインのブロック付き呼び出し

作成したParserプラグインは、parseメソッドを呼ぶことで使用できます。parseメソッドは、与えられたデータから一区切りの解析が終わるたびに、ブロック引数の処理をtimeとrecordをパラメータとして呼び出します。引数として与えられたデータを解析した結果が複数のレコードとなることもあるため、ブロックは複数回呼び出される可能性があります。

表14.18 parser_createメソッド

種別	名称	型	デフォルト
キーワード引数(省略可)	usage	String	''
	type	String	nil
	conf	Fluent::Config::Element/Hash	nil
	default_type	String	nil
戻り値	あり	Parser	-

```
def start
  super

  @parser = parser_create

  server_create(option_args) do |data|
    @parser.parse(data) do |time, record|
      router.emit(@default_tag, time, record)
    end
  end
end
```

14.13 record_accessorプラグインヘルパー 複雑な構造のレコードにアクセスする

record_accessorプラグインヘルパーは、レコードが深い階層を持つオブジェクトであった場合にレコードの深い要素にアクセスする統一的な方法を提供します[注14]。

```
helpers :record_accessor
```

プラグインの実装としては、record_accessorプラグインヘルパーを経由していればドット記法とブラケット記法のどちらもサポートされるため、悩む必要はありません。また、キー名としてただの文字列、たとえばkeyのように$で始まらないものを与えられた場合には、単純にトップレベルのキー名keyに対応する値を返します。このため、深い階層のレコードも1階層のみの通常のレコードも、両方が自然とサポートされます。

注14 record_accessorプラグインヘルパーが提供する記法については4.4節で解説しています。

説明
Parserプラグインの用途を表す識別子
作成するParserプラグインのtype
Parserプラグインの設定用パラメータを保持したもの
confに@type指定がない場合のデフォルト
作成と設定が完了したParserプラグインのインスタンス

record_accessor_createメソッド
指定要素へのアクセサオブジェクトを作成する

record_accessor_createメソッドは、レコードの指定された要素にアクセスするためのアクセサオブジェクトを返します(**表14.19**)。

```
record_accessor_create(param)
```

通常、record_accessor_createメソッドの引数にはユーザーがパラメータとして設定した文字列をそのまま渡します。プラグインが何らかの処理を行う対象のキー名を示すパラメータです。戻り値のオブジェクトはcall、delete、setのメソッドを持っており、それぞれ次のように第一引数にレコードを与えて使用します。

```
config_param :process_target_key, :string

def configure(conf)
  super

  @accessor = record_accessor_create(@process_target_key)
end

def filter(tag, time, record)
  # process_target_keyパラメータで指定された場所の値を返す
  @accessor.call(record)

  # 指定された場所のキー・値ペア（あるいは配列の場合はその場所の値）を削除する
  @accessor.delete(record)

  # 指定された場所に、第二引数の値をセットする（存在する値は上書きする）
  @accessor.set(record, "new value")
end
```

表14.19 record_accessor_createメソッド

種別	名称	型	デフォルト
引数(必須)	param	String	-
戻り値	あり	Accessor	-

表14.20 storage_createメソッド

種別	名称	型	デフォルト
キーワード引数(省略可)	usage	String	''
	type	String	nil
	conf	Fluent::Config::Element/Hash	nil
	default_type	String	nil
戻り値	あり	Storage	-

どの操作も、指定されたキーが存在しないなど指定された場所まで途中でたどれなくなった場合、操作を単に中断します。その場合、`call`メソッドは`nil`を返します。

14.14 storageプラグインヘルパー
プラグインから使用可能なストレージを提供する

`storage`プラグインヘルパーは、Storageプラグインのインスタンスを得るためのものです。Storageプラグインは簡単なKVS、つまりキーとなる文字列とそれに対応する値のペアを保存しておく機能を提供するもので、各種のプラグインが内部状態などを保存しておくために使用します。Storageプラグインに保存したデータはFluentdが再起動しても引き継がれるため、プラグインにおいて長期に渡って一貫性のある挙動が提供できます。

```
helpers :storage
```

FormatterプラグインやParserプラグインと同様に、Storageプラグインもプラグインから使用されるためのプラグインです。プラグインが使用するストレージの実装そのものは、ユーザーが`<storage>`ディレクティブを使用して指定できるようになっているべきです。このヘルパーを用いると、ユーザーが行った設定を考慮しつつStorageプラグインの実体を取得できます。

storage_createメソッド
Storageプラグインを作成する

`storage_create`メソッドは、プラグインの設定を考慮しつつStorageプラ

説明
レコードのアクセス位置を示すドット記法やブラケット記法、もしくは単にキー名の文字列
レコードアクセス用の`Fluent::PluginHelper::RecordAccessor::Accessor`オブジェクト

説明
Storageプラグインの用途を表す識別子
作成するStorageプラグインのtype
Storageプラグインの設定用パラメータを保持したもの
`conf`に`@type`指定がない場合のデフォルト
作成と設定が完了したStorageプラグインのインスタンス

グインのインスタンスを作成します(**表14.20**)。

```
storage_create([キーワード引数])
```

Storageプラグインを作成すること以外は、すべてほかの同種のメソッド(*_create)と同様です。設定ファイルにusageキーワード引数の値が一致する<storage>セクションが存在する場合には、その設定どおりのStorageプラグインを返します。

■——ストレージに対するデータ操作

Storageプラグインは KVS ですので、次の例に示すようにget、fetch、put、update、deleteの各操作が行えます。キーは常に文字列です[注15]。値はRubyのオブジェクトであれば何でも入れられますが、各Storageプラグインが永続化[注16]する際に対応可能なものかどうかという問題があります。文字列や数値、あるいはそれらのデータをハッシュや配列にしたもの、くらいにとどめておくべきでしょう。目安としては、JSONとして保存可能なオブジェクトかどうかという基準がよいと思います。

```
@store = storage_create

@store.put("name", "Satoshi Tagomori")
@store.get("name") #=> "Satoshi Tagomori"

@store.fetch("nickname", "nanashi") #=> "nanashi"
@store.put("nickname", "tagomoris")
@store.fetch("nickname", "nanashi") #=> "tagomoris"

@store.put("age", 10)
@store.update("age") {|value| value + 1 }
@store.get("age") #=> 11

@store.delete("name")
@store.get("name") #=> nil
```

storageプラグインヘルパーを用いていれば、Storageプラグインに保存されていたデータはプラグインが起動するときに自動的に読み込まれ、Storageプラグインが保持しているデータはプラグインが停止するときに自動的に保存されます。

注15 キーにシンボルを指定することもできますが、内部的には文字列に変換して扱われます。つまり、:nameと"name"は同一のキーとして扱われます。

注16 ファイルへの書き出しなどの処理を意味します。

14.15 service_discoveryプラグインヘルパー サービスの情報をプラグインに対して提供する

Service Discoveryはネットワーク上にあるサービス注17の情報をプラグインに対して提供するためのプラグインで、service_discoveryプラグインヘルパーはService Discoveryプラグインを作成します。プラグインのためのプラグインという意味ではFormatterプラグインやParserプラグイン、Storageプラグインなどと同様です。

```
helpers :service_discovery
```

Service Discoveryプラグインが提供するサービスの情報は、具体的にはout_forwardプラグインなどでデータの送信先リストとして使用されています。

データ通信などを行う際に、どこに対して通信を行えばよいのかを管理するのは重要ですが、難しい問題です。従来は設定において<server>セクションを送信先の数だけ記述し、それを固定の宛先リストとして使用していたものです。これがService Discoveryプラグインの導入によってプラグインを用いて置き換えられるようになり、設定ファイル中に記述した固定のリストのほかにもDNSを用いた方法や外部のファイルから宛先リストを読み込む方法などが使用できるようになりました注18。

サービスのリストを固定リストとして取得する場合

```
<match tag1.*>
  @type my_awesome
  # ...
  <service_discovery>
    @type static
    <service>
      host destination01.example.com
    </service>
    <service>
      host destination02.example.com
    </service>
  </service_discovery>
</match>
```

サービスのリストをYAMLから読む場合

```
<match tag2.*>
  @type my_awesome
```

注17 ここで言うサービスとは、何らかのデータ通信エンドポイントを提供しているホストという意味です。

注18 Fluentd v1.8およびそれ以降のバージョンがService Discoveryプラグインをサポートしています。

```
  # ...
  <service_discovery>
    @type file
    path  /path/to/file/services.yaml # yamlもしくはjsonを使用
  </service_discovery>
</match>
```

service_discoveryプラグインヘルパーの使い方は、Fluentd v1.13で新しいメソッドが導入され多少変わりました。以降では新しいメソッドについて解説します。

service_discovery_configureメソッド
Service Discoveryプラグインのセットアップを行う

service_discovery_configureメソッドは、プラグインのconfigureメソッド内で呼び出すことでService Discoveryプラグインのセットアップを行います（**表14.21**）。このメソッドを呼び出すことでService Discoveryプラグインの機能が使用可能になり、ほかのservice_discovery_で始まるメソッドを用いたサービスの参照が可能になります。

```
service_discovery_configure(title [, キーワード引数])
```

■──専用のディレクティブに設定された情報の参照

service_discovery_configureメソッドがプラグインのconfigureメソッドから呼ばれると、プラグイン設定から<service_discovery>セクションを用いてService Discoveryプラグインを設定します。キーワード引数をすべてデフォルトの状態で呼び出した場合は、<service_discovery>ディレクティブの指定をユーザーに要求します。

```
fluentd.conf
<source>
  @type my_awesome
```

表14.21 service_discovery_configureメソッド

種別	名称	型	デフォルト
引数（必須）	title	Symbol	-
キーワード引数（省略可）	static_default_service_directive	String	nil
	load_balancer	Object	nil
	custom_build_method	Method/Proc	nil
	interval	Integer	3

```
  # ...
  <service_discovery>
    @type static
    <service>
      # ...
    </service>
    # ほかの<service>を必要な数だけ
  </service_discovery>
</source>
```

プラグインクラスのconfigureメソッド

```
def configure(conf)
  super
  service_discovery_configure(:my_plugin_service_discovery)
  # ...
end
```

セットアップが済んでいれば、そのあとプラグインコードからservice_discovery_select_serviceメソッドを呼び出してサービス情報を取得できます。サービス情報はFluent::Plugin::ServiceDiscovery::Serviceオブジェクトとなります。サービス選択は利用可能なサービスからラウンドロビンで行われます。

プラグインコード内にて必要に応じてサービスを取得

```
service_discovery_select_service do |service|
  # 利用可能なサービスを1つ選択し、serviceとして渡す

  # serviceから呼び出し可能なメソッド
  # service.plugin_name
  # service.host
  # service.port
  # service.name
  # service.weight
  # service.standby
  # service.username
  # service.password
  # service.shared_key
```

	説明
	作成するサービス参照の名前
	デフォルトでsd_staticを用い、かつサービスリストをプラグイン設定から得る場合の対象ディレクティブの指定
	サービス選択をどのようにバランスするかを指定するためのオブジェクト
	プラグインが受け取るServiceオブジェクトから任意のオブジェクトに変換するためのメソッド
	管理されているサービスのサービスイン、サービスアウトおよびリバランス実行の間隔秒数

```
  send_data_to_host_and_port(data, service.host, service.port)
end
```

■──固定リストの専用ディレクティブによる指定

service_directive_configureメソッドのstatic_default_service_directiveキーワード引数は、プラグイン設定において<service_discovery>ディレクティブの代わりに別のディレクティブを用いるためのものです。この引数で指定したディレクティブは、<service_discovery>ディレクティブを@type staticで指定したときの<service>ディレクティブのように扱われます。

これは主に、これまでプラグイン個別の設定として<server>などのセクションを並べてデータ送信先などの指定に用いていたプラグインに対して、互換性を提供するための機能です。同時にユーザーの設定記述量を減らせるため、固定のサービスリストを扱うプラグインでは便利な機能でしょう。

デフォルトの場合は<service_discovery>ディレクティブ内に<service>を記述

```
<match *.*>
  # ...
  <service_discovery>
    @type static
    <service>
      host a.example.com
    </service>
    <service>
      host b.example.com
    </service>
  </service>
</match>
```

static_default_service_directive: 'server' オプションを指定した場合の上記と同等の指定

```
<match *.*>
  # ...
  <server>
    host a.example.com
  </server>
  <server>
    host b.example.com
  </server>
</match>
```

■──サービスオブジェクトのプラグイン側オブジェクトへの変換

service_directive_configureメソッドのcustom_build_methodキーワード引数は、Service Discoveryプラグインが返すServiceオブジェクトをほかの

オブジェクトに変換するためのメソッドを指定します。

たとえば、プラグインが用いているライブラリが接続先をhost:port形式の文字列で要求する場合を考えます。このときプラグイン側で変換メソッドを用意し、キーワード引数でそのメソッドを指定することでServiceオブジェクトを自動的に変換した結果を受け取れます。

プラグインコード内
```
def convert_service_to_address(service)
  # Serviceオブジェクトの変換用メソッド
  "#{service.host}:#{service.port}"
end

def configure(conf)
  super
  # ...
  service_discovery_configure(
    :my_sd,
    # Serviceオブジェクト変換用メソッドを使うよう指定
    custom_build_method: method(:convert_service_to_address)
  )
end

def write(chunk)
  service_discovery_select_service do |address|
    # addressとして変換後の値を受け取れる
    address #=> "a.example.com:12345"
    @client.send(address, chunk.read)
  end
end
```

■——サービスの選択方法の制御

service_directive_configureメソッドのload_balancerキーワード引数には、利用可能なサービスからどのようにして1つのサービスを選択するかを制御するためのオブジェクトを指定できます。この引数に与えるオブジェクトは、rebalanceメソッド(引数は利用可能なサービスのArrayオブジェクト)およびselect_serviceメソッド(ブロック引数をとり、利用可能なサービスを1つ選択してyieldする)を実装していなければなりません。

たとえば、利用可能なサービスから毎回ランダムに1つを選択する動作を実現するには、次のようなオブジェクトを作成します。

プラグインのクラス内にて
```
class RandomBalancer
  def initialize
    @services = []
    @mutex = Mutex.new
```

```
  end

  def rebalance(services)
    @mutex.synchronize do
      @services = services.dup
    end
  end

  def select_service
    s = @mutex.synchronize do
      @services[rand(@services.size)]
    end
    yield s
  end
end

def configure(conf)
  super
  # ...
  service_discovery_configure(
    :my_sd,
    load_balancer: RandomBalancer.new
  )
end
```

service_discovery_select_serviceメソッド
利用可能サービスを1つ選択する

service_discovery_select_serviceメソッドを呼び出すたびに、Service Discoveryプラグインが利用可能なサービスから1つを選択してブロックに渡します(**表14.22**)。

```
service_discovery_select_service(&block)
```

使用コード例については、前述のservice_discovery_configureメソッドの解説を参照してください。

表14.22 service_discovery_select_serviceメソッド

種別	名称	型	デフォルト
ブロック引数(必須)	block	-	-
戻り値	あり	-	-

表14.23 service_discovery_servicesメソッド

種別	名称	型	デフォルト
戻り値	あり	Array	-

service_discovery_servicesメソッド
利用可能サービスをすべて返す

service_discovery_servicesメソッドは、現在利用可能なサービスをすべて配列として返します(**表14.23**)。デバッグ目的、あるいは何らかの理由で通信相手となるサービスを事前にチェックしたい場合などに用います。

```
service_discovery_services()
```

service_discovery_rebalanceメソッド
サービスのリバランスを行う

service_discovery_rebalanceメソッドが呼び出されると、内部で利用可能なサービスの確認およびリバランスが即座に行われます。このメソッドは引数をとらず、意味のある値も返しません。

```
service_discovery_rebalance()
```

利用可能サービスの確認とリバランスは通常では自動的に行われ、リバランスの頻度はservice_discovery_configureメソッドのintervalキーワード引数でもセットできます。プラグイン側から確認できる何らかの情報[注19]により即座に利用可能サービスの情報を更新したい場合に、このメソッドを呼び出します。

14.16 counterプラグインヘルパー
内部用カウンタを提供する

counterプラグインヘルパーは、Counter APIのクライアントをプラグインに対して提供します。

注10 プラグインから実際に接続してみたら接続できなかったなどの状況が考えられます。

説明
ブロックパラメータとして利用可能なサービスから1つを選択し渡す
blockを評価した値

説明
利用可能なサービスの配列

Fluentdは複数ワーカーをサポートすることにより、複数プロセスで動作する前提のソフトウェアとなりました。このため、たとえばプラグイン内で流れてきた、あるいは処理したイベントの件数をカウントしようとしても、それがホスト全体のものなのか、それとも複数プロセスあるうちの1プロセスでの件数にすぎないのかがわからない状況になりました。これを解決するのがCounter APIで、Fluentdプロセス内で各種メトリクスなどをカウントするためのものです。

```
helpers :counter
```

Counter API
Fluentdプロセス間で共有されたカウンタの操作

Counter APIは、複数のFluentdプロセスがサーバやクライアントとなり、分散したFluentdプロセス間で1つのカウンタを共有するためのしくみです。機能的には、多数のホストで動作する多数のFluentdプロセス間におけるカウンタの共有もできます。しかし、主目的としては、複数ワーカーを有効にした複数プロセス動作のFluentdにおいての使用を想定しています。

サーバとなるFluentdプロセスは1つだけで、カウンタの冗長化などは行われないため、サーバとなっているFluentdは単一障害点となることに注意してください。

■──カウンタによる数値の保存

Counter APIを経由してサーバが提供するカウンタは数値を保持するもので、スコープ付きの名前を持ちます。スコープはカウンタサーバとクライアントがそれぞれ定義するもので、ほかのカウンタと名前の衝突を起こさないためのものです。カウンタの値には型があり、`integer`(整数)、`float`(浮動小数点数)のどちらか、あるいはどちらでも受け付ける`numeric`を指定します。何も指定しなければ`numeric`がデフォルトです。

カウンタサーバ内でのカウンタの状態

my_host_counter	my_awesome_plugin	records	30	82
サーバのスコープ	クライアントのスコープ	カウンタ名	現在値	累計値

カウンタは、クライアントから名前と初期値で初期化(*init*)されると使用可能となり、取得(*get*)、増加(*inc*)、リセット(*reset*)、削除(*delete*)という操作を受け付けます。初期化されていないカウンタに増加、リセット、削除の各操作を行うとエラーになります。複数のクライアントから各操作が行われることを想定しているため、クライアントは排他制御などに気を付ける必要はあ

りません。

カウンタを取得すると、現在値(*current*)と累計値(*total*)が得られます。カウンタの増加を行うと現在値と累計値の両方が増加し、リセットを行って成功すると現在値が`0`に戻されます。累計値はカウンタが初期化されてから増加された値の合計を保持していて、リセットの影響を受けません。カウンタが削除されると、再び初期化されない限りそのカウンタは使用できなくなります。

■──クライアントを経由したカウンタ操作

`counter`プラグインヘルパーは、Counter APIを実装した`Fluent::Counter::Client`オブジェクトを提供します。これを用いてカウンタの増加や取得などを行います。

■──Counter API有効化に必要な設定

Counter APIの使用には、`<system>`ディレクティブにおいて`<counter_server>`ディレクティブと`<counter_client>`ディレクティブの設定が必要です。サーバとなるFluentdプロセスで`<counter_server>`ディレクティブを設定します。そのIPアドレスもしくはホスト名とポート番号を、クライアントとなる各Fluentdプロセスの設定で`<counter_client>`ディレクティブとして指定します。

```
<system>
  # カウンタサーバとなるFluentd
  <counter_server>
    scope my_host_counter
    bind 127.0.0.1 # localhostからのみ接続できるカウンタ
    port 24321     # デフォルトポート番号
    backup_path /var/lib/fluentd/counter.json # カウンタ値の保存ファイル
  </counter_server>

  # カウンタクライアントとなるすべてのFluentdで（サーバ兼任の場合は両方書く）
  <counter_client>
    host 127.0.0.1
    port 24321
    timeout 10s    # デフォルト値はなし（タイムアウトしない）
  </counter_client>
</system>
```

`<counter_server>`ディレクティブと`<counter_client>`ディレクティブで指定できるパラメータは上記の例ですべてです。

counter_client_createメソッド
Counter APIクライアントを作成する

counter_client_createメソッドは、Counter APIにアクセスするためのクライアントオブジェクトを作成します(**表14.24**)。

```
counter_client_create(scope: [, loop:])
```

scopeキーワード引数はサーバ側で指定したものと異なっていてかまいません。サーバ側のスコープとクライアントが指定したスコープを組み合わせて、このクライアントが使用する実際のスコープが作成されます。複数のカウンタが指定するスコープが同じ文字列の場合、そのスコープはサーバ上で複数のクライアントから共有されるカウンタとなります。

```
def start
  super
  @counter = counter_client_create(scope: "my_awesome_plugin")
end
```

■──カウンタ操作の同期実行と非同期実行

カウンタクライアントにおけるカウンタの操作メソッドはすべて非同期で処理されますが、この非同期処理を制御するにはかなり複雑なコードが必要です。具体的にはカウンタ操作のメソッド戻り値はすべてFluent::Counter::Futureオブジェクトで、このオブジェクトに対してwaitメソッドを実行して完了を待つか、getメソッドを実行して実行結果を得る必要があります。

```
v = @client.inc({name: 'records', value: 1})
v #=> Fluent::Counter::Futureオブジェクト

r = @client.inc({name: 'size', value: 100}).get
r #=> Fluent::Counter::Future::Resultオブジェクト
r.success? #=> true/false
if r.success?
  r.data # 操作後のカウンタ状態の配列
else
  r.errors # 操作で発生したエラー内容
end
```

表14.24 counter_client_createメソッド

種別	名称	型	デフォルト
キーワード引数(必須)	scope	String	-
キーワード引数(省略可)	loop	Coolio::Loop	nil
戻り値	あり	Client	-

本節ではカウンタ操作はすべて即座に戻り値に対してgetを呼び出し、同期的に実行しています。よほど大量のカウンタ操作を続けて行わない限り、すべてを同期的に実行しても問題はないでしょう。

■――カウンタの初期化

カウンタを使うには、まずinitメソッドで初期化しなければなりません。プラグインがカウンタを必要とするなら、プラグインの起動処理中に初期化を実行しましょう。カウンタサーバ上にすでにカウンタが存在する場合には初期化処理は単に無視されます。

初期化はカウンタ名、初期値、カウンタの型、そしてリセット間隔を指定します。カウンタの型を指定しなければnumericとなります。リセット間隔についてはリセット操作とともに後述します。初期化対象のカウンタごとにHashオブジェクトを指定し、複数のカウンタを初期化する場合にはHashオブジェクトの配列をメソッド引数とします。

プラグインの起動処理中にカウンタを初期化

```
def start
  super
  @counter = counter_client_create(scope: "my_awesome_plugin")

  # カウンタrecordsを初期化し、完了を待つ
  records_spec = {name: "records", value: 0, type: "integer", reset_interval: 0}
  @counter.init(records_spec).get

  # カウンタsizeとsecondsを初期化し、完了を待つ
  counter_specs = [
      {name: "size", value: 0, reset_interval: 86400},
      {name: "seconds", value: 0.0, type: "float", reset_interval: 86400 * 7},
  ]
  @counter.init(counter_specs).get
end
```

すでにカウンタが存在する場合には初期化処理は失敗し無視されるため、初期化処理が成功したかどうかをチェックする意味はあまりありません。しかし、メソッド戻り値に対してgetメソッドを呼び出して結果を待たなくて

説明
ここで扱うカウンタのスコープ名
バックエンドで使用する非同期I/O処理用のインスタンス
Fluent::Counter::Clientのインスタンス

は、カウンタ初期化が完了する前にほかの操作を実行してしまう恐れがあります。

■──カウンタの取得

初期化されたカウンタはいつでも値を取得できます。取得にはクライアントのgetメソッド[注20]を使用し、引数にカウンタの名前を指定します。複数のカウンタ値を取得する場合にはカウンタ名を複数指定します。

```
count = @counter.get('records').get
count.data #=> [
          #    {
          #      "name" => "yay",
          #      "total" => 10,
          #      "current" => 1,
          #      "type" => "integer",
          #      "reset_interval" => 0,
          #      "last_reset_at" => 2022-03-28 15:27:01.848897000 +0900
          #    }
          #  ]
count.data[0]["current"] #=> 1

counts = @counter.get("records", "size").get
counts.data #=> [<Hash:カウンタrecordsの情報>, <Hash:カウンタsizeの情報>]
counts.data[0]["name"]    #=> "records"
counts.data[0]["current"] #=> 1
counts.data[1]["name"]    #=> "size"
counts.data[1]["current"] #=> 30
```

■──カウンタの増加

カウンタの増加はincメソッドを用い、引数にカウンタ名と増加値を指定したHashオブジェクトを指定します。このメソッドも複数カウンタの操作のため、Hashオブジェクトの配列を受け取れます。呼び出し結果のdataには操作後のカウンタ情報が含まれています。

```
result = @counter.inc({name: "records", value: 1}).get
result.data #=> [<Hash:カウンタrecordsの情報>]

operations = [
    {name: "size", value: 30},
    {name: "seconds", value: 0.5},
]
results = @counter.inc(operations).get
results.data #=> [<Hash:カウンタsizeの情報>, <Hash:カウンタsecondsの情報>]
```

注20 Futureオブジェクトのgetメソッドとまぎらわしいため、混同しないように気を付けましょう。

■──カウンタのリセット

カウンタは単に累計値を保持するだけではなく、途中で`0`にリセットできます。これは、処理したイベント数の1日ごとの数をカウントしたい、などの要求を満たすためのものです。

カウンタを初期化するときには`reset_interval`によりカウンタのリセット間隔を指定する必要がありますが、これは最後にリセットされてから次のリセットが可能となるまでの秒数です[注21]。`reset_interval: 3600`を指定されたカウンタは、3,600秒間(1時間)経過するまではリセット操作を要求されてもリセットされません。3,600秒経過後にリセット操作を受けると、リセット操作が成功し、値が`0`になります。リセット成功時に返るのはリセットされる直前のカウンタ情報となるため、1日ごとの情報が欲しい場合などは、このリセット成功時の戻り値を用います。

最後のリセットからまだreset_intervalの秒数が経過していない場合

```
result = @counter.reset("records").get
result.data[0]["success"]      #=> false
result.data[0]["elapsed_time"] #=> 3310（最後のリセットからの経過秒数）
result.data[0]["counter_data"] #=> <Hash:カウンタrecordsの情報>
```

最後のリセットからreset_interval以上の秒数が経過した場合

```
result = @counter.reset("records").get
result.data[0]["success"]      #=> true
result.data[0]["counter_data"] #=> <Hash:カウンタrecordsのreset前の情報>
```

ほかの操作と同様に、複数のカウンタに同時にリセット操作が行えます。

```
results = @counter.reset("records", "size").get
results.data[0]["success"] #=> true/false
results.data[1]["success"] #=> true/false
```

■──カウンタの削除

カウンタをあえて削除することはほとんどないでしょうが、操作としては用意されています。`delete`メソッドを用い、リセットと同様にカウンタ名を引数に指定します。戻り値には削除される前のカウンタ情報が含まれています。

```
result = @counter.delete("records").get
result.data #=> [<Hash:カウンタrecords削除前の情報>]

results = @counter.delete("size", "seconds").get
results.data #=> [<Hash:カウンタsize削除前の情報>, <Hash:カウンタseconds削除前
の情報>]
```

注21 初期化時に`reset_interval: 0`を指定したカウンタは、いつでもリセットできます。

14.17 event_emitterプラグインヘルパー プラグインからイベントを入力する

event_emitterプラグインヘルパーは、プラグインからイベントをFluentd内部に向けて入力するためのものです。正確な機能としては、イベント入力のためのRouterをプラグインから使用可能にします。このヘルパーは例外的にすべてのInputプラグインとFilterプラグインで最初から有効になっています。Outputプラグインからイベントを入力したいときには明示的に有効化します。

```
helpers :event_emitter
```

Inputプラグインについてのこれまでの解説のとおり、次のコード例のようにemitメソッドなどを呼び出して使用します。

```
router.emit("my.service", Fluent::EventTime.now, {"key" => "value"})
```

routerメソッド
Routerを返す

routerメソッドは、プラグインから使えるRouterを返します(**表14.25**)。このメソッドは、プラグインヘルパーのメソッドの通常ルールに反してevent_emitter_接頭辞を持ちません。単にrouterメソッドで呼び出します。このメソッドで得られるRouterはプラグイン設定の@labelパラメータを解釈し、指定されたラベルを用いてイベントのルーティングを行います。

```
router()
```

表14.25 routerメソッド

種別	名称	型	デフォルト
戻り値	あり	EventRouter	-

14.18 まとめ

本章では、プラグインに共通の機能を提供するプラグインヘルパーについて、ヘルパー各々が提供する機能の詳細を解説しました。

プラグインヘルパーは、個別にプラグイン内で有効にするようhelpersメソッドを用いて宣言しなくてはいけません。timerは一定時間ごとに処理を実行する機能を提供し、child_processは外部コマンドを子プロセスとして実行します。serverはネットワークサーバを作成する機能を提供しますが、特にHTTPを用いる場合にはhttp_serverが使用できます。threadはスレッドの作成および管理に便利な各種の機能を提供し、socketはネットワーククライアントとして動作するためのソケットの作成を行います。injectおよびextractはレコードへのデータの注入およびレコードからのデータの取り出しを提供します。formatterとparserはそれぞれFormatterプラグインとParserプラグインの初期化を提供します。record_accessorを用いることで、ネストした複雑なレコードへのアクセスを統一された方法で行えます。storage、service_discovery、counterはどれもプラグインへのデータ保存、サービス管理および内部カウンタを提供するものです。event_emitterはプラグインからFluentd内部へのイベント入力を可能にするためのもので、InputプラグインとFilterプラグインでは最初からこの機能が有効になっています。

説明
Fluent::EventRouterのインスタンス

第15章 Fluentdの通信プロトコル

Fluentdによるデータ入出力の多くのケースにおいて、データの入力と出力は異なる場所で行われます。そしてその間では、対象となるデータがネットワークを経由して転送されることになります。このときどのような通信でデータを転送するのか、送受信されるデータはどのような形式で表現されているのかなどの詳細を定義するのがプロトコルです。

本章では、Fluentdがデータ転送に用いるプロトコルについて、その目的や概要を紹介します。続けて、プロトコルにおいて規定されているデータの転送形式それぞれの詳細や日時の表現方法、データ転送時に指定できるオプションなどを解説します。そのあと、通信相手の死活監視、データの受信確認に使われるACK、通信相手の認証および通信経路の暗号化といった個別のトピックを詳細に解説します。

15.1 ネットワーク通信プロトコルの重要性

Fluentdにおけるネットワーク通信プロトコルの重要性は、Fluentdが独立した1台のみで動作することはほぼ皆無だということからも明らかでしょう。Fluentdはサーバ上で動作するログの収集や集約、転送、変換、保存などを実現するためのソフトウェアです。これは本書でこれまで説明してきたとおりですが、特にこのうちの「転送」および「集約」に重要な役割を果たすのがネットワーク経由での通信です。Fluentdは1台、1プロセスのみで動作するだけでも多くのことが実現できますが、実際にはほとんどの環境でネットワーク経由で連携した複数のFluentdが用いられ、効率的にログやデータを集約しています。

ネットワークを経由すると一口に言っても、利用できるネットワーク通信にはさまざまな種類や性能のものがあります。同じデータセンター内や同じクラウド環境においては高速かつ高信頼の通信が行えます。しかし、データセンターや複数のクラウドプロバイダをまたいだインターネット経由での通信が必要になることもあるでしょう。また、通信は実際にはFluentdだけではなく、Fluentd向けにデータを送信する各種のアプリケーションからも行われます。こういったアプリケーションは信頼がおけないネットワーク、あるいは通信エラーの発生率が非常に高いネットワーク環境で動作しているかもしれません。

さらに、通信環境が同じでも、通信の信頼性に対する要求が異なることもあります。データを一つたりとも欠落させてはならない高信頼性を要求する通信もあれば、とにかく大量のデータを流すので、ごく低い確率でのデータの欠落はやむを得ず諦め、性能を最重要視するケースもあるでしょう。

これらの要求を満たすために設計されているのがFluentd forward protocolと名付けられている通信プロトコルです。ここではそのv1(バージョン1)として、Fluentd v0.14やv1以降で使用されている通信プロトコルについて解説します[注1]。

なお、本章におけるプロトコルの解説では、「クライアント」はデータを送信する側、「サーバ」はデータを受信する側とします。

15.2 Fluentd forward protocol v1の概要 通信路とデータ表現

Fluentd forward protocolはその名前のとおり、Fluentdの`in/out_forward`プラグインで使用されている通信プロトコルです。また、各種プログラムやアプリケーションからFluentdにデータを直接送信するためのライブラリであるfluent-loggerにおいても、ほとんどはこのプロトコルの通信を使用してFluentd宛にデータを送信します。

プロトコルのバージョン

本章で解説するFluentd forward protocolはv1と呼ばれるものです。このバージョンはFluentd v0.14以降で使用可能な各種の機能をサポートしています。逆に言うとFluentd v0.12以前のバージョンでは、Fluentd forward protocol v1の次の機能が使用できません。

- **TLSによる接続**
- **共有キー認証**
- **ユーザー名とパスワードによる認証**
- **CompressedPackedForwardモードによる圧縮データ送信**
- **ナノ秒単位の日時サポート**

これらの機能は、Fluentd forward protocol v1をサポートしているFluentdどうしでの通信のみで使用できます[注2]。

注1　プロトコル定義の原文は、Fluentd開発リポジトリのWikiで読めます。
https://github.com/fluent/fluentd/wiki/Forward-Protocol-Specification-v1

注2　サーバ、クライアントともにFluentd v0.14もしくはv1以降が対応します。

一方で、ほかの点においては以前のプロトコル[注3]と互換性があります。このため認証などを使用しないTCPによるデータ転送は、古いバージョンのFluentdと新しいバージョンのFluentdの間でも行えます[注4]。

TCPまたはTLSを用いた通信

Fluentd forward protocolにおいては、通信は基本的にはTCPを用いて行われます。TCPはすべてのデータ送信に対して送れたかどうかの確認を行うため、比較的高信頼性を実現できます。ただし、外部からのノイズなどにより通信経路上で誤ったデータに変わってしまうことは防げません。これを防ぐためには、あとで述べるTLSによる通信を用いる必要があります。

MessagePackによるデータ表現

Fluentd forward protocolは、データの符号化（*encoding*あるいは*serialization*）[注5]方式にMessagePackを使用しています。MessagePackは、JSONのようなデータを、よりコンパクトなバイナリとして表現するためのデータ表現形式です[注6]。Fluentd内部ではバッファに対するデータの読み書きのための符号化にもMessagePackが使われています。

データ転送のためのモード

Fluentd forward protocolにおいてデータを転送するには、以降で解説するモードがあります。

データの転送時に、対象のデータをどう表現するかについてはいくつかの方法があります。最も重要なのは、複数のレコードがあるとき、それをどう表現するかでしょう。Fluentd forward protocolを用いる通信は、一度接続したコネクション（通信路）において、データを複数回に分けて送れます。長時間接続しっぱなしのコネクションを用いれば継続的にデータを送れますが、

注3　Fluentd forward protocol v0と便宜的に呼ばれています。

注4　Fluentd v0.14またはv1以降のバージョンが送信側、Fluentd v0.12が受信側になるときにナノ秒単位をサポートした日時を送らないように注意してください。このためには送信側の`out_forward`プラグイン設定において`time_as_integer`パラメータに`true`を指定します。

注5　デジタルデータでどのように表現するかを決めるルール、およびそのルールに従ったデータの変換のことです。

注6　MessagePackについては6.6節で詳しく解説しました。

その際、送信ごとにどうデータを表現するかを選ぶことができます。このデータ表現方法がデータ転送のためのモードです。

なお、本章では例示においてJSONを用いでデータ例を示していますが、実際には例示のJSONと等価のMessagePackを用います。

Messageモード　一度に1イベントのみを送る

Messageモードは最も単純なモードで、次のように1回の送信で1つのイベントのみを送信します。fluent-loggerなどのクライアントにおいてはこのモードを用いることが多いでしょう。

[タグ, 日時, レコード, オプション]

```
[
    "tag.name",
    1582274996,
    {"field1": "value1", "field2": "value2"},
    {"options": "optional..."}
]
```

このように、1回の送信ではタグ、日時、レコード、そして通信プロトコル上の機能を指定するオプションの4つを組にします注7。タグは文字列で指定します。日時はこの例では1つの数値ですが、異なる形式の場合もあります注8。

このモードは、最も単純な形式でデータが表現できることが最大の特徴です。また、1イベントごとに送信すればよいため、クライアントライブラリなどでどこまで送信したか、どこからは送信していないかなどを管理する必要がなく、シンプルな用途には使い勝手が良いでしょう。一方で多量のデータを扱う場合、イベントごとに1回ずつ送信を行うことになるため、処理効率、通信効率、データサイズといった面で、あまり良くありません。多くのレコードを送らなければならないことがわかっている場合は、以降で紹介する別のモードを使用したほうがよいでしょう。

Forwardモード　複数のイベントをまとめて送る

Forwardモードは、1回の送信で複数のイベントを送信するためのモードです。fluent-loggerなどのクライアントでも、多くのデータを送信する前提の場合にはこちらのモードを使っているかもしれません。

注7　オプションは、必要なければ、つまり、すべてデフォルトでよければ省略できるので、3つの場合もあります。

注8　日時の表現については本節で詳しく後述しています。

[タグ, [[日時, レコード], [日時, レコード], ...], オプション]

```
[
    "tag.name",
    [
        [1582274996, {"field1": "value1", "field2": "value2"}],
        [1582274997, {"field1": "value3", "field2": "value4"}],
        [1582274998, {"field2": "value5"}],
    ],
    {"optional": "options", ...}
]
```

このモードで1回に送信されるデータは、すべて同じタグでなければなりません。逆に言うと、同じタグを持つイベントのみを1回の送信にまとめることができます。イベントの日時とレコードをペアにし、そのペアを並べることで複数のイベントを送信します。各レコードはそれぞれ独立ですので、内容に違いがあってもかまいません[注9]。

このモードはMessageモードよりも若干複雑な構造ですが、それでも簡単に把握できる程度のものであるため、クライアントライブラリなどで扱うのもそう難しくはないでしょう。一方、クライアント側で同じタグのイベントをまとめる処理が必要になります。多くのデータを扱うことが明白な場合、MessageモードとForwardモードのほうが圧倒的に効率に優れています。多量のデータ送信を考えている場合はこちらのモードの使用を前提とするべきでしょう。

■――PackedForwardモード　処理効率の良いデータ表現を用いて送る

PackedForwardモードは、Fluentd標準の`in/out_forward`プラグインにおいて使われるモードです。データサイズなどの面での効率はForwardモードと変わらないため、このモードを積極的に使用する理由はほかのソフトウェアにはないでしょう。

[タグ, イベントデータ, オプション]

```
["tag.name", "<<イベントデータの文字列>>", {"optional": "options", ...}]
```

このモードにおける「イベントデータ」の中身は、MessagePackエンコードの日時とレコードペアを続けて記述したデータです。これはForwardモードにおける日時とレコードのペアとほぼ同じです[注10]。ただし、これをMessagePackでエンコードしたままの状態で含んでいる点で異なります。

注9　各レコードが保持しているフィールドの数や種類などが異なっていてもかまわないということです。

注10　細かく言えば、複数のレコードをまとめた1つのリストとして表現しているのがForwardモードの場合で、PackedForwardモードの場合はそれぞれのペアを単に並べたものとなります。

PackedForwardモードは、in/out_forwardプラグインのためのモードであることは前述しました。このエンコードしたままのイベントデータは、実際にはFluentdがバッファ内部に保持しているデータそのものです。つまり、out_forwardプラグインはバッファされたデータをそのまま通信に乗せて送ることができるのです。

また、in_forwardプラグインも受け取ったPackedForwardモードのイベントデータをそのままバッファに書き込めます。このため、in_forwardプラグインによりデータを受け取り、それをどこかにそのままout_forwardプラグインで転送する場合に、イベントデータの中身は一度も展開(デコード)されずに受信と送信が完了します。これは特に、大量のデータをやりとりするときに、性能面の効率に大きな意味を持ちます。

■──CompressedPackedForwardモード　圧縮済みのデータを送る

CompressedPackedForwardモードはPackedForwardモードと同じ構造をしていますが、イベントデータをgzip圧縮したものです。これもin/out_forwardプラグインにおいて使われるためのモードと考えてよいでしょう。

```
[タグ, イベントデータ, オプション]
["tag.name", "<<gzip圧縮済みイベントデータ>>", {"compressed": "gzip", ...}]
```

ほかのモードとは異なり、このモードの使用時にはオプションの指定が必要です。オプションを指定する第三要素で"compressed": "gzip"が指定されているとき、第二要素のイベントデータはgzip圧縮されたものとなります。現在のところサポートされている圧縮形式はgzipのみです。

データ送受信における圧縮は、メリットとデメリットの評価が難しい機能でもあります。データを圧縮して送受信データの総量を大きく削減できることがありますが、データの内容によっては思ったほどの削減にならないこともあります。特にFluentdは数値をバイナリデータとして扱うため、gzipでの圧縮効率はあまり良くない傾向にあります[注11]。処理しているデータに数値などが多く含まれている場合は圧縮率に過度の期待はできないでしょう。

また、データの圧縮には計算資源が必要です。Fluentdの運用においてCPU時間をはじめとした計算資源はかなり貴重ですので、それをデータの圧縮に用いてよいかどうかは考慮のしどころです。送受信するデータ量を減らす目的が全体の高速化であれば、圧縮しての送受信は逆効果になることも多いで

注11　テキストファイルとして書かれたログデータなどを圧縮すると1/10程度のサイズが見込めますが、バイナリデータの圧縮効率はもっと悪いのが普通です。

しょう。データの送受信に従量課金で費用が発生する状況において、送受信量を減らすなどの目的なら効果的かもしれません。

日時の表現

Fluentdが扱うデータにおいて重要なのが日時です。日時はデジタルデータとしての表現に統一的な標準がなく、どう扱うかは大きな問題となります。ここではFluentdがどのように日時を表現するかを解説します。

■――ナノ秒精度の値を用いたFluentdの日時

Fluentdのイベントはすべて日時を持ちます。Fluentdにおける日時はEpochからの経過秒数として表現されます。この秒数は小数点以下でナノ秒までの精度を持ちます。日時そのものにはタイムゾーンは保持されていません。

ナノ秒までの精度を持つ日時の表現は、実はあまり簡単ではありません。たとえば、Epochからの経過秒数を浮動小数点数として保持しようとしても、有効桁数が足りず、マイクロ秒やナノ秒の精度を保持できません[注12]。

■――2つの整数を組み合わせた日時表現

Fluentd forward protocolにおいては、ナノ秒までの精度を持つ日時は2つの32ビット整数の組み合わせで表現します。1つ目はEpochからの経過秒数の整数値、2つ目は小数点以下の経過時間をナノ秒で表現したものです。これをMessagePackのext type[注13]を用いて表現しています。MessagePackの型情報と合わせて、1つの日時の表現に10バイトを使用します[注14]。

バイト列としては次のように、型情報に1バイト、どのようなオブジェクトかを表すext type idに1バイト、あとは秒とナノ秒に4バイトずつのデータが並びます。

```
[型情報 (1byte)][ext type id:0 (1byte)][int32 (Seconds)][int32 (NanoSec)]
```

注12 64ビット浮動小数点数の有効桁数は10進数にしておよそ15桁で、これをEpochから2022年現在までの経過時間に用いると10マイクロ秒程度までの精度となります。

注13 MessagePackが持つ型の一つで、使用者が独自のデータ型を定義できる拡張型をext typeと呼びます。この日時型のext type idには0を用います。

注14 なお、MessagePackにおいて定義されている`timestamp`拡張型をFluentd forward protocol v1は使用していません。MessagePackでの仕様策定よりも、Fluentdの日時の仕様変更のほうが先行したためです。このためFluentdは、2038年1月19日よりもあとの日時を扱えない、いわゆる2038年問題を抱えています。実際にはそれより十分前にMessagePackの`timestamp`型をサポートするなどして対応されるでしょう。

また、Fluentd v0.12以前に用いられていた日時形式として、Epochからの経過秒数(整数)のみも扱えます。この場合は小数点以下の情報は保持できず、データ精度は秒単位となります。

通信オプション

通信オプションは、データ転送の各モードにおいて送信のたびごとに指定されるものです。オプション名とその指定値をキーと値にしたmap[注15]として表現します。何もオプションが指定されない場合には省略できます。

通信オプションのキーとして使用できるのは、Fluentd forward protocol v1においては次の3つです。

■──sizeオプション　データがいくつイベントを保持するか示す

sizeオプションは、その送信データがいくつのイベントを保持しているかを数値で示すためのものです。

データ送信がPackedForwardモードやCompressedPackedForwardモードで行われている場合、データを中継するだけならデータ本体のデコードが不要であることは前述しました。一方でその場合、データがいくつのイベントを保持しているのかが判定できません。処理したイベント数の統計をとっている、あるいはバッファへの格納データ量をイベント数によって制御している場合などに、これは大きな不都合となります。sizeオプションは、付加情報としてイベント数を送信することで、データ読み込みの代わりとなります。

■──chunkオプション　データ送信に対してACKを要求する

chunkオプションは後述するACKを要求するためのもので、指定する場合は文字列の値を指定します。内容についてはあとの節で詳述します。

■──compressedオプション　データの圧縮形式を指定する

compressedオプションはCompressedPackedForwardモードを使用するときに指定するためのもので、圧縮方法を値としてセットします。現在、許可されている圧縮方法はgzipのみです。

注15　JSONで言うオブジェクトとほぼ同じもの、RubyにおけるHashのことです。

15.3 Heartbeatを用いた死活監視
データ送信先が正常か確認する

Heartbeatとは、通信相手が正常に応答を返すかどうかをチェックするための信号のことです。

ネットワークを経由するデータ転送を行う際、送信先が正常に動作しているか、あるいは送信先までの通信経路に問題がないかを確認するのは、データ転送における信頼性向上のために重要です。データを送ろうとはしてみたものの、そのときに相手に接続できないことがわかったということも少なくありません。このような失敗は、全体的な信頼性および性能に悪影響を与えます。この監視作業のことを死活監視と呼びます。

データを送ろうとしたら相手と通信ができなかったという状況をできるだけ少なくするための通信がHeartbeatです（**図15.1**）。日本語で言えば心拍音ですが、定期的に生存を確認するための信号という特徴が心拍音と通じるため、このように呼ばれるのでしょう。Heartbeat自体はFluentd forward protocolの独創でもなんでもなく、さまざまなプロトコルや通信システムにおいて用いられています。

FluentdにおけるHeartbeat

Fluentdどうしの通信において、Heartbeatは必須というわけではありませ

図15.1 Heartbeatを用いれば、データ送信時に利用可能なサーバを即座に選べる

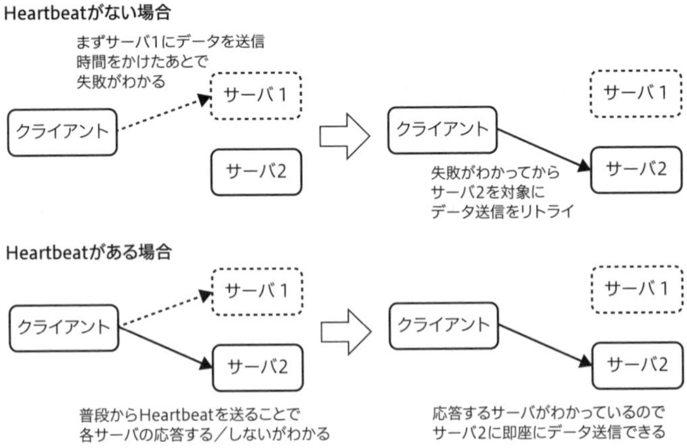

ん。使用しないこともできますし、またHeartbeatを使う場合でも複数の方法があります。Fluentd forward protocolとしては、Heartbeat通信はUDPによるデータの送信と受信として定義されています。送信先となるサーバのUDPポート番号はデータ送受信で使用しているものと同じものを用い、Fluentdにおけるデフォルトは24224です。Heartbeatを受け取ったサーバは、自分が正常に動作していることを知らせるため、送信元にUDPによるHeartbeatを送り返します。

このやりとりが成功する場合には、通信相手のサーバはデータ送信相手として正常に動作している、と確認できます。逆にHeartbeatメッセージを送っても返事が返ってこない場合には、相手が正常に動作していないと判断することになります。

in_forward/out_forwardプラグインにおける実際の死活監視

Fluentdの`in/out_forward`プラグインは、UDPを用いる方法のほかに、実際のデータ送信に用いる接続プロトコルであるTCPまたはTLSを用いてHeartbeatを確認することもできます。TCPやTLSは接続を確立するために双方向の通信が行われますから、これをUDPによるデータ送信と受信の代わりと見立てるものです。Heartbeat用の接続は、確立されてもすぐ切断されることとなります。現在では`in/out_forward`プラグインのデフォルトの死活監視は、このTCP/TLSを用いた方式で行われています。

UDPを用いる方法は、Heartbeatに必要なデータ通信量が小さく、ネットワーク回線の容量にあまり余裕がない場合には良い選択肢と言えるでしょう。一方でネットワーク設定によってはUDPの通信は許可しないこともあり、シンプルな通信パターンで完結したい場合には、データ送信用の接続プロトコルと同じものを用いたほうがよいでしょう。

15.4 ACK
データを受信したことを送信元に通知する

ACK《アック》[注16]は、データ転送におけるat least once送信を実現するためのものです。ACKは、データを受信したことを送信元に通知するための通信です。

ネットワークを経由してデータを送るとき、送信元となるクライアント側

注16 ACKはacknowledgementの略称ですが、通信関連の仕様において共通して用いられる言葉です。

では何のエラーもなくデータ送信が完了したことになっていても、実際にはサーバ側では正常に受け取れていなかったということがあり得ます。ネットワークのどこかでデータが欠落あるいは変化した、サーバ側でデータを受け取ったものの正常にバッファに書けず欠落したという状況などです。

こういった不測の自体によるデータの欠落を避けるために存在するのがACKです。ACKもHeartbeatと同様にネットワーク通信のさまざまな場所で出てくる概念ですが、Fluentd forward protocolにおいては、データを送るごとに、その確認としてサーバがクライアントに対して送るもののことを言います。

ACKを要求するデータ転送

前述の通信オプションの指定において、chunkというオプションがあると述べました。chunkオプションを使用するときは、データ転送の各モードにおけるデータ送信の一度ずつにそれぞれユニークなIDを振り、chunkオプションの値としてそのIDを指定します。chunkオプションの値は文字列ですが、Fluentdの実装においては、128ビットのランダムなバイナリ値[注17]をBase64エンコードしたものを使用しています。プロトコルとしては、データ転送チャンクごとに生成されるユニークな値であれば何でも使用できます。

```
[
    "tag.name",
    [
        [1582274996, {"field1": "value1", "field2": "value2"}],
        [1582274997, {"field1": "value3", "field2": "value4"}],
        [1582274998, {"field2": "value5"}],
    ],
    {"chunk": "Q2h0p9e8LDfwxaP9vw+Cxg==", ...}
]
```

ACK要求された場合のレスポンス

クライアントが上述の例のようなデータを送信すると、サーバは受け取ったデータをまず内部で処理します。その処理、典型的には、出力先のOutputプラグインがデータを受け取り、バッファに格納するまでが成功すると、サーバはACKメッセージとして、次のようなデータをクライアントに返信します。

注17　正確には上位64ビットは現在日時から生成された値を用い、下位64ビットにランダムな値を用いています。

```
{"ack": "Q2h0p9e8LDfwxaP9vw+Cxg=="}
```

サーバからの返信は、送信されたデータのユニークIDをそのまま返さなければなりません。このACKメッセージをクライアントが受け取った時点で、クライアントはこのデータを送信完了とみなします。もし一定時間の間このACKメッセージが戻ってこなかった場合[注18]、クライアントは該当のIDを持つデータをサーバに再送します。

クライアントはACKメッセージが返ってくるのを待つ間にも、別のデータを次々と転送できます。また、サーバがACKメッセージを返す順序は、クライアントが送信した順序と一致するとは限りません。

15.5 認証 送信元あるいは送信先は正しいかを確認する

認証は、通信時のサーバとクライアントが、お互いに正しい相手かどうかを確認するための機能です。

Fluentdのout_forwardプラグインをはじめとしたクライアントは、通常は送信先のサーバをホスト名もしくはIPアドレスとポート番号により指定します。もちろんデータを送信してよい相手だという前提でサーバを指定するでしょう。しかし、送信先ホストあるいはIPアドレスが本当に正しいものなのか、いつの間にか別のものに入れ替わっていないかという疑いがあります[注19]。

また、サーバの側でも、無制限に誰からでもデータを受け入れるわけにはいかないでしょう。信頼できない情報源からのデータの混入ほどやっかいな事態はありません。データを送信してくるクライアントが正しいものであるかを、少なくないケースで確認する必要があるでしょう。

データ送信前の認証作業

正しくない通信相手とデータ送受信してしまう危険を少しでも排除できるよう、Fluentd forward protocolはサーバとクライアントの双方において認証のしくみを持っています。これは大きく、共有キーによるサーバとクライアントの相互認証と、ユーザー名およびパスワードによるクライアント認証に

注18 Fluentdにおけるデフォルトでは、190秒の間応答がなかった場合に失敗したとみなされます。
注19 特にクラウド環境を利用した構築をしている場合に、パブリックIPアドレスを使用した指定などは危険も大きいでしょう。

分かれます。

認証機能を使用する場合には、クライアントからサーバへ接続してから**図15.2**に示す認証用メッセージのやりとりを行う必要があります。図中のHELO[注20]、PING、PONGメッセージの各内容については、利用する認証の機能とともに後述します。

なお、認証を必要としない場合には、クライアントはサーバへ接続した直後から即座にデータを送信することになります。このときサーバ側が認証を要求しているなら、サーバは受け取ったデータを即座に破棄しつつ接続を強制的に閉じます。同様に認証に失敗した場合も、認証関連のやりとりのあとに接続は強制的に閉じられます。

■――共有キーによるサーバとクライアントの相互認証

認証機能を使用する場合、共有キーは必ず指定しなければなりません。これはサーバとクライアントの双方で指定する文字列[注21]で、双方で一致したものが指定されていない限り認証は失敗して接続は切断されます。事前に共有しておいた共有キー(秘密の文字列)を確認し、サーバとクライアントが同じものを持っていれば、それぞれにお互いへの通信を継続してもよいと判断します。

■――ユーザー名とパスワードによるクライアント認証

ユーザー名とパスワードは、サーバが通信を受け入れるクライアントを識

注20 この呼び名はメール用のプロトコルSMTP(*Simple Mail Transfer Protocol*)のHELOメッセージを踏襲したものです。

注21 共有キーの長さや文字種に特に制約はありません。

図15.2 認証作業におけるメッセージのやりとり

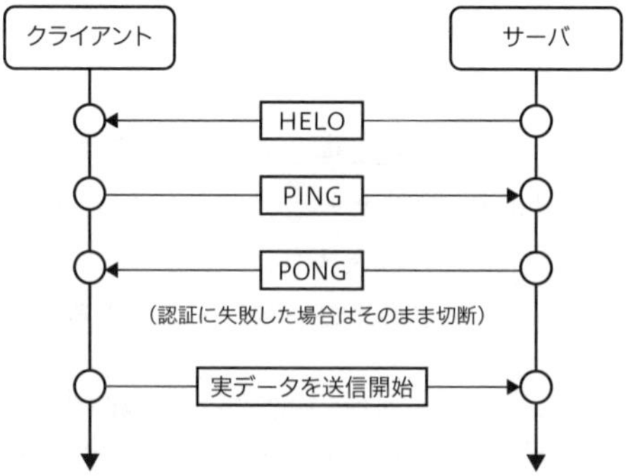

別するために使用します。サーバ(データを受信するFluentd)は多数の、そして多種類のクライアントからの通信を受け取る場合があります。このとき未知の、あるいはデータを受け取ってはいけない相手からの通信を受け入れるか拒否するかを決めるための機能です。

これは共有キーによる相互の認証とは異なります。共有キーはそのサーバに接続するクライアントすべてと共有されるため、あまり強い認証ではありません。ユーザー名とパスワードは多数の組み合わせを発行できるので、ある組み合わせが漏れてしまった場合にも、その組み合わせのみを無効とすることで、より細かく制御されたセキュリティを実現できます。

サーバのHELOメッセージ
認証処理に必要な情報を伝える

HELOメッセージは、TCPあるいはTLSでの接続確立後、サーバからクライアントに対して送られるものです。認証処理を行うのに必要な最初の情報が含まれています。

■──通常の場合

共有キーのみを用いる認証、つまりユーザー名およびパスワードをサーバが要求しない場合、サーバからのHELOメッセージは次のようになります。

```
[
    "HELO",
    {
        "nonce": "abcdefg_nonce",
        "auth": "",
        "keepalive": true
    }
]
```

nonce《ノンスまたはナンス》[注22]の値としては、サーバ側でコネクションを受け付けるたびに生成される、ランダムな文字列を使用します。ここでは仮にabcdefg_nonceとしています。

ユーザー名およびパスワードを認証に使用しない場合、authには空文字列を指定します[注23]。

keepaliveフィールドは、認証が成功しデータ送信がいったん成功したあ

注22 認証の過程で用いる使い捨てのランダム値のことです。リプレイ攻撃と呼ばれる攻撃を防ぐために用いられます。

注23 またはauthフィールドを省略します。

とも接続をしたままにしておくかどうかを示す値です。デフォルトはtrueです[注24]。trueの場合はサーバ側で設定するkeepaliveタイムアウト(秒数)の間は接続を維持し、その接続においては認証などをやりなおさずデータを受け付けることになります。falseとなっている場合、サーバはデータ転送が終わった接続を順次切断します。

■——クライアント認証を要求する場合

ユーザー名およびパスワードを認証に使用する場合、authにはパスワード認証に使用するソルト文字列を指定します。

```
[
    "HELO",
    {
        "nonce": "abcdefg_nonce",
        "auth": "stuxyz_salt",
        "keepalive": true
    }
]
```

authソルト文字列はサーバ側でnonceと同じようにランダムに生成されるものですが、nonceとは別個に生成されます。ここでは仮にstuxyz_saltとしています。

クライアントのPINGメッセージ
クライアントから認証情報を送る

クライアントは上述のHELOメッセージを受け取ると、送られてきたnonceの値と、またクライアント側でもランダムな認証用ソルト文字列を生成してshared_key_saltとし、これらを用いて次のようなPINGメッセージを生成します。共有キーのみを用いる認証の場合には、クライアント認証に関係する要素(❺と❻)は空文字列になります。

```
[
    "PING",  …❶
    "client.hostname.example.com",  …❷
    "stuxyz_random_shared_key_salt",  …❸
    "71cc44fbbad040fc（中略）aa1c1dd6d357a007",  …❹
    "", // もしくはユーザー名文字列  …❺
    ""  // もしくはパスワードなどから生成したSHA512ダイジェスト文字列  …❻
]
```

各要素の内容は次のとおりです。

注24 つまり、keepaliveを有効にする場合には指定を省略できます。

❶文字列PING
❷クライアントのホスト名あるいはIPアドレス(client_hostname)
❸クライアントがランダムに生成する認証用ソルト文字列(shared_key_salt)
❹共有キー確認用のSHA512ダイジェスト文字列(16進文字列表現)
❺ユーザー名文字列。パスワード認証を要求されていない場合は空文字列(username)
❻パスワード確認用のSHA512ダイジェスト文字列(16進文字列表現)。パスワード認証を要求されていない場合は空文字列

❹および❻の値は、クライアント側で計算して出力することになります。PINGメッセージ全体を生成するために、クライアントは次の情報を用います。

- nonce
  HELOメッセージで送られてきたnonce値
- auth
  HELOメッセージで送られてきたauth値
- client_hostname
  クライアントが送信するホスト名文字列(❷)
- shared_key_salt
  クライアントが生成する認証用ソルト文字列(❸)
- shared_key
  あらかじめサーバとクライアントが共有し設定している共有キー
- username
  クライアントに設定されている認証用ユーザー名
- password
  クライアントに設定されている認証用パスワード

これらを用いた計算を擬似コードで示すと、次のようになります。sha512_hexは、引数として与えられた文字列のSHA512ダイジェスト値を計算し、16進表現文字列として返す関数とします。

- **共有キー確認用ダイジェスト**
  sha512_hex(shared_key_salt + client_hostname + nonce + shared_key)
- **パスワード確認用ダイジェスト**
  sha512_hex(auth + username + password)

サーバのPONGメッセージ
認証結果とサーバからの認証情報を返す

PONGメッセージはPINGメッセージに対する返信で、認証結果などを含みます。また、クライアント側で検証するために、共有キー確認用のダイジェストも送ります。PONGメッセージの内容は、クライアント認証を用いるかどうかにかかわらず同じ形となります。しかし、PONGメッセージに含まれる認証結果は、クライアント認証を用いる場合には、クライアント認証の検証結果も当然考慮されている必要があります。

サーバはクライアントのPINGメッセージを受け取るとともに、サーバ側においても必要な値を独自に計算します。その結果をPINGメッセージとして送信されてきたものと照合することで、クライアントが正しい共有キーおよびパスワードを知っているかを確認します。共有キー確認用ダイジェストの計算にはサーバとクライアント双方において生成されたランダム値(nonce、shared_key_salt)を含めることで、またパスワード確認用ダイジェストにはサーバ側で生成されたランダム値(auth)を含めることで、攻撃への耐性を高めています。

サーバはPINGメッセージを受信し、共有キーならびに必要な場合はパスワードの照合を行ったら、その結果をクライアントにPONGメッセージとして送信します。次のような内容となります。

```
[
    "PONG",  …❶
    true, // もしくはfalse  …❷
    "",   // もしくは認証失敗の原因を示す文字列  …❸
    "server.hostname.example.com",  …❹
    "5f4fa7d321bf442b（中略）11ecc5bd1383adaa"  …❺
]
```

各要素の内容は次のとおりです。

❶文字列PONG

❷認証の成功を示すtrue**、もしく失敗を示す**false

❸認証失敗の原因を示す文字列(成功時は空文字列)

❹サーバのホスト名もしくはIPアドレス(server_hostname)

❺共有キー確認用のSHA512ダイジェスト文字列(16進文字列表現)

共有キーは、クライアントからサーバに対してはダイジェスト文字列が送られ、サーバ側で検証されました。しかし、サーバ側が持っている共有キーがクライアントのものと一致しているかどうかをクライアント側でも検証しなくてはいけません。でなければ、正しい共有キーを持っていないサーバに対してデータを送信する、つまりサーバがデータを不正に受信できることになります。

PONGメッセージにおける共有キー確認用ダイジェストはサーバのホスト

名を用いて算出し、検証します。ここでshared_key_saltはクライアントからPINGメッセージの❸として送られたもの、server_hostnameはPONGメッセージの❹として送られるもの、nonceはHELOメッセージに含まれていたものです。

- **共有キー確認用ダイジェスト**
  `sha512_hex(shared_key_salt + server_hostname + nonce + shared_key)`

PONGメッセージの❹として送られた文字列とクライアント側で計算した文字列が一致する場合、検証に成功し、クライアントはデータの送信を開始できます。

15.6 TLSによる暗号化通信
送信データを暗号化により守る

Fluentd forward protocolではデフォルトの通信方式をTCPとしています。しかし、TCP接続を通るデータは経路上で解析されれば内容がすべて見えてしまうため、機密性の高いデータには向きません。また、送信されたデータが経路上で変化したり改竄されたりといったアクシデントへの耐性もありません。

このケースに対処するために、通信経路としてTCPだけではなくTLSによる暗号化通信も使用できます。

TLSのメリットとデメリット

TLSとは、TCP接続の上で流れる通信を暗号化するための仕様です。現在のインターネットにおける暗号化通信のデファクトスタンダードといってよいでしょう。HTTPSによる暗号化通信も、現在ではほぼすべての場合でTLSを使用しているはずです。

暗号化通信は、文字どおり暗号化したデータをやりとりすることにより、通信経路上での第三者によるデータの覗《のぞ》き見を防止するための技術です。さらに、改竄や偶発的なデータの変化に対する耐性も提供します。仮に通信経路の安全が保証されていたとしても、データの送信に高い信頼性を与える目的でTLSを用いるのは有効だと考えられます。

一方でTLS接続は暗号化のためのハンドシェイク処理が最初に必要となるため、接続を開始してから実際の通信が可能となるまでに若干のタイムラグがあります。このタイムラグは通常気にする必要はありませんが、接続と切断の頻度があまりに高くなるときには全体的なパフォーマンスに影響を与えるかもしれません。また、TLSだけでなく認証も有効にしている場合には、TLS接続のためのハンドシェイクが完了したところから認証処理が始まるため、さらに時間が必要になります(**図15.3**)。

TLSのデメリットを緩和するキープアライブ

このように接続ごとの前処理のコストが高くなる場合には、キープアライブを有効にして接続を確立しっぱなしにし、その接続を再利用してデータを送信するのが効率的です[注25]。

キープアライブを有効にしないFluentdは通常、各モードでのデータ送信を1回終えるごとに接続を切断します。次のデータ送信のときには、再度接続を確立しなおします。それに対してキープアライブを有効にしている場合は一度接続されたものをそのまま使い回すため、TLSハンドシェイクや認証処理をやりなおす必要はありません(**図15.4**)。

注25 キープアライブをin/out_forwardプラグインで用いる設定については8.4節で解説しました。

図15.3 接続と切断を繰り返すときのデータ送信以外のオーバーヘッド

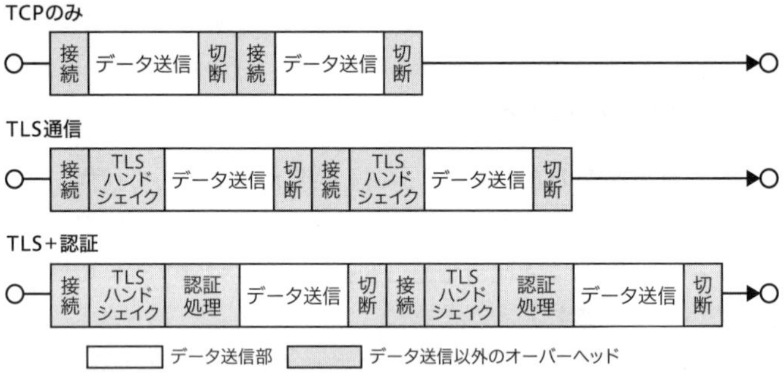

図15.4 キープアライブを有効にした場合の接続や切断とデータ通信のパターン

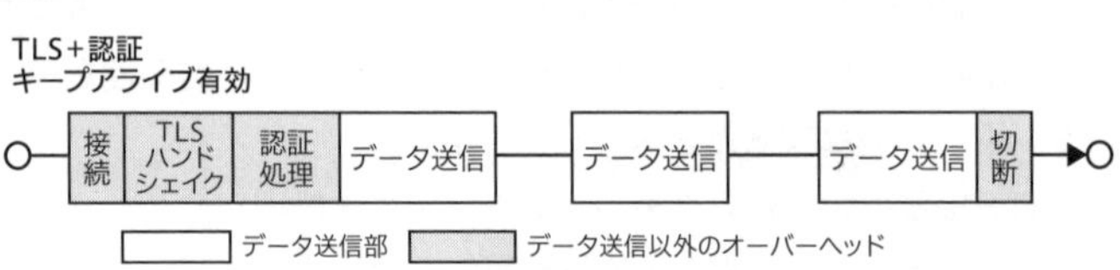

しかし、多数のキープアライブした接続はサーバのネットワーク周りの管理に負荷を与えますし、通信経路上のネットワーク機器においてもトラブルを起こすことがあります。このため、キープアライブを有効にするかはほかの設定を見て考えましょう。TLSおよび認証機能を有効にしていて、かつ大量のデータ送信が行われる場合に使用を検討するのがよいでしょう。

15.7 まとめ

本章では、Fluentdがデータをネットワーク転送するときに用いるプロトコルの詳細を解説しました。

Fluentd forward protocol v1と名付けられたこのプロトコルは、`in_forward`プラグインと`out_forward`プラグインの間の通信や、各言語向けのfluent-loggerライブラリで用いられています。TCPもしくはTLSを用いて接続し、その上でMessagePack表現のデータをやりとりして通信を行います。効率化のために複数のデータ送信モードがあり、さらにデータ送信時にオプションを指定することで受信通知を要求したり圧縮データを送信したりもできます。また、Heartbeatの送信による通信相手の死活監視もプロトコルの一部として定められており、TCP/TLSのコネクションを用いることも、UDPパケットを用いることもできます。認証を有効にする場合はコネクション確立後、データ送信の開始前にサーバからクライアントに要求が送られることで認証処理が開始されます。認証処理のための一連のメッセージのやりとりが正しく完了したのちにデータの送信が可能になります。

あとがき

本書では、Fluentdの基本からさまざまな使い方、プラグイン開発の方法などまでを解説しました。この内容は、Fluentdというソフトウェアを使うにあたり、大きな助けになるものと信じています。

一方で、Fluentdを用いることは、ログやデータの収集と分析という作業全体の中では、一部でしかありません。データの保存と分析を行うためのデータベースやサービスを効率的に扱うには、各々の使い方や特性などをよく学ばなければなりません。データ分析をどう効率的に行うかという点では、データそのものや統計などの理解が欠かせないでしょう。また、データ分析の結果をどう表現しどう説明するかといった事柄も考える必要があります。

Fluentdやそのエコシステムについて、本書ではカバーできなかった内容もあります。その中でも、Kubernetes環境におけるFluentdの運用については、今では大きなユースケースとなっています。また、現在のKubernetes環境においてはFluent Bitをログ収集に用いることも多く、Fluentdと連携させるなど、数多くの発展的なトピックがあります。GCPやAWSなどのクラウド環境においても、ログ収集のためにFluentdやFluent Bitを用いたソリューションがあります。これらについても、本書の内容を足がかりとすれば、理解を進めていけるでしょう。

いずれにせよ、本書がログ収集と分析という広い分野において、読者のみなさんにとって重要な一歩となればと思います。また、発展的トピックの数々について、本書を前提としてさらに多くの知見が多くの人から公開されることになれば、著者としては幸いです。

索引

S

T

か

き

く

け

こ

さ

し

す

せ

そ

た

ち

つ

て

と

著者プロフィール

田籠 聡（たごもり さとし）

プログラマーとしてlivedoor、LINE、Treasure Dataなどで働いたのち、現在は独立してサービス開発や技術顧問などを行う。データ分析基盤関連のほか、Webアプリケーションや IT インフラなどの技術にも携わる。ほかにISUCONの発案と発起など。Fluentdを含む多数のOSSプロジェクトのコミッター、メンテナー。

Twitter @tagomoris
GitHub tagomoris

装丁・本文デザイン……………… 西岡 裕二
レイアウト……………………… 酒徳 葉子（技術評論社）
編集アシスタント……………… 北川 香織（WEB+DB PRESS編集部）
編集……………………………… 稲尾 尚徳（WEB+DB PRESS編集部）

WEB+DB《ウェブディービー》 PRESS《プレス》 plus《プラス》シリーズ

Fluentd《フルーエントディー》実《じっ》践《せん》入《にゅう》門《もん》

統《とう》合《ごう》ログ基《き》盤《ばん》のためのデータ収集《しゅうしゅう》ツール

2022年10月21日　初版　第1刷発行

著者……………………………… 田籠《たごもり》 聡《さとし》
発行者…………………………… 片岡 巌
発行所…………………………… 株式会社技術評論社
東京都新宿区市谷左内町21-13
電話　03-3513-6150　販売促進部
　　　03-3513-6175　雑誌編集部
印刷／製本……………………… 日経印刷株式会社

- 定価はカバーに表示してあります。
- 本書の一部または全部を著作権法の定める範囲を超え、無断で複写、複製、転載、あるいはファイルに落とすことを禁じます。
- 造本には細心の注意を払っておりますが、万一、乱丁（ページの乱れ）や落丁（ページの抜け）がございましたら、小社販売促進部までお送りください。送料小社負担にてお取り替えいたします。

ISBN 978-4-297-13109-8 C3055
Printed in Japan

● お問い合わせ

本書に関するご質問は記載内容についてのみとさせていただきます。本書の内容以外のご質問には一切応じられませんので、あらかじめご了承ください。
なお、お電話でのご質問は受け付けておりませんので、書面または小社Webサイトのお問い合わせフォームをご利用ください。

〒162-0846
東京都新宿区市谷左内町21-13
株式会社技術評論社
『Fluentd実践入門』係
URL https://gihyo.jp/book/2022/978-4-297-13109-8

ご質問の際に記載いただいた個人情報は回答以外の目的に使用することはありません。使用後は速やかに個人情報を廃棄します。